U0434652

碳中和城市与绿色智慧建筑系列教材
住房和城乡建设部“十四五”规划教材
教育部高等学校建筑类专业教学指导委员会规划推荐教材

丛书主编　王建国

低碳城市环境物理

Low-Carbon Urban Environment Physics

赵敬源　刘加平　编著

中国建筑工业出版社

图书在版编目（CIP）数据

低碳城市环境物理 = Low-Carbon Urban Environment Physics / 赵敬源，刘加平编著 . -- 北京：中国建筑工业出版社，2024. 12. --（碳中和城市与绿色智慧建筑系列教材 / 王建国主编）（住房和城乡建设部“十四五”规划教材）（教育部高等学校建筑类专业教学指导委员会规划推荐教材）. -- ISBN 978-7-112-30638-1

Ⅰ. X21

中国国家版本馆 CIP 数据核字第 2024XG8236 号

为了更好地支持相应课程的教学，我们向采用本书作为教材的教师提供课件，有需要者可与出版社联系。
建工书院：https://edu.cabplink.com
邮箱：jckj@cabp.com.cn　电话：（010）58337285

策　　划：陈　桦　柏铭泽
责任编辑：柏铭泽　陈　桦
责任校对：李美娜

碳中和城市与绿色智慧建筑系列教材
住房和城乡建设部“十四五”规划教材
教育部高等学校建筑类专业教学指导委员会规划推荐教材
丛书主编　王建国
低碳城市环境物理
Low-Carbon Urban Environment Physics
赵敬源　刘加平　编著
*
中国建筑工业出版社出版、发行（北京海淀三里河路9号）
各地新华书店、建筑书店经销
北京海视强森图文设计有限公司制版
北京中科印刷有限公司印刷
*
开本：787毫米 × 1092毫米　1/16　印张：$22\frac{1}{2}$　字数：437千字
2025 年 1 月第一版　2025 年 1 月第一次印刷
定价：69.00元（赠教师课件）
ISBN 978-7-112-30638-1
（43947）

如有内容及印装质量问题，请与本社读者服务中心联系
电话：（010）58337283　QQ：2885381756
（地址：北京海淀三里河路 9 号中国建筑工业出版社 604 室　邮政编码：100037）

《碳中和城市与绿色智慧建筑系列教材》
编审委员会

《碳中和城市与绿色智慧建筑系列教材》

总序

建筑是全球三大能源消费领域（工业、交通、建筑）之一。建筑从设计、建材、运输、建造到运维全生命周期过程中所涉及的“碳足迹”及其能源消耗是建筑领域碳排放的主要来源，也是城市和建筑碳达峰碳中和的主要方面。城市和建筑“双碳”目标实现及相关研究由2030年的“碳达峰”和2060年的“碳中和”两个时间节点约束而成，由“绿色、节能、环保”和“低碳、近零碳、零碳”相互交织、动态耦合的多途径减碳递进与碳中和递归的建筑科学迭代进阶是当下主流的建筑类学科前沿科学研究领域。

本系列教材主要聚焦建筑类学科专业在国家“双碳”目标实施行动中的前沿科技探索、知识体系进阶和教学教案变革的重大战略需求，同时满足教育部碳中和新兴领域系列教材的规划布局和“高阶性、创新性、挑战度”的编写要求。

自第一次工业革命开始至今，人类社会正在经历一个巨量碳排放的时期，碳排放导致的全球气候变暖引发一系列自然灾害和生态失衡等环境问题。早在20世纪末，全球社会就意识到了碳排放引发的气候变化对人居环境所造成的巨大影响。联合国政府间气候变化专门委员会（IPCC）自1990年始发布五年一次的气候变化报告，相关应对气候变化的《京都议定书》（1997）和《巴黎气候协定》（2015）先后签订。《巴黎气候协定》希望2100年全球气温总的温升幅度控制在1.5℃，极值不超过2℃。但是，按照现在全球碳排放的情况，那2100年全球温升预期是2.1~3.5℃，所以，必须减碳。

2020年9月22日，国家主席习近平在第七十五届联合国大会向国际社会郑重承诺，中国将力争在2030年前达到二氧化碳排放峰值，努力争取在2060年前实现碳中和。自此，“双碳”目标开始成为我国生态文明建设的首要抓手。党的二十大报告中提出，“积极稳妥推进碳达峰碳中和，立足我国能源资源禀赋，坚持先立后破，有计划分步骤实施碳达峰行动，深入推进能源革命……”，传递了党中央对我国碳达峰碳中和的最新战略部署。

国务院印发的《2030年前碳达峰行动方案》提出，将碳达峰贯穿于经济社会发展全过程和各方面，重点实施“碳达峰十大行动”。在“双碳”目标战略时间表的控制下，建筑领域作为三大能源消费领域（工业、交通、建筑）之一，尽早实现碳中和对于“双碳”目标战略路径的整体实现具有重要意义。

为贯彻落实国家“双碳”目标任务和要求，东南大学联合中国建筑出版传媒有限公司，于2021年至2022年承担了教育部高等教育司新兴领域教材研究与实践项目，就“碳中和城市与绿色智慧建筑”教材建设开展了研究，初步架构了该领域的知识体系，提出了教材体系建设的全新框架和编写思路等成果。2023年3月，教育部办公厅发布《关于组织开展战略性新兴领域“十四五”高等教育教材体系建设工作的通知》(以下简称《通知》),《通知》中明确提出，要充分发挥“新兴领域教材体系建设研究与实践”项目成果作用，以《战略性新兴领域规划教材体系建议目录》为基础，开展专业核心教材建设，并同步开展核心课程、重点实践项目、高水平教学团队建设工作。课题组与教材建设团队代表于2023年4月8日在东南大学召开系列教材的编写启动会议，系列教材主编、中国工程院院士、东南大学建筑学院教授王建国发表系列教材整体编写指导意见；中国工程院院士、西安建筑科技大学教授刘加平和中国工程院院士、清华大学教授庄惟敏分享分册编写成果。编写团队由3位院士领衔，8所高校和3家企业的80余位团队成员参与。

2023年4月，课题团队向教育部正式提交了战略性新兴领域“碳中和城市与绿色智慧建筑系列教材”建设方案，回应国家和社会发展实施碳达峰碳中和战略的重大需求。2023年11月，由东南大学王建国院士牵头的未来产业(碳中和)板块教材建设团队获批教育部战略性新兴领域“十四五”高等教育教材体系建设团队，建议建设系列教材16种，后考虑跨学科和知识体系完整性增加到20种。

本系列教材锚定国家“双碳”目标，面对建筑类学科绿色低碳知识体系更新、迭代、演进的全球趋势，立足前沿引领、知识重构、教研融合、探索开拓的编写定位和思路。教材内容包含了碳中和概念和技术、绿色城市设计、低碳建筑前策划后评估、绿色低碳建筑设计、绿色智慧建筑、国土空间生态资源规划、生态城区与绿色建筑、城镇建筑生态性能改造、城市建筑智慧运维、建筑碳排放计算、建筑性能智能化集成以及健康人居环境等多个专业方向。

教材编写主要立足于以下几点原则：一是根据教育部碳中和新兴领域系列教材的规划布局和“高阶性、创新性、挑战度”的编写要求，立足建筑类专业本科生高年级和研究生整体培养目标，在原有课程知识课堂教授和实验教学基础上，专门突出了碳中和新兴领域学科前沿最新内容；二是注意建筑类专业中“双碳”目标导向的知识体系建构、教授及其与已有建筑类相关课程内容的差异性和相关性；三是突出基本原理讲授，合理安排理论、方法、实验和案例分析的内容；四是强调理论联系实际，强调实践案例和翔实的示范作业介绍。总体力求高瞻远瞩、科学合理、可教可学、简明实用。

本系列教材使用场景主要为高等学校建筑类专业及相关专业的碳中和新兴学科知识传授、课程建设和教研学产融合的实践教学。适用专业主要包括建筑学、城乡规划、风景园林、土木工程、建筑材料、建筑设备，以及城市管理、城市经济、城市地理等。系列教材既可以作为教学主干课使用，也可以作为上述相关专业的教学参考书。

本教材编写工作由国内一流高校和企业的院士、专家学者和教授完成，他们在相关低碳绿色研究、教学和实践方面取得的先期领先成果，是本系列教材得以顺利编写完成的重要保证。作为新兴领域教材的补缺，本系列教材很多内容属于全球和国家双碳研究和实施行动中比较前沿且正在探索的内容，尚处于知识进阶的活跃变动期。因此，系列教材的知识结构和内容安排、知识领域覆盖、全书统稿要求等虽经编写组反复讨论确定，并且在较多学术和教学研讨会上交流，吸收同行专家意见和建议，但编写组水平毕竟有限，编写时间也比较紧，不当之处甚或错误在所难免，望读者给予意见反馈并及时指正，以使本教材有机会在重印时加以纠正。

感谢所有为本系列教材前期研究、编写工作、评议工作、教案提供、课程作业作出贡献的同志以及参考文献作者，特别感谢中国建筑出版传媒有限公司的大力支持，没有大家的共同努力，本系列教材在任务重、要求高、时间紧的情况下按期完成是不可能的。

是为序。

王建国

从书主编、东南大学建筑学院教授、中国工程院院士

前言

城市是人类文明的载体和结晶，是人类聚居生活的高级形态，其最本质的特征是集聚。高密度的人口、建筑、设施，集中的人为热源和污染物排放改变了城市下垫面的动力和热力过程，导致城市的热、风、声、光等各项物理环境，相比自然原生态环境都有不同程度的恶化。城市物理环境是城市建筑能耗产生和室内环境营造的边界条件，既影响着居民的热舒适和健康安全，又直接影响城市能源消耗和碳排放。

而城市环境物理是建筑学和城乡规划的重要组成部分，主要论述城市空间形态和布局、城市物理环境、建筑室内物理环境及建筑能耗的耦合关系和相互作用机理，讲述如何在城市规划、小区规划及建筑组团设计中，合理运用规划设计手段，创造健康适宜的城市物理环境的理论和设计方法。显然，作为城市规划师、建筑师和城市建设管理人员，有必要学习城市物理环境的形成机理，掌握控制和改善城市物理环境的途径。为此，20世纪90年代来以来，国内很多高校建筑类学科陆续开设了“城市环境生态学”等相关课程。2011年4月，编者团队编写了国内第一部专门论述城市物理环境设计理论和方法的教材《城市环境物理》，出版以来，先后印刷多次，累计发行达万余册，成为国内主流建筑院校相关课程的本科及研究生教材。

“双碳”目标战略是一场广泛而深刻的经济社会系统性变革。城市是碳排放的主要源头，75%的温室气体排放来自城市，这使得城市成为实现“双碳”目标战略的主阵地。为此，结合研究团队多年城市物理环境领域的研究成果，修订撰写一部《低碳城市环境物理》，其中，既有城市物理环境不变的基础原理和基本理论，又有低碳城市建设对城市人居环境营造带来新的设计理念和技术要求。

本书主要包括三个部分的内容。首先讲述了城市环境物理基础知识及人类活动与城市环境之间的互动关系；再从热环境、湿环境、风环境、光环境、声环境五个方面，简述了城市环境的物理特征和变化规律、城市空间形态和布局与城市物理环境及碳排放的耦合关系和相互作用机理，进而详细介绍了通过规划设计手段实现低碳目标下城市环境的控制优化。最后介绍了低碳城市评价的体系和方法。

截至2024年11月，已建成配套核心课程5节并上传至虚拟教研室，建成配套建设项目10项，教材配套课件5个，很好地完成了纸数融合的课程体系建设。希望通过本书的学习，使城市规划师、建筑师和城市建设管理人员，理解城市物理环境的形成机理，掌握低碳视角下控制改善城市物理环境的方法和途径，以期在城市规划和建设中合理运用规划设计手段，以健康适宜、绿色低碳为导向，实现城市可持续发展。

编 者

2024 年 10 月

本书知识框架图

低碳城市环境物理

低碳城市与人居环境

第1章 城市环境物理基础

1 **城市生态与城市环境**
- 环境科学与城市物理环境
- 生态学与城市生态系统
- 城市能量平衡

2 **城市气候与城市环境物理**
- 城市气候
- 城市气候研究尺度
- 城市微气候

3 **低碳城市建设与环境物理**
- 低碳城市建设理念
- 低碳发展与物理环境

第2章 人与城市物理环境

1 **城市物理环境的发展变迁**
- 城市规模的变化
- 城市化带来的城市公害
- 高密度城市与碳排放

2 **行为方式与物理环境**
- 人与自然的相互关系
- 城市生活与自然环境的关系
- 城市物理环境与人的行为方式

3 **人体感官与物理环境**
- 人体知觉与感觉
- 有关城市物理环境的法规

低碳目标下的环境控制优化方法

第3章 城市热环境

1 **城市热环境理论基础**
- 城市热平衡
- 室外热舒适评价
- 城市热环境研究历程

2 **城市热环境设计原则与方法**
- 城市热岛效应
- 城市热岛的减缓措施
- 居住区热环境的调节与改善

3 **低碳视角下的城市热环境营造策略**
- 空间形态与居民生活碳排放
- 区域能耗与碳排放
- 城市绿地的降温效应与减碳绩效

第4章 城市湿环境

1 **城市湿环境理论基础**
- 城市的水分平衡
- 城市湿环境与人体舒适健康
- 城市湿环境研究历程

2 **城市湿环境设计原则与方法**
- 干湿气候分区
- 城市水资源综合管理
- 低影响开发雨水系统

3 **城市湿环境调控技术**
- 湿地保护与修复
- 城市水体
- 生态型路面铺装

第5章 城市风环境

1 **城市风环境理论基础**
- 城市大气边界层
- 城市大气环境质量
- 城市风环境研究历程

2 **城市风环境设计原则与方法**
- 城市风场与规划设计
- 局地风场与规划设计
- 控制大气污染的风象规划设计

3 **低碳视角下的城市风环境营造策略**
- 碳、污同源特征与协同效应
- 城市热岛与污染物扩散的交互影响
- 城市景观碳汇减污效应

第6章 城市光环境

1 **城市光环境理论基础**
- 城市光环境基础
- 城市光环境研究历程

2 **城市光环境控制的原则与途径**
- 城市景观性照明
- 城市功能性照明
- 城市光污染的危害与防治

3 **低碳视角下的城市光环境营造策略**
- 城市街区太阳能利用潜力
- 场地光合有效辐射与植物配置
- 绿色照明与碳排放

第7章 城市声环境

1 **城市声环境理论基础**
- 噪声和噪声源
- 噪声的计量
- 噪声评价
- 城市声环境研究历程

2 **城市声环境设计原则与方法**
- 噪声危害及控制标准
- 噪声控制的原则与途径
- 城市声环境规划与设计

3 **城市声景观的营造**
- 声景观概念及现状
- 声景观要素与设计应用

指标导向

第8章 低碳城市评价和环境营造

1 **建设项目环境影响评价**
- 环境质量评价
- 建设项目环境影响评价
- 环境保护措施
- 环境影响评价实例

2 **低碳城市质量评价**
- 低碳城市质量评价的构成与政策导向
- 低碳城市质量评价的指标指定方法

3 **低碳视角下城市物理环境营造案例分析**

目
录

第1章 城市环境物理基础

1.1.1　环境

人类和其生存环境是对立统一的结合体。人类离不开环境，同时又在与环境的不断相互作用中得以生存和发展。

环境（Environment）是一个含义极其广泛的概念。广义上说，环境是指某一中心或主体周围对该中心或主体有影响的自然因素和社会因素的总和。通常情况下，在未指明该环境的主体时，其主体是人类或特定的人群。例如，室内环境，其主体是房间的使用者；城市环境，其主体是全体城市居民；当讨论全球 CO_2（二氧化碳）温室效应对气候的影响时，其主体显然是指全人类。

通常，可以将人类赖以生存的环境依据属性划分为两类，即自然环境和人工环境。

（1）自然环境

自然环境指的是自然界中存在的、未经过人为改变的环境。自然环境是人类赖以生存的基础，包括地球上的大气、水体、土地、森林、草原及太阳辐射等，按环境要素又可分为大气环境、水环境、土壤环境、地质环境和生物环境等。自然环境是地球演变进化过程中自然形成的客观因素，这些因素在地表上的分布不同，影响着不同区域居民的生活习惯和进化过程。

（2）人工环境

人工环境是经人们改造后的自然环境，指由人类创造或改造的各种物理和社会环境的总和。人工环境包括人类活动的各种场所，例如城市、村庄、道路、建筑、工厂、办公场所、交通设施等。人工环境是人类文明发展的产物，它的形成和变化主要受到人类活动的影响。

1.1.2　环境问题与环境自净机能

1. 环境问题

环境问题一般指由于自然界或人类活动作用于人们周围的环境引起环境质量下降或生态失调，以及这种变化反过来对人类的生产生活产生不利影响的现象。目前我们面临的环境问题主要包含以下两类。

（1）第一类环境问题

第一类环境问题也称原生环境问题，是由于自然界固有的不平衡性所造成的对人类环境的破坏，例如地震、火山爆发、台风、海啸等这类环境问题。随着科学技术的发展，人们会逐步控制并减小第一类环境问题所造成的危害。

（2）第二类环境问题

第二类环境问题也称次生环境问题，是由于人们社会经济活动所造成的对环境的破坏，这类环境问题是人们在创造高速发展经济时的副产物。

人们对次生环境问题的认识，经历了由片面到全面、由局部到全球的发展过程。自18世纪工业革命以来，工业迅速发展，城市人口日益集中，能源和其他资源的消耗量剧增。随之而来的是向大气中排放大量的有害气体和烟尘，向江河湖海排放大量的废水，向城市区域排放大量的固体废弃物，从而引起局部的自然环境要素发生变异。诸如伦敦烟雾事件、洛杉矶光化学烟雾事件等，均属此类问题。随着对环境问题的重视和环境结构研究的深入，人们逐渐认识到环境问题是全球性的问题。保护环境应从保护大气、水体、土壤、自然资源等基本要素做起，即保护人类赖以生存的地球。这就要求把经济发展和环境保护结合起来，实行区域环境综合规划，以保证生态相对平衡。

发达国家的环境污染问题出现较早，治理也较早，欧洲大气污染的治理始于1952年发生在英国的伦敦烟雾事件，此后欧洲各国陆续采取相应措施，直到20世纪80年代，经过30多年的努力，环境污染问题基本上得到了控制。我国是发展中国家，一直到20世纪60年代末，我国环境问题的严重性还未被充分了解。其实，我国自然资源破坏和环境污染已到了相当严重的地步：近几年森林面积每年净减40万hm^2；截至2021年，我国荒漠化土地面积261.16万km^2；沙化土地面积172.12万km^2；全国水土流失程度强烈以上的面积有52.5万km^2，约占国土面积的19.5%；地下水超采问题严重，造成地面水硬度增高和水位下降，水源枯竭的情况。相关数据显示，2020年我国地下水开采总量为892.5亿m^3，较2012年减少约242亿m^3。江河湖海等地表水近些年污染情况虽有所改善，但部分主要水域的污染情况仍不容乐观，例如海河流域、松花江流域水质，太湖、巢湖、滇池等水域水质均仍为轻度污染。同时，城市环境空气质量污染问题也不容乐观。目前，全国339个地级及以上城市中仍有121个城市环境空气污染超标，约占35.7%，其中主要污染物为$PM_{2.5}$、PM_{10}、O_3（臭氧）、SO_2（二氧化硫）、NO_2（二氧化氮）、CO（一氧化碳）等。2019年，中国CO_2排放量为10.17亿t，占全球总排放量的28%，是世界上最大的CO_2排放国家之一。此外，城市中噪声污染同样严重，北京、上海、天津等城市中心区的交通噪声超过纽约、伦敦和东京等都市的闹市区。

2. 环境自净机能

环境消纳和协调人类生产与生活所产生的废物的能力又被称为环境的自净机能。远在人类出现之前，由于火山爆发、洪水泛滥、地震等自然现象，会给某一自然环境带来很多“异物”（原来没有的东西）。伴随着人类社会的发展，工农业、交通运输业、居民生活等向自然环境中大量排放了各种污染物。但是，环境有一种机能，即在一定程度上借助于一系列物理化学、生物过程，使得被异物污染的环境具有清除异物、恢复原状的能力，这就是环境的自净机能。

大气、水体（水域）、土壤等都具有一定的自净机能。

大气的自净机能主要有以下几个方面。

（1）沉降。借助于重力作用，大气中的颗粒物和气态污染物会随着风向、温度、湿度等因素的变化而缓缓下沉，降落地面，从而减少空气中的污染物含量。

（2）光化学反应。大气中的光化学反应可以将一些污染物转化为较为稳定的物质。例如，光解有机物和 NO_2，生成 CO_2 和 H_2O（水）。

（3）氧化还原反应。通过氧化还原反应可以将一些有害物质转化为无害物质。例如，SO_2 在空气中与 O_2（氧气）反应，生成 H_2SO_4（硫酸）和硫酸盐，从而减少大气中的 SO_2 浓度。

（4）洗涤作用。降雨可以将空气中的一些污染物冲刷到地面上，减少空气中的污染物浓度。

（5）生物吸附。植物可以吸收和分解大气中的一些气体污染物，例如 CO 和苯等，从而减少污染物浓度。

水体（水域）的自净机能主要有以下几个方面。

（1）自然沉降。水体中的颗粒物、悬浮物和沉淀物在重力的作用下自然下沉到水底，进而减少悬浮物浓度。

（2）生物降解。微生物、植物和动物等生物可以吸收和降解有机物，进而减少水中的有机物浓度。

（3）化学反应。混入水体的污染物质能与水中的 O_2、N_2（氮气）、硫化物等物质发生化学反应，从而转化为较为稳定的物质。

（4）太阳辐射。紫外线能够杀灭水中一些有害细菌和微生物，达到净化水质的功效。

（5）自然补给。通过水文循环，水体能自然补给新鲜水源，保持水体水质的稳定性。

土壤的自净机能主要有以下几个方面。

（1）物理净化。利用土壤多相、疏松、多孔的特点，吸附溶于土壤中的胶体微粒及其他物质，并将它们聚集或浓缩在土壤颗粒表面，甚至排出土壤，使得污染物分散、稀释和转移。

（2）化学反应。污染物会与土壤物质间发生凝聚与沉淀反应、氧化还原反应、酸碱中和反应、水解与分解化合反应等，使其转化成难溶性、难解离性物质，或者分解为无毒物或营养物质，进而实现自净。

（3）微生物分解。土壤中含有大量依赖有机物生存的微生物，如细菌、真菌和放线菌。这些微生物可以氧化分解有机物，将复杂的有机物逐步转化为无机物或腐殖质，这是土壤实现自净的重要途径之一。

自净机能是环境的调节机能，但任何环境的自净能力都具有一定的限度，不同环境的自净能力也不同。例如，长江的自净能力比黄河大，因为长江流量大，水流急，稀释能力强。在同一条河流中，各个河段的自净能力也不同。风速大的地区，其空气自净能力比风速小的地区大。在同一城市中，建筑密度大的区域风速小，空气自净能力就相应较小。

环境对异物的可容纳量称为“环境容量”或“环境负荷能力”。如果污染异物不超过环境容量，就能通过自净机能而恢复到原有的环境状况；反之，如异物超过环境容量，则虽然各种自净机能会使污染有所减轻，但不能使环境恢复到原有正常状况，进而使环境恶化。

1.1.3 环境科学

环境科学（Environmental Science）可定义为“研究人类社会发展活动与环境演化规律之间相互作用关系，寻求人类社会与环境协同演化、持续发展途径与方法的科学”。

环境科学是在人们亟待解决环境问题的社会需求下迅速发展起来的，它是一个由多学科到跨学科的庞大科学体系组成的新兴学科，也是一个介于自然科学、社会科学和技术科学之间的学科。环境科学形成的历史虽然只有短短的几十年，但它随着环境保护实际工作的迅速扩展和环境科学理论研究的深入，其概念和内容日益丰富和完善。目前来看，环境科学的主要研究方向包括以下方面。

1. 了解人类与自然环境的发展演化规律

了解人类与自然环境的发展演化规律是研究环境科学的前提。在环境科学诞生以前，有关的科学部门已经为此积累了丰富的资料，如人类学、人口学、地质学、地理学、气候学等。环境科学必须从这些相关学科中吸取营养，从而了解人类与环境的发展规律。

2. 研究人类与环境的相互依存关系

研究人类与环境的相互依存关系是环境科学研究的核心。在人类与环境的矛盾中，人类作为矛盾的主体，一方面从环境中获取其生产与生活必需的物质与能量，另一方面又把生产与生活中产生的废弃物排放到环境中，这就必然引起资源消耗与环境污染等问题。而环境作为矛盾的客体，虽然消极地承受人类对资源的开采与废弃物的污染，但这种承受是有一定限度的，这就是所谓的环境容量。这个容量就是对人类发展的制约，超过这个容量就会造成环境的退化和破坏，从而给人类带来意想不到的灾难。

3. 探索人类活动强烈影响下环境的全球变化

探索人类活动强烈影响下环境的全球变化是环境科学研究的长远目标。环境是一个多因素组成的复杂系统，其中有许多正、负反馈机制。人类活动会造成一些暂时性的、局部性的影响，这些影响常常会通过已知和未知的反馈机制积累、放大或抵消，其中必然有一部分转化为长期的和全球性的影响，如大气中 CO_2 含量增加的问题。因此，关于全球环境变化的研究已成为环境科学的热点之一。

4. 开发环境污染防治技术与制定环境管理法规

开发环境污染防治技术与制定环境管理法规是环境科学的应用方面的任务。西方发达国家 20 世纪 50 年代就已经开展了污染源治理工作，到 20 世纪 60 年代转向区域性污染综合治理，20 世纪 70 年代则更强调预防为主，加强区域规划和合理布局；同时制定了一系列有关环境管理的法规，利用法律手段推行环境污染防治的措施。近几年，我国在这一方面也取得了可喜的成绩，但是要实现控制污染、改善环境的目标，还需做出更大的努力。

从上述环境科学的研究任务可知，环境科学的主要任务一是研究人类活动影响下环境质量的变化规律和环境变化对人类生存的影响；二是研究保护和改善环境质量的理论、技术和方法。

近 10 年来，随着人们对环境问题的进一步认识，环境科学的研究方法和研究工具有了较大的发展和转变，主要表现在以下方面。

（1）多学科交叉融合：环境问题的不断复杂化发展趋势，使得在相关研究中需要多个学科的交叉融合，以便共同探究与解决环境问题。例如，在生态风险评估研究中，需要将环境科学、统计学、地理学等多个学科的知识和方法结合起来去系统全面地处理问题。

（2）数据挖掘和机器学习：随着数据技术的发展，越来越多的环境科学研究中开始采用数据挖掘和机器学习等技术方法去分析和处理大量的环境数据。例如，在水资源管理研究中利用机器学习技术来构建预测模型，帮助预测和应对水资源变化的风险。

（3）空间分析和遥感技术：空间信息技术的不断发展，使得空间分析和遥感技术在环境科学研究中的应用越来越广泛。例如，在陆地生态系统研究中，可以利用遥感技术来获取和分析不同时间和空间尺度上的植被覆盖和土地利用变化等信息。

（4）公众参与和社会科学研究：随着公众对环境问题的关注度不断提高，在相关环境政策制定和实施中，为了实现环境政策的有效性和可持续性并考虑公众的需求和反馈，越来越多的研究开始关注并采用公众参与的研究方法。

从发展角度来看，环境科学已由最初的单一环境保护科学发展到目前尚未十分定型的庞大的科学体系。所谓尚未十分定型，是指这门学科到现在为止还没有完全形成其区别于其他学科的独特的理论与方法，作为学科体系还在成型中。所谓庞大的学科体系，是指这门学科横跨地学、生物学、化学、物理学、医学、农学、工程学、数学及社会科学等几乎所有科学领域的范围。对这众多的分支学科，根据国际学术界较普遍的观点，可将环境科学内容划分为以下三方面。

（1）基础环境学：主要包括环境数学、环境物理学、环境化学、环境地学、环境生物学等，这些都是从原有老学科发展、充实而来的新的分支学科。

（2）应用环境学：应用环境学的内容极为广泛，并在不断发展中。现在已成体系的应用环境学有环境工程学、环境生态学、环境医学、大气环境学、城市环境物理学等。

（3）环境管理学：主要包括环境法学、环境经济学、环境规划学、环境管理学等。

1.1.4 城市环境物理学

城市环境物理学是介于环境科学与建筑科学之间的交叉领域，是建筑科学中的一门分支学科。城市环境物理学是利用物理学的基本原理，分析城市环境内部各因素的运动变化规律和存在形态，阐述如何利用规划设计手段改善日益恶化的城市物理环境。

城市环境物理学的研究目的是给建筑师和规划工程师提供创造良好的室外物理环境和城市物理环境的基本知识和手段。它与“建筑物理学”的区别在于：前者重视的是室外物理环境，而后者重视的是室内物理环境。可以说，城市环境物理学与建筑物理学是姊妹课程。此外，城市环境物理学与环境工程学的区别在于：前者主要涉及创造良好物理环境的规划和设计理论与方法，而后者涉及的主要是工程技术手段。以控制城市大气污染为例，前者的主要任务是如何利用风速、风向等气象参数，合理布置、选择城市用地以控制市区大气污染浓度低于控制标准；而后者的主要任务是如何利用设备的手段（如除尘器等）来减少污染物的排放量，控制城市的大气污染。从短期和长远的眼光来看，两种方法是互相弥补、缺一不可的。

环境科学研究“人类—环境”系统的发生和发展、调节和控制，以及利用和改造。但“人类—环境”系统不是原本就有的，在45亿年以前，地球上不但没有人类，而且也没有生物。地球经历了化学进化阶段以后，才出现了人类，形成了生物与其环境的对立统一关系；随后人类社会的出现，形成了人类与其生存环境的对立统一关系。人不能单独生存，必须结成群；人群也不能单独生存，必须要依赖其他生物形成的以人群为主体的生物群落；这种生物群落仍不能独立生存，必须要有适宜的生存环境，形成一个完整的人工生态系统才能生存，这也是客观事物的存在。

环境是一个复杂的系统，生物和人类都是环境发展到一定阶段才出现的生命系统，生命系统与环境系统在特定空间组成了具有一定结构和功能的生态系统。生态系统可分为人工和自然两大类，自从人类开始栽培植物、饲养家畜，就出现了人工生态系统。生态系统既是生态学的研究中心，也是研究环境和环境科学的基础。

1.2.1 生物圈

生物圈是指地球表面全部有机体及其相互作用的生存环境的总称，它的范围大体上是从海平面以下约11km到海平面以上约10km高空的空间。生物圈是一个广阔的生命活动的舞台，在其中活跃的生物大约有：动物216万种，植物34万种，微生物4万种。生物圈中最活跃的成员是人类。

通常将生物圈分为三部分。

1. 气圈

气圈厚度大致为10km左右，占大气总厚度的极小部分，基本上处于大气对流层之间。根据气象学相关研究，对流层中水蒸气和尘埃含量较高，风、云、雨、雪、雾等天然现象都发生在这一层大气中。所以，气圈对生物的生存关系最为密切，而气圈受地面各种活动的影响也最明显。气圈还是地表的保护层，因愈接近地表空气密度愈大，故它能有效地防止或减少流星和宇宙废弃物等对地球的危害，减弱太阳光线中的紫外辐射，吸收和储存地表的长波辐射热，使生物圈保持适宜的气温。

2. 水圈

水是生物生存的主要条件之一。地表的70%左右是水，总水量约13.6亿km^3，其中97%是海水，其余3%是地表水，包括湖水、河水、地下水及冰川和积雪等。生物体中离不开水分，一般植物体中含水41%~60%，人体与动物体中含水80%左右。

3. 岩石圈

岩石圈是指近地表面的土壤和岩石层。由于地球表面有山有海等，故这一层厚度很不均匀。岩石圈是人类及生物的栖息之地，是生物生存和发展的基本条件。

1.2.2 生态系统

在一定的空间里，生物与环境之间，生物与生物之间，互相依赖互相制约，并以某种方式进行物质和能量的交换。人们把这种一定空间中的生物与环境的结合体，称为生态系统。生态系统是一个生态功能单位，这个功能单位由在一定的空间范围内的生物和非生物成分组成，不同成分之间通过物质循环和能量流动进行相互作用，从而形成一个相互依赖的整体（图 1-1）。

一个完整的生态系统一般应由下列四部分组成。

1. 生产者

绿色植物通过光合作用将水和大气中的 CO_2 合成碳水化合物、蛋白质、脂质等有机化合物，使得太阳的动能转换为可贮存的化学能形式，供自身及其他生物用作能源。因此，这些生产者也称为自养者。此外，有些细菌也能利用化学能将无机物转化为有机物，也可称为生产者。

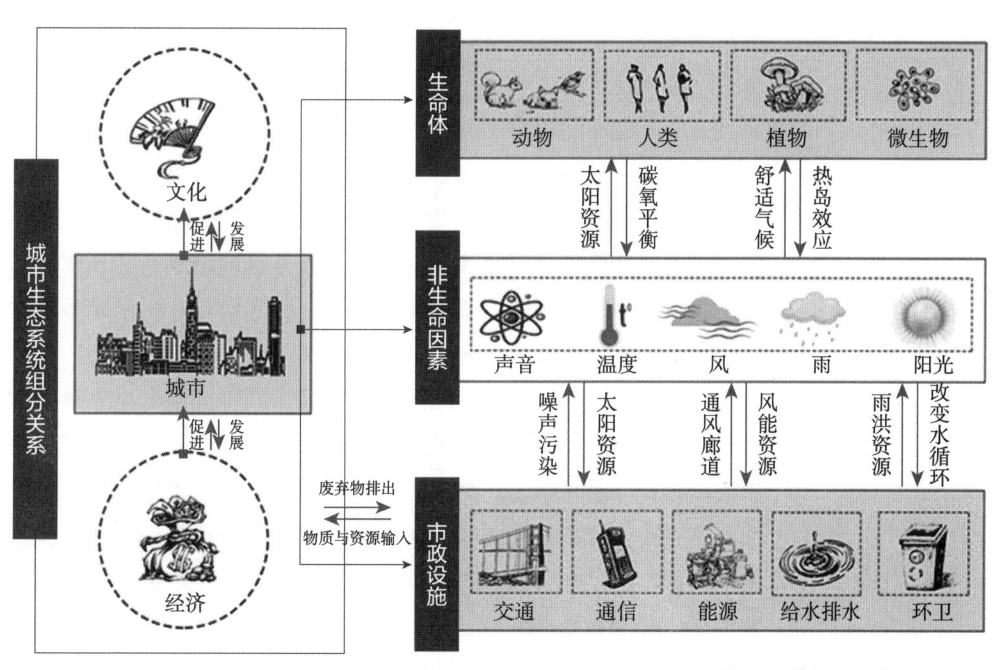

图 1-1　城市生态系统组分示意图

2. 消费者

消费者主要为动物和非绿色植物，通常依靠绿色植物或以绿色植物为能源的其他生物为生，也称为他养者。消费者按所处食物链中地位可分为食草动物（一级消费者）、食肉动物（以食草动物为食，称二级消费者）、以二级消费者为食的动物（称为三级消费者）等。复杂的食物关系可形成食物网。

3. 分解者（还原者）

分解者（还原者）主要为土壤和地表中的微生物，包括大多数细菌、真菌。它们将有机物分解为简单无机化合物，供生产者及本身再利用。此外，还有些细菌能将无机物转变为植物可利用的营养，也可归入分解者一类。分解者具有十分重要的生态意义，甚至有时成为控制因素。

4. 非生命物质

非生命物质是指各种无机物、无生命有机物和自然因素，其构成生态系统的自然营养物理环境。物理环境包括气候、土、地质、水温、氢离子浓度等。

由上述可知，从植物到动物伴随物质转移的同时会产生能量流动，即每个生态系统中都会发生物质的循环流动（营养流或物质流）及能量流动。除了上述两种基本流动外，生物还应有信息流动，这也是为适应环境所必需的。

1.2.3　生态平衡

如上所述，生态系统包括生物部分和非生物部分。生态系统内部各组分之间，在一段时间内与一定的条件下，保持着自然的、暂时的、相对的动态平衡关系，这种相对稳定的平衡关系称为生态平衡。生态学中的物质循环和再生规律、物质的输入与输出的动态平衡规律、相互适应与补偿的协同进化规律，以及环境资源的有效极限规律等都是强调生态平衡这一基本思想的。

控制生态系统稳定平衡的原因是生态系统内部具有“正反馈”与“负反馈”的调节功能。例如，所有物种都有一种本能，在一个无限制的环境中连续地以指数形式增长，即物种的种群是具有潜势的“正反馈”作用，如资源的减少、生长率降低及生理和肌体变化等。同样，整个生态系统的各组分之间的关系受正、负反馈作用的控制，通过自我调节使整个系统保持着相对的稳定。如果生态系统内部失去负反馈作用，将会出现生态危机。例如，生态系统中的捕食者和猎物之间通常存在着复杂的负反馈关系。当猎物数量增加时，捕食者的食物供应增加，捕食者的种群数量可能会增加；而捕食者数量增加又会对猎物造成压力，导致猎物数量减少。这种捕食者—猎物关系中的负反馈，可以帮助维持生态系统中的生物多样性和种群平衡。

在一定条件下，人类具有调节和控制生态平衡的能力，并使其朝着有利于人类社会生存的方向发展。例如，人类可以通过大面积植树造林调节自然生态系统中的组分结构来改善气候，也可以通过兴修水利、大面积灌溉以促进绿色植物的生长。然而，近代的人为活动更多的却是使生态平衡遭到严重破坏。乱砍滥伐森林，毁草造田，在湖泊屯土造田等都曾造成极严重的后果，并受到了大自然的惩罚。人类为了更好地生存和发展，破坏旧的生态平衡，建立一个新的生态平衡是必然的，生态系统就是在这个“不平衡—平衡—不平衡”的过程中向更高一级发展。因此，人们在实践活动中，只有充分认识自然，才能改造自然，充分发挥人的主观能动性。

1.2.4　城市生态系统

城市生态学作为一门研究城市区域中的生物与环境间相互关系的学科，最初主要研究城市生境中的生物变化，即城市中的生态学（Ecology in City）。随着生态学家对城市生态环境问题的不断关注，将生态系统研究理念和方法应用到城市生态的研究中，从而形成了城市生态学（Ecology of City），进而提出城市生态系统这一核心概念。

城市生态系统是一个以人为核心的系统（图 1-2），它不仅包含自然生态系统的组成要素，也包括人类及其社会的经济要素，因此，城市生态系统是一个自然、经济与社会复合的人工生态系统。城市生态系统的组成首先是人，此外还包括自然系统、经济系统和社会系统。

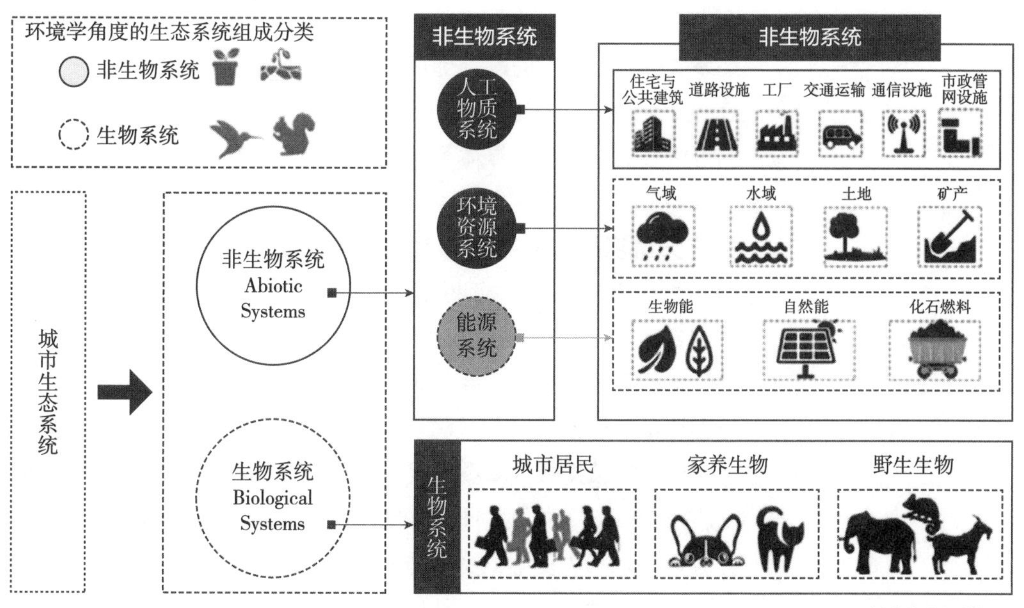

图 1-2　城市生态系统组成

1.2.5　城市与区域可持续发展

1987 年世界环境与发展委员会（World Commission on Environment and Development，WCED）发表了《我们共同的未来》，可持续发展作为一个完整的概念开始被国际社会所接受。可持续发展是指既满足现代人的需求又不损害后代人满足需求的发展能力，即经济、社会、资源和环境保护协调发展。其要求既要达到发展经济的目的，又要保护好人类赖以生存的自然资源和环境，使子孙后代能够永续发展和安居乐业。可持续发展的核心是发展，但要求在严格控制人口、提高人口素质和保护环境、资源永续利用的前提下进行经济和社会的发展。从具体实施来看，可持续发展是一个区域性问题，即可持续发展的实践必须落实到具体的区域。

城市作为一个区域，是一个自然系统、经济系统和社会系统相耦合的综合体。1992 年，在巴西里约热内卢召开的联合国环境与发展大会上发布了《21 世纪议程》，城市可持续发展理论快速发展，生态城市的建设受到了世界各国的普遍关注。

城市与区域可持续发展是可持续发展理论在城市发展中的具体应用，是实施可持续发展战略的具体行动，也是在城市层面上实现生态哲学、生态法制、生态经济的统一。城市生态系统的可持续性是指城市生态系统能够维持正常运转和持续增长至无限的未来，而不会因为环境资源的压力使得被迫衰退的能力。它强调的是在一定约束条件下有一定匹配关系的整体最优。因此，城市生态系统可持续发展的实践体现在三个层次，即技术、管理、制度的综合调控途径。此外，城市生态系统可持续发展并没有一个固定的模式，也不会存在一个在省级、国家、区域乃至全球尺度上都适用的模式，它要求从生态系统的角度来看问题，选择极具地域性特色的发展模式。

在城市化进程的不断推进过程中，要注重城市生态系统的研究，以促进城市的可持续健康发展，具体可从以下几个方面着手。

1. 充分认识研究城市生态系统的重要性

城市生态系统是以城市为中心，以自然生态系统为基础，以人的需要为目标的自然再生产和经济再生产相交织的经济生态系统；同时又是以人为主体的生命子系统、社会子系统和环境子系统共同构成的有机生态系统。因此，建立城市生态系统与保护城市生态环境是促进城市社会、经济和环境相协调，实现可持续发展的重要途径。联合国人与生物圈计划（MAB1984）报告指出："生态城（乡）规划就是要从自然生态和社会心理两方面去创造一种能充分融合技术和人类活动的最佳环境，诱发人去创造精神和生产力，进而达到高物质文化生活水平。"因此，要转变观念，运用生态学和可持续发展的基本原理，以环境容量、自然资源承载能力和生态适宜度为依据建立科学的城市生态系统，达到人与自然的和谐发展。

2. 用生态学来指导城市发展规划

用生态学来指导城市发展规划就是本着提高城市环境质量、维持自然生态平衡、促进城市的可持续发展为目标，对一定时期内城市生态环境建设的目标、原则和措施进行科学的规划。要在生态系统承载能力范围内运用生态学原理和系统设计方法去指导和改变城市生产和消费方式，挖掘市域内外一切可以利用的资源，建设人与城市、自然生态与人类生态协调发展的和谐系统。

3. 实施理性的、适度的、明智的发展策略

针对城市出现的“空心城”及城市无限制蔓延的现实，各国政府及经济学、社会学、地理学和规划学界都提出了一些新的城市管理对策。例如，英国通过设置“绿带”来限制城市的扩展；德国创建了“开发轴系统”理论；美国提出了“理性发展”和“明智的发展”策略。即以综合规划为手段，对社区进行管理、规划、发展、复兴和建设，以实现社会、经济、环境、健康、住房和交通等各方面的共同协调发展，进而实现更为紧凑的城市发展格局。

4. 城市的发展要避免“千城一面”

目前，我国城市发展虽然迅速，但存在盲目攀比与无序扩张的现象，以及存在着规划雷同和设施复制“千城一面”的问题，不能很好地展现城市原有的特色。新一轮的城市发展要以科学发展的理念为依据，有效地遏制城市的无序扩张；同时因城而宜，避免“千城一面”、发展雷同的问题出现。我国城市大多具有一定的自然生态基础，而原生态环境是任何人工生态都不可比拟的，因而要最大限度地保护自然生态环境，注重城市生态的恢复和修复。

1.3.1 能量的传输与度量

1. 能量、热量、温度

能量是世间万物运动生长的源泉，无论是机械运动、生物发展，还是信息交换、地球演变和气候变化，都离不开能量。能量有多种形式，包括电磁能、机械能、生物内能、热能等。在一个闭合系统内，能量不断地流动、转化，由一种形式转化为另一种形式，但无论怎样转化，其总量是守恒的，这是热力学的基本原理。

热能是各种能量形式中“品位”最低的一种能量形式。而通常所谓的热量，是指某个系统与环境间由于温差所引起的能量传递的度量。在能量其他形式的转化过程中，大约仅有10%以做功方式转化为重力势能，而90%则转化为热量散发到大气中；荧光灯也只能将40%左右的电能转化为光能，其余则转化为热能；等等。但当用电能或化学能转化为热能时，其效率可达100%。在环境科学中，当考虑到能量消耗时，认为其最终将以热量形式散发在地表大气中。

热量的计量单位为焦耳（J）或千焦耳（kJ）。

温度是物体分子热运动平均动能的量度。某物体获得的热量愈多，其内部分子热运动就愈激烈，温度就愈高；反之则愈低。

空气的冷热程度称作气温，实质上气温是空气分子平均动能大小的表现。当空气获得热量时，它的分子平均动能增加，气温也就升高；反之，当空气失去热量而冷却时，它的分子平均动能减少，气温也随之降低。

我国对温度计量常以摄氏温标表示。气象台站一般所指的气温，是离地面1.5m高处百叶箱中的空气温度，它基本上反映了一个地区的气候特征。在科研与工作上，有时以热力学温标表示，其与摄氏温标的换算为：热力学温度（K）≈ 273+ 摄氏温度（℃）。

2. 热传递

热力学第二定律告诉我们，凡是有温差的地方，就有热量的传递。热传递方式有四种，即导热、对流、辐射、相变。通常，将前三种称为显热交换，即由于热量的转换使得物体的温度发生变化（升高或降低），但物体的相态（固态、液态、气态）不发生变化；将后一种称为潜热交换，即在热量传递过程中，物体的温度不变而物体的相态由一种形式转化为另一种形式。

（1）导热

导热是依靠物体质点的直接接触来传递能量。在气体中，这种能量的转移是在气体的分子碰撞时完成的。与气体相比，液体中分子间的距离靠得较近，分子间碰撞的机会较多、较强，这就是液体比气体导热能力强的原因。在绝缘的固体中，导热通过原子运动而引起的晶格振动来实现；在金属及导体中，自由电子的直线运动对导热起主要作用。热传导的特点是，在能量转移过程进展中，物体的各部分并不发生明显的宏观位移。

导热是在不透明和无气体的固体中热能传递的唯一方式。只要物体中存在温差，热能就会自动地由高温处向低温处传递。导热过程可分为稳态导热和非稳态导热两大类。在稳态导热过程中，物体中每一处的温度都是不随时间变化的，因此，物体中的温度场只是空间坐标的函数，即 $T=f(x, y, z)$。在非稳态导热过程中，物体中各处的温度不仅是空间坐标的函数，还是时间的函数，即 $T=f(x, y, z, t)$。

大量实验表明，导热的速率 Q（W）是和温度梯度及热流通过的截面积 A（m^2）成比例的，可表示为：

$$Q \propto A(\partial T/\partial n) \tag{1-1}$$

式中 $\partial T/\partial n$——温度梯度，它表示朝着温度增加的方向，温度沿等温面法线的变化率。

显然，即使在相同的截面 A 及相同的温度梯度情况下，对于不同的物体，导热速率 Q 也不会一样。对于各向同性的物体，式（1-1）可写成：

$$Q=-A\lambda(\partial T/\partial n) \tag{1-2}$$

式中 λ——物体的导热系数 [W/（m · K）]，表示物质的属性。

式（1-2）称为傅立叶定律，事实上也是导热系数 λ 的定义式。前已述及，单位面积的热能传递速率称为热流密度。式（1-2）若用热流密度 q（W/m^2）来表示，有：

$$q=Qk/A=-\lambda(\partial T/\partial n) \tag{1-3}$$

式中负号的意义系根据热力学第二定律，在没有外加能量的情况下，热能总是从高温处传至低温处，为此，沿热能传递方向，温度总是下降，也即温度梯度 $\partial T/\partial n$ 是负值。由于式（1-2）及式（1-3）的右端有负号，故使 Q 和 q 为正值，满足了热力学第二定律的要求。

在一维情况下，式（1-3）可成为：

$$q=-\lambda(dT/dx) \tag{1-4}$$

利用上述各式可以求解一些简单热传导问题，更多的请看相关参考书。

（2）对流传热

对流传热是由于流体各部分发生宏观相对位移而引起的热能传递。这种传热方式主要是依靠流体分子的随机运动和流体的宏观运动实现的。

工程上遇到的对流传热主要分为两类。一类是纯粹的对流传热，它发生于流体内部，因各部分互相掺和而引起热能转移。例如，我们在冷水池中加入部分热水，这时冷水池中便发生对流热交换。另一类是所谓的对流换热，它发生于固气（或固液）两相的表面上，其换热过程中包含着导热过程。假定固体表面温度高于气体，由于摩擦力的作用，在紧贴固体壁面处有一平行于固体壁面流动的气体薄层，称层流边界层。在垂直壁面方向上的热量传递形式主要是导热，只有在层流边界以外才有明显的气体宏观位移。

若流体的运动是依靠外力（风、泵和风机等）实现的，称为受迫对流；若流体的运动是由流体中因密度不同而产生的浮升力所引起的，则称为自然对流。值得注意的是，在有些情况下会同时存在受迫对流和自然对流。另外，由于自然对流的存在，使得使流体中因纯导热而引起的传热现象是很少见的。

无论是自然对流还是受迫对流，流体的流动状态及热物理性质对于对流传热的速率起着非常重要的作用。对流传热的速率可用牛顿冷却定律计算，即：

$$q_c=\alpha_c(T_s-T_\infty) \tag{1-5}$$

式中 q_c——单位面积的对流传热速率，常简称为对流热流密度（W/m^2）；

T_s——固体壁面温度（K）；

T_∞——流体温度（K）；

α_c——流体与固体壁面之间的对流换热系数，简称换热系数 [$W/(m^2 \cdot K)$]。

初看起来，计算对流传热速率似乎很简单，其实并非如此。由于对流换热系数 α_c 和流体的流动状态、流体的物理性质、固体壁的几何形状及壁面的粗糙度等因素有关，因而确定 α_c 是十分复杂的。实际上，对流换热的主要内容，就在于研究怎样用分析方法或实验手段来确定各种情况下的对流换热系数 α_c。典型的对流换热系数 α_c 的量级和近似值如表 1-1 所示。

典型的对流换热系数 α_c 的量级和近似值 表 1-1

工作流体及换热方式	α_c / [W/（$m^2 \cdot K$）]
空气，自然对流	6~30
过热蒸汽或空气，受迫对流	30~300
油，受迫对流	60~1800
水，受迫对流	300~600
水，沸腾	3000~60 000
蒸汽，凝结	6000~120 000

（3）辐射传热

辐射是指具有一定温度的物体以电磁波方式发射的辐射能。辐射传热的特点是，物体的部分热能转变成电磁波——辐射能向外发射，当它碰到其他物体时，又被后者部分吸收而重新转变成热能。对于所有物体，只要其温度高于绝对零度，就总能发射电磁波；与此同时，也吸收来自外界的辐射能。与传导和对流不同，辐射能的传播即使在真空中也可进行，到达地面的太阳辐射就是一例。辐射的传播可用基于量子的理论来讨论。根据这种理论，辐射能被认为是由称之为光子或量子的载能质点传播的。利用电磁波理论，可很好地解释辐射在介质中的传播，以及它投射在第二种介质表面上时与后者所发生的相互作用。但是，物体发出的辐射能的光谱分布及气体的辐射性质只能基于量子理论才能说明。

绝对温度为 T_k 的物体，其发射电磁波的中心波长由维恩（Wien）位移定律确定：

$$\lambda^{*}=2898/T\ (\mu m) \quad (1-6)$$

例如，太阳表面温度约为 6000K，按式（1-6），其中心波长 λ^{*}=0.483μm；对于常温 300K，则 λ^{*}≈10μm。通常，将 λ^{*}>3μm 的电磁辐射称为长波辐射，而 λ^{*}<3μm 的称为短波辐射。

每一物体同时又都能吸收外来的电磁波。物理学中，把这种物体的热能先转化为电磁能发射出去，再被另一物体吸收又转化成为热能的过程叫辐射换热。

热力学第三定律告诉我们，绝对零度是达不到的。因此，一切物体，无论温度高低，都在不停地向外辐射；辐射换热量的大小，是参与辐射换热的物体相互辐射、相互吸收的结果。当温度不同时，高温物体传给低温物体的能量大于低温物体传给高温物体的能量；当温度相同时，净辐射换热量为零，这是因为各物体之间吸收与辐射值相等，但辐射与吸收的物理过程一直在进行。

在传热学中，把能将外来辐射全部反射的物体称为完全白体（简称白体），而能全部吸收的称为绝对黑体（简称黑体），能全部透过的则称为完全透热体或热的透明体。但是在自然界中，没有理论上所定义的白体、黑体和完全透热体。自然界中的大部分物体，如建筑物表面等，其辐射特性与黑体相似，且对每一波长的辐射本领 E_{λ} 与同温度、同波长黑体 $E_{\lambda,b}$ 的比值为一常数，这个常数称为物体的黑度 ε，把这种物体称为"灰体"。多数建筑材料都可近似地看作灰体。实际当中还有许多物体只能吸收和发射某些波长的辐射，或对不同波长其吸收和发射性能不同，把这种物体称为选择性辐射体。

（4）蒸发和冷凝

蒸发和冷凝都属于相变过程。当物体由液态变为气态时，要从环境中吸收热量；当其由气态恢复为液态时，又要向环境中释放热量。这种由于相变而引起的热量转移称为潜热交换。利用潜热交换来维持物体恒温是自然界的一个基本法则。地球表面水分在气温高时蒸发相对加快，而气温低时则冷凝加速、蒸发减慢，这是地球表面维持温度在较小范围内波动的基本条件。

3. 质传递

质传递即质量传递，其与热传递的本质区别在于：质传递在传递过程中是微观粒子和热运动同时发生位移的，而热传递仅仅是热运动的转移。两者的相同点在于：都是在一位势力的作用下发生宏观运动。根据物理过程的不同，将质传递分为两种。

（1）分子扩散

分子扩散是由于微观粒子的相互碰撞引起的质量转移。这种过程在固、液、气三态中都有发生，其物理过程由裴克扩散定律描述，即：

$$m=-D\,(dC/dx) \tag{1-7}$$

式中　m——单位时间内流经单位面积的质量 [$kg/(m^2 \cdot s)$]；

D——质扩散系数（m^2/s）；

C——单位体积质量浓度（kg/m^3）。

（2）紊流扩散

紊流扩散发生在流体之中，它是由于流体的宏观位移引起的质量扩散。常见的烟气扩散、水中污染物扩散均属于这类。紊流扩散的计算相当繁杂，常采用简化方法，详见以后章节和参考书。

1.3.2 太阳辐射

辐射是宇宙能量传输与交换的主要方式。太阳能经辐射给地球表面提供了能量，是地球上能量的唯一原始来源。太阳辐射能经过化学转换（主要是光合作用）、光电转换、光热转换，供地表生物生存与发展。太阳辐射又影响着近地表面的天气状况，常见的气候现象，如风、云、雨、雪、寒冷与炎热等，均与太阳辐射强度的分布与变化有关；至于城市及功能小区的局部热湿环境、风环境和大气环境等，也受到太阳辐射的直接影响。想要创造良好的城市物理环境，就必须了解有关太阳辐射的基本知识。

1. 太阳常数和光谱

（1）太阳常数

太阳是一个炽热的气体球，它以电磁波辐射形式向地球不断发送能量，其波长从 0.1μm 的 X 射线，到波长达 100m 的无线电波。由于太阳本身的这一特点，以及太阳与地球之间的几何关系，使得在地球大气层外与太阳光线垂直面上的太阳辐射强度几乎是定值，太阳常数就是由此得来。

太阳常数是指太阳与地球之间为年平均距离时，地球大气层上边界处，垂直于阳光射线表面上，单位面积时间内来自太阳的辐射能量，以符号 I_0 表示。根据 Thekackara① 通过飞机火箭和人造卫星的观测得出，太阳常数为 $1353W/m^2$，这是 8 次测定结果的加权平均值，保守估计误差范围为 ±1%。但是，由于太阳与地球之间的距离逐日在变化，地球大气层上边界处垂直于太阳光射线表面上的太阳辐射强度也会随之变化，通常为 1 月初最大，7 月初最小，因此在计算太阳辐射时，则按月份采取不同的数值，其精度完全可以满足要求。

---

① 1971 年，P.M. Thekackara 和 A.J. Drummond 提出将太阳常数规定为 $1353W/m^2$。

（2）太阳光谱

地球大气层外的太阳光谱，接近于 6000K 的黑体辐射光谱。太阳常数与太阳辐射光谱的关系可用式（1-8）表示：

$$I_0=\int_0^{\infty} E(\lambda)\cdot \mathrm{d}\lambda \tag{1-8}$$

式中 I_0——太阳常数（W/m^2）；

λ——辐射波长（μm）；

$E(\lambda)$——太阳辐射频谱强度 [W/（m^2·μm）]。

以光谱形式发射出的太阳辐射能，在通过厚厚的大气层后，光谱分布发生了不少变化。太阳光谱中的 X 射线及其他一些超短波辐射线通过电离层时会被 O_2、N_2 及其他大气成分强烈地吸收；大部分紫外线（波长为 0.29~0.38μm）被 O_3 所吸收；至于波长超过 2.5μm 的射线，在大气层外的辐射强度本来就很低，再加上大气层中的 CO_2 和水蒸气对它们有强烈吸收作用，能到达地面上的能量微乎其微。这样，只有波长为 0.38~0.76μm 的可见光部分才可能比较完整地到达地面。因此认为，地面上所接收的太阳辐射属于短波辐射，从地面利用太阳能的观点来说，只考虑波长为 0.28~2.5μm 的射线就可以了。

2. 太阳在空间的位置

对于地表球表面上某点来说，太阳的空间位置可用太阳高度角和太阳方位角确定。

（1）太阳高度角

太阳高度角 h 是地球表面上某点和太阳的连线与地面之间的交角，可用式（1-9）计算：

$$\sin h=\sin\varphi\sin\delta+\cos\varphi\cos\delta\cos\omega \tag{1-9}$$

式中 φ——当地纬度；

δ——赤纬角；

ω——太阳时角。

从式（1-9）可看出，太阳高度角随地区、季节和每日时刻的不同而改变。

（2）太阳方位角

太阳方位角 α 是太阳至地面上某给定点连线在地面上的投影与南向（当地子午线）的夹角。太阳方位角在太阳偏东时为负，偏西时为正。

太阳方位角的计算公式为：

$$\sin\alpha=\cos\delta\sin\omega/\cos h \tag{1-10}$$

当采用式（1-10）计算出的 $\sin\alpha$ 大于 1，或 $\sin\alpha$ 的绝对值较小时，应改用式（1-11）计算：

$$\cos\alpha=（\sin h\sin\varphi-\sin\delta）/\cos h\cos\varphi \tag{1-11}$$

当采用式（1-11）计算时，太阳方位角 α 的正负要根据太阳时角 ω 来确定。

（3）太阳时角的确定

不同地区的太阳时角是不同的。对于经度为 L 的地区标准时间 H_s 时的太阳时角可简单由式（1-12）求得：

$$\omega=H_s\times 15+（L-L_s）-180 \tag{1-12}$$

式中 H_s——该地区的标准时间（h）；

L——该地区经度；

L_s——标准时间位置经度。

3. 地球表面上的太阳辐射

1）太阳辐射在大气层中的衰减

阳光经过大气层，其强度按指数规律衰减，也就是说，每经过 dx 的衰减梯度与本身辐射强度成正比，即：

$$-\frac{\mathrm{d}I_x}{\mathrm{d}x}=KI_0 \tag{1-13}$$

解此式可得：$I_x=I_0\exp（-Kx）$

式中 I_x——距离大气层上边界 x 处，在与阳光射线相垂直的表面上（即太阳法线方向）的太阳直射强度（W/m^2）；

K——比例常数（m^{-1}），从式（1-13）可以明显看出，K 值越大，辐射强度的衰减就越迅速，因此 K 值也称消光系数，其值大小与大气成分、云量多少等有关，影响因素比较复杂；

x——光线穿过大气的距离。

太阳位于天顶时，光线穿过大气的距离 x 等于 l，于是到达地面的法向太阳直射强度为：

$$I_1=I_0\exp（-Kl）$$

或：
$$\frac{I_1}{I_0}=p=\exp（-Kl） \tag{1-14}$$

式中 p——大气透明率或大气透明系数，是衡量大气透明程度的标志，p 值越接近 1，表明大气越清澈，阳光通过大气层时被吸收的能量越少。

2）晴天地球表面的太阳辐射强度

透过大气层到达地面的太阳辐射中，一部分是方向未经改变的，即所谓的“太阳直线辐射”；另一部分由于被气体分子、液体或固体颗粒反射，故到达地球表面时并无特定方向，被称为“太阳散射辐射”。

（1）太阳直射辐射强度：任意平面上得到的太阳直射强度，与阳光对该平面的入射角有关，其所接受的太阳直射强度 I_{Dt} 为：

$$I_{Dt}=I_{DN}\cos i \tag{1-15}$$

式中 I_{DN}——法向太阳辐射强度（W/m^2）；

i——入射角（太阳光线与照射表面法线的夹角）。

对于水平面，$i+h=90°$，则：

$$I_{DH}=I_{DN}\sin h \tag{1-16}$$

式中 I_{DH}——水平面上的太阳直射辐射强度（W/m^2）；

h——太阳高度角，即在水平面时，太阳入射角与太阳高度角互为余角。

（2）太阳散射辐射：建筑围护结构外表面从空中所接收的散射辐射包括三项，即天空散射辐射、地面反射辐射和大气长波辐射。其中，天空散射辐射是主要项。

①天空散射辐射：阳光经过大气层时，由于大气中的薄雾和少量尘埃等，使光线向各个方向反射和绕射，形成一个由整个天穹所照射的散乱光。因此，天空散射辐射也是短波辐射。多云天气时，散射辐射增多，而直射辐射则成比例地降低。

②地面反射辐射：太阳光线射到地面上以后，其中一部分被地面所反射。由于一般地面和地面上的物体形状各异，故可以认为地面是纯粹的散射面。这样，各个方向的反射就构成由中短波组成的另一种散射辐射。一般认为水平面是接收不到地面反射辐射的，对于垂直面，$\theta=90°$，其所获的地面反射辐射强度 I_{Rv} 为：

$$I_{Rv}=\frac{1}{2}\rho_Q I_{SH} \tag{1-17}$$

式中 I_{SH}——水平面所接收的太阳总辐射强度；

ρ_Q——地面的平均反射率。

从北京、武汉等 8 个城市气象台 1961—1970 年 6—9 月的 10 年实测资料中，得出 ρ_Q 等于 0.174~0.219。但是，由于气象台是在草地面上观测得到的 ρ_Q 值，而一般工厂或城市并非全部都为草地。对混凝土路面来说，反射率 ρ_Q 可达 0.33~0.37，故一般城市地面反射率可近似取 0.2，有雪时取 0.7。这些数值对于了解地面对太阳辐射的吸收情况是很有用的。

③大气长波辐射：阳光透过大气层到达地面的途中，其中一部分（约 10%）被大气中的水蒸气和 CO_2 所吸收，同时，大气还吸收来自地面的反射辐射，从而具有一定温度而会向地面进行长波辐射，这种辐射称为大气长波

辐射。其辐射强度 I_B 按黑体辐射的四次方定律计算，即：

$$I_B=C_b\left(\frac{T_s}{100}\right)^4\varphi\ (W/m^2) \quad (1\text{-}18)$$

式中 C_b——黑体的辐射常数，为 5.67W/（$m^2 \cdot K^4$）；

φ——接受辐射的表面对天空的角系数，对于屋顶平面可取为 1，对垂直壁面可取为 0.5；

T_s——天空当量温度（K），可借助于天空当量辐射率 ε_s 求得。

天空当量辐射率 ε_s 的定义式为：

$$\varepsilon_s=\left(\frac{T_s}{T_a}\right)^4 \quad (1\text{-}19)$$

式中 T_a——室外空气黑球温度（K）。

天空的当量辐射率计算式有许多，一般常用 Brunt 方程计算，即：

$$\varepsilon_s=0.51+0.208\sqrt{e_a} \quad (1\text{-}20)$$

式中 e_a——空气中的水蒸气分压力（kPa）。

这样，大气长波辐射计算式可改写为：

$$I_B=C_b\left(\frac{T_a}{100}\right)^4\cdot(0.51+0.208\sqrt{e_a})\ \varphi\ (W/m^2) \quad (1\text{-}21)$$

天空当量温度则为：

$$T_s=\sqrt{0.51+0.208\sqrt{e_a}}\cdot T_a \quad (1\text{-}22)$$

（3）太阳总辐射强度：地球上任何一个地方，任意一种倾斜面上，获得的太阳总辐射强度 $I_{s\theta}$ 等于该倾斜表面上所接收的直射辐射强度和散射强度的总和。但是，在给出的太阳总辐射强度的数据时，散射辐射一般只计算其中天空散射强度一项，即：

$$I_{s\theta}=I_{D\theta}+I_{d\theta} \quad (1\text{-}23)$$

式中 $I_{s\theta}$——倾斜面上的太阳总辐射强度；

$I_{D\theta}$——倾斜面上的太阳直射辐射强度；

$I_{d\theta}$——倾斜面上的太阳散射辐射强度。

4. 地表物体对太阳辐射的吸收和反射

辐射热量 Q 投射到物体表面上时，其中一部分 Q_ρ 被物体表面反射，一部分 Q_α 在进入表面以后被物体吸收，其余部分 Q_τ 则透过物体。根据能量守恒定律：

$$Q=Q_\rho+Q_\alpha+Q_\tau \text{ 或 } \frac{Q_\rho}{Q}+\frac{Q_\alpha}{Q}+\frac{Q_\tau}{Q}=1 \quad (1\text{-}24)$$

式中　各部分能量之比$\frac{Q_\rho}{Q}$，$\frac{Q_\alpha}{Q}$，$\frac{Q_\tau}{Q}$分别称为反射率、吸收率和透射率，分别用ρ，α，τ表示，显然$\rho+\alpha+\tau=1$。

全透明体$\tau=1$，白体$\rho=1$，黑体$\alpha=1$。这些绝对情况在生活中极少遇到，实际常用的工程材料大多为半透明体和不透明体。例如玻璃等属于半透明体，其反射率、吸收率和透过率都介于0~1之间。其他一些材料，如金属、砖石等，则属于不透明体，这是因为透入这些材料的辐射能在很短距离（小于1mm）内就会被吸收，并转化为热能，使物体温度升高。因此，不透明体的透过率$\tau=0$。这样，对于不透明物体来说，式（1-24）可简化为：

$$\alpha+\rho=1 \tag{1-25}$$

但应注意，对一般物体来说，在不同波长的辐射下，其反射率、吸收率和透过率并非常数。例如玻璃，对太阳光射线的中短波辐射来说，它是个半透明体，而对长波热辐射则几乎是不透明体；雪对可见光来说近乎白体，而对长波辐射则是灰体。

对于不透明体来说，其吸收率也并非常数，它取决于两个方面的条件：不透明物体自身的状况，如物性、温度及表面状况（表面的颜色，光洁度）；入射线的波长和入射角。

因此，在选用物体的吸收率时，一定要全面考虑这些因素，尤其是要注意如下两个问题。

（1）长波辐射

长波辐射（亦称辐射）是指大部分能量处于0.76~20μm波段的红外辐射，如大气长波辐射、建筑围护结构表面的辐射及房间照明设备的辐射等。对于热辐射，不透明物体可近似当作灰体处理，也就是说，它们的吸收率与辐射能的波长几乎无关，物体表面的颜色对它们的影响也很小。根据基尔霍尔定律，在热平衡条件下可以得出，实际物体的吸收率等于同温度下该物体的黑度，即$\alpha=\varepsilon$。

（2）短波辐射

太阳辐射中0.38~0.76μm波段的可见光约占总辐射能量的46%。物体表面的颜色对可见光的吸收具有强烈的选择性，例如砖墙表面刷白粉时吸收率为0.48，刷黑色颜料时吸收率为0.9以上。但必须注意，物体在可见光辐射下，其黑度并不等于吸收率。

5. 建筑物外表面热平衡

建筑围护结构的外表面除与室外空气发生热交换外，还会受到太阳辐射的作用，其中包括太阳直射辐射、天空散热辐射、地面反射辐射、大气长波辐射及来自地面的长波辐射。这些因素同时对围护结构外表面产生影响，其外表面的热平衡可用式（1–26）表示：

$$q_{s}+q_{R}+q_{B}+q_{S}=q_{0}+q_{ca}+q_{ra} \tag{1–26}$$

式中 q_s——围护结构外表面所吸收的太阳辐射热量（W/m^2）；

q_R——围护结构外表面所吸收的地面反射辐射热量（W/m^2）；

q_B——围护结构外表面所吸收的大气长波辐射热量（W/m^2）；

q_S——围护结构所吸收的地面热辐射（W/m^2）；

q_0——围护结构外表面向壁体内侧传热量（W/m^2）；

q_{ca}——围护结构外表面与周围空气进行的对流换热量（W/m^2）；

q_{ra}——围护结构外表面向周围环境的辐射换热量（W/m^2）。

1.3.3 人为热通量

人为热通量（Anthropogenic Heat Flux，AHF）是指人体代谢产生的热量和人体行为所带来的热量，通常表示为单位面积、单位时间的热流密度，单位是 W/m^2，其反映了单位面积和单位时间内人为热的排放量。人为热排放总量是一定面积和时间内人为热通量的总和。因为人们的代谢率和行为活动随时间和气候条件的变化而变化，所以人为热通量具有显著的季节性和时效性。

全球范围内快速的城市化使城市规模和人口不断增长，从而对城市下垫面层和冠层的热环境产生显著影响，城市中高强度的人类活动持续排放出巨量的人为热。人为热是人们生产生活中直接向大气中排放的废热，其来自工业生产、供暖系统、居民烹饪、交通运输和人体新陈代谢等。大量研究表明，人为热在一定程度上影响着城市的局地微气候和地表能量平衡，是造成城市热岛效应（Urban Heat Island，UHI）的重要诱因。此外，由于经济社会发展水平及地理环境的差异，不同地区的人为热排放量具有明显的空间异质性，但总体来看，人为热排放主要集中在城市。据估算，全球平均人为热通量为 $0.028W/m^2$，美国为 $0.39W/m^2$，西欧为 $0.68W/m^2$。中国地区平均人为热通量为 $0.4W/m^2$，各个省的平均人为热通量通常在 $0\sim5W/m^2$ 之间，典型城市地区平均人为热通量大多在 $20\sim100W/m^2$ 之间。

人为热估算研究主要有 3 种方法：源清单法、能量平衡方程法、建筑模型模拟法。

1. 源清单法

源清单法是基于能源消费情况转化为人为排热的计算方法。源清单法是计算区域人为热排放的常用方法，适合估算较大范围的人为热排放。以往的研究多是对人为热排放总量的估算，而对人为热分类估算的研究较少，或者分类之后没有较完善的空间分布的研究方法。传统方法上，一般用人口分布数据估算人为热排放的分布，虽然人口密度与人为热排放关系密切，但是仅考虑人口分布有一定的局限。因此，需要用来源分类和空间分辨率更精细的人为热排放清单来研究人为热对区域气象和大气环境的影响。

2. 能量平衡方程法

利用能量平衡方程法可进行人为热通量估算。其基本思路是引入卫星遥感数据、再分析资料和站点数据，对能量平衡方程各分量进行估算并验证，最终得到人为热通量。能量平衡方程法是一种常用的计算城市人为热通量的方法。它是基于能量守恒原理的基础上，通过分析城市热环境和建筑物的能量平衡关系，计算出城市建筑物的人为热通量。

3. 建筑模型模拟法

建筑模型模拟法是一种比较精确的计算人为热通量的方法。其基本思想是通过建立城市建筑物的三维模型，运用建筑能耗模拟软件，模拟城市建筑物的能耗状况，从而计算出城市建筑物产生的人为热通量。该方法的优点是比较精确，能够考虑到建筑物的材料、结构、朝向、室内温度等因素的影响，适用于大型城市和高密度建筑区域。但是该方法需要大量的建筑信息和专业软件支持，计算成本较高，且计算过程比较复杂，需要专业技术人员进行操作。

1.3.4 城市能量平衡

城市（或城镇、工业小区）是具有特殊性质的立体化下垫面层，其局部大气成分发生变化，故而能量收支平衡关系与郊区农村显著不同。在城市这个立体化下垫面层中，详细分析计算是相当复杂的。详细的城市能量平衡分析在第 3 章还有专门阐述，在此不再赘述。

城市分层理论将城市划分为城市边界层（指由建筑物顶向上到积云中部高度部分）和城市覆盖层（指城市建筑物屋顶以下至地面部分），同时在城市的下风向还有一个“城市尾羽层”（或称为“城市尾烟气层”），在“城市尾羽层”之下为“乡村边界层”，如图 1–3 所示。

城市能量平衡受多种因素影响，主要包括以下方面。

1. 城市规模和密度

较大规模与较高密度的城市通常伴随着较高的能源消耗和较强的热岛效应，导致城市能量平衡偏向能量输入；而较小规模与较低密度的城市则能在一定程度上减缓能量输入、输出之间的失衡。

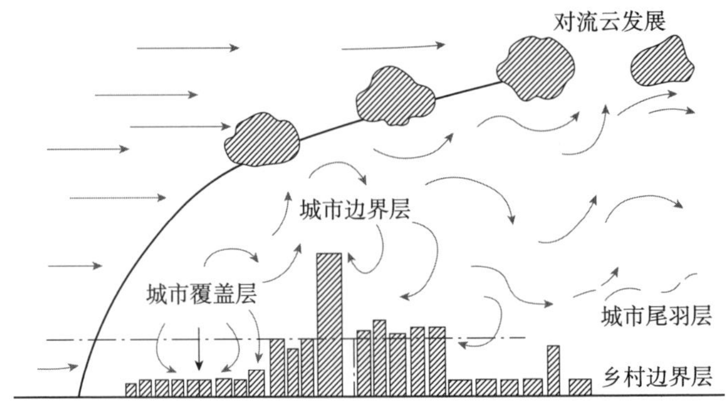

图 1-3 城市大气分层示意图

（图片来源：OKE T R. The Urban Energy Balance[J]. Progress in Physical Geography，1988，12（4）：471-508.）

2. 气候条件

气温、湿度、风速等气候因素会影响城市的能源需求，如空调和供暖需求，从而影响城市能量平衡。

3. 建筑和基础设施

建筑物的能源效率、热岛效应、绿化覆盖等都会影响城市的能量平衡。此外，城市的道路、交通系统、供水、供电、供热等基础设施也会影响城市的能源消耗和能量平衡。

4. 人口数量和活动模式

人口数量和活动模式的变化会导致城市能源需求的变化，从而对能量平衡产生影响。例如，人口增长、产业结构调整、生产方式变化等都会对城市的能源消耗和能量平衡产生影响。

5. 能源政策和管理措施

政府的能源政策、能源管理和监管措施，包括能源消耗限制、能源节约和环保要求等，都会影响城市的能源消耗和能量平衡情况。

6. 新能源技术和创新

可再生能源技术的应用和智能能源管理系统的推广可以改善城市能源利用效率，减少对传统能源的依赖，从而对能量平衡产生影响。

1.4.1 城市气候

气候是指一个地区长期的统计天气状况，通常是以多年为单位进行统计。城市气候是指在区域气候背景下，在城市化、人类活动影响下而形成的一种局地气候。由于城市中众多建筑物构成了特殊的“地面”，人口又高度密集，高强度的经济活动消耗大量的燃料，释放出无数的有害气体和粉尘，这些连同其他的人类生产生活排放，改变了该地区原有的区域气候状况，从而形成一种与城市周围郊区不同的气象特征，即在大气候或区域气候的背景条件下，由于城市化的影响而形成的一种局地气候。

城市气候的形成和演变是一个复杂的过程，受到多种因素影响，这些因素既包括城市地理环境、城市发展模式，也包括城市规划建设（如城市形态等）。在这些因素的共同作用下，城市气候呈现出“五岛”效应（Five Island Effect）的特征，即“热岛”“湿岛”“干岛”“雨岛”和“浊岛”。

1. 城市热岛效应

城市的快速发展使城市的温度明显高于周围农村的温度，这种现象被称作城市热岛效应。造成城市热岛现象出现的主要原因有：城市下垫面性质的改变、人为热、大气污染，以及城市不合理的规划布局等。热岛效应带来一系列的负面影响，主要体现在制冷能耗的增加、居民健康风险的增加及对气候的不良影响。

2. 城市湿岛效应

城市湿岛效应是指某个时间段，城市的空气湿度大于周围地区的现象。市区夜间经常出现凝露湿岛现象，这是因为在天气稳定又无低云、风速较小的夜间，郊区降温快，结露多，所以空气中的水汽大量析出，水汽压迅速降低；而市区因热岛效应，气温较高，结露量较少，因此空气中水汽压高于郊区，形成城市湿岛。上午温度上升后，露水蒸发，郊区空气中湿度迅速增加，而市区则转为“干岛”。

3. 城市干岛效应

随着城市的发展，市区面积不断扩大，建筑物迅速增多，市区大部分都被不透水层所覆盖，降水被迅速排走，蒸发到空中的水汽量显著减少，加上城市热岛的存在，使得市区的相对湿度比郊区小，从而形成了城市干岛效应。

4. 城市雨岛效应

由于城市内高楼林立、空气循环不畅，加之建筑物空调、汽车尾气等加重了热量排放，使城市内热空气上升，并在上升中遇冷凝结形成降水。此外，城市上空悬浮颗粒物多，既凝结核多，也易形成局地暴雨。种种因素的影响造成城市区域降水强度和频度增加，形成雨岛效应。

5. 城市浊岛效应

城市浊岛效应是指由于城市大气中的污染物比郊区多，凝结核多，低空的热力湍流和机械湍流较强，故而造成城市的日照时数减少，太阳直接辐射大大削弱，其能见度小于郊区的现象。

1.4.2 城市气候的研究尺度

城市气候学研究中，将城市气候分为宏观城市尺度、中观街区尺度和微观街道尺度三类（图 1-4）。不同的气候尺度对应着不同的城市规划层级，面临着不同的气候问题。选择合适的城市气候研究尺度可以提高研究结果的准确性和设计策略的适用性。

1. 宏观尺度

宏观尺度主要是指城市尺度，其研究范围覆盖几十千米，研究内容多集中于城市风廊的构建、城市气候评估方法和技术、城市化进程中面临的共同挑战、城市热浪风险等与城市总体规划密切相关的问题。宏观尺度的研究可以深入了解城市与周边环境之间、不同城市之间的气候差异和影响因素，其

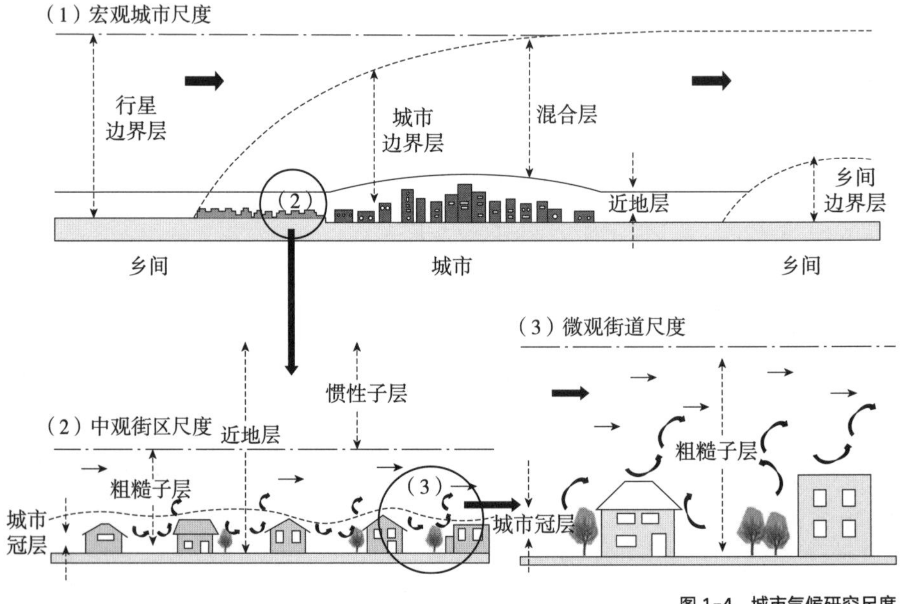

图 1-4 城市气候研究尺度

研究结果可以为城市规划和管理提供科学依据，例如对于城市周边环境的保护、城市扩张等方面可以采取相应的措施来减轻城市对周边环境的影响。

城市物理环境的宏观气候尺度研究可以通过数据监测、模拟分析去总结大区域的主要风场情况、地表温度、归一化植被指数、噪声、可再生能源资源等现状基本情况，从而识别规划范围市域通风廊道、冷岛、热岛、污染物的分布情况；通过调整区域或城市生态格局，特别是绿地、水系及道路系统，进一步规划更为宜居舒适的城市走向与形态，促进夏季散热、冬季防风及大气污染疏散，提高能源利用潜力，合理布局用地类型，提高城市宜居性。

2. 中观尺度

中观尺度主要为城市街区尺度，其研究范围较为灵活，通常直径为几百米至几千米，研究内容多集中在历史街区热环境、城市复杂形态的热分布等与城市街区布局、规划相关的问题，可利用现场实测、计算流体力学（Computational Fluid Dynamics，CFD）等模拟与风洞技术进行研究。中观尺度的研究可以深入了解城市内不同区域之间的气候差异，例如研究如何在城市交通、用地布局等方面采取相应的措施来改善城市环境质量。

城市物理环境的中观气候尺度研究可通过数据监测、模拟分析去研究城市街区的风速、风舒适性、温度、光照强度、噪声等物理环境现状，分析街区和建筑群风环境，从而构建中观尺度区域多层级通风系统；通过对街区布局、道路布局、绿地水体用地布局、绿建技术应用等综合优化，构建中观尺度区域的舒适热环境；通过交通噪声模拟分析，结合城市现状、生物栖息地分布与生物种类，进一步优化道路路网；通过对街区辐射量及采光率的整体分析，判断太阳能利用条件较好的区域，合理科学地利用规划街区内的太阳能资源。

3. 微观尺度

微观尺度主要指建筑及建筑周边的微环境，其研究范围在千米以内，研究内容多关注建筑形态、建筑布局形式、建筑外部景观与绿化等与建筑单体、建筑周边微环境相关的问题。微观尺度的研究可以更精细地分析出建筑与住区之间、住区与街区之间相互影响、相互制约的关系，其分析结果可以对城市规划、住区布局、建筑设计等方面提供参考依据，进而可以在城市绿化、建筑设计、道路设计等方面采用相应的措施来改善小尺度区域内的气候环境。

城市物理环境的微观气候尺度研究可通过数据监测、模拟分析去了解建筑室内外风环境、热环境、声环境和光环境等物理环境基本情况，揭示城市化热岛效应的形成机理和影响因素；通过优化建筑设计与景观绿化，采用街区走向结合风廊道走向等措施，改善建筑室内外热环境；结合水平、垂直、敏感点等多种噪声模拟分析，通过街区、建筑布局方式的优化，改善建筑室内声环境；通过合理的建筑布局，结合建筑朝向、方位的优化，保证建筑内部环境获得充足的日照，提升住区太阳能利用潜力。

1.4.3 城市微气候

1. 微气候

南兹博格认为，微气候主要指靠近地表边界层的一部分气候，它受地面的土壤、植物及地形地势的影响。阿兰·米诺和罗博特·杰克则认为，所谓微气候，即小气候，也就是很小范围内的地方性区域气候，其温度、湿度等在一定程度上是可以人为调控的。上述研究中虽然对微气候的概念表述不一，但核心内容主要有以下几点。

（1）微气候的“小尺度”特点

微气候主要靠近地面边界层中，气候因素等各指标变量会随着城市有限的建成环境而变化，尺度相对于区域整体的自然气象条件微小得多。

（2）微气候的影响因素

微气候受城市下垫面、植被、建筑单体和建筑群布局等因素的共同影响，城市粗糙的覆盖界面加剧了大气湍流的过程，增大了气象参数的可变性。

（3）微气候是有限区域内的气候状况

在城市局部粗糙下垫面的影响下，微气候的气象条件汇集在一个已建成的环境下进行改变，而这一局部环境是相当有限的区域。

（4）微气候可调节、可改善

微气候可以通过设备等主动式手段（Active Condition）和规划设计等被动式手段（Passive Condition）进行人为的调节与改善。

（5）微气候存在着偏差

微气候中的气象因子，如温度、湿度、气流速度和热辐射等，对悬浮颗粒物的扩散均存在交互影响，这就造成了微气候的复杂性与多元化，因此在研究过程中应将实测与模拟相结合，以提高研究结果的准确性。

综上所述，微气候是指在建筑单体四周的地面、屋面、墙面、窗台等各类室外特定有限的区域中，与建筑围护结构传热及空间形态相互影响的风环境、热环境、太阳辐射等气候条件，它是一种特定的局地气候。

2. 城市微气候与城市建成环境

城市的扩张和人口的增多导致集中的人为热源和污染物大量排放，使得城市下垫面的动力和热力过程发生了改变，形成了有别于郊区开阔地带的独特的城市微气候。城市微气候的环境特征主要是指热量、太阳辐射、风等微气候因子在城市建成环境中的变化过程与分布状态。如图 1-5 所示，城市微

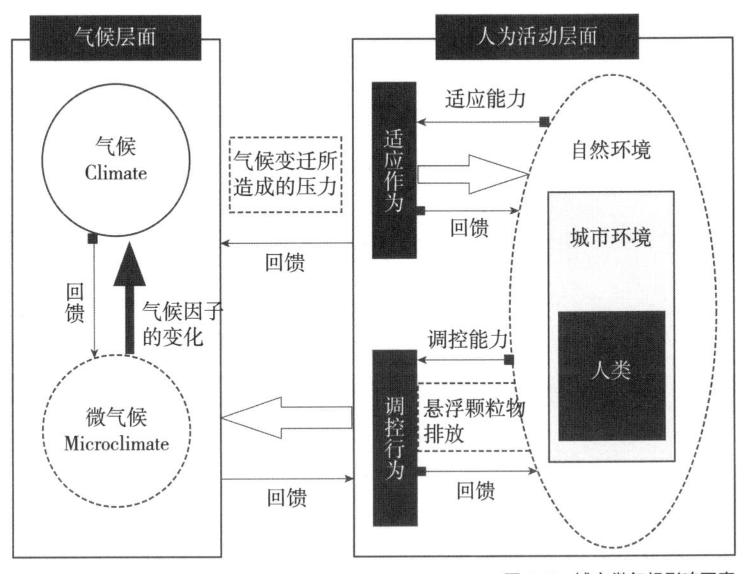

图 1-5 城市微气候影响因素

气候不仅受到地域气候影响，同时与城市空间形态、人类经济活动都有密切的关联。城市微气候与城市气候相互作用，人为活动也对城市微气候产生重要影响。气候作用于人类所生存的环境，人类采取的适应性措施创造了更宜于生活生产的城市环境，而伴随着城市发展建设，城市建成环境周边诸多因素又直接影响着微气候环境的产生和发展（表 1-2）。

微气候影响因子及建成环境标志特征 **表 1-2**

相关因子	标志特征	对微气候的影响
表面类型		
岩石层	类型、颜色、导热率	蓄热及延迟
土壤层	类型、结构、颜色、空气和水分子含量、导热率	蓄热及延迟
水体	表面面积、水体深度、水体流动情况	蓄热、潜热蒸发
植被	种类、高度、密度、颜色、季节变化	潜热
农田	开阔地、作物高度、种类与颜色、季节变化	潜热
建筑群落区	各物质材料机理、颜色、导热率、热、水、污染物	潜热
表面特征		
几何形状	平坦、起伏、冲切谷	—
能量供给	维度、海拔、地面遮蔽度、平面形式、坡面、坡向	—
受遮蔽情况	地形遮蔽、建筑物、树木遮蔽	直射辐射增温
地形粗糙度	所处区域、建筑物分布状况、平均高度、街道建筑群的方向、朝向、公园等开阔地的密度	散射辐射增温
反射率	覆盖物材料表面类型	辐射增温
放射能力	表面类型、最高温度、地面辐射能力	辐射增温

1.5.1 低碳城市建设理念

1. 低碳城市的内涵与演变

低碳概念是在应对全球气候变化、提倡减少人类生产生活活动中温室气体排放的背景下提出的。2003 年，英国政府发表了题为“我们未来的能源：创建低碳经济”的报告，首次提出了“低碳经济”的概念。该报告中指出：“低碳经济是通过更少的自然资源消耗和更少的环境污染，获得更多的经济产出，是创造更高的生活标准和更好的生活质量的重要途径，也为发展、应用和输出先进技术创造了机会，同时也能创造新的商机和更多的就业机会。”

自英国首次提出“低碳经济”的概念以来，全球经济发展模式逐步向低碳型经济转变。应对低碳经济发展的大背景，2007 年日本环境部发布了“低碳社会”的规划草案，提出了实现低碳社会的三个原则，即：所有部门减少碳排放量；大力提倡物尽其用的节约精神，通过更简单的生活方式达到更高质量的生活水平，积极引导从高消费社会向高质量社会的转变；社会与自然和谐共存，保护自然生态环境成为社会发展的基础。

2020 年 9 月 22 日，习近平主席在联合国大会一般性辩论上向全世界宣布，“中国将提高国家自主贡献力度，采取更加有力的政策和措施，CO_2 排放力争于 2030 年前达到峰值，努力争取 2060 年前实现碳中和”,[①] 简称“双碳”目标。城市作为人类社会生产生活的中心，是碳排放的主要来源，显然，建设低碳城市是实现“双碳”目标的必由之路。

低碳城市以低碳经济为基础，是通过发展模式、消费理念和生活方式的转变，在保证生活质量不断提高的前提下，实现有助于减少碳排放的城市建设模式和社会发展方式。低碳城市强调以低碳理念为指导，在一定的规划、政策和制度建设的推动下，推广低碳理念，以低碳技术和低碳产品为基础，以低碳能源生产和应用为主要对象，由公众广泛参与，通过发展当地经济和提高人们生活质量而为全球碳排放减少作出贡献。

目前，低碳城市建设主要包括以下内涵。

（1）可持续发展理念

低碳城市的本质是可持续发展理念的具体实践。建设低碳城市必须立足国情，在努力降低城市社会经济活动“碳足迹”的同时，满足人民日益增长的物质文化需求。

（2）碳排放量增加与社会经济发展速度脱钩的目标

以降低城市社会经济活动的碳排放强度为近期目标，首先实现碳排放量与社会经济发展脱钩的目标，即碳排放量增速小于城市经济总量增速，而长

---

① 新华社．习近平在第七十五届联合国大会一般性辩论上的讲话 [EB]. 中国政府网，2020-09-22.

期和最终目标则是降低城市社会经济活动碳排放总量。

（3）对全球碳减排作出贡献

对单个城市而言，低碳应当包含两个层次：狭义上，城市内部社会经济系统的碳排放量降低并维持在较低水平，能被自然系统正常回收；广义上，一个地区通过发展低碳技术或产品并将其应用，从而对全球碳减排作出贡献。

（4）以技术创新和制度创新为核心

低碳城市需要低碳技术的创新与应用，提高能源使用效率的节能技术和新能源的生产应用技术是城市实现节能减排目标的技术基础。

2. 低碳城市的特征

低碳城市建设是坚持科学发展观、构建和谐社会的最具体和有力的实践，其理念应融入经济社会发展各方面，渗透人们生产生活各领域。低碳城市具有以下特点。

（1）高效性

低碳城市是物质、能量、信息高效利用的城市，将改变以往城市“高投入、高消耗、低产出”非循环的发展模式，使城市向“低投入、低消耗、高产出”的发展模式转变。通过借助现代科技和管理手段，低碳城市努力做到物尽其用、地尽其利、人尽其才。

（2）宜居性

低碳城市是指城市在经济高速发展的前提下，保持能源消耗和 CO_2 排放量处在较低水平上，不对自然生态系统造成太大的压力，保持良好的环境质量，提高城市的宜居性。

（3）循环性

城市自然生态系统的基本功能在于通过物质循环、能量流动和信息传递，将城市的生产与生活、资源与环境、结构与功能有机地联系起来。低碳城市所倡导的低排放，有助于缓解人类生产生活活动对自然生态系统的压力，使城市在良好的循环状态下满足人类生产和生活需求，实现城市自然生态系统的平衡。

（4）持续性

低碳城市的目标是建设可持续发展的城市，坚持可持续发展的思想，在不损害后代人发展的前提下，合理地满足当代人的发展需求，维护自然生态系统的健康和均衡状态，使城市能够永续发展。

1.5.2 低碳发展与物理环境

城市物理环境是城市生态系统中非常重要的非生物因素组分，物理环境状态对城市能源消耗、大气环境质量、居民生活舒适度等都起着决定性的作用。良好的城市环境在给居民带来健康舒适的同时，更有助于城市的低碳发展。

1. 低碳发展与城市热环境

城市碳排放对城市热环境有直接的关联和影响，热岛效应对城市居住区能耗、区域能耗都有显著的影响，通过合理的城市规划和区域设计及增加城市绿地等手段去削减热岛效应，从而降低城市整体能耗与碳排放水平。

2. 低碳发展与城市湿环境

城市水体是城市生态系统的重要组成部分之一。通过海绵城市的建设，可以改善城市的水资源管理，恢复生态系统，减少水污染和提高居民参与度，从而有助于改善城市湿环境，提高城市的可持续性和发展韧性，减轻洪涝和干旱等极端事件带来的影响。

3. 低碳发展与城市风环境

空气污染、自然通风、对流热交换、风荷载及城市风害等对城市整体碳排放水平都有着一定的影响。通过构建城市通风廊道、控制风向分布、控制局地环流和大气污染等城市风环境设计方法，可以优化建筑群的风热环境，从而实现区域的减污降碳协同增效。

4. 低碳发展与城市光环境

缺乏合理规划和设计的人工光源会导致光污染，导致能源的浪费和碳排放的增加。构建绿色低碳的城市光环境对降低城市照明能耗、充分发挥太阳能利用潜力、提高场地植物有效光合、增加城市整体碳汇水平等都具有重要的影响。

思考题与练习题

1. 当前全球面临的环境问题主要有哪些？

2. 什么是环境的自净机能？举例说明我们能从环境污染防治过程中得到哪些启示？

3. 什么是城市可持续发展？如何理解其内涵？

4. 人为热通量的计算方法有几种？比较它们的优缺点。

5. 简述城市低碳发展与物理环境的关系。

主要参考文献

[1] 刘加平，等 . 城市环境物理 [M]. 北京：中国建筑工业出版社，2011.

[2] 王燕丽 . 论城市生态学在城乡规划中的应用 [C]// 中国环境科学学会 . 2013 中国环境科学学会学术年会论文集：第三卷 . 北京：中国环境科学学会，2013：4.

[3] 王效科，苏跃波，任玉芬，等 . 城市生态系统：人与自然复合 [J]. 生态学报，2020，40（15）：5093-5102.

[4] 马燕琼 . 生态城市建设研究：以呼和浩特市为例 [D]. 成都：西南财经大学，2008.

[5] 孙忠英 . 城市生态系统研究与城市可持续发展 [J]. 社科纵横，2007，22（3）：61-62.

[6] 施婕，谢旻，朱宽广，等 . 中国城市人为热通量估计及时空分布 [J]. 中国环境科学，2020，40（4）：1819-1824.

[7] 张磊 . 历史文化名城保护中的低碳城市理念运用 [C]// 中国城市规划学会，重庆市人民政府 . 规划创新：2010 中国城市规划年会论文集 . 重庆：重庆出版社，2010：7.

[8] 广州市社会科学院课题组 . 低碳城市的基本特点与建设策略 [J]. 创新，2010，4（4）：11-14.

[9] 周芳丽 . 城市规模与环境污染：规模效应还是拥挤效应：基于地级城市面板数据的实证分析 [J]. 大连理工大学学报（社会科学版），2020，41（2）：34-41.

[10] 戴天兴，戴靓华 . 城市环境生态学 [M]. 北京：中国水利水电出版社，2013.

[11] 赵景联，徐浩 . 环境科学与工程导论 [M]. 北京：机械工业出版社，2019.

[12] 司马晓，李晓君，俞露，等 . 城市物理环境规划方法创新与实践 [M]. 北京：中国建筑工业出版社，2020.

第2章 人与城市物理环境

城市是人类文明与社会经济发展到一定阶段的必然产物，其最本质的特点是集聚。高密度的人口、建筑、设施，集中的人为热源和污染物排放，导致城市的热、风、声、光等各项物理环境都比自然原生态环境有不同程度的恶化。这不仅会直接影响居民的热舒适和健康安全，而且对建筑能耗及建筑内部的环境质量产生严重的影响。随着中国城市化进程的不断推进，城市的空间环境品质问题日趋严重，城市物理环境的研究成为当下城市空间品质提升的关键着力点。

作为城市生态系统中最活跃的组成要素，人的行为对城市物理环境具有重要的影响。

2.1 城市物理环境的发展变迁

2.1.1 城市规模的变化

城市是大量人口聚集和生活的地区，提供了各种必要的基础设施，以满足人们居住和工作的需求。城市主要由各种建筑物构成，形成了独特的物理环境，是人类生活和经济活动的核心场所。随着工业的高速发展，对于以工厂为中心的城市来说，从防止公害的角度考虑，许多城市不得不将工厂用地与住宅用地分离开来。在市郊的住宅区和工业开发区以惊人速度建设起来的同时，权利关系错综复杂的城市中心地区原封不动地被保留下来。近郊的山村成了市郊住宅区，良田变成了工厂用地。根据现代城市规划的原则，城市土地利用按用途进行分类，即工业区内不允许建造住宅，而住宅区内禁止工业设施进入。这种土地利用限制制度，虽然便于公害的集中处理，保持居住地的良好环境，但其结果却造成了城市内出现了两个彼此有距离感的区域，即纯生产区域和纯消费区域，而它们之间的往来需要依靠公交干线连接。随着工厂的大型化，住宅用地也随之不断扩大，加上郊外别墅住宅的普及，使城市范围不断扩张。联合国《世界城镇（市）化展望》报告预测，到2050年，城市人口将增加25亿，其中近90%的增长出现在亚洲和非洲。与此同时，世界上居住在城市的人口比例将增加，预计到2050年达到66%。孙斌栋团队预测显示，到2100年，地球上的城市土地数量可能在110万~360万km^2（大约是2000年全球城市总面积约60万km^2的1.8~5.9倍），全球人均城市用地从2000年的100m^2增加到2100年的2406m^2。

近些年来低碳城市概念的引入，使得城市产业结构发生转变，“高碳”“高排放”行业企业大多被迫关停并转型，导致城市工业化萎缩，关联产业难以接续，因此势必引起去工业化问题。以洛杉矶市为例，19世纪末—20世纪初期洛杉矶市还是一个小型城市，以农业和采矿为主导产业，城市的规模和人口数量相对较小，主要集中在市中心和周边地区。20世纪20年代—20 世纪 30 年代是洛杉矶市发展的关键时期，城市开始经历快速增长和扩张：城市的基础设施和交通网络得到大力发展，城市面积和人口数量迅速增加；同时，城市结构也发生了变化，郊区和卫星城市的发展逐渐成为主流。20 世纪 40 年代—20 世纪 50 年代是洛杉矶市进一步发展和巩固的时期。城市的产业和经济开始多元化，特别是军工产业的发展使得城市获得了更多的就业机会。20 世纪 60 年代—20 世纪 70 年代，洛杉矶市开始出现社会动荡和民权运动，城市的结构和分布也发生了变化，郊区和卫星城市继续发展，但城市中心区的衰落也开始显现。20 世纪 80 年代至今，洛杉矶市开始关注环保和可持续发展问题，并加强城市规划和城市管理，城市中心区和周边地区的重建和更新得到了大力支持，城市结构也开始呈现多极化的特征（图 2-1）。总体来说，洛杉矶市的城市规模和结构变化经历了从农业城市到多元化城市的转型，也经历了从单一中心区到多中心区的转变。

城市规模和结构的变化会对环境污染产生正、反两方面的影响：正向的影响是促进产业集聚，产生规模效应，有利于减少环境污染；反向的影响是人口和生产活动的过度集中产生拥堵效应，加剧污染物排放，导致环境状况恶化。对于前者，城市规模扩张有利于促进产业的空间集聚，产生规模经济，进而降低环境污染。一方面，规模经济有助于降低单位污染排放的治理成本。在规模经济下，污染排放相对集中，提高了城市中污染处理设施的使用效率，使得污染处理设备的安装、运行和维护费用相对降低，工业污染的边际减排成本递减；另一方面，城市规模扩大带来的规模效应使得与当地有业务关联的企业和上下游产业在空间上集聚，可以实现生产经营的集中化、规模化，从而提高了能源的利用效率，促进了节能减排。

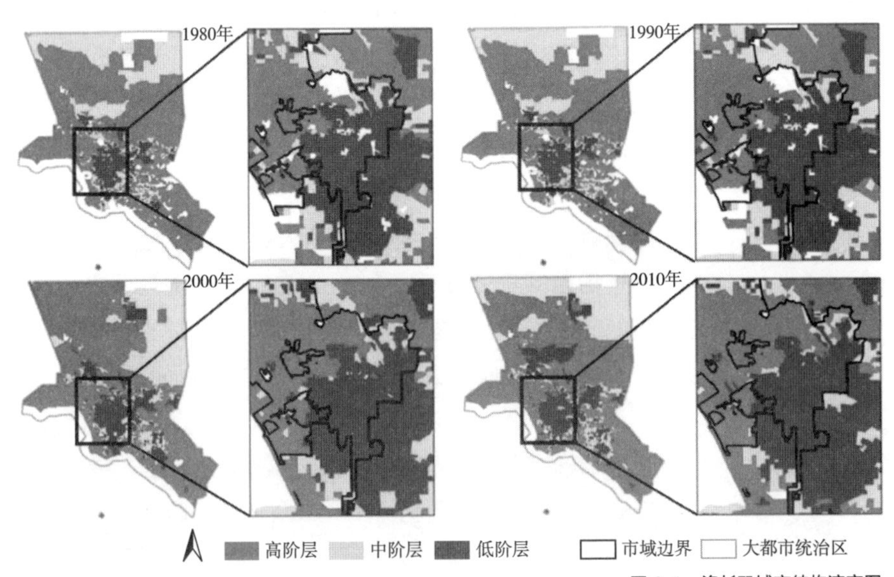

图 2-1 洛杉矶城市结构演变图

（图片来源：古荭欢，孙斌栋．城市社会空间结构及其演变：从芝加哥、洛杉矶到上海 [J]. 地理学，2023，43（2）：185-196.）

不同规模城市对环境污染的影响会存在差异，影响程度大小主要根据环境污染的净效应来进行评判，即城市规模扩大对环境污染的总体影响，包括规模效应（规模扩大降低环境污染的效应）和拥挤效应（规模扩大增加环境污染的效应）。从表 2-1 估计的结果来看，不同城市规模对环境污染的影响呈现“两个特征、一个趋势”。首先，小规模城市、中等规模城市和Ⅱ型大城市对城市环境污染的净效应为正，说明这些规模城市以拥挤效应为主，其城市规模增加了环境污染，且城市规模越大加剧环境污染的作用越弱。其次，Ⅰ型大城市和特大及以上城市对城市环境污染的净效应为负，表明这些规模城市以规模效应为主，其城市规模降低了环境污染，且城市规模越大降低环境污染的作用越强。最后，整体而言，无论是将规模效应和拥挤效应结合起来还是分开来看，城市规模越大，其降低环境污染的作用越强。

不同城市规模影响环境污染的净效应分布　　表 2-1

城市	城市规模 / 万人	平均值 / %	标准差 / %	25 百分位 /%	50 百分位 /%	75 百分位 /%
小规模城市	城市规模 <50	48.12	17.77	38.68	50.13	57.68
中等规模城市	50 ≤城市规模 <100	25.83	34.56	5.54	34.85	52.65
Ⅱ型城市	100 ≤城市规模 <300	7.12	33.32	–14.56	6.05	32.20
Ⅰ型大城市	300 ≤城市规模 <500	–9.80	30.23	–29.84	–7.32	10.36
特大及以上城市	500 ≤城市规模	–25.44	28.07	–47.99	–24.25	–6.30

2.1.2　城市化带来的城市公害

城市规模的快速扩张、经济的高速发展带来了环境的急剧恶化，形成产业型公害。据报道，在日本大气污染问题最严峻的时期，邻近工业区的小学因臭气熏天致使每日紧闭窗户。而严重的环境污染给居民健康带来了极大的危害，水俣病、疼痛病、四日市哮喘等四大产业型公害病成为重大的社会问题。

随着经济的进一步发展、大城市规模的扩大及土地成本的提高，这些因素都促使了工业向地方的分散。由于两次石油危机，发达国家和地区的经济从高速增长阶段转向稳步发展的阶段。随着产业部门推行节能措施，产业结构逐渐向服务业转化，由此抑制了产业部门能源消耗量的增加，产业部门的能源消耗比例在逐渐减少；而随着家电产品的普及和汽车运输的增加，与国民生活有关的民生部门和运输部门的能源消耗比例在不断增加。于是，由人口向城市集中所带来的环境问题逐渐代替了产业型公害，并逐渐引起人们的重视。同时，伴随着人们日常生活和商业办公活动的增加，出现了“城市型公害”，主要表现在大气污染、水质污浊、噪声、振动、地基下沉、废弃物、日照和水源不足、绿地和水面等自然环境的减少、地震和火灾等发生的危险性增加、交通堵塞等方面。

与产业型公害相比，城市型公害是城市活动本身以相互影响的形式出现的。就像一个人，站在驾驶者的立场上是排放废气，站在步行者的立场上是受废气排放的影响，难以明确区分是加害者还是被害者。人们随时都会受到身边的各种城市型公害的影响，而且受影响的地区已经远远超出了以往的范围，扩大到了整个城市，其所带来的环境影响也越来越复杂。地球环境问题的影响已涉及全球范围，成为威胁人类生存的严重问题。

城市型公害及全球环境问题，已经不属于一个企业对周边居民造成的产业型公害的范畴，因为城市的居民或者从事企业活动的每个人既是加害者又是被害者。只有深刻理解这一特征，才能采取有效的防范措施。

2.1.3 高密度城市与碳排放

高密度城市又被称为紧凑城市，通常通过建筑环境和人口密度两个主要因素对高密度城市进行界定：人口密度达到 1.5 万人 /km^2 时，判断为高密度城市；人口密度达到 2.5 万人 /km^2 时，则为超高密度城市。绿地率也是衡量城市高密度环境状态的重要指标。高密度城市的实质是高建筑密度、高容积率、高人口密度及低绿地率，这几个因素在城市间相互博弈的过程造成了高密度矛盾在城市中的运转，使高密度城市状态愈加严重。进入 21 世纪后，高密度城市在全球范围内激增。城市作为碳排放的主要空间载体，虽然城市用地面积仅占全球面积的 2.4%，却承载了全球约 80% 的能源消费碳排放。因此，高密度城市与碳排放关系的研究受到学界的广泛关注。

尾岛俊雄等人比较了日本 47 个城市圈 CO_2 排放量，并将其作为对地球环境影响的指标。基于这些数据，分别列出了各城市圈每平方米面积的 CO_2 排放量和每一个人的 CO_2 排放量，如图 2-2 所示。

从图 2-2（a）中可以看到，城市圈的人口密度越高，每平方米面积的 CO_2 排放量就越大。东京大城市圈与其他城市圈相比较，单位面积的 CO_2 排放量就很大。但是，如图 2-2（b）所示，若计算人均（每一个人的）CO_2 排放量，就会得到城市圈人口密度与 CO_2 排放量的大小关系成反比的结果。城市圈人口密度越高，人均 CO_2 排放量就越小，其中人口密度最高的东京大城市圈人均 CO_2 排放量最小。也就是说，以人均 CO_2 排放量来衡量的话，高密度城市比低密度城市对全球环境的影响要小。

一般来说，高密度城市具有较低的碳排放水平，这主要有 4 个方面的原因。①交通效率：高密度城市通常拥有更发达的公共交通系统，使得居民更

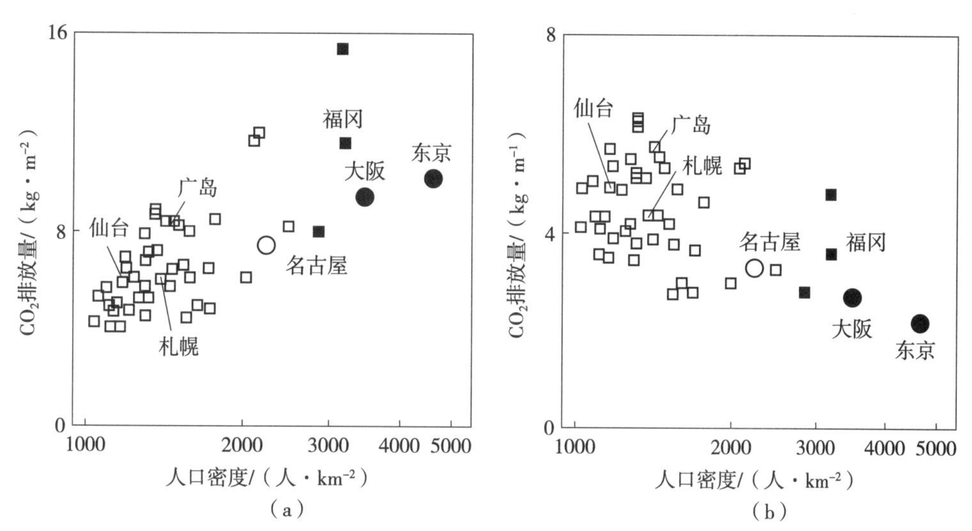

图 2-2 日本各城市的 CO_2 排放量

（a）每平方米面积的 CO_2 排放量；（b）每一个人的 CO_2 排放量

（图片来源：刘加平，等. 城市环境物理 [M]. 北京：中国建筑工业出版社，2011.）

倾向于使用公共交通工具而非私人汽车，这就减少了交通拥堵和个人汽车的碳排放。②能源效率：高密度城市中的建筑物更容易提高能源效率，例如共享墙壁和屋顶，实施集中供热和供冷，从而使能源利用更为高效。③基础设施共享：高密度城市中的基础设施（如供水、供电、污水处理等）更易于共享，从而减少了资源浪费和碳排放。④资源利用效率：高密度城市资源集中利用和循环利用率高，例如可以通过废物回收和再利用来减少碳排放。

高密度化的大城市虽然每一个个体对地球环境的影响小，但是如前所述，这种城市由于人口密度高、总量大，故很容易引起城市型公害的发生。可以说，高密度的大城市是处在一种“对地球和善，对人类苛刻”的境地。反过来，低密度的城市虽然城市型公害的发生比较少，但这种城市每个个体对地球环境的影响大。因此，根据这一事实探讨如何改善城市物理环境是必不可少的。

综上，高密度城市对城市的影响具有两面性。一方面，高密度建设使城市能够集中于其必要的生产条件，集中城市的集聚效应，提高了城市建设速度和生产效率。随着城市的发展，经济生产活动的规模也随之快速增长，使得城市基础设施现代化成为可能，包括医疗保健、教育、社区设施和公共交通，这也提高了人们的生活质量。另一方面，高密度发展也伴随着过度拥挤、空间功能无法满足居民需求、交通空间系统混乱、自然景观缺乏、流行病的出现及居民心理健康等问题。此外，高度工业化生产活动的不断发生、城市资源的过度开发，以及城市环境的过度人为破坏，使城市系统不稳定，出现包括热岛效应、流行疾病的增加及极端天气等现象，从而严重危及经济发展和自然环境。

2.2.1 人与自然的相互关系

随着科学技术的发展，风、霜、雨、雪等纯自然因素已不再是左右建筑形态的绝对因素。人类凭借发达的科学技术，可以在各种环境条件下建造理想中的建筑，并使其达到令人舒适的效果。但技术的应用也产生了相应的副作用，即对自然环境的污染和破坏。19 世纪以来，随着工业革命的推进和科学技术的巨大进步，人类对自然生态的破坏更为严重，人们必须正确地对待人同自然的关系，认识到我们对自然界的干涉所引起的近远期影响。近年来，国内外学者围绕可持续发展问题，对自然观进行了多方面的探讨，提出了“生态自然观”“系统自然观”“人文自然观”“人道主义自然观”“有机自然观”“健康自然观”等概念。尽管见仁见智，提出的观点不尽相同，但也形成了一些共识，这些共识可以作为人与自然相互关系的理论基础。

“自然界”不仅包括“天然的自然”，还应包括“人工的自然”和“社会的自然”，这三大领域的各种事物之间动态的、非线性的相互作用和影响，使世界呈现为一个不可机械分割的有机整体。环境问题，归根结底是一个“人工自然”与“天然自然”的相互关系问题。建筑是“人工自然”的重要组成部分，只有从整体性出发，科学地认识和处理城市和建筑、“天然自然”、社会和人的相互关系，才有可能使城市走向可持续发展的道路。

在人与自然的关系上，有以下三个观点值得注意。第一是人与自然的统一，人是大自然长期进化的产物，是自然界的一部分。第二是自然与人的对立，自然界起初是作为一种完全异己的、有无限威力和不可制服的力量与人们对立，不仅在古代，即使在近现代，大自然也常会出现完全异己的和有无限威力的自然灾害。第三是人与自然的对立，人作为主体，能动地认识自然与变革自然，并在改造自然的进程中把自己从动物界中提升出来。这三个观点是密切联系不可分割的。城市建设应当辩证地把握人与自然之间既对立又统一的关系。一方面，要充分发挥建筑师的主观能动性，创造性地运用科学和艺术手段利用和改造自然环境，建造符合现代人生存需要的居住环境。另一方面，建筑师在处理人与自然的关系时，不能只讲“斗争”，不讲“合作”与“和谐”。

作为人类生产和生活的一部分，城市物理环境建设的目的就在于为人类创造适宜的居住环境，其中既包括人工环境，也应包括自然环境，并把人类与自然和谐共处的关系体现在人工环境与自然环境的有机结合上，尊重并充分体现环境资源的价值。这种价值一方面体现在环境对社会经济发展的支撑和服务作用上，另一方面也体现在其自身的存在价值上。具体来讲，建筑、城市和园林的规划设计，不仅要考虑环境在创造景观方面的作用，更要重视环境在保持地区生态平衡方面的作用，有意识地在人工环境中增加自然的因素，如设计绿色建筑、开展可持续发展的城市物理环境的营造实践等；不仅要改善以往人工环境建设对自然环境造成的污染和其他不良影响，还要对未来建设活动可能对生态环境产生的影响进行预估，并在规划设计中采取各种技术手段，尽可能地将这些影响降低到最低限度。

为了减少资源消耗，降低碳排放量，我国相继出台了一系列相关政策和管理规定。《中国 21 世纪议程》提出："人类住区发展的目标是通过政府部门和立法机构制定并实施促进人类住区持续发展的政策法规、发展战略、规划和行动计划，动员所有的社会团体和全体民众积极参与，建设成规划布局合理、配套设备齐全、有利工作、方便生活、住区环境清洁、优美、安静、居住条件舒适的人类住区。"中华人民共和国国务院印发的《2030 年前碳达峰行动方案》中指出，碳达峰将于 2030 年前贯穿经济社会发展的各个方面，并重点要求做好"碳达峰十大行动"。在生态文明的新时期，人类应站在可持续发展的高度，正确平衡人对于自然的权利和义务，使人类由以牺牲环境为代价换来的"黑色文明"转变为以建立人与自然和谐发展为特征的"绿色文明"。

2.2.2 城市生活与自然环境的关系

自古以来，城市和城市内外的自然环境以各种形式保持着千丝万缕的联系。所以城市自然环境的丧失，意味着水面和绿地等能控制气候功能的丧失，同时也意味着城市生活与自然环境相互融洽的关系的丧失。

过去，城市或村落必定被它腹地的自然环境所包围着。例如，对于依山居住的居民来说，山林除了木材以外，还是柴草或木炭等能源的供应地，也是水源地。同时，山林经过林业等的栽培加工，还维持了一定的植被生长环境。又如，城市近郊的农田里，以居民的排泄物作为肥料，种植蔬菜和谷物再提供给市民食用；河流和港口担负着城市物流的任务，在河口周围宽阔的海岸和近海处，能捕获到丰富的鱼类和贝类。这种城市与其腹地的自然关系是物质循环的条件。

随着城市化率提升，城市规模扩大，越来越多的人生活在城市，短短几十年的城市风貌变化巨大。另外，万物互联和人工智能科技的快速迭代，在带来城市生活高效便利的同时，也深刻影响了人们的生活方式和习惯，而且这种影响的广度和深度仍在不断扩大。在这样大的时代背景下，我们在肯定人民居住生活条件得到极大改善的同时，也不得不面临日益严峻的城市问题。如何"把城市放在大自然中，把绿水青山留给城市居民，有效提升人民城市生活的美感度、舒适度和幸福感，从而让城市更宜居"已成为现在城市物理环境最需要解决的问题。

总之，有限度地合理组织城市生活不仅不会破坏自然的良性循环，而且更能保持该地区特有的平衡。当然，现代的城市规模与过去是完全不同的，虽然不能像过去那样原封不动地再现城市与自然环境的紧密关系，但是我们更应该注重保持这种与自然环境相协调的模式。

2.2.3 城市物理环境与人的行为方式

人类创造了城市，聚集并生活在城市里。城市物理环境与城市的规模和结构有很大关系，同时也受到城市内部人们行为方式的重要影响。

1. 为满足人体热舒适而对应的行为方式

随着科学技术的发展，人们对建筑的要求已不再局限于挡风避雨，而是对热舒适有了较高的要求，因此，建筑供冷和供热的能耗逐步成为建筑总能耗中不可忽略的部分。如何减少因满足人体室内热舒适而造成的能源消耗和空气污染？显然，采用地区集中供冷和供热是非常重要的手段。

引进地区集中供冷、供热可以实现能源的有效利用，例如河水与海水等自然能源、垃圾焚烧排热等城市排热、热电联产的排热等未利用能源都可以被灵活使用。由于规模大，不仅容易引进高效率的热源系统，而且由于热源的集中，也易于运行管理的高效率化，因此地区集中供冷、供热能够有效地利用能源。

此外，通过有效地利用能源，引进高新技术来减少污染物质的排放，也可以大幅度削减 CO_2 的排放量，同时还可以削减大气污染物质 NO_x 和 SO_2 等的排放量。从便于对排热进行管理的角度来看，集中供热和供冷对防止城市热岛效应也是有效的。另外，地区集中供冷、供热对提高城市生活的环境质量也有一定作用，例如由于不需要单独设置冷冻机、锅炉等热源设备，故可以有效地利用空间，美化城市景观。

集中供热和供冷系统在欧美国家已有上百年的历史，不同国家和地区的主要热源不尽相同。近年来，纽约市推广使用集中供冷系统，采用太阳能和地下水等可再生能源进行制冷，实现了碳排放的减少。该系统在曼哈顿地区得到了广泛应用，为商业和住宅区域提供了高效的制冷服务。2018 年，上海市在虹桥商务区启用了新一代集中供冷系统，采用地下水制冷和余热回收等技术，实现了能源的高效利用和碳排放的减少。此外，上海市还计划在未来几年内建设更多的集中供冷系统，以推动城市低碳发展。2019 年，北京市开始建设新一代集中供热系统，采用燃气和电力联合供热的方式，提高了能源的利用效率。该系统还配备了智能控制系统，可以根据用户需求进行供热调节，从而减少了能源的浪费。

2. 交通需求影响下的行为特征

对于世界上很多空气质量差的城市来说，其主要原因是汽车尾气的排放。虽然随着城市规模的扩大，空气污染问题会愈来愈严重，但并没有明显的证据表明，仅仅是扩大城市规模就能导致空气质量恶化。相反，交通系统的性质、土地利用的模式和城市的空间布局更为关键，因为这些特征会影响人们的出行距离、使用的交通方式，从而影响城市的交通流量和交通污染物的排放量。

在推动和实施减少汽车排放政策方面，城市规划人员能发挥关键作用。据估计，洛杉矶市 2/3 的城市空间是为汽车服务的。传统上，城市规划是将住所与工作地点分开，这反映了许多工作地点曾经是主要污染源，所以将住所与工作地点分开可以减少污染对人体健康的影响。然而，这种做法却增加了人们上班、下班的通勤距离，导致燃料消耗增加，交通拥挤，空气质量恶化。将大型娱乐设施和购物中心安排在城市边缘甚至城外的政策也造成了人们对汽车的依赖。改变这种布局，将这些设施安排在人们不开车就很容易到达的市区或郊区的中心地带，形成“紧凑型城市”将有助于减少汽车尾气排放量。

3. 信息基础设施对行为方式的影响

在追求减轻各种环境负荷及构筑循环型经济系统时，信息基础设施能够对改善城市物理环境作出巨大的贡献。尤其是 2020 年疫情以后，信息基础设施对人的行为方式产生了更加深刻和显著的影响，远程办公和在线学习成为必要的选择，人们可以通过视频会议、远程协作工具等方式与同事或老师进行互动和交流，线上购物和点餐的需求也大大增加。信息基础设施的发展使得人们可以更加方便地通过电商平台和移动应用程序购买商品和食品等，这些都使人们的工作不受地点和时间的限制。通过在家中或者在自家周边的办公场所工作，减少了人们平均出行的距离和外出的时间，这也可作为解决环境问题及改变大城市上班、下班所带来的交通拥挤的社会问题的方法之一。

同时，信息技术的发展使得人们可以更好地管理规划自身的行为方式，例如，通过智能交通系统、移动应用程序和实时路况数据，可以更有效地管理和调度交通流量，避免交通拥堵和延误。这些新的行为方式和模式使得人们可以更加便捷和高效地生活和工作。但另一方面，网络和移动电话的广泛利用使得人们为了增加面对面的交流而使相应的交通量增加。因此，也有人指出信息基础设施的普及对于交通量的变化是一把双刃剑。

2.3.1 人体感觉与知觉

感觉是指我们通过身体感官接收到的外部刺激，例如触觉、听觉、视觉、嗅觉和味觉等。这些感觉通过神经信号传递到大脑，大脑解码这些信号并将它们转化为我们能够理解和感知的信息。知觉则是指我们对外部刺激的认知和理解过程，它是一种主观的心理现象。通过对感觉信息的解码和整合，我们能够形成对世界的认知和理解。

环境是围绕着人类且对人类生存有很大影响的物理、化学、生物和社会等条件的综合，其处于连续不断的变化状态。从人类健康的角度考虑，有些环境变化是有益的，有些则是有害的甚至是灾难性的。1972 年《联合国人类环境会议宣言》中提出，“人类既是环境的创造物，又是环境的塑造者，环境给予人以维持生存的东西，并提供了在智力、道德、社会和精神等方面获得发展的机会。生存在地球上的人类，在漫长和曲折的进化过程中，已经达到这样一个阶段，即由于科学技术发展的迅速加快，人类获得了以无数方法和在空前的规模上改造其环境的能力。”这一论述从本质上分析了人与环境的关系。

物理环境是影响人类健康的环境类型之一，人们受到所处物理环境的刺激、主要感觉的刺激（触觉、味觉、听觉、热觉、嗅觉等）及动力学的刺激（冲击、振动等）。任何刺激超过一定的限值后才能被人们察觉或感受（图 2-3）。例如，暗室中的光达到一定的强度才能被识别；要区分两种红色光，它们的波长与其他颜色光的波长必须有足够的数量差；在一个安静房间

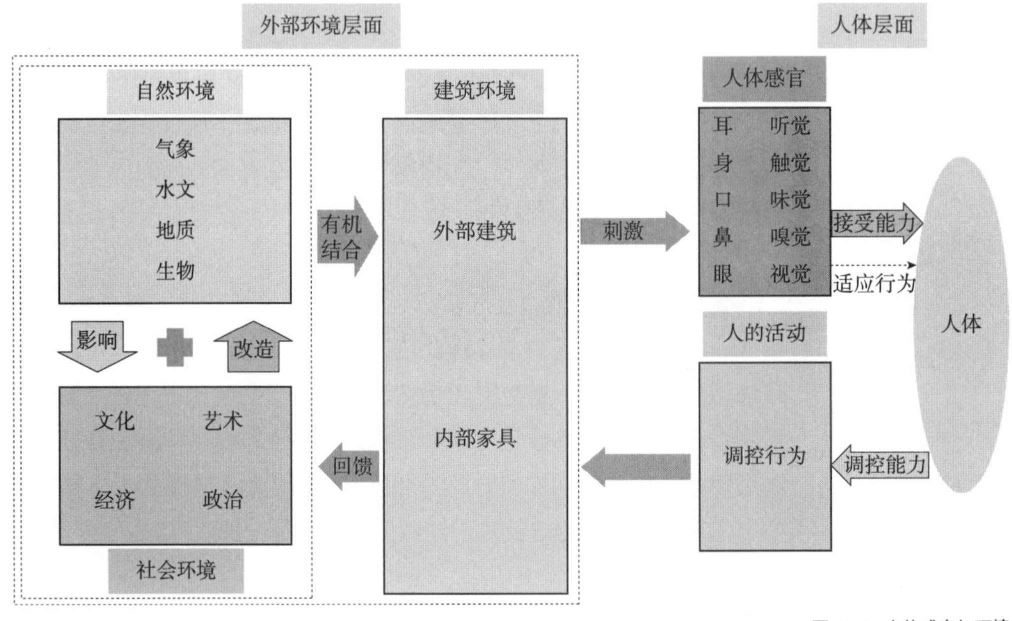

图 2-3 人体感官与环境

中发出的声音必须有一定的强度才能被听到；要判断两个声音不是一样响，它们的强度必须有足够的数量差；达到一定速度的空气的流动会刺激人体的毛发和皮肤感觉细胞，从而影响人体表层皮肤局部的热量散发状态，因此会使人产生凉爽或者寒冷的感觉。环境条件的绝对阈值是在没有感觉和引起感觉之间的临界点，而一定的阈值差则可以判断环境条件的差别。

人体在特定物理环境中的舒适性受到多重因素的影响，包括个人生理、心理因素，气象因素，以及社会文化背景的差异性等。

1. 气象因素

户外环境中的空气温度、湿度、风速、太阳辐射等因素都会影响人体的舒适度，其中，空气温度、太阳辐射是影响人体热舒适度的关键因素。不同的地区影响人体舒适度的主要因素也有差异。例如，在温和气候的沿海城市中，风速是影响人体热舒适的关键因素，风速增加气温降低，人体舒适度也会降低；然而在湿热地区，空气温度和湿度才是影响人体热舒适的两个重要因素，夏季气温和湿度的升高会加剧人体不适程度，而在冬季居民又希望温度增加，以减少人体不适感。

2. 生理因素

个体的年龄、性别、生理活动会影响人体舒适水平。随着年龄增长，当地居民对该地区气候的热适应性会逐渐增强。此外，不同年龄对于室外热环境的敏感程度也不同。在个人因素方面，性别差异也会产生不同的热感知。

3. 心理因素

心理因素包括热历史（居住时间）、热期望（总体满意度）、访问目的及热适应等个体主观因素。一般来说，人们在当前环境中生活的时间越久，对于该地区的气候环境接受度会随之增加。同时，来自不同气候区域的人对同一城市开放空间的热感觉也有所不同。

4. 社会文化因素

不同社会经济水平和文化背景的地区，其人体舒适性也存在一定的差异性，地区的特色服饰、生活观念及当地人民性格特点等都会影响人体舒适性。研究发现，在气候相同而文化不同的两个社会群体间，热适应性措施存在差异（包括服装热阻、对冷饮的偏好等方面）。经济水平与学历背景也会影响主观热感觉，接受过高等教育和经济条件较好的人对室外热环境会更敏感。同时，宗教信仰和社会文化差异对人体舒适性也有较为显著的影响，例如研究发现中国与巴基斯坦的学生群体、以色列与欧洲的学生群体热舒适差异的主要原因就是社会文化差异。

2.3.2 有关城市物理环境的法规

通过构建城市物理环境基础理论体系及实现政策和制度的保障，力图建成可持续发展的城市环境时，摆在我们面前的一个更大的任务就是，如何通过法律、法规调整当前城市规划和建筑设计的理念与做法，从而把建筑业引上“绿色”之道。

现阶段，我国虽然还没有以“可持续发展的城市物理环境”命名的法律法规，但已经有了关于城市生态、可持续发展、建筑节能、环保绿色等的法规和标准，如《中华人民共和国城乡规划法》《中华人民共和国环境保护法》《中华人民共和国土地管理法》等。这些法规和标准的内容都已涉及可持续发展城市物理环境问题，对于推动城市可持续发展和建设绿色、低碳、环保的城市具有重要的作用。

《中华人民共和国宪法》(以下简称《宪法》)第九条规定:“国家保障自然资源的合理利用，保护珍贵的动物和植物。禁止任何组织或者个人用任何手段侵占或破坏自然资源。”此规定与可持续发展建筑环境倡导的与自然资源共生、建筑节能思想是一致的。《宪法》第二十六条规定:“国家保护和改善生活环境和生态环境，防治污染和其他公害。国家组织和鼓励植树造林，保护林木。”这一规定与良好城市物理环境在满足人们对建筑需要的前提下，必须考虑生态问题，以及城市中要求绿化布置与周边绿化体系形成系统化、网络化关系的思想相一致。

《宪法》的这些规定以根本大法的形式确立了实现良好城市物理环境的法律保障，也为其他法律法规的制定奠定了立法的法律基础。2019 年 4 月 23 日，国务院发布了新修订的《中华人民共和国城乡规划法》(以下简称《城乡规划法》)，其中涉及生态环境方面的内容如下。第一条规定了城乡规划的目标，包括“加强城乡规划管理，协调城乡空间布局，改善人居环境，促进城乡经济社会全面协调可持续发展”。第四条规定了城乡规划的原则，其中包括“城乡统筹、合理布局、节约土地、集约发展和先规划后建设”。第二十八条规定了城乡规划编制的程序，其中要求地方各级人民政府应当根据当地经济社会发展水平，量力而行，尊重群众意愿，有计划、分步骤地组织实施。第五章规定了城乡规划实施的监督和评估，其中包括对生态环境保护的监督和评估。新修订的《城乡规划法》中，涉及了生态环境保护的多个方面，强调了城乡规划与生态环境保护的密切关系，提出了相关的规划和管理要求，旨在促进城乡生态文明建设和可持续发展。

此外，我国与建筑环境有关的法律还包括以下内容。

1.《中华人民共和国建筑法》(以下简称《建筑法》)

我国《建筑法》和其他相关法规中针对城市的可持续发展建设环境作出了相应的规定。《建筑法》是于1997年11月1日，由第八届全国人民代表大会常务委员会第二十八次会议通过并颁布的，自1998年3月1日起施行，历经2011年、2019年两次修正。《建筑法》以“加强对建筑活动的监督管理，维护建筑市场秩序，保证建筑工程质量和安全，促进建筑业健康发展”为立法目的，调整建筑活动过程所产生的法律关系，维护建筑业正常秩序。

2019年修正的《建筑法》在城市可持续发展建设环境方面作出了一些规定，其中包括第四条："鼓励节约能源和保护环境，提倡采用先进技术、先进设备、先进工艺、新型建筑材料和现代管理方式。”第三十九条："建筑施工企业应当在施工现场采取维护安全、防范危险、预防火灾等措施”。第四十一条："建筑施工企业应当遵守有关环境保护和安全生产的法律、法规的规定，采取控制和处理施工现场的各种粉尘、废气、废水、固体废物以及噪声、振动对环境的污染和危害的措施。”第五十六条："设计文件选用的建筑材料、建筑构配件和设备，应当注明其规格、型号、性能等技术指标，其质量要求必须符合国家规定的标准。”总的来说，2019年修正的《建筑法》在城市可持续发展建设环境方面，着重强调了建筑建设和环保要求，推动了建筑业向更加可持续、环保的方向发展。

2.《中华人民共和国环境保护法》(以下简称《环境保护法》)

良好的城市物理环境营造必须重视环境保护。《环境保护法》确立了环境保护与经济建设、社会发展相协调的原则，以达到生态、经济、社会的持续发展。《环境保护法》于2014年修订，进一步强调了生态文明建设，规定了环境保护的基本原则和政府的职责。同时，《环境保护法》要求所有的单位和个人在进行各种开发、建设、生产、经营等活动之前就要考虑其行为对环境的影响，并采取措施，把污染和破坏程度降至最低，以求得经济效益和环境效益的统一。《环境保护法》对法律保护的客体规定得非常广泛具体，包括大气、水、海洋、土地、矿藏、森林、草原、野生动物、自然遗迹、自然保护区、风景名胜区、城市和农村等，因而，其直接成为绿色城市物理环境的法律保障。例如，《环境保护法》第一条规定了环境保护的基本任务，其中包括“保护和改善环境，防治污染和其他公害，保障公众健康，推进生态文明建设，促进经济社会可持续发展”，明确了城市物理环境保护的重要性；第五条提出“环境保护坚持保护优先、预防为主、综合治理、公众参与、损害担责的原则”；第二章规定了环境监察的内容和程序，“县级以上人民政府应当将环境保护工作纳入国民经济和社会发展规划”；第十三条明确了环境保护的任务，其中“应当包括生态保护和污染防治的目标、任务、保障措施等，并与主体功能区规划、土地利用总体规划和城乡规划等相衔接”；第二十九条强调了城市环境代表性的生态系统进行保护的范围，包括“珍稀、濒危的野生动植物自然分布区域，重要的水源涵养区域，具有重大科学文化价值的地质构造、著名溶洞和化石分布区、冰川、火山、温泉等自然遗迹，以及人文遗迹、古树名木”。

3.《中华人民共和国土地管理法》(以下简称《土地管理法》)

我国实行开发和保护相结合的制度。国家为防止生态平衡遭到破坏，要求在开发利用自然资源的过程中既考虑经济效益又考虑生态效益，建设活动不能以牺牲和破坏生态为代价，要节约自然资源和保护自然资源。自然资源方面的法律主要是《土地管理法》。

《土地管理法》于 1986 年 6 月 25 日，由第六届全国人民代表大会常务委员会第十六次会议通过，历经 1988 年、1998 年（修订)、2004 年、2019 年三次修正，一次修订。《土地管理法》是为加强土地管理，保护、开发土地资源，合理利用土地，切实保护耕地，促进社会经济的可持续发展，根据《宪法》制定的。其中，第三条规定：“十分珍惜、合理利用土地和切实保护耕地是我国的基本国策。各级人民政府应当采取措施，全面规划，严格管理，保护、开发土地资源，制止非法占用土地的行为。”第十七条规定，土地利用总体规划要按照“保护和改善生态环境，保障土地的可持续利用”的原则编制。第四十条规定：“开垦未利用的土地，必须经过科学论证和评估，在土地利用总体规划划定的可开垦的区域内，经依法批准后进行。禁止毁坏森林、草原开垦耕地，禁止围湖造田和侵占江河滩地。根据土地利用总体规划，对破坏生态环境开垦、围垦的土地，有计划有步骤地退耕还林、还牧、还湖。”第四十二条规定：“国家鼓励土地整理。县、乡（镇）人民政府应当组织农村集体经济组织，按照土地利用总体规划，对田、水、路、林、村综合整治，提高耕地质量，增加有效耕地面积，改善农业生产条件和生态环境。”总之，《土地管理法》在多个条款上对于可持续发展、生态城市提出了具体的要求和规定，旨在促进土地资源的合理有效利用和生态环境的改善，进而推动社会经济持续健康发展。

4.《城乡规划法》《村庄和集镇规划建设管理条例》等

《城乡规划法》第一条规定：“为了加强城乡规划管理，协调城乡空间布局，改善人居环境，促进城乡经济社会全面协调可持续发展，制定本法。”第四条规定：“制定和实施城乡规划，应当遵循城乡统筹、合理布局、节约土地、集约发展和先规划后建设的原则，改善生态环境，促进资源、能源节约和合理利用，保护耕地等自然资源和历史文化遗产，保持地方特色、民族特色和传统风貌，防止污染和其他公害，并符合区域人口发展、国防建设、防灾减灾和公共卫生、公共安全的需要。”第三十条规定：“城市新区的开发和建设，应当合理确定建设规模和时序，充分利用现有市政基础设施和公共服务设施，严格保护自然资源和生态环境，体现地方特色。”

《村庄和集镇规划建设管理条例》是为加强村庄、集镇的规划建设管理，改善村庄、集镇的生产生活环境，促进农村经济和社会发展而制定的，由中华人民共和国国务院于 1993 年 6 月 29 日发布，自 1993 年 11 月 1 日起施行。其第七条规定：“国家鼓励村庄、集镇规划建设管理的科学研究，推广先进技术，提倡在村庄和集镇建设中，综合当地特点，采用新工艺、新材料、新结构。”第九条第三款规定“合理用地，节约用地，各项建设应当相对集中，充分利用原有建设用地，新建、扩建工程及住宅应当尽量不占用耕地和林地”。第五款规定“保护和改善生态环境，防治污染和其他公害，加强绿化和村容镇貌、环境卫生建设。”第二十二条规定：“建筑设计应当贯彻适用、经济、安全和美观的原则，符合国家和地方有关节约资源、抗御灾害的规定，保持地方特色和民族风格，并注意与周围环境相协调。农村居民住宅设计应当符合紧凑、合理、卫生和安全的要求。”第二十五条规定：“施工单位应当确保施工质量，按照有关技术规定施工，不得使用不符合工程质量要求的建筑材料和建筑构件。”这部法律为村庄和集镇的规划和建筑设计提供了重要的支撑和依据。

《城乡规划法》及《村庄和集镇规划建设管理条例》为城市、村庄和集镇的规划和建筑设计提供了重要的法律依据。有关法规还有《中国 21 世纪议程》《建设工程质量管理条例》《建设项目选址规划管理办法》《基本建设设计工作管理暂行办法》《城市建设节约能源管理实施细则》等。

思考题与练习题

1. 城市规模扩大对环境污染有哪些影响？城市是如何通过规模效应和拥挤效应来影响环境的？

2. 为什么大规模城市似乎更有利于减少环境污染，而小规模城市和中等规模城市可能会增加环境污染？

3. 通过洛杉矶市的例子，简述城市的发展历程如何影响城市结构的演变。城市的产业结构和经济发展是如何相互关联的？

4. 高密度城市与碳排放之间的关系是什么？为什么高密度城市通常具有较低的碳排放水平？你认为其他因素是否也影响了高密度城市的碳排放？

5. 城市型公害与产业型公害有何不同？它们分别对城市居民和环境产生了什么影响？如何减少城市型公害的影响？

6. 高密度城市和低密度城市在居民生活质量、交通拥堵、资源利用效率等方面存在哪些差异？你认为哪种城市模式更有利于可持续发展？

7. 如何在高密度城市中实施环保措施，以减少碳排放和城市型公害？举例说明在不同城市中成功实施的措施。

主要参考文献

[1] 刘加平，等．城市环境物理 [M]. 北京：中国建筑工业出版社，2011.

[2] 古菈欢，孙斌栋．城市社会空间结构及其演变：从芝加哥、洛杉矶到上海 [J]. 地理科学，2023，43（2）：185-196.

[3] 陈盛樑．城市空气质量管理的系统研究 [D]. 重庆：重庆大学，2002.

[4] 胡琪琪，顾韩．室外热舒适影响因素及其评价指标研究进展 [J]. 中国城市林业，2023，21（1）：43-49.

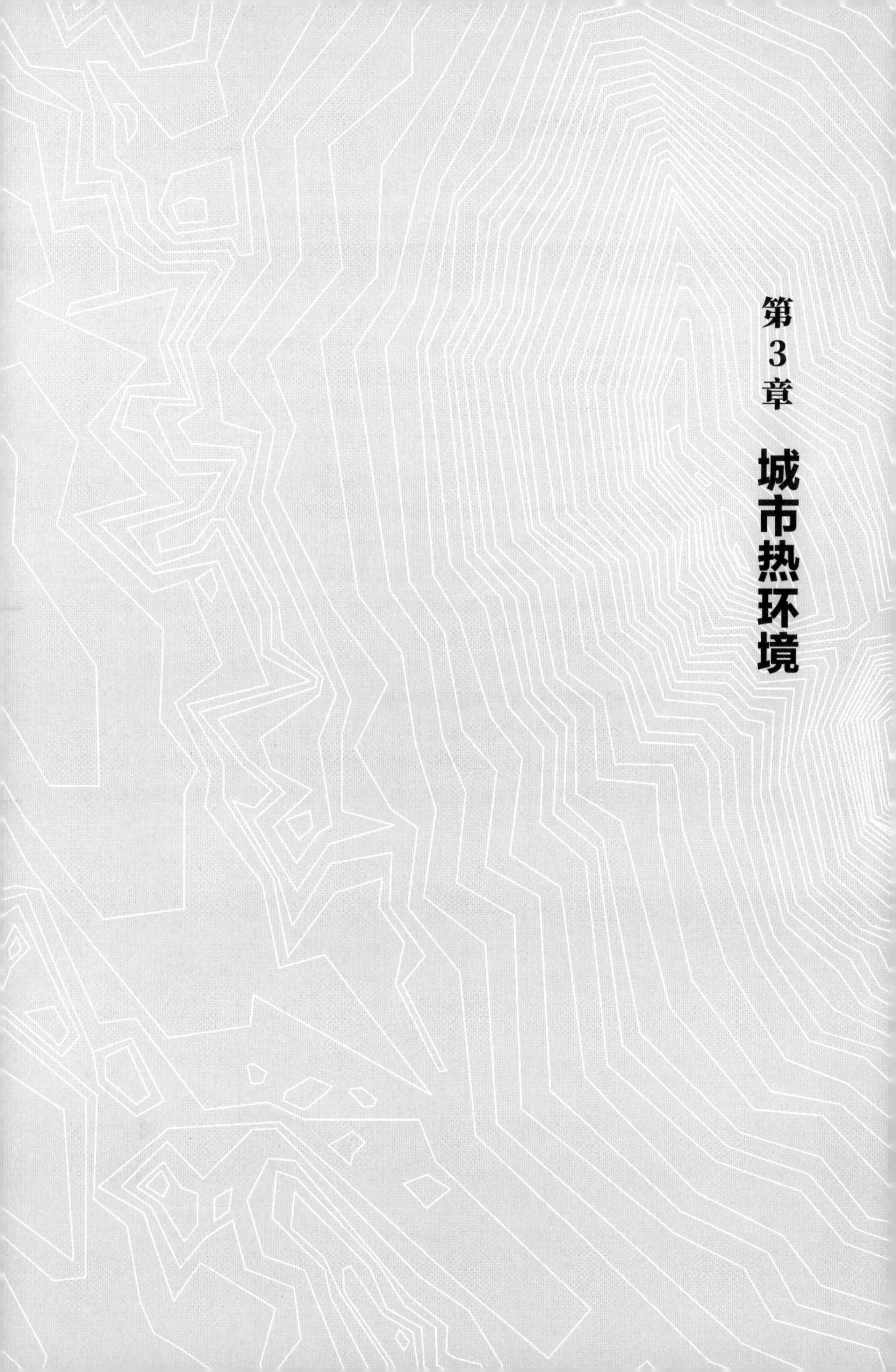

第3章 城市热环境

3.1.1 城市热平衡

城市地表的能量平衡是复杂且微妙的过程，包含诸如太阳的净辐射输入、人为产生的热量、显热通量、潜热通量和储热通量等要素，它们共同构成了一个复杂的系统，一旦该系统的平衡被破坏，就会出现城市热岛效应等城市热环境问题。城市（或城镇、工业小区）是具有特殊性质的立体化下垫面层，局部大气成分已经发生变化，其热量收支平衡关系与郊区农村显著不同。在市区这个立体化下垫面层中，详细分析计算是相当复杂的。为简单起见，可将城市划分为城市边界层和城市覆盖层两部分，如图 3-1 所示。城市覆盖层可以视为一个由建筑物和空气构成的复杂系统，这个系统的热量平衡方程描述了其能量交换的核心特性，其热量平衡方程为：

$$Q_s=Q_n+Q_F+Q_H+Q_E \tag{3-1}$$

式中 Q_n——城市覆盖层内的净辐射得热量（J）；

Q_F——城市覆盖层内的人为热释放量（J）；

Q_H——城市覆盖层内的大气显热交换量（J）；

Q_E——城市覆盖层内的潜热交换量（得热为正，失热为负）（J）；

Q_s——城市下垫面层贮热量（J）。

1. 城市覆盖层内的净辐射得热量

城市覆盖层的净辐射热量是指城市地区受到的净辐射能量，即进入大气层和地表的辐射能量之间的差异。城市覆盖层净辐射热量的大小受多种因素影响，包括城市地区的地理位置、气候条件、建筑密度、道路和建筑物的材

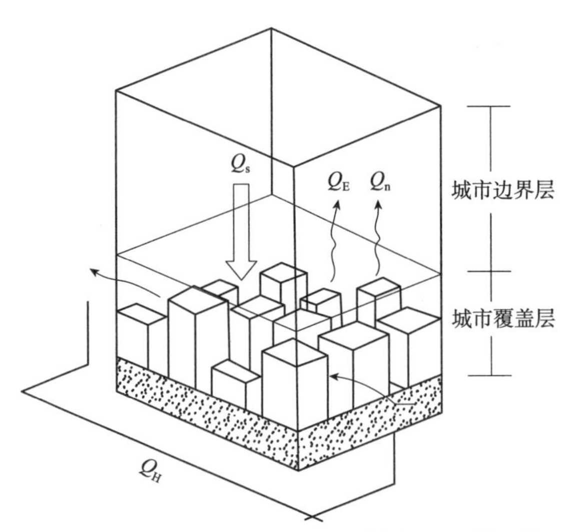

图 3-1 城市边界层与城市覆盖层

（图片来源：刘加平，等 . 城市环境物理 [M]. 北京：中国建筑工业出版社，2011.）

料、植被覆盖等。净辐射得热量由式（3-2）中各量确定：

$$Q_n=I_{SH}(1-\rho)+I_B\cdot\alpha-I_E \quad (3-2)$$

式中 I_{SH}——太阳总辐射强度（W/m^2）；

ρ——城市覆盖层表面对太阳辐射的反射系数；

I_B——天空大气长波辐射强度（W/m^2）；

α——城乡覆盖层表面对长波辐射的吸收系数；

I_E——城乡覆盖层表面长波辐射强度（W/m^2）。

城市覆盖层净辐射得热量与郊区相比有以下差异：①太阳直接辐射量减少，散射辐射量增加，总辐射量减弱；②城市覆盖层表面对太阳辐射的反射系数小于郊区；③城市覆盖层长波辐射热量交换损失小于郊区。总之，城市区域的净辐射得热量要大于郊区，这是由城市区域立体化下垫面层及受污染的大气所决定的。

2. 城市覆盖层内的人为热释放量

城市覆盖层内的人为热释放量是指由人类活动而产生的额外热能量。人为热排放对热环境的影响因地域、城市规模及季节而异，主要来源于居民生活的能源消耗，以及工业、交通的热量排放，具体公式如式（3-3）所示：

$$Q_F = Q_v + Q_b + Q_i + Q_m \quad (3-3)$$

式中 Q_v、Q_b、Q_i 和 Q_m——分别代表车辆、建筑、工业和生物新陈代谢的热释放量。

人为热可通过直接加热近地表大气而导致城市热环境的变化和极端高温事件的发生。正如日本学者一瀬智浩（Tomohiro Ichinose）所指出的，所有类型的人为热都被视为显热通量，以考虑对城市大气的热影响最大化的情况。当地表能量平衡方程中考虑人为热排放后，从城市地表转移到大气的能量通量也会增加。人为热与城市热岛具有显著正相关关系，可导致城市地区气温升高 0.5~1℃。

高密度城市中，大量人口和其相关活动，如工业生产、家庭热力设备及汽车等燃烧化石燃料产生的人为热远超过郊区，这些活动产生的热量成为城市热环境的额外热源。全球学者已进行了不同城市人为热源的统计研究，并建立了具有多样性的人为热排放的空间分布和时间演变目录。如表 3-1 所示，人为热以固定源为主，其次为汽车、摩托车等移动源排放的热量。

人为热在城市热量平衡中究竟占有多大的重要性要根据城市所在纬度、城市的规模、人口密度、每个人所消耗能量的水平、城市的性质及区域气候条件等而定，并且具有明显的季节变化、日变化，在某些国家还有周变化，

辛辛那提夏季人为热排放的相对值　　表 3-1

人为热源	全天热量所占百分比 /%	一天中各时刻所占的相对百分比 /%			
		08 : 00	13 : 00	20 : 00	夜间
固定源	66.60	71.00	64.00	71.00	41.00
移动源	33.30	69.00	45.00	25.00	12.00
人、畜新陈代谢	0.10	0.05	0.20	0.10	0.02
总值	100.00	140.05	109.20	96.10	53.02
热量 /（$W \cdot m^{-2}$）	25.90	36.40	28.70	25.90	14.00

故必须就具体城市进行具体分析，不能一概而论。世界上几个不同城市人为热的排放量如表 3-2 所示。城市热量平衡中，人为热的比重受城市纬度影响，靠近赤道的城市夏季炎热，空调制冷需求大，因此夏季人为热增加；而高纬度城市冬季寒冷，供暖需求大，导致冬季人为热增加。因此，城市纬度和季节是决定人为热在热量平衡中比重的关键因素。

不同城市人为热的排放量　　表 3-2

城市	纬度	年份 / 年	时期	人为热 /（$W \cdot m^{-2}$）
西安	北纬 34°	2018	年均	21.34
北京	北纬 39°	2014	夏季	220
			冬季	221
菲尼克斯	北纬 33°	2014	—	50（商业工业区）
香港	北纬 22°	2013	1 月	283.17
			10 月	289.16
新加坡	北纬 1°	2012	—	113（商业区）
印第安纳波利斯	北纬 41°	2011	—	78（中心区）
广州	北纬 23°	2011	日平均	41.1
苏州	北纬 31°	2010	—	32
休斯敦	北纬 29°	2008	—	＞100（中心区）
伦敦	北纬 51°	2005—2008	年平均	10.9
杭州	北纬 30°	2007	—	30~60
费城	北纬 39°	2004	夏季	60
			冬季	90
首尔	北纬 37°	2004	年平均	45~55
东京	北纬 35°	2002	冬季	120
			夏季	677

2020 年，全球燃烧了 78 亿 t 煤，海洋上层区域的热能含量达到了 10^{21}J。据国际政府间气候变化专门委员会（Intergovernmental Panel on Climate

Change，IPCC）预测，到 2035 年，全球一次能源消费将增加 41%，尤其在中国和印度等发展中的国家。如不采取行动，人为温室气体排放将导致全球变暖超过 4℃，其中能源供应部门贡献了 47% 的温室气体排放，工业占 30%，交通业占 11%，建筑业占 3%，其他消耗占比 9%。人为热源对地表热环境产生显著影响，会直接改变地表和低层气温，或改变净辐射通量、显热通量、潜热通量和土壤热通量的分布。此外，人为热还影响地面与大气间的动力、热量、水汽交换，影响湍流交换的发展，进而改变城市地区的混合层、逆温层高度、温度场、流场等，全面影响着城市边界层结构。因此从远景来看，人为热的影响在城市热量平衡中将愈来愈显示其重要性。

3. 城市覆盖层内的潜热交换量

城市除了得到太阳净辐射热量和人为热释放量之外，其内部还有一内热源（或称热汇）——潜热交换量，它是下垫面与大气间水汽热交换所吸收的热量，是水分循环的重要组成部分。影响城市热环境的潜热交换量主要包括两个物理过程：一是水分的蒸发（或凝结）；二是冰面的升华（或凝华）。蒸发（或凝结）潜热交换量可按式（3-4）计算：

$$Q_E=L \cdot E=(2400-2.4t)E \tag{3-4}$$

式中 Q_E——蒸发（或凝结）潜热交换量（J）；

L——单位质量水分蒸发（或凝结）潜热量（J/g）；

t——空气的温度（K）；

E——蒸发（或凝结）量（g）。

当水分蒸发时，由于跑出去的都是具有较大动能的水分子，使蒸发面温度降低，故如果要保持其温度不变，就必须自外界供给热量，这部分热量等于蒸发潜热（L）。由式（3-4）可见，L 随温度的增高而减小，不过在常温的范围内，L 的变化很小，故一般取 L=2400J/g。也就是说，当地面水蒸发时，每 1g 的水分转变为水汽，下垫面就要失去 2400J 的潜热；当空气中的水汽在地面凝结成露时，每凝结 1g 的露，空气就要释放出 2400J 的热量给下垫面，这就是凝结潜热。在相同温度下，凝结潜热量与蒸发潜热量相等。

在一定温度下，冰面也对应一定的饱和水蒸气分压力（P_S），当实际水汽压（P）小于 P_S 时，会产生从冰直接变为水蒸气的现象，这种由冰直接变为水蒸气的过程称为“升华”。在升华过程中也要消耗热量，这些热量除了包含由水变为水汽所消耗的蒸发潜热外，还包含由冰融化为水时所消耗的融化潜热（316J/g），因此，升华潜热 L_1=2400J/g+316J/g=2716J/g。与升华相反，水蒸气直接转变为冰的过程称为“凝华”。在同温度下，凝华潜热量与升华潜热量相等。地面的雪升华时要失去升华潜热，而当空气中的水汽直接在地面上凝华为霜时，地面将从空气中得到凝华潜热。

根据以上分析可知，城市中潜热交换量的大小主要取决于水分相变量的大小。城市中水分相变量远小于郊区，故潜热交换量也远小于郊区。其主要原因为：①城市中不透水面积大，雨水滞留地面的时间短，地面水分蒸发量少，地面供给空气的潜热量少；②降雪之后，城市中为了交通方便，要铲除积雪，且积雪又易融化为水流失，因此城市雪面的升华作用较小；③城市中除公园和行道树外，绿地面积小，植物的蒸腾作用远远不如郊区大，这也是城市中地—气间潜热交换小于郊区的重要原因。

4. 城市覆盖层与外部大气显热交换量

显热通量是通过传导或对流的方式将地表能量向大气传输，进而对大气加热的过程，其由大气与地表之间的能量梯度决定。显热交换方式有三种，即传导、辐射与对流。关于与地面热传导交换量，在城市与郊区基本相同；辐射热交换量已在净辐射得热量中考虑过了；所以这里仅考虑对流换热量，它也是影响城市热环境的主要换热方式。地—气间的显热交换量主要取决于两个因素：一是地面与空气间的铅直梯度，二是低层的热力紊流交换系数，可由式（3-5）表示：

$$Q_H=-\rho C_p K_H \left(\frac{\Delta T}{\Delta z}+\gamma\right) \tag{3-5}$$

式中　ρ——空气密度；

C_p——定压比热；

K_H——热力紊流交换系数；

$\frac{\Delta T}{\Delta z}$——气温的铅直梯度；

γ——气温干绝热直减率。

城市覆盖层与大气对流的热交换主要有两种方式。一是由热力紊流引发的热量传递，涉及向边界层扩散的热空气和来自城市周围的冷空气补充。其传热量大小取决于气温垂直梯度、城市下垫面粗糙度等因素。在微风或无风条件下，对大城市来说，热力紊流是主要的热损失方式。相比于郊区，城市下垫面更粗糙，故热力紊流散热量更大。二是由大气系统风力引发的机械紊流，导致城市向郊区进行热量传递。其基本条件是大气系统风速大且城市与郊区空气温差大于零。

5. 城市下垫面层的净得热量

由以上各项分析，得出城市“建筑物—空气系统”的净辐射得热量大于郊区、城市中人为释放热量，并远大于郊区，而城市中的相变吸热量又远远小于郊区，其综合效应的结果是城市中的净得热量大于郊区。由热平衡方程式（3-1）知，这部分热量要以显热方式散失到郊区及边界层大气中。

3.1.2 室外热舒适评价

随着我国城市经济的迅速发展，以及城市人口的增加和规模的扩张，城市热环境不断恶化，给民众生命健康、经济正常发展造成严重危害。其中，室外热环境对人体造成的过度热应力是形成危害的一个重要原因。营造适应人体热舒适需求的室外热环境，对于缓解不利气候对人体健康的冲击，提高人们的城市生活品质，以及促进城市经济的发展都有着极其重要的意义。影响室外热舒适的因素可归纳为两方面：热环境因素和热适应因素（图 3-2）。

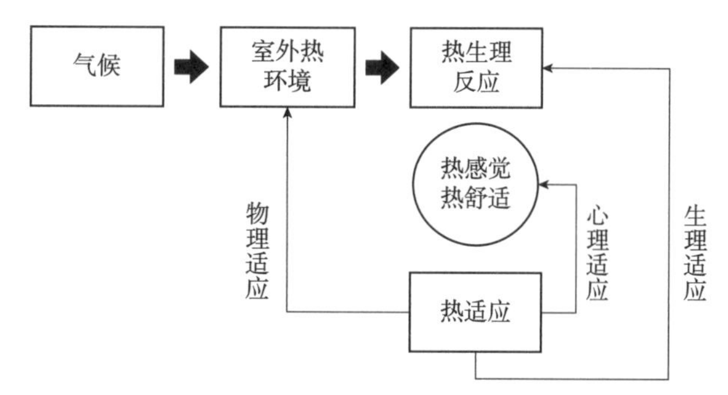

图 3-2 室外热舒适的影响因素
（图片来源：刘蔚巍，邓启红，连之伟 . 室外环境人体热舒适评价 [J]. 制冷技术，2012，32（1）：9-11.）

1. 室外热舒适影响因素

室外热环境通过与人体之间的热交换使人体产生热生理反应，而热生理反应是形成人体热感觉的关键因素。室外热环境参数主要包括空气温度、太阳辐射、相对湿度、风速。不同于室内环境，这 4 个参数在室外环境中变化范围较广。影响热环境的因素包括人为热排放、城市地表结构与属性、大气系统及能量交换方式，如显热和潜热交换。由于本节主要关注人体的室外热舒适度，故将重点探讨这些因素是如何影响热舒适度的。

（1）空气温度

空气温度是影响室外热环境的重要因素。在各环境参数中，温度对人体热舒适的影响权重最大。人是一个恒温动物，所以会通过自身的冷热调节来适应空气温度的变化。当人处于炎热环境时，皮肤表面的汗腺舒张，通过排放大量的汗液来带走身体的热量，从而维持身体温度的恒定。当人处于寒冷环境时，皮肤表面的汗腺收缩，减少汗液的排放，并且通过打“冷颤”等方式消耗能量与增加体温。

（2）太阳辐射

太阳辐射是城市的最主要热源，对城市微气候起着至关重要的作用，并且对人体的热感觉有强烈的影响。在炎热的夏季，人在无遮挡和有树荫遮挡的不同环境下，热感觉会有很大的不同，这是因为有树荫遮挡区域的太阳辐射量是无遮挡区域的10%。在炎热的夏季，人暴露在太阳底下，皮肤在强烈的太阳辐射下会有灼热感，所以人们通常会选择在有遮挡的区域乘凉，并多选择在有树荫遮挡的区域。而在寒冷的冬季，人们喜欢在有阳光照射的地方活动，主要是接收太阳的辐射热，提高人体的热舒适。

（3）相对湿度

相对湿度对人体的热感觉没有直接影响，但其影响着身体表面排汗的散热效率。例如，在高温高湿的环境条件下，由于相对湿度较高，身体水分的蒸发就会受到限制，形成闷热的感觉；但在低温环境下，相对湿度的影响就相对较小。

（4）风速

如表3-3所示，室外自然空气的流动也会影响人体热感觉。空气的流动能加强人体与空气的对流换热，从而影响人体的排汗散热效率。另外，在炎热的夏天，适当的风速还能提高精神神经的兴奋性，令人心情愉快。

综上所述，室外热环境的改变可以影响人身体与外界的热量交换和自身的新陈代谢水平，从而影响人体的热舒适。

室外空气流动风速与人体热感觉的关联性 表3-3

风速/（$m \cdot s^{-1}$）	等同于温度降低	舒适感觉
0.1	0	静风，有轻微不舒适感觉
0.5	2	有轻微感觉的风，感觉舒适
1	3.5	可感觉的舒适的风
2	5	强烈感觉的风，活动量大可接受
2.3	6	干热气候下自然通风的良好风速
4.5	7	湿热气候下自然通风的良好风速
10	9	室外活动下可明显感觉到的大风

人体的热舒适除了受自然气候条件的直接影响外，还会受到其他非自然气候的影响，即人的主观适应。人们对室外热环境的热适应包括物理适应、生理适应和心理适应三种方式。

（1）物理适应

物理适应并不能直接改变人体热舒适，而是通过改变周围热环境或调整自身状态作用于人体的热生理反应。当环境发生改变对人体产生刺激时，为了达到热平衡，个体可通过改变着衣量、开关窗户、启停室内空调或供暖设备及改变其温度、风速等个人调节措施来改变环境舒适度及个人热舒适感。

（2）生理适应

生理适应又称为生理习服，是指机体在长期反复的热作用下出现的诸如体温调节能力提高、产热减少等一系列的适应性反应。生理适应又包括基因适应性和环境适应性。因为一直处在某种刺激下，所以对该刺激做出的反应不断减少，这是人体重复暴露于某种刺激导致该暴露的压力逐渐减少而引起的生理反应的变化，其与人的长期热经历有关。

（3）心理适应

心理适应包含的因素较多，且都直接作用于人体的热舒适感觉，现场调查结果为此提供了充分的证据。ASHRAE RP-884 通过测试自然通风和集中空调建筑的热环境，发现自然通风建筑要比集中空调建筑的可接受温度范围宽 70% 左右，这表明对环境具有高度控制能力的人体对不同温度有更广泛的适应性。

人体对周围环境的热舒适感觉是一个非常复杂的过程。人体与周围环境不仅存在客观的热量传递过程，而且还存在人的主观意识作用和客观生理调节调整过程。因此，在对人体热舒适环境的研究中，既要体现环境的客观评价，如对空气温度、黑球温度、湿度和风速等的评价，也应体现人对周围环境的主观评价。

2. 室外热舒适评价指标

评价热环境的标准一般可分为三类，即安全标准、舒适标准和工效标准。

（1）安全标准：不影响人的身体健康；人的热调节系统不失调；人体生理机制不损失或死亡。

（2）舒适标准：冷热适度，热感觉舒适。在此区域内，人体调节机能的应变最小。

（3）工效标准：通过优化温度、湿度、风速等环境参数，以及人体与环境的交互设计，综合考虑人体工效学和环境条件，以科学安全的方法制定，为不同的工作场所提供设计和管理指南。

环境热状况影响人的敏感度，从而影响人从事体力劳动和脑力劳动的效率。三类标准不一定相同，例如舒适标准与工效标准不一定一致，但在任何情况下，其他标准均应在安全标准范围内，即符合安全优先原则。

在过去一个世纪里，许多指标被开发用于热舒适评价。最早出现的是室内热舒适评价指标，作为延伸，后来出现室外热舒适评价指标。目前，常用的室外热舒适评价指标有预测平均热反应（Predicted Mean Vote，PMV）、生理等效温度（Physiologically Equivalent Temperature，PET）、通用热气候指数（Universal Thermal Climate Index，UTCI）、标准有效温度（Standard

Effective Temperature，SET*）和根据当地热舒适调研数据回归得到的经验指标（TSV_{model}）等。我国《城市居住区热环境设计标准》JGJ 286—2013 选取湿球黑球温度（Wet-Bulb Globe Temperature，WBGT）作为室外热安全的评价指标，但目前尚无规范和指引明确规定通用的室外热舒适评价指标。

（1）预测平均热反应（PMV）

PMV 值是丹麦的范格尔（P.O.Fanger）教授提出的表征人体热反应（冷热感）的评价指标，代表了同一环境中大多数人的冷热感觉的平均，是国际公认的热舒适度评价指标。PMV 与美国国家供暖、制冷和空调工程师学会七点标度的平均热反应相联系。PMV 是以人体热平衡的基本方程式及心理生理学主观感觉的等级为出发点，考虑了人体热舒适感的诸多有关因素的全面评价指标，该指标表明了群体对于（+3~-3）7 个等级热感觉投票的平均指数。

（2）生理等效温度（PET）

目前，室外热舒适研究使用最为广泛的指标是 PET。PET 最早于 1987 年由 Mayer 和 Höppe 提出，1999 年 Matzarakis 等人在慕尼黑能量平衡模型（Munich Energy-balance Model for Individuals，MEMI）的基础上进行初始调整并应用于西欧地区。PET 定义为在理想室内环境下，机体可维持热平衡且核心和皮肤温度相等时的环境等效温度。因此，对于任何给定的热环境参数和人体行为活动信息，可以根据 MEMI 计算人体核心和皮肤温度。通过将核心温度、皮肤温度与 MEMI 中的计算值进行比较，可以获得上述环境设置条件下的等效空气温度，这个等效空气温度即为 PET。由于其计算模型具有一定的局限性，Chen 和 Matzarakis 又提出了修正生理等效温度（Modified Physiological Equivalent Temperature，mPET）。mPET 能更好地反映居民热感觉投票值的变化，且对热感觉投票的敏感性更强。

（3）通用热气候指数（UTCI）

UTCI 是近十年提出并被广泛运用在全球各个气候区热环境研究中的新型热评价指数。其融合了多学科并基于多节点动态热生理学 Fiala 模型开发，能够在各种天气条件下指出对环境热应力的客观生理反应强度。UTCI 建立于非稳态模型基础上，且考虑了人体的热适应性，可模拟任何气候条件、任意季节或城市尺度，故相较于其他热舒适指标更复杂且更完善。2017 年，Freitas 等学者总结了目前 165 个用于模拟人体热感觉的室外热舒适指标，根据全面性、范围性、复杂性、透明性、可用性和有效性 6 个因素对多个指标的适用性进行评分，其中 UTCI 评分明显优于其他指标。

表 3-4 对比了不同热舒适指标之间的主要特征和应用范围，可见，UTCI 可用于对不同气候类型、季节和地理位置条件下的室外热环境进行评价，在反映人体与气象参数相关变化方面具有一定的敏感性和优越性。然而，利用

常用热舒适指标的主要特征及应用范围汇总表　　表 3-4

指标	参考来源	使用范围	热感觉类别	适宜的气候
PET	Meyer，et al.，1987 年	主要用于户外	非常冷到非常热	所有气候
PMV	Fanger，1970 年	主要用于室内	7 分制，从冷到热	所有气候
	Gagge，et al.，1986 年	修正后应用于户外	7 分制，从寒冷到炎热	
UTCI	Jendritzky，et al.，2012 年 Gagge，et al.，1986 年	主要用于室外	10 分制，非常冷到非常热	所有气候
OUT_SET*	Pickup de Dear，2000 年	在 SET 基础上修正后用于室外	5 分制，从冷到热	中度至炎热气候
	Spagnolo de Dear，2003 年			
WBGT	Yaglou Minard，1957 年	主要用于室外	5 分制，从舒适到非常热	炎热气候

常用室外热舒适指标考虑因素汇总表　　表 3-5

指标	空气温度	相对湿度	平均辐射温度	风速	服装衣阻	人体代谢率	平均皮肤温度	皮肤湿润度	核心温度
PMV	√	√	√	√	√	√	×	×	×
OUT_SET*	√	√	√	√	√	√	√	√	×
PET	√	√	√	√	√	√	√	×	√
UTCI	√	√	√	√	√	√	√	√	√

UTCI 评价室外热舒适的研究大多集中在亚热带或温带气候地区，而对极端气候条件下的研究较少，且在严寒地区 UTCI 的预测能力有待进一步验证。表 3-5 对比了室外热舒适指标的考虑因素，其中 PMV 考虑因素最少，在人体参数方面仅考虑了服装衣阻和人体代谢率，导致其在室外热环境研究中偏差较大；OUT-SET* 融合了对平均皮肤温度和皮肤湿润度的影响，对相对湿度的变化更为敏感，常用于评价湿热地区的室外热舒适水平；PET 在人体参数因素中对人体皮肤湿润度的因素缺乏考虑，故在人体潜热散热方面会产生一定的误差；UTCI 综合考虑了环境参量和人体参数等各方面因素，使其对室外热环境的评价有着较高的科学性。此外，我国虽然把湿球黑球温度作为室外热舒适的评价指标之一纳入了相关标准，但其往往用于评价室外热环境的安全水平。

3.2 城市热环境研究历程

城市热环境不仅关系到人居环境质量和居民健康，同时对城市资源消耗、生态系统变化及可持续发展产生深远影响。近年来，得益于计算机技术和空间信息技术的快速发展，城市热环境的研究方法也有了长足的进展，研究热点也从单一维度进一步向多元维度扩展。

3.2.1 研究热点

科学知识图谱可以定量地揭示各个学科的发展脉络、演化规律及研究热点。因此，可以利用科学网络引文数据库（CNKI/WOS）为数据源，对城市热环境的研究现状进行分析，梳理1990—2019年国内外有关城市热环境的研究热点和发展趋势。根据关键词出现频次和中心性总结城市热环境的研究内容、研究方向及研究方法，大致可将城市热环境分为测度方法研究和驱动机理研究两方面，如表3-6所示。

其中，测度方法主要包含概念定义和方法数据两方面，关键词主要有地表温度、气温、热岛强度、亮温温度、遥感、地表温度反演、中分辨率成像光谱仪（Moderate-resolution Imaging Spectroradiometer，MODIS）、单窗算法、数值模拟等；驱动机理主要包含覆被变化、景观格局变化、城市规划三方面，其中覆被变化的关键词主要有土地利用、下垫面、不透水面，景观格局变化主要有归一化植被指数（Normalized Difference Vegetation Index，NDVI）、屋顶绿化景观格局、城市绿地等，城市规划主要有城市化、城市气候、气候变化、城市规划/设计、海绵城市、通风廊道等。可见，城市热环境研究主要以城市作为中心，围绕着热环境对城市的影响展开。

1990年至今，有关城市热环境的研究呈现出显著的阶段化特征。2000年以前，城市气候一直是研究热点，2000年之后逐渐出现了卫星遥感、植被指数研究等主题，2010年之后城市化问题逐渐凸显，使得该领域逐渐引起了研究者的关注，主要集中在热环境的机理研究上，如景观格局、不透水面、数值模拟、通风廊道、时空变化等方面。这表明，相关研究正逐渐关注城市热环境与城市规划的关联性规律，且更加注重量化层面的研究。

总的来看，有关热环境的研究内容主要包括以下几个方面：①城市热环境与全球气候变化、全球气温升高、海平面上升、生物多样性；②分析方法研究，包括情景模拟、遥感、数值模拟、GIS技术、城市脆弱性评估等；③热岛效应与城市系统的互动机制，如城市化、土地利用、地表覆盖、空间形态、景观格局对热岛效应的影响；④城市应对热岛效应的适应性策略和规划管控等。目前，该领域的研究趋于内容体系多元化与综合化的方向发展，体系也逐渐从实地测量到数值模拟与实地测量相结合的方法过渡，重心倾向于规划行动对于城市热环境的量化研究与相应响应机制的构建，并由被动适应转向主动治理。因此，对于今后城市热环境作用下的适应性规划的研究，建构量化指标与动态协作式规划方法必将成为该领域的研究重点。

CNKI/WOS 关键词一览表　　表 3-6

分类		CNKI				WOS			
		关键词	频次	中心性	年份	关键词	频次	中心性	年份
测度方法	概念定义	地表温度	145	0.03	2003	Temperature	370	0.01	1996
		气温	60	0.22	1990	Land Surface Temperature	218	0.03	1993
		热岛强度	59	0.07	1991	Thermal Comfort	576	0.01	1991
		亮温温度	17	0.02	2008	Air Temperature	126	0.05	1996
	方法数据	遥感	126	0.06	2002	Model	294	0.06	2003
		地表温度反演	38	0.05	2006	Simulation	280	0.06	1999
		MODIS	30	0.04	2005	CFD	101	0.03	2008
		单窗算法	30	0.05	2008	Pattern	97	0.01	2011
		数值模拟	23	0.11	2007	Remote Sensing	80	0.02	2003
驱动机理	覆被变化	土地利用	30	0.21	1999	Land Use	121	0.04	2000
		下垫面	32	0.02	1991	Land Cover	52	0.04	2008
		不透水面	20	0.06	2011	Impervious Surface	41	0.04	2010
	景观格局变化	NDVI	47	0.04	2005	Vegetation（Cover）	227	0.01	1995
		屋顶绿化	39	0.04	2005	Green Space/Area	81	0.01	1998
		景观格局	35	0.11	2011	Green/Cool Roof	49	0.01	2011
		城市绿地	30	0.01	2006	NDVI	37	0.03	2006
	城市规划	城市化	93	0.09	1991	Building Environment	224	0.05	2008
		城市气候	38	0.14	1991	Urbanization	203	0.01	2000
		气候变化	37	0.11	2003	Geometry/Urban Form	113	0.05	2002
		城市规划 / 设计	25	0.01	1991	Street Canyon	101	0.04	2006
		海绵城市	17	0.02	2016	Air Polution/Polutant Disperse	77	0.01	2008
		通风廊道	17	0.01	2010	Wind Path/Environment	68	0.01	2005

3.2.2 研究方法

目前，城市热环境研究的主要方法有三种，分别为地面观测法、遥感监测法和数值模拟法。其中，地面观测法的监测手段主要分为气象站、定点观测及移动观测三类；遥感监测法主要利用各种遥感传感器监测数据对城市地表温度等进行观测；数值模拟法主要是利用一维、二维、三维中的尺度模型对特定区域的温、湿度及风场进行模拟。

1. 地面观测法

城市热环境的早期研究主要以地面气象站的长期观测数据为基础，通过统计对比分析总结出动态变化特征及其演变规律。实测研究方法经历了从静态观测发展到动态观测的变化。1833 年，Luke Howards 采用基于城郊气象站资料的 9 个地面气象站数据分析了希腊沿海密集小城克里特岛哈尼亚的城市热岛现象。Fukui E. 等用同样的方法总结了日本城市气温逐年升高的现象。2006 年，季崇萍等人利用 1971—2000 年北京 20 个观测站的年气象数据，分析总结北京市人口、城区范围与热岛效应的影响机制。郭家林等利用哈尔滨 1960—2000 年近 40 年的气象观测资料，分析总结各年高低温与平均气温间的变化趋势。刘伟东等人利用 123 个自动气象站对 2007—2010 年北京城市热环境时空分布进行了详细研究。

可以看出，利用气象站的地面观测作为量化热环境的传统技术手段在初识热岛现象中作用显著，但由于站点分布数量有限，很难准确细致地把握城市内热环境的空间分布信息，因此有学者提出了流动观测的方法，以弥补传统静态观测的不足。1975 年，Oke 等人利用移动观测的方法全面系统地收集了蒙特利尔、魁北克和温哥华的时间序列气温数据，研究了城乡表面在城市热岛中的增长和衰减作用。2001 年，Unger J 等人使用流动观测的方法，定量研究了匈牙利东南部城市塞格德建成区地表因子与近地面空气温度之间的关联。移动观测法因其灵活性高、人力物力消耗低而得到学者们的广泛认可，国内很多学者也进行过类似的实验。周淑贞等 1982 年将定点观测与固定观测相结合，分析总结了上海市 20 世纪 50 年代—70 年代中期的城市热场发展规律及特征。周雪帆等人利用移动观测收集了 2016—2017 年武汉、郑州夏季空气温度，探讨不同气候区不同城市空间形态与热环境的耦合机理。由此可见，动态观测对传统静态观测进行了有效补充。但是，由于数据同时性很难保证，观测时间不宜过长等原因，使得动态观测法在城市热环境研究领域仍具有一定的局限性。

随着城市化的快速发展，其对热环境的观测精度提出了更高要求。目前，红外遥感、雷达探测等新技术由于其精度高、速度快、易获取等多重优势而被广泛应用于城市热环境的相关研究中。这些方法可实现多要素、全方位、高精度的连续观测，弥补了传统观测的不足，从而既为城市热环境时空演变规律的精细监测提供了可能，也将城市热环境的研究拓展到三维空间，使其与城市规划建设联系更加紧密。

2. 遥感监测法

近年来，热红外遥感观测方法因其覆盖范围广、时间同步性高、图像直观易获取、数据源种类多等特点，在城市热环境研究中得到越来越多的应用。1972 年，瑞尔 Rao 首次利用 TIROS-1 遥感影像反演地表温度来识别城市区域，标志着城市热环境研究从城市冠层和边界层进入到了城市地表层的新阶段。经过 40 多年的发展，目前遥感监测法可分为如下三种：单通道算法、多通道算法和劈窗算法。其中，单通道算法主要包括大气校正法、Jiménez-Muñoz J.C 单通道算法和覃志豪单窗算法等；多通道算法可分为灰体发射率法、昼夜法和温度发射率分离法；劈窗算法又称分裂窗算法，其根据数据源的不同分为基于 NOAA-AVHRR 数据、TERRA-MODIS 数据、Landsat-TIRS 数据和 ASTER 数据的劈窗算法，不同的方法针对的是不同的遥感数据，其中 AVHRR，MODIS，ASTER，TM/ETM+/TIR 等数据的应用最为广泛。根据不同热红外遥感数据的空间分辨率，其等级大致分为三类：高空间分辨率、中空间分辨率、低空间分辨率。各系列卫星热红外所搭载的传感器不同，空间分辨率、访问周期、波段设置也不尽相同。因此，在进行温度反演时，应根据数据获取的难易程度、清晰度等选择合适数据，必要时也可进行多种数据结合分析以提高准确性，增加说服力。一般而言，通常采用热红外波段反演地表温度，其波长主要为 10~13μm。需要注意的是，不同的反演算法是基于不同条件假设与针对不同数据源而提出的，不考虑前提条件而进行简单比较的方法好坏毫无意义。在城市热环境研究中，应综合考虑传感器的性质、对比辐射率和大气信息的可获取性、方法的复杂性，以及研究目的、内容、时空尺度，选择适用的最优反演方法。

3. 数值模拟法

随着计算机科学技术的快速发展，数值模拟技术为观测结果的分析及时空格局的模拟预测提供了可能，从而进一步深化了城市热环境领域的研究内容。

从发展维度上看，数值模拟经历了从一维到多维的变化。1969 年，Myrup 首次利用一维地表能量平衡模式模拟了城市热岛，但该模式未考虑城市冠层影响。1975 年，Bornstein 利用二维城市边界层模式研究了三种不同类型城市（粗糙、温暖、粗糙和温暖）对环境流场的影响。1976 年，Vukovich 等利用原始静力学模式首次提出应用于城市热环境的三维模式，研究了美国圣路易斯城市对环境流场的影响，此后三维模式被广泛应用于城市热环境研究中。国内对模拟相关研究的关注稍滞后于国外。1988 年，边海等用一维地表能量平衡模式研究了城郊热岛效应；1994 年，孙旭东等利用二维边界层大气动力和热力方程组数值模式分析计算了西安城市热力场的特性和强度；1998 年，杨梅学等利用三维边界层数值模式模拟了兰州市城关区的城市热岛效应；2010 年，周荣卫等通过对比自动气象站观测资料，验证了三维非静力模式对城市地区夜间地面气温变化模拟的准确性。

21 世纪后，中尺度数值模式的发展和应用对城市热环境的研究起到了极大的促进作用。当前，国内外常用的中尺度模式大体为 MM5、WRF、RAMS，部分研究中耦合了城市冠层模型 UCM。叶丽梅等利用 WRF 模型（Weather Research and Forecasting Model，WRF）分别耦合多冠层、单冠层和平板模式三种情况，分析不同城市冠层方案对南京气象场的模拟效果；蒙伟光等以广州市为例，验证了 WRF/UCM 对“城市热岛”及城市高温天气模拟的应用效果；霍飞等利用 WRF/UCM 研究了人为热源对上海城市气候的影响。

以上研究均基于较大尺度，最小网格为 500m × 500m，很难与实际规划设计指标衔接。因此，目前针对城市街区尺度出现了两种常用的数值模式：CFD 和三维微气候模型 ENVI-met。其中，后一种模式考虑了城市内建筑物的三维信息，可较为真实地反映城市内部情况。王振等利用 ENVI-met 对夏热冬冷地区街道下峡层进行了模拟计算。祝善友等对比了南京城市近地表气温的模拟与实测值，验证了 ENVI-met 软件模拟的准确性，并分析不同城市空间形态下气温的分布与变化情况。

随着人工智能技术的发展，也有学者进行了其他有意义的尝试。例如，张殿江、吴宝军等借助转移矩阵模型，定量分析研究区域的城市热岛变化情况，并利用马尔科夫链理论进一步预测热环境发展趋势；冯晓刚、郭其伟等采用 UHI-CA-Markov 模型，模拟并预测了西安市地表热环境的空间分布特征；韦春竹采用 CA 模型，结合神经网络和遗传算法模拟了城市扩张背景下的城市热岛效应。

总之，地面观测、遥感监测、数值模拟预测等在各个不同阶段对城市热环境研究起到了巨大的推动作用，并为后续城市热环境研究取得的突破奠定了基础。

3.3 城市热岛与住区热环境

3.3.1 城市热岛效应

1833 年，卢克·霍华德（Luke Howard）在《伦敦气候》（*The Climate of London*）一书中记录了伦敦市由于人口膨胀、建筑密集等原因出现市区温度高于郊区的现象，并首次提出了“城市热岛”的概念。1958 年，英国科学家曼利（Manley）正式将这一现象命名为“城市热岛效应”。进入 21 世纪后，由于全球变暖及城市化进程的不断加剧，热岛效应逐渐成为城市热环境的主要问题，并严重影响了城市的健康有序发展，成为城市气候及城市规划领域的热点话题。

城市热岛是随着城市化同时出现的一种特殊的局部气温分布现象。城市市区气温高于郊区，且愈接近市中心气温愈高，市区任一水平面的等温线图是如同海岛等高线一样的一维曲线。将气温分布的这种特殊现象称作城市热岛。

热岛效应的强弱以热岛强度 ΔT 来定量表示，即：

$$热岛强度\ \Delta T=市区气温(t_c)-郊区气温(t_a) \tag{3-6}$$

由于 t_c、t_a 是与时间 τ、市区人口密度 D、风速 V、降水量 p 等参数相关的函数，故：

$$\Delta T=f(\tau, p, D, V, A) \tag{3-7}$$

英国的钱德勒（Chandler）曾利用汽车流动观测资料绘制了 1959 年 5 月 14 日伦敦市最低温度分布图（图 3-3）。当时伦敦在反气旋控制之下，天气晴朗无云，风力微弱。由图 3-3 可以看出，等温线的分布大致与城市轮廓平行，最高气温中心位于近市中心的建筑物密度最大的地区。在市中心高温区，等温线分布还比较稀疏；而在城市边缘，等温线密集，气温水平梯度很大。在郊外泰晤士河谷地带，气温显得更低。这幅等温线图给人以"城市热岛"极其直观的感觉。

奥克曾根据他在北美加拿大多次观测城市热岛的实例，概括了一幅城市热岛气温剖面图（图 3-4）。从图中可很清楚地看出：由农村至城市边缘的近郊时，气温陡然升高，奥克称之为"陡崖"；到了市区气温梯度比较平缓，因城市下垫面性质的地区差异而稍有起伏，奥克称之为"高原"；到了市中心区人口密度、建筑密度及人为热释放量最大的地点，则气温更高，奥克称之为"山峰"。此"山峰"与郊区农村的温差 $\Delta T_{u\text{-}r}$ 称为"热岛强度"。从这幅气温剖面图上，可以更形象化地显示出城市气温高于四周郊区，"城市热岛"矗立在农村较低的气温"海洋"之上。

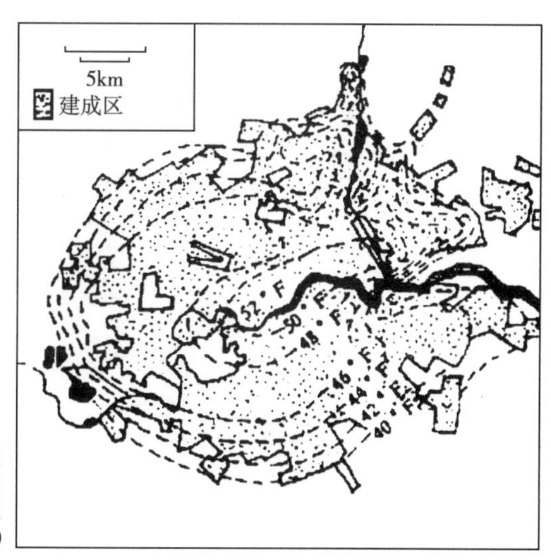

图 3-3　1959 年 5 月 14 日伦敦市最低温度分布图

（图片来源：刘加平，等 . 城市环境物理 [M]. 北京：中国建筑工业出版社，2011.）

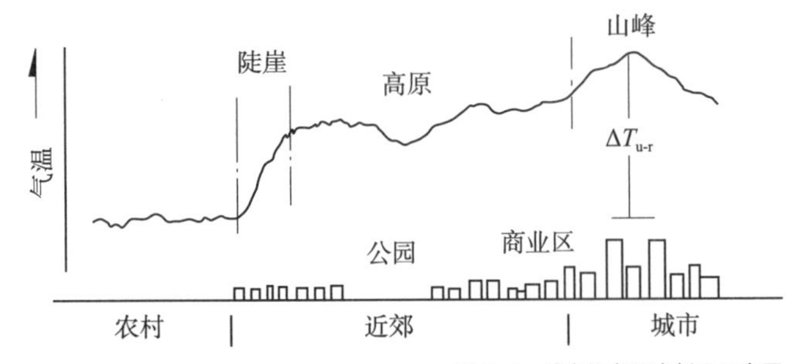

图 3-4　城市热岛温度剖面示意图

（图片来源：刘加平，等．城市环境物理 [M]. 北京：中国建筑工业出版社，2011.）

随着城市规模的不断扩展，城市热岛的强度和蔓延区域都随之不断增长。以西安市为例，通过遥感反演的西安市地表温度演变（图 3–5）可以看出，2000 年的高温区域主要集中在城市内部，而随着城市的扩张，高温区分布不再整体密集，而是开始在城市外围零星分布，出现了几个独立热点的孤岛区域，如北部工业区、西部物流仓储区、西南部工业区等。随着时间的推移，零星的热点区域逐渐融合扩大，高温区开始在建成区内成片式蔓延。除了高温面积不断扩大，建成区的城市升温总量也在逐年递增。

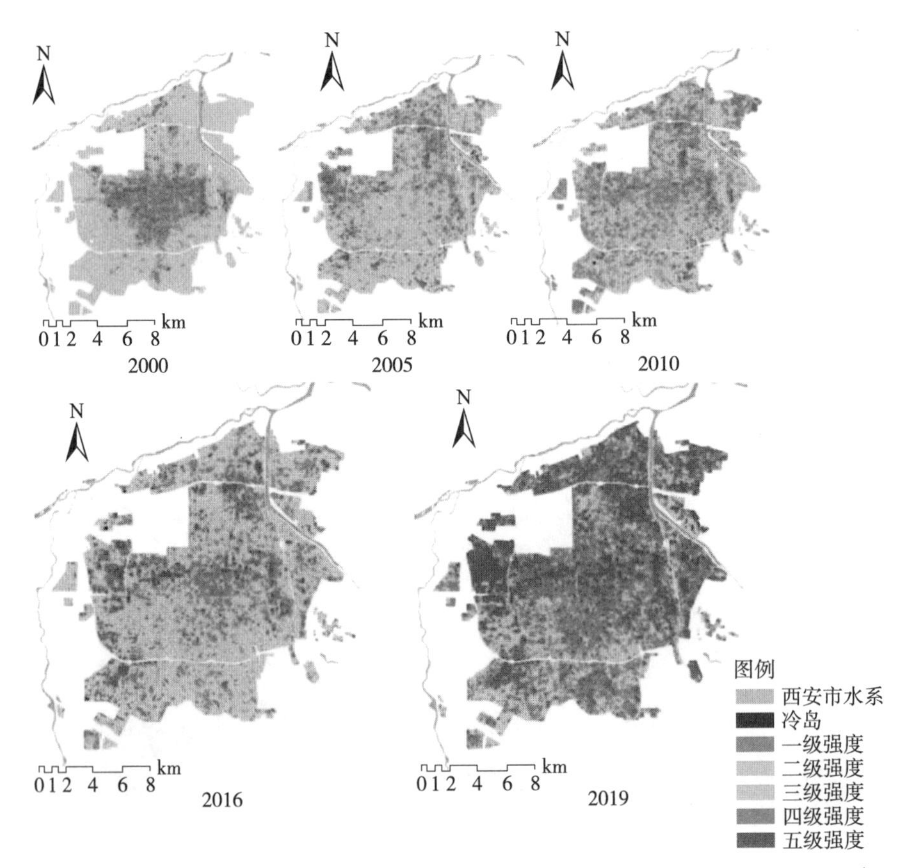

图 3-5　2000—2019 年西安市地表温度变化图

1. 城市热岛的形成原因

据统计，到目前为止，世界上几乎所有城市都有热岛效应出现，热岛效应是城市化的必然产物。本章第一节中我们讨论了城市与郊区得热量的差异，下面详细分析城市热岛的形成原因。

（1）城市的不断发展，建筑物密度、高度的不断增大，人工铺装的路面、广场越来越多，立体化的下垫面层比郊区能吸收更多的太阳辐射能，这是形成热岛效应的基本条件。

（2）城市立体化下垫面比郊区自然下垫面层的热容量要大，白天城市的得热量贮存在下垫面层中的那一部分要比郊区多，使得在日落后城市下垫面降温速度要比郊区小。在夜间，城市因有下垫面贮热量的补充，湍流显热交换的方向仍然是地面提供热量给空气；郊区因地面冷却快，有接地逆温层出现，湍流热交换的方向是空气向地面输送热量。这是城市热岛形成的另一重要原因。

（3）城市内部上空的污染覆盖层善于吸收地面长波辐射，特别是 CO_2 造成的温室效应是形成城市热岛的主要因素之一。此外，城市下垫面有参差不齐的建筑物，在城市覆盖层内部街道“峡谷”中天穹可见度小，从而大大减少了地面长波辐射的散热量。

（4）城市人口密集，故而向大气中排放大量的人为热。较多的人为产热量进入大气，特别在冬季对中高纬度的城市影响很大。许多城市的热岛强度冷季比暖季大，星期一至星期五几天的热岛强度比星期日大，就是这个原因造成的。

（5）城市中因不透水面积大，降水之后雨水很快从人工排水管道流失，地面蒸发量小，再加上植被面积比郊区农村小，蒸发量少，城市下垫面消耗于蒸散的热量较郊区为小，而通过系统输送给空气的显热却比郊区大，这对城市空气增温起着相当大的影响。

（6）城市建筑物密度大，通风不良，不利于热量向外扩散。在大多数情况下，城市风速比郊区小，城市气温比郊区高。即使在日落后，城市气温下降速度也往往比郊区小得多。这也说明热岛的形成还必须具备一定的外部条件，那就是天气必须稳定。一般来说，气压梯度小，风速微弱或无风，天空晴朗无云或少云天气时，空气层结构比较稳定。

2. 热岛对城市环境的影响

城市热岛效应的出现使城市区域空气温度在一年中大部分时间里都高于郊区，由此引起对整个城市环境的多方面影响，主要包括以下几个方面。

（1）形成热岛环流

城市热岛在城市的水平温度像一个温暖的“岛屿”，即一个气温高于郊区的暖区。因此，市区地面气压要比郊区气压稍低一些。如果没有大的天气系统的影响，或背景风速很弱的话，就会出现由周围郊区吹向市区的微风，称为热岛环流，或“乡村风”“城市风”。热岛环流是由市区与郊区的气温差形成热压差而产生的局地风，故其风速一般都较小，如上海约为 1~3m/s，北京约为 1~2m/s。热岛环流的出现影响了整个城市风场的分布。在背景风速很弱的条件下，城市边缘地区工厂排放的污染物会带进市区，使得越靠近市中心区，污染浓度越高，从而加大了城市区域的大气污染。

（2）影响城市区域的降水量和空气湿度

热岛效应的出现加强了城市区域大气的热力对流，再加上城市大气中的许多污染物本身就是凝结核，使得城市区域的云量和降水量比郊区明显增多。1973 年弗兹格瑞德（Fitzgerald）等在低空飞行、对云微细的物理结构进行观测时发现，从美国圣路易斯市城区的上风方向到下风方向，云的凝结核数目增加 54%，空气的过饱和程度亦有所增加。由于下风方向云的凝结核数目较多，其吸水性能强，故容易成云。

城市区域的降水量虽比郊区多，但市区空气的相对湿度却比郊区低。其原因除了市区大部分降水被排走、市区蒸发到空气中的水分少以外，城市热岛效应（气温高于郊区）也是主要原因之一。何军团队基于重庆市 1980—2020 年城郊站点气象数据分析（图 3-6），发现城区站点饱和水汽压差的增速为郊区的两倍（图 3-6a、b）。随着城市发展，城郊站点相对湿度分别以 -2.2%/（10a）、-1.0%/（10a）的速度呈现波动下降的态势（图 3-6c）。进入 21 世纪之后，城郊站点相对湿度的差值逐渐加大，在 2012 年达到峰值（接近 5%）。

（3）酷热天气日数增多，寒冷天气日数减少

城市气温高于郊区引起市区一系列气候反常现象，一是夏季城市区域酷热天气日数（35.1~40.0℃）多于郊区；二是使得城市中的无霜期比郊区长；三是降低了城市的降雪频率和积雪时间；四是冬季寒冷天气日数（小于 -5.0℃）城市少于郊区，显得市区春来早，秋去晚。这种气候变化的结果使得冬季城市区域供暖热负荷减少，从某种意义上说节约了能量；但同时又使得夏季空调冷负荷增加，故又多消耗了能量。

3.3.2 城市热岛的减缓措施

总的来说，城市热岛效应对城市环境的影响是害多利少。从城市建设和发展的角度来看，应采取有效措施控制和减小日趋严重化的热岛现象，改善城市的热环境。

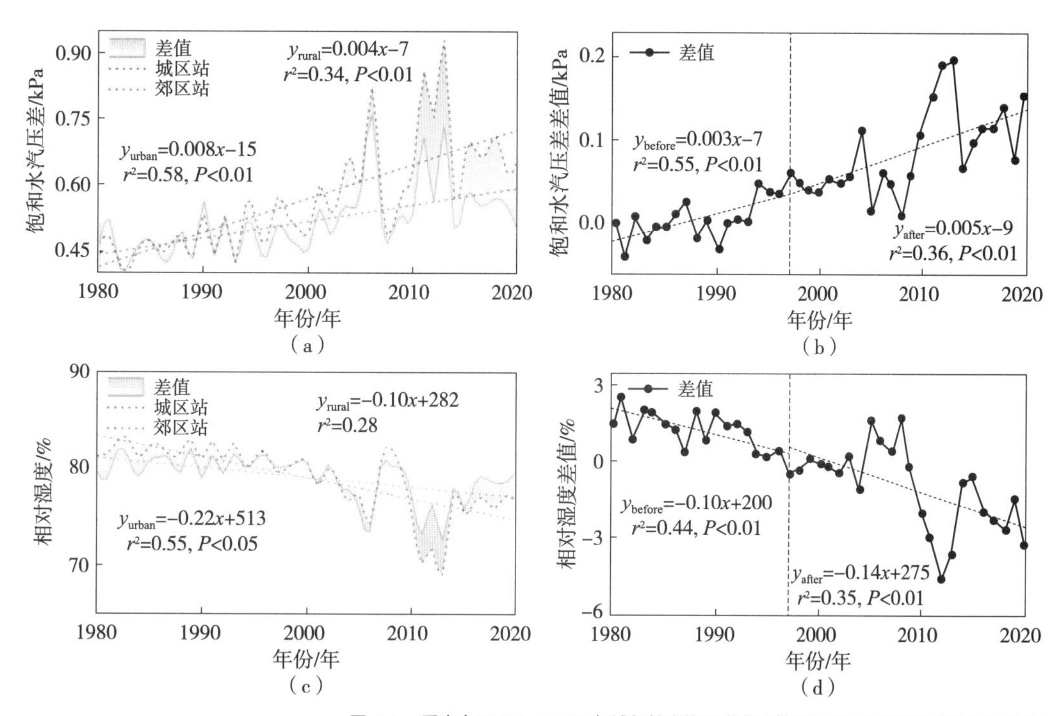

图 3-6　重庆市 1980—2020 年城郊站点饱和水汽压差和相对湿度及其差值的年际变化

（a）饱和水汽压差；（b）饱和水汽压差差值；（c）相对湿度；（d）相对湿度差值

（图片来源：郑箐舟，何军，李深智，等．重庆地区城郊人体舒适度变化特征差异及其影响因素分析 [J]. 生态环境学报，2023，32（6）：1089-1097.）

1. 严控城市规模，避免盲目聚集

随着社会经济的发展，城市规模的盲目扩张引发而来了高密度的人口、建筑、设施，集中的人为热源和污染物排放等问题，这些问题导致城市环境严重恶化。截至 2020 年年底，我国拥有超大城市 7 个，特大型城市 14 个，Ⅰ型、Ⅱ型大城市分别为 14 个、70 个。黄启堂团队选取了 2014 年与 2019 年里城市生产总值、人口数量、城市规模等方面发展迅速并具有代表性的城市样本，利用卫星遥感影像数据分析处理后，得到其地表温度值及热岛值（表 3-7）。由表 3-7 可见，一般情况下，城市规模越大，人口越多，热岛效应愈强。

2014 年与 2019 年部分城市地表温度值及热岛值　　单位：℃　　表 3-7

城市	地表最低温度		地表最高温度		热岛值	
	2014 年	2019 年	2014 年	2019 年	2014 年	2019 年
郑州市	0	1	8	11	3	4
开封市	20	18	32	28	4	4
济南市	1	9	12	21	3	4
太原市	0	3	8	13	3	4

续表

城市	地表最低温度		地表最高温度		热岛值	
	2014 年	2019 年	2014 年	2019 年	2014 年	2019 年
阳泉市	0	3	7	13	2	4
南京市	12	18	19	29	4	7
芜湖市	13	20	18	31	3	7
苏州市	5	9	14	16	4	5
无锡市	6	9	13	16	2	4
常州市	12	9	18	16	2	2
徐州市	4	15	10	23	3	4
杭州市	3	17	14	30	6	7
温州市	6	8	18	20	4	5
宁波市	5	8	14	18	3	4
嘉兴市	8	19	13	26	3	4
福州市	7	13	21	24	5	6
厦门市	10	16	22	28	6	7
广州市	18	18	32	35	5	6
佛山市	27	22	39	34	5	5
东莞市	22	20	36	35	5	5
汕头市	14	23	22	35	4	5
蚌埠市	5	9	12	19	2	5

减缓热岛效应需要合理调控城市规模。首先是国土面积的规模，城市不是越大越好，摊大饼粗放式的发展已经让我们付出了沉痛的教训，必须根据每个城市的区位、交通条件、资源环境、承载能力、适宜开发的程度，科学合理地确定每个城市的占地面积和国土空间规模。对于超大特大城市，要严格执行城市增长边界的空间约束，一经划定，具有法定效力，不能随意越界而追求城市空间上的蔓延。其次是人口规模，城市不宜盲目追求人口数量的高速增长，而应充分考虑每个城市的产业基础、就业机会，合理确定未来城市人口聚集的能力。

2. 选择紧凑型多中心城市发展模式

城市发展模式同样对城市环境有显著的影响。紧凑型多中心城市发展模式是指在城市规划中，通过建设多个功能齐全、相对独立的城市中心，形成一个网络化的城市结构，以提高城市的空间效率和可持续性。紧凑型多中心城市发展模式可以缩小城市的扩张范围，保护郊区的自然植被和水体，增加城市的绿色空间和蓝色空间，从而降低城市与郊区的温度差异，减弱城市热岛效应。上海作为一个典型的紧凑型多中心城市，大大降低了城市运转的能源消耗。束炯团队基于1873—2016年上海城市气象记录与土地利用变化等要素进行研究，发现热岛强度在2005—2016年降低了约0.58℃（图3-7）。

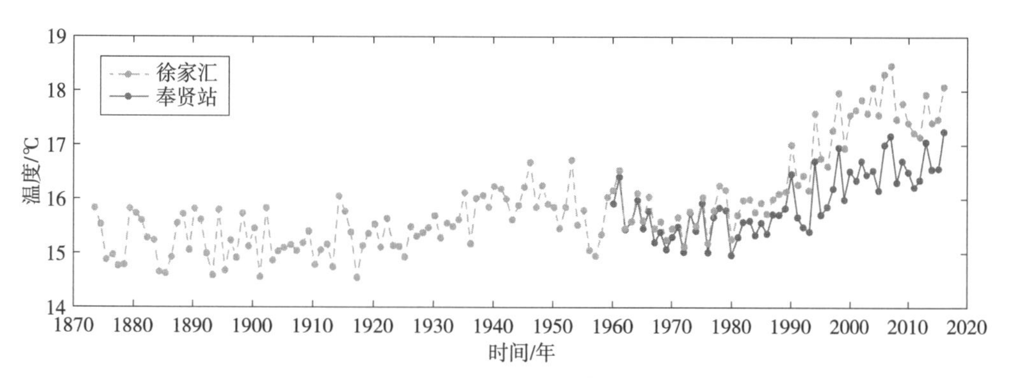

图3-7　城市（徐家汇站）与郊区（奉贤站）气象站的年平均温度

（图片来源：WANG S J. Urban Renewal Can Mitigate Urban Heat Islands[J]. Geophysical Research Letters，2020，47（6）.）

紧凑型多中心城市发展模式需要根据不同地区的具体情况，进行科学合理的设计和实施，要科学划定城市发展边界线，鼓励适当中高密度的土地混合开发，使城市的功能紧凑。同时，应健全公共交通系统以降低城市运转的能源消耗。纽约市作为一个典型的紧凑型多中心城市，通过2014年制定的《80×50减碳路径规划》，预计到2050年，温室气体的排放量将比2005年降低80%。纽约市分布着490个24h运营的地铁站点、总长3000多公里的244条公交线路，并增加了多项自行车基础设施（图3-8）。

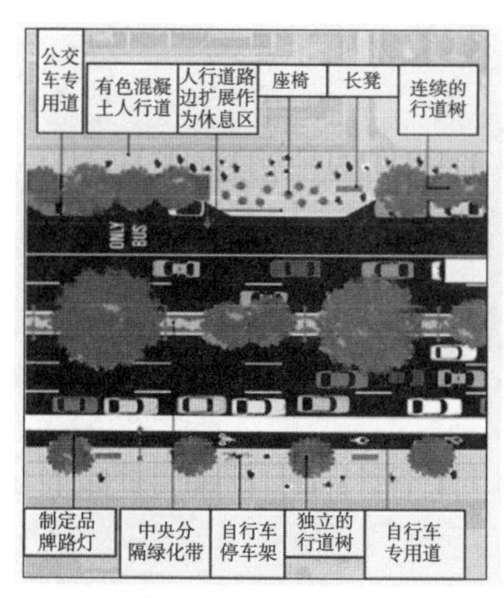

纽约主要干道设计样本图

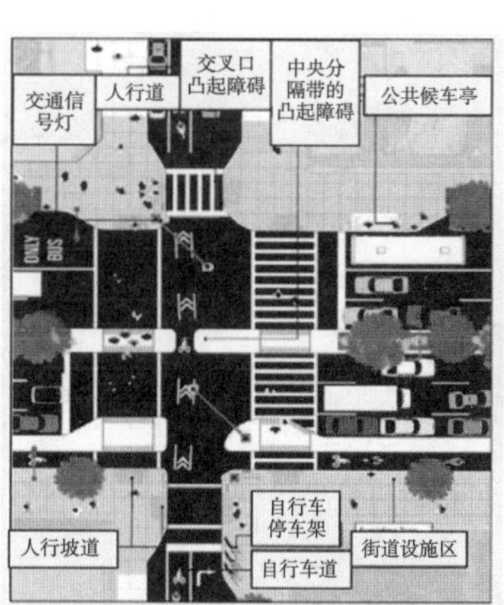

纽约主要干道交叉口设计样本图

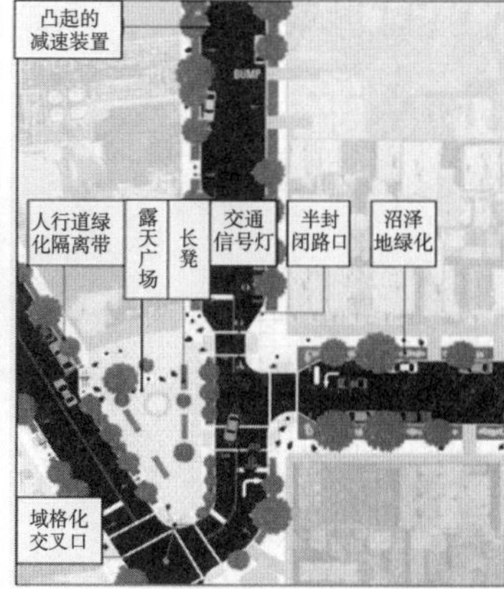

纽约支路设计样本图

图3-8　纽约市道路设计样本图

（图片来源：张久帅，尹晓婷．基于设计工具箱的《纽约街道设计手册》[J]. 城市交通，2014，12（2）：26-35.）

3. 构建城市风廊，加强城市通风

城市通风廊道是由空气动力学粗糙度较低、气流阻力较小的城市开敞空

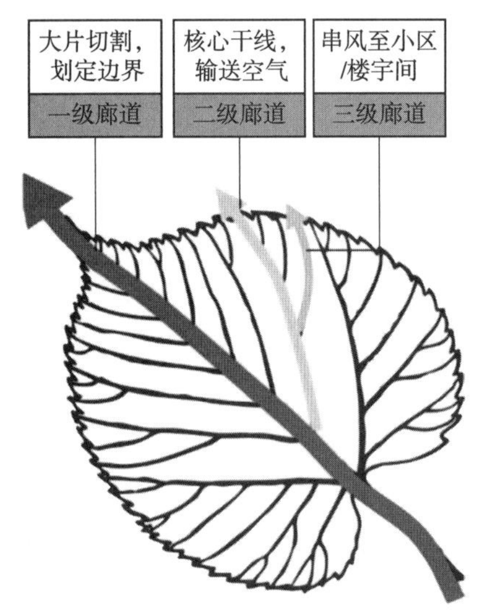

图 3-9　城市通风廊道分级示意图
（图片来源：济南市自然资源和规划局印发《济南市通风廊道构建及规划策略研究（社会公示与征求意见稿）》）

间组成的空气引导通道。如果把城市比作一个生命体，那么通风廊道就是城市的气管。它将新鲜空气引入城市内部，以提升城市的空气流动性，缓解热岛效应，改善人体舒适度。

城市通风廊道一般可分为 2~3 级，城市总体规划层面重点控制一级和二级城市通风廊道，三级通风廊道在控制性详细规划层面进行控制。一级通风廊道是为阻隔城区之间热岛蔓延连片，二级通风廊道主要依托现状水系和交通廊道布局，切割主城区热岛，连通冷源与热岛区域，引导城市空气流通（图 3-9）。

通风廊道构建主要是针对风速为 0.3~3.3m/s 的风，也称软轻风。首先需要采用气象数据统计和数值模拟的方法对规划区域不同时间尺度局地风场进行详细分析，计算规划城市的通风量和通风潜力，并采用卫星影像反演解译历史数据，构建城市热环境分布的整体格局，然后结合土地利用类型确定城市内外适宜的冷源，综合考虑背景风况、通风潜力、通风量、城市热岛分布、冷源分布，进而初步确定城市通风廊道（图 3-10）。

一级通风廊道宜贯穿整个城市，应沿低地表粗糙度区域和通风潜力较大的区域进行规划，连通冷源与城市中心、郊区通风量大与城区通风量小的区域，打通城市中心通风量弱、热岛强度强的区域。在用地上，除增加通风廊

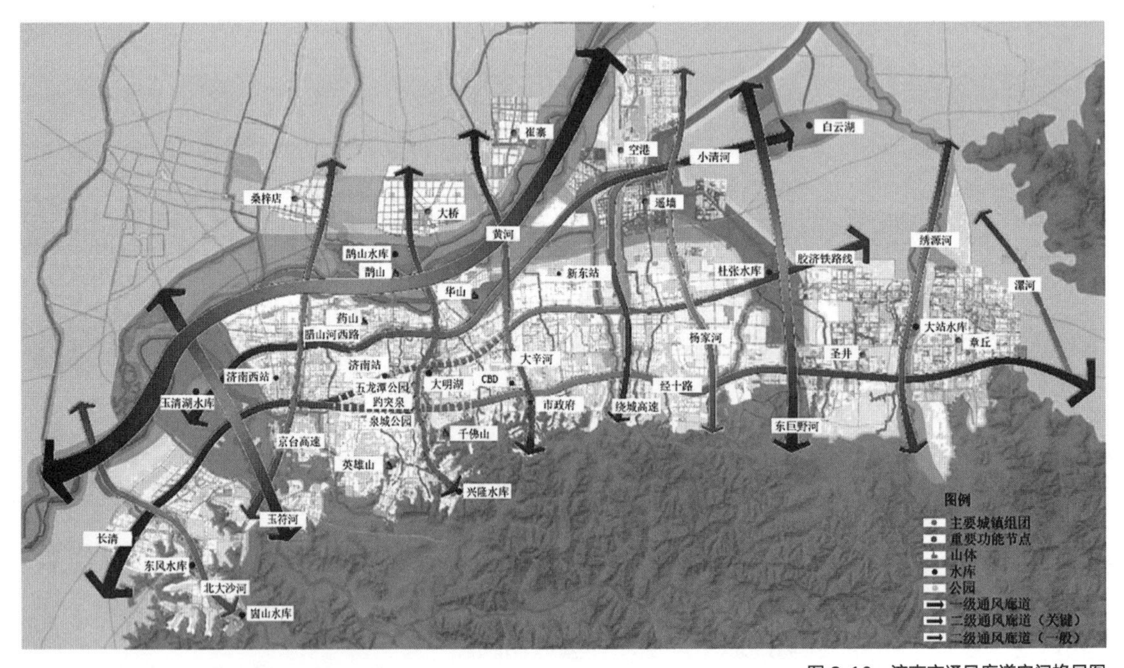

图 3-10　济南市通风廊道空间格局图
（图片来源：济南市自然资源和规划局印发《济南市通风廊道构建及规划策略研究（社会公示与征求意见稿）》）

道用地外，宜依托城市现有交通干道、河道、公园、绿地、高压线走廊、相连的休憩用地，以及其他类型的空旷地作为廊道载体。一级通风廊道的走向与区域软轻风主导风向近似一致，两者夹角不应大于30°；廊道宽度宜大于200m，以大于500m为最佳。

二级通风廊道应沿通风潜力较大的区域进行规划，应连通冷源与密集建成区及相邻的通风量差异较大的区域，并尽可能辅助和延展一级通风廊道的通风效能。在用地上，宜将城市现有街道、河道、公园、绿地及低密度较通透建筑群等作为廊道载体。二级通风廊道的走向与局地软轻风的主导风向夹角应小于45°，廊道宽度宜大于50m，以大于80m为最佳。

三级通风廊道应进一步增大街区、组团的通风性能，也应保留一定数量和宽度的、走向与局地软轻风风向相近的街道，避免建造过高、过密、过大的建筑物群，保留一定比例的开放空间和低层建筑，从而促进空气流动，形成易于通风、散热、扩散污染物的城市空间结构。

构建风廊时，一方面要考虑城市现有的绿地、公园、森林及河湖等这些生态冷源，另一方面应充分尊重现有城市格局，尽量避开现有的大型建筑群，避免大量的拆迁。

4. 保持城市有充足的蒸发面积

在城市建设中，应在城市中心区域规划足够的水面和绿地，而且应分布合理。我国大多数城市的水面和绿地面积与发达国家城市相比占比很小，故更应注意城市蒸发面积的建设。大量观测资料表明，不同下垫面上空的气温有明显的差异。在1981年8月，北京大学张景哲教授就对水泥地面、树荫、草坪三种不同下垫面在夏季白天所形成的微小气候进行了观测（图3-11），研究发现水泥地面上方1m高处的空气温度比有树荫遮挡的草坪上方气温高出约2.8℃。

在城市中应多建设绿地和水体，增加植被覆盖率和水分蒸发量，以增加地表对流换热和湿润降温效果。水体具有较大的热惯性和热容量值，较低

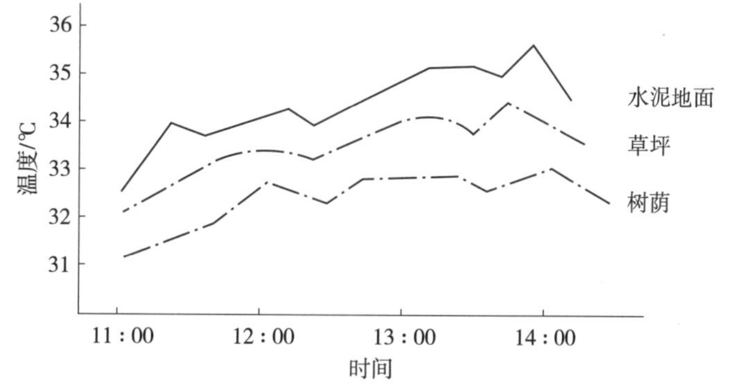

图3-11　天安门广场三种下垫面的气温变化
（图片来源：刘加平，等.城市环境物理[M].北京：中国建筑工业出版社，2011.）

的热传导和热辐射率，且蒸发能力强，呈现鲜明的“冷岛”特征。中世纪罗马等石造城市中，人工水池和喷泉很多，无论当时人们是否意识到，它们都具备调节城市热环境的功能。王美雅等人的研究显示，1989—2014 年福州市建成区地表水体面积减少 1490.67hm^2，对建成区温度上升的平均贡献为 1.03℃。而在水体减少的具体区域，其升温效应更为明显，浦下洲实例证明局部水体的消失可对该区产生 3.6℃的升温效应。

城市绿地的蒸发也对城市热岛有明显的改善作用。研究表明，单株树木一天内可蒸发 450L 水，转移了可提高空气温度的 230 000kcal 的能量，相当于 5 个空调共同运作 19h。综合国内外研究情况，绿化能使局部地区气温降低 3~5℃，最大可降低 12℃；相对湿度增加 3%~12%，最大可增加到 33%。在对居住区 120 个绿地进行降温试验中发现，高大的乔木蒸腾作用强，8m 以上的大乔木降温可达 2.8℃，可消耗太阳直接辐射能量的 60%~75%，甚至达到 90%；灌木类绿植可降温 1.2℃，而草坪的降温仅为 0.6℃；以乔木为主的绿地在高温天气下可平均降温 2.5℃。

5. 适当增大地表反射率，减小吸收率

城市地区的地表反射率通常比农村地区的低，这主要是因为城市地表覆盖有较多的建筑物和道路等人工结构。这些人工结构的材料大多是深色或黑色的，如水泥、沥青、砖瓦等，它们的反射率很低，只有 10% 左右。而农村地区的地表覆盖以植被和土壤等自然结构为主，它们的颜色较浅，如绿色、棕色等，反射率可以达到 30% 以上。因此，城市地区太阳辐射吸收量比农村地区高出很多，这些人工结构材料白天吸收热量，晚上气温降低时再向周围环境释放热量，造成城区的高温化。

为此，洛杉矶当局启动冷表面计划（Cool Surface）。将试点路面、屋顶涂上白色沥青乳剂以提高太阳反射率。2018 年，洛杉矶市将坡屋顶的太阳反射率要求提高到 0.25，平屋顶的太阳反射率要求提高到 0.8，在全市范围改造了 2 万个高反射率的“冷屋顶”。芝加哥和西雅图也试验了类似的项目，将人行道用浅色混凝土重新铺设。从 2010 年开始，纽约市也实施了一项“凉爽屋顶”的项目，已经在 50 多万平方米的沥青屋顶上涂上了浅色涂料。据估计，如果将美国所有屋顶和道路涂成白色或浅色，则可以减少太阳辐射吸收量约 44 亿 kg 标准煤。此外，还可以利用屋顶和墙壁等空间安装太阳能板或太阳能热水器等设备，利用太阳能发电或供暖，从而减少太阳辐射对地表的影响。据统计，在中国每增加 1m^2 太阳能板面积，可以减少 0.15kg 的 CO_2 排放量。但同时也必须看到，我国城市建筑密度和高度都远大于欧美平均值，地表反射率增大，大量的太阳辐射被反射至周边建筑表面会大幅提高环境平均辐射温度，从而降低户外热舒适度。凯文・林奇就曾指出，反射率适中的

城市表面才能有助于产生一个温和而稳定的微气候。

增加城市绿化可以减少城市对太阳能的吸收。绿色植物能够吸收和遮挡太阳辐射，并借助自身的光合作用，将太阳能转化为化学能。同时，绿色植物的蒸腾作用也消耗了一部分太阳辐射，并吸收周围的一些热量，使空气温度下降，达到调节空气温度的目的。据研究，在北京市中心种植10%的植被可以使平均气温降低0.6℃。2010年，多伦多成为第一个通过立法要求所有面积超过2000m^{2}的新开发项目都要有绿色屋顶的北美城市。从那时起，超过11.1万m^{2}的绿地被添加到城市景观中。旧金山和丹佛分别在2016年和2017年通过了类似的立法。

6. 加强建筑节能，减少城市内热源

除以上措施外，还应采用清洁能源和节能技术，降低人工发热量和废热排放量，降低城市内部热源强度和数量；采用绿色建筑和屋顶花园等措施，利用植物遮阴、蒸发降温、反射辐射等方式，降低建筑物表面温度和蓄热量，减少空调的使用和电力消耗。

此外，应强力控制进入市中心街区的汽车数量，对必要的道路限行，并大力发展城市公共交通及地下交通。集中紧凑的街道布置可减少对汽车的依赖，在促进日常生活圈内徒步移动的同时，也使人们更加亲近自然。适度的社区规模有利于创造丰富的户外活动，从而增加人们户外行走的兴趣。

3.3.3 住区热环境

住区热环境涵盖人们在室外生活时切身感受到的如室外温度、湿度、太阳辐射、气流组织和绿化状况等微气候参数。其中，温度作为人们感受居住环境好坏的重要特征参数，综合反映了住区的太阳辐射及绿化状况等其他因素的作用，对评价住区周围热环境至关重要，也是影响人们在室内外生活质量的主要因素之一。所在地区的典型气象情况、住区建筑布局、下垫面材料、绿化等条件决定了住区不同位置小范围内的逐时微气候参数。

随着居住质量的提高，人们在追求生活品质的同时，更多的是考虑如何使自己更健康。住区拥有适宜的温、湿度和较低的辐射，不仅会给居民室外生活带来舒适与健康，同时也可通过传热、辐射、对流、自然通风等形式降低住宅围护结构在夏季的外表温度及室内气温，从而在提高居民室内外生活质量的同时，可有效地降低住宅的空调能耗，降低对环境的污染。

1. 建筑布局对住区热环境的影响

在建筑群集地区，住区不同位置的热环境受相邻位置的建筑材料、结构和布局、居住区下垫面、绿化情况、水景设施、交通及家用电器等人为排热因素的影响，可能会使局地气温出现热岛或冷岛、滞后或提前等现象。从以色列的 Swaid 和 Hoffman 于 1986 年对耶路撒冷三个建筑群的实验，以及澳大利亚的 Elnahas 和 Williamson 在 1993 年对阿德莱德市阿德莱德大学北平台校区的两个“峡谷”的实验来看，利用建筑群热时间常数（Cluster Thermal Time Constant，CTTC）预测的空气温度和测量的空气温度显示了很好的吻合性。CTTC 模型将特定地点的温度视为几个独立过程温度效应的叠加，即：

$$T_a(\tau)=T_0+\Delta T_{a,\ solar}+\Delta T_{NLWR} \tag{3-8}$$

式中　T_0——局部空气温度变化的基准（背景）温度；

$\Delta T_{a,\ solar}$——太阳辐射造成的空气升温；

ΔT_{NLWR}——长波辐射造成的空气降温。

林波荣等人利用 CTTC 模型计算了北京某居住小区不同位置的建筑群空气温度，结果如图 3-12 所示。与气象站气温比较，小区内气温出现了一定程度的热岛现象，且热岛强度晚间强，白天午间相对较弱。从下午 2、3 点钟以后，气温持续升高，至晚上 8、9 点钟后逐渐回落。从图 3-12 可以看出，在夜间各区域的气温相差很小，但白天各区气温呈现较大的差异。小区

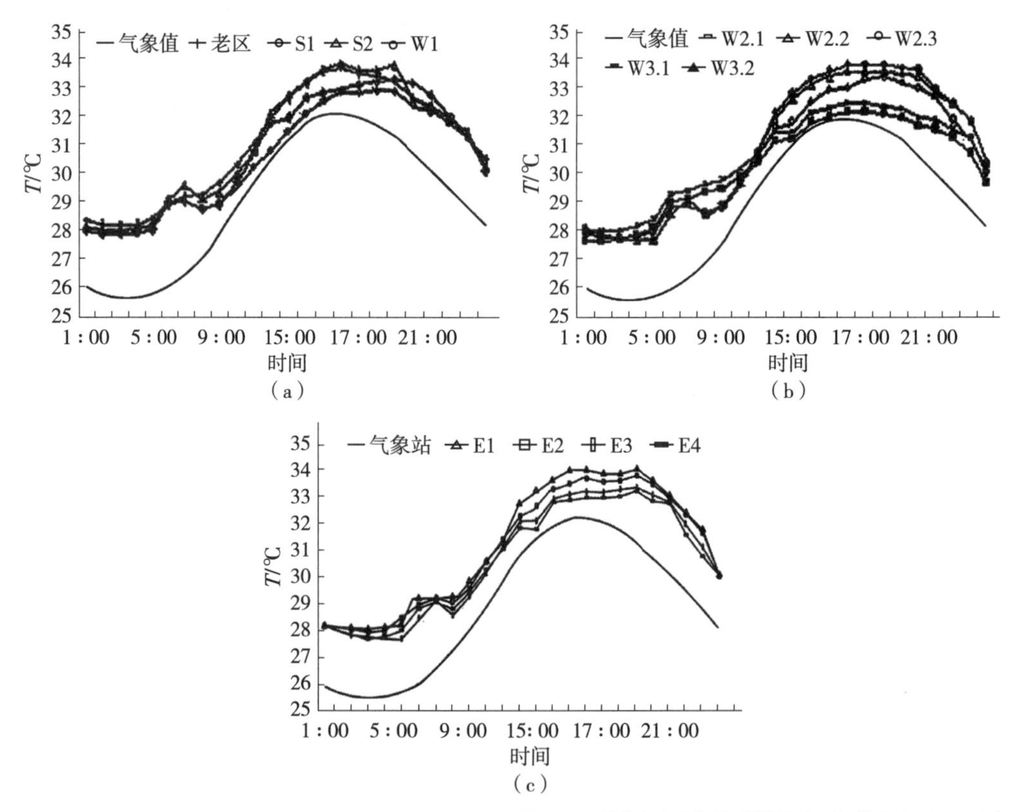

图 3-12　某住宅小区典型区域的温度测量结果（7 月 16 日）

（图片来源：刘加平，等. 城市环境物理 [M]. 北京：中国建筑工业出版社，2011.）

中某些区域，如 W2-1、S2、W2-2、W3-2、E3 区等，其建筑布局合理，建筑间距选择合适（天空视角系数较高且利于长波辐射冷却）；集中绿地多，并或多或少地采用了人工水景布置，热湿交换较强；人为热源相对较少。因此，在炎热夏季，这些区域内的住区温度环境相对比较适宜。而 S2、W2-2、W3-2、E1 等区域，由于比较接近交通公路，人为热影响严重，下垫面多为沥青水泥路面，绿化较少，故其温度较高，热岛效应强烈，在早上、傍晚时持续出现温度突高的情况。

为综合评价住区各区域的热环境状况，以 W2-1 区域的热环境为评价标准（定为 4 星级，星级高代表热环境好），分析其他区域的热环境质量。将小区气温和气象站气温的差值定义为小区热岛强度，小区内不同区域热环境的评价结果如表 3-8 所示。数据显示，住区中各区域由于建筑布局、地面材质、水体分布等因素不同，热环境质量存在较大差别。显然，在综合考虑太阳辐射、绿化措施及建筑住区布局等影响因素的基础上，通过合理规划建筑布局，可以避免温度过高的局部区域，改善整个住区热环境，提高住区居住质量。

2. 建筑高度与间距对住区热环境的影响

住区建筑物之间形成的外部空间的长宽比和朝向，对住区内能量的分布、热环境和气流变化等都有极大影响。研究室外热舒适性与建筑外部空间几何形状的关系，可以为住区规划提供依据。

Fazia Ali-Toudert 和 Helmut Mayer 针对图 3-13 列出的高宽比分别为 0.5、1、2 和 4 的各种情况，并利用三维 ENVI 模型对街区内干热气候下的夏季热环

某住宅小区温度环境评价参数及结果　表 3-8

区域	老区	S1 区	S2 区	W1 区	W2-1 区	W2-2 区	W2-3 区
日平均热岛强度 /℃	2	1.6	2	1.8	1.4	2.1	1.9
10：00—19：00 平均热岛强度 /℃	1.6	0.9	1.7	1.1	0.5	1.6	1.3
日最高温度 /℃	33.7	32.9	33.8	33.3	32.3	33.7	33.5
温度在 32℃以上的小时数 /h	9	8	11	9	5	13	9
小区热环境评价星级	★★	★★★	★★	★★★	★★★★	★★	★★★
区域	W3-1 区	W3-2 区	E1 区	E2 区	E3 区	E4 区	
日平均热岛强度 /℃	1.7	2.1	2.0	1.8	1.7	1.8	
10：00—19：00 平均热岛强度 /℃	0.8	1.8	1.7	1.1	1.0	1.4	
日最高温度 /℃	32.6	33.9	33.8	33.1	33.0	33.5	
温度在 32℃以上的小时数 /h	8	12	11	8	8	10	
小区热环境评价星级	★★★	★★	★★	★★+	★★★	★★+	

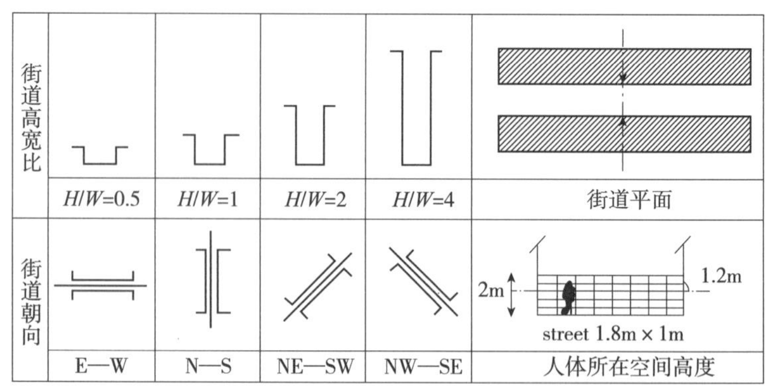

图 3-13 模拟研究的建筑情况
（图片来源：刘加平，等 . 城市环境物理 [M]. 北京：中国建筑工业出版社，2011.）

境进行了数值模拟。模拟分析过程中考虑了影响热环境的各个因素，如气流、不断随时间变化的辐射、温度和湿度。图 3-13 所列建筑间距均为 8m，建筑物长度为高度的 6 倍。建筑高度根据所研究的高宽比而定。此外，研究还模拟了东—西、南—北、东北—西南、西北—东南走向时街区的情况。

研究发现，街道内空气温度随着高宽比的增加而降低，与南—北走向的街道相比，东—西走向的街道温度稍微高一点。空气温度最大值根据街道走向不同其出现的时间也不同，东—西走向的街道大概出现在 16：00 左右，而南—北走向的街道出现的时间早一点。实际上，空气温度的升高主要由接受太阳辐射的时间而定，所以与街道走向相比，街道内空气温度对街道的长宽比更敏感。

图 3-14（a）~（d）中用 PET 分别表示了东—西走向的街道在 *H/W*=0.5，1，2，4 时热感觉的分布情况。从图 3-14（a）可以看出，*H/W*=0.5 的街区由于强烈的太阳辐射，一整天都处于不舒适状态，PET 值达 42℃以上，最

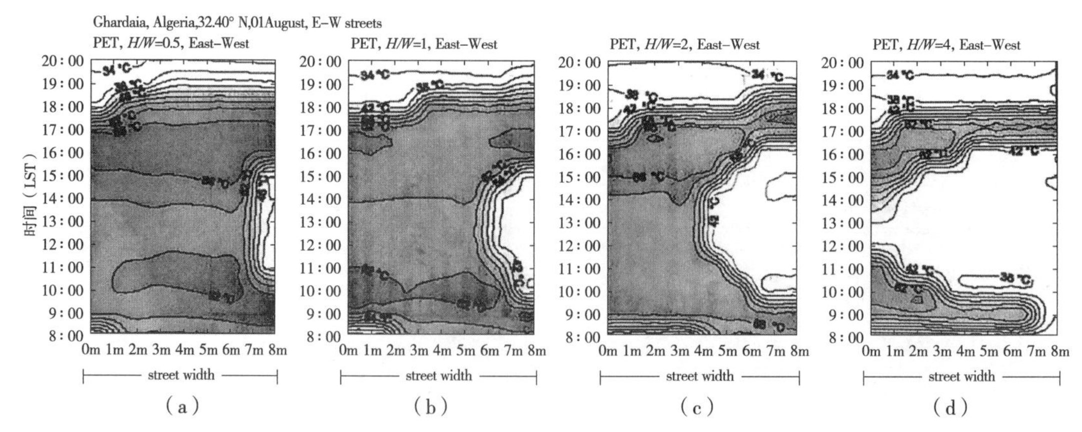

图 3-14 E-W 走向街谷内 1.2m 高度平面上 PET 分布情况
（a）*H/W*=0.5；（b）*H/W*=1；（c）*H/W*=2；（d）*H/W*=4
（图片来源：刘加平，等 . 城市环境物理 [M]. 北京：中国建筑工业出版社，2011.）

高值为 66℃，大约出现在 16 : 00—17 : 00。图 3-14（c）所示的 H/W=2 的街道，一天中大部分的时间都被阳光照射，PET 值高于 60℃，最低值为 40℃；街区内的两侧不会同时被太阳照射，行人可以选择在比较舒适的一侧行走。图 3-14（d）所示的 H/W=4 比较深的街谷，其很大区域内的 PET 值都比较低（40℃左右），在 12 : 00—13 : 00 整个街道都处于背阴区；但一天中也会出现两次不舒适的时间段，即早上 8 : 00—10 : 00 和下午 16 : 00—17 : 00，PET 最高值达 66℃；20 : 00 街道迅速冷却下来，PET 降至 34℃，冷却幅度与 H/W=2 街区相似，但冷却速度较快。可见，H/W=2 成为街区热环境设计的临界点。在炎热地区，室外空间高宽比大于 2 可以使居住区夏季热环境得到改善。

建筑物的布置情况不仅影响室外的气候，也影响室内的气候，故街区几何形状的确定既要考虑夏季热环境的舒适度，也应满足降低冬季和夏季房间能耗的需求。以上主要分析了建筑室外夏季热环境的特征，实际设计中应结合当地气候特点选择适当的街区高宽比，以便在冬、夏季节都能获得较舒适的住区热环境。

3.3.4 居住区热环境的调节与改善

城市居住区热环境问题是一个既复杂又系统的问题，包括了建筑布局和形态、下垫面和建筑材料、铺装及绿化的面积等多方面因素。改善居住区室外热环境，不但可以缓解局地热岛，提高居民室外热舒适度，还可以降低区域能源消耗，减少资源浪费。

室外自然环境如太阳、风、地表面及建筑物表面互相影响并组成了一个能量平衡体系。李先庭等人阐明了住宅微气候环境中的热量平衡关系，从图 3-15 可以看出，该环境包括建筑物、地面和建筑周围的空气。总的来说，以下热传递现象是影响居住区热环境的主要因素：①室外空气和建筑物表面

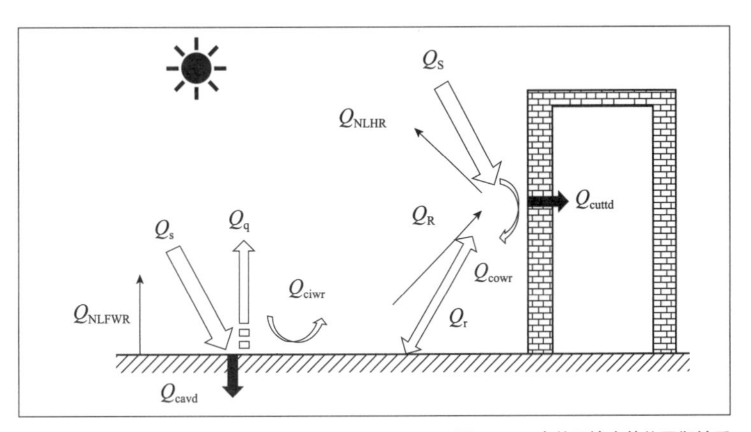

图 3-15 户外环境中的热平衡关系

（图片来源：刘加平，等 . 城市环境物理 [M]. 北京：中国建筑工业出版社，2011.）

及地表的对流换热；②辐射，包括太阳辐射、天空长波辐射，以及地面与建筑物表面之间的长波辐射；③建筑物表面和地表向建筑物内及地面下的热传导。因此，通过规划布局、住区下垫面、绿化等设计因素，可调节住区的通风、得热与遮阳、渗透与蒸发等热过程，并对住区室外热舒适性产生影响。

1. 合理运用太阳能，调控居住区热环境

太阳在天空中的位置，如高度角和方位角，在建筑群中形成的阴影和光照区域面积对居住区热环境有重要的影响。图 3-16 表示被标记为 1~7 号的 7 个测量点的温度随时间的变化曲线。这 7 个测量点分布在垂直于建筑物东面的一条直线上，每点间隔 0.6m，数字越大表示离墙面越远。图中记录了阴影线的移动过程，在这个过程中越来越多的测量点进入阴影区域，同时处于阴影区域或光照区域中的测量点之间的温度差异非常小，这表明太阳辐射对建筑物表面和地面表面温度起着决定性的作用。通过阴影线的划分，各区域内建筑物表面和地面表面温度可认为一致，它们分别被称为“阴影区域”和“光照区域”。“阴影区域”和“光照区域”的范围直接影响居住区热环境状况，通过建筑的合理布置，在冬、夏季节实现“阴影区域”和“光照区域”的良好比例关系，可以在很大程度上改善居住区热环境，并减小供暖与供冷负荷。

为合理利用太阳能来改善居住区热环境，就必须最大限度地减少居住区在夏季受到的太阳照射，同时允许冬季最大的太阳辐射进入建筑小区和建筑物表面。合理的建筑布局形式可以使得居住区热环境的人体热舒适性增强，在冬天确保足够的光照，从而使建筑物获得足够的热量；在夏天则提供足够的阴影遮蔽，以避免暴晒和减少空调房间冷负荷。不同气候区的重点需求也不同。从室外热舒适角度，对炎热地区，主要考虑夏季的通风遮阳效果；对严寒地区，主要考虑冬季的保温防风效果；而对夏热冬冷地区而言，则应统筹考虑冬、夏季的不同要求，以达到综合优化。

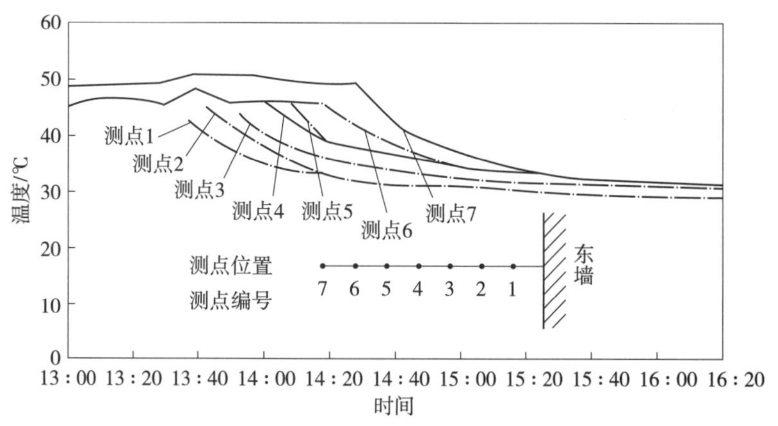

图 3-16　室外温度随时间的变化

（图片来源：刘加平 . 城市环境物理 [M]. 北京：中国建筑工业出版社，2011.）

地面辐射得热状况和通风状况是居住区热环境的重要影响因素。建筑布局主要对场地太阳能得热、遮阳及通风产生影响。通风效果的差异体现在近地面平均风速的不同，遮阳效果的差异则体现在室外平均辐射温度的不同。平均辐射温度随着建筑密度的增大而增大，四周高、中间低型居住小区平均辐射温度明显高于南低北高型和均匀型住宅小区。

研究表明，在严寒寒冷地区，建筑密度对夏季热舒适影响最为显著，而建筑密度和建筑高度则是冬季的显著影响因素。在一定程度上增加建筑密度和建筑高度，采用行列式布局，提高住区绿地率，都可以提高夏季住区舒适度；而在一定程度上增加建筑密度和建筑高度，减少行列式布局的占比，则可以提高冬季住区的舒适度。在主导风向上游，宜设置面宽较大的高层建筑，从而建立气候防护单元，发挥风影效应的正作用；或减少冬季寒风与建筑迎风面的入射角度，避免不利风向，减少冬季冷风进入组团内部。

对炎热地区，建筑高度对室外热环境具有较大的影响。在一定的容积率下，应采用高层高、低建筑密度的建筑形式。在建筑密度不变的情况下，适当增加建筑高度、提高容积率可以明显提升场地遮阳效果，有效改善室外热环境；错列式布局有利于室外通风但遮阳效果较差，围合式布局则遮阳效果较好但通风效果最差。在建筑密度及高度相同的条件下，塔式住宅相比于板式住宅具有更好的遮阳及通风效果，更有利于室外热环境的改善。

2. 合理利用局部气流，调节居住区热环境

对于室外的人体热舒适来说，距地面 2m 以下高度空间的风速分布是最重要的，而这个区域的流场受建筑布局的影响最大。尽管与郊区相比，市区和建筑群内的风速较低，但其会在建筑群，特别是高层建筑群内产生局部高速流动。

当风吹至高层建筑的墙面向下偏转时，将与水平方向的气流一起在建筑物侧面形成高速风和涡旋，在迎风面上形成下行气流，而在背风面上则气流上升。街道常成为风漏斗，把靠近两侧墙面的风汇集在一起，造成近地面处的高速风，如图 3-17 所示。这种风常在冬季低温时形成极不舒适的局部冷风，当背景风速较大时，甚至直接影响该处行人的行走，并造成极度寒冷的不舒适感。但在夏季时，较大的风速与建筑阴影构成了舒适的室外热环境。

图 3-17　高、低层建筑群中的涡旋气流
（图片来源：刘加平，等.城市环境物理 [M]. 北京：中国建筑工业出版社，2011.）

从上述例子可以看到，建筑的布局对小区风环境有重要的影响，因此在建筑群的规划设计阶段就应对这些问题进行认真考虑，调整设计或者采取其他措施加以避免。研究城市和建筑群风场的方法包括利用风洞的物理模型实验和利用 CFD 的数值模拟。

图 3-18 是利用 CFD 辅助建筑布局设计的实例（上方是北向）。要求在冬季主导风向为北风、夏季主导风向为南风的北方内陆城市设计一个多层住宅小区，达到冬季有效抑制小区内的风速、而夏季又不影响小区内建筑自然通风的目的。通过不断地调整，得到了图中的建筑布局。可以看到，北侧的连排小高层建筑有效地阻碍了冬季北风的侵入，抑制了小区内的风速；而在夏季，非连续的低层建筑为南风的通过预留了空间，从而尽可能地保证了后排建筑的自然通风。

图 3-18　CFD 辅助建筑布局设计实例：风速场（箭头长短代表风速的高低）
（a）冬季：有效地抑制了区内的风速；（b）夏季：保证了区内的气流通畅
（图片来源：刘加平，等 . 城市环境物理 [M]. 北京：中国建筑工业出版社，2011.）

3. 合理配置植被绿化，改善居住区热环境

合理的植被绿化配置是改善居住区热环境的有效手段之一。已有研究发现，绿地对室外热环境影响十分明显。绿化植物通过遮阴作用有效降低了太阳直接辐射和散射。当以绿化作为下垫面时，植物体一方面通过自身的遮阴作用遮蔽太阳直射，降低了周边建筑和铺装的表面温度；另一方面也减少了建筑和硬质铺装在表面升温后，通过散射作用向外界释放的能量，从而再一次降低了温度，改善了居住区热环境舒适度。此外，绿化植物可通过自身的光合作用和蒸腾作用调节温度。在光合作用中，植物自身把太阳能转化为化学能；而在蒸腾作用中，植物体内水分从液态转换为气态。在这两个过程中，植物均吸收了大量的热量，因而通过光合作用和蒸腾作用起到很好的降温、增湿效果。据统计，$1hm^2$ 绿地通过光合作用每天可吸收 81.8MJ 的热量。

绿地率和绿化面积对植物的降温强度和降温范围有着重要影响，不同类型植物对居住区热环境的改善作用也不同。研究表明，树木的叶面积指数（Leaf Area Index，LAI）、树冠覆盖率和配置方式等因素可影响其降温效果，

故不同树种的降温效果也有差异。

在其他物理性能相近的情况下，不同高度的乔木对风速的影响不同。高杆乔木枝叶位置较高，对近地面的风速遮挡少，而低杆乔木枝叶位置较低，对近地面的风速遮挡多，因此高杆乔木对风速的影响程度较低杆乔木大。已有实验证实，高杆的法桐对风速的影响程度大于低杆的大叶女贞。太阳辐射得热是空气温度升高的主要原因，在其他物理性能相似的条件下，LAI 值高的乔木遮阳增湿的能力较强，对空气温度的影响程度要高于 LAI 值小的乔木；LAI 值高的大叶女贞对温度的影响程度较 LAI 值小的樱花大；草地的降温、增湿效果远小于乔木。

投影面积的大小能够反映乔木对热环境影响的范围和持久性。通过实验的测量，可以发现冠形为倒圆锥的垂柳和冠形为圆柱形的法桐，其投影面积的平均值和峰值较其他乔木大，即对热环境的影响范围和累计效应要比其他乔木明显。综上可知，高杆、LAI 值大的乔木热舒适感较好，相反则较差；对于高度和 LAI 值相近且树冠形状不同的乔木来说，遮阴面积大的乔木热舒适感的加权累积效果要优于遮阴面积小的乔木。因此，住区内宜尽量提高乔木的种植总量，提高居住区的乔木覆盖率，并优先选择高杆、丰冠、LAI 值较大的乔木。在乔木种植总量有限的前提下，应尽量种植于建筑背风区或受到太阳直接照射等热环境相对较差的区域，以获得最佳的热环境改善效果。

马晓阳等通过情景设计比较了乔木、灌木和草地的不同绿化配置方式对居住区室外热环境的影响。结果显示，不同绿化配置方式在不同时段的作用规律相同，其中，乔—灌—草配置方式对平均辐射温度影响最大，乔—草模式降温作用略小于乔—灌—草，灌—草模式和草地对平均温度的降低作用较弱，灌—草的降温作用略大于草地。在不同配置方式对人体热舒适的调节作用上，乔—灌—草绿化模式和乔—草绿化模式对人体热舒适调节效果最佳，草地和灌—草绿化模式的调节作用较弱，在某些时刻甚至起到副作用；以草地和灌木为主的绿化方式不利于居住区热环境的调节。种植方式同时也会影响到植物的蒸腾特性。实验比较了不同植物配置下的日蒸腾总量，结果显示日蒸腾总量：群植落叶乔木 > 列植落叶乔木 > 群植常绿乔木 > 列植常绿乔木 > 孤植落叶乔木 > 孤植常绿乔木。

3.4 空间形态与居民生活碳排放

居民是工业生产的终端用户。联合国环境规划署发布的《2020（年）排放差距报告》指出，当前家庭消费温室气体的排放量约占全球排放总量的三分之二，转变公众生活方式成为减缓气候变化的必然选择。

2017 年，我国居民生活碳排放量约占总排放量的 40%（图 3-19），2020 年该占比已达 53%，相对应的发达国家居民生活碳排放占比为 60%~80%。

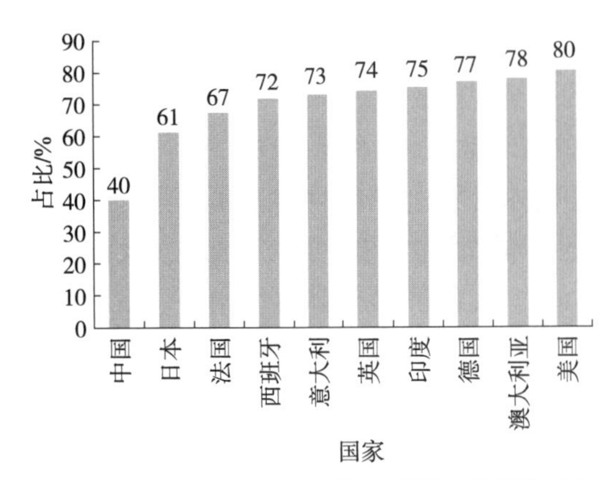

图 3-19　2017 年中国与世界主要国家居民碳排放占比
（图片来源：改绘自 IVANOVA D，VITA G，STEEN-OLSEN K，et al. Mapping the Carbon Footprint of EU regions[J]. Environmental Research Letters，2017，12（5）：054013.；ZHANG X，WANG Y. How to Reduce Household Carbon Emissions：A Review of Experience and Policy Design Considerations[J]. Energy Policy，2017，102（3）：116-124.）

这表明随着生活水平的日益提升，居民生活碳排放占比还有提升的可能性。可见，由居民生活所引发的能源消耗，正在逐步超过工业领域的能源消耗和碳排放，并成为碳排放的主要增长点。

基于此，本节从城市和住区两个层级，对生活碳排放的影响进行分析。

3.4.1　城市空间形态与居民生活碳排放

通常，居民碳排放分为直接和间接两类碳排放。直接碳排放是指住宅能耗和出行排放这种能源消费产生的碳排放，间接碳排放则是指非能源的商品、服务消费和食物等物质在全生命周期中引起的碳排放。研究表明，当前中国家庭的建筑、交通和物质的碳排放比例大约为 6∶2∶2。可以看出，在直接碳排放中，建筑和交通占到居民碳排放的 80%，所以将居民直接碳排放作为居民生活碳排放的主要研究对象。

城市空间形态是指由城市用地的结构、功能及其空间关系所决定的城市的空间布置方式。城市空间形态作为城市化的空间结果，通过影响居民的住宅选择和通勤方式选择，进而影响居民的建筑碳排放和交通出行碳排放。调节城市空间形态要素的配置，如城市密度、紧凑度、土地利用结构等，可以有效地降低居民生活碳排放。

1. 影响机制

学界普遍认为，城市空间形态并不能直接对居民生活碳排放产生影响，而是通过各种中介因素的共同作用与之产生关联，即城市空间形态影响城市基础设施、税收政策等某些中介因素，这些因素再对居民生活碳排放产生影响。研究证实，城市空间形态指标中对生活碳排放具有显著影响的有城市人口集中度、城市用地多样性和建成区绿地率这三个核心测度指标。

（1）城市人口集中度

建成区人口总量越高，城市人口集中度越高。城市集中度会同时对居民的出行距离和出行方式选择产生影响。

首先，人口集中度较高的城市建成区功能多样，空间结构易形成明确的城市中心，城市围绕着中心圈层式扩张。在这种情况下，居民的居住地和工作地之间会形成庞大而集中的交通流。如果居民都使用小汽车作为出行工具的话，就容易造成交通拥堵，因此其更加倾向于选择运力大、速度快的交通方式出行，如地铁和地面公交系统等。其次，相对紧凑的城市由于城市功能丰富，使得居民出行距离缩短，使用步行、自行车的出行比例提高，小汽车使用频率降低。最后，较为紧凑的城市单元使得人均占用的道路面积和停车面积较小，不适合私人小汽车发展。普什卡雷夫（Pushkarev）等分析了城市密度与公共交通的关系，进一步证实了当城市住宅密度低于每英亩[①]7 栋时，公共交通就很难发展起来；而当城市住宅密度达到每英亩 60 栋时，则公共交通将成为重要的交通工具。

（2）城市用地多样性

城市用地多样性是指城市用地功能类型的丰富程度，是城市土地功能多样性最直接的反映。城市用地多样性会同时对居民出行距离和出行方式选择产生影响。

城市用地可分为单一功能型和功能混合型两种。单一功能型是指城市用地以一种主要功能为主导地位，其他功能均为辅助；功能混合型是指不同性质和功能的城市用地结合在一起，如住宅与服务业、住宅与商业、制造业和仓储、物流等。功能混合型可以有效消除单一功能型在用地方面的局限性，使不同功能的城市用地在空间上结合在一起，进而缩短城市居民出行距离。同时，功能混合型城市用地会对居民出行选择产生重要影响。首先，各项城市功能相对接近，出行距离缩短；其次，由于功能混合用地要求在一定区域内实现住宅、办公、交通等多项城市功能的综合开发，故对交通网络建设提出了更高的要求，而交通网络和交通基础设施的改善又进一步强化了城市的公共交通运输能力；最后，功能混合使得居民可以在一次出行过程中达成多种目的，例如在上班、下班途中购买日常用品、在购物途中进行某项娱乐活动等，这在一定程度上减少了出行次数，同时也缩短了出行距离。

（3）建成区绿地率

建成区绿地率是衡量城市绿化程度和生态环境质量的重要指标之一。建成区绿地通过降低城市热岛、改善建筑周边微气候间接降低建筑碳排放，通过促进人群绿色慢行间接降低交通碳排放。

城市绿地通过遮阴蒸腾、降温增湿，以及构建通风廊道，能够有效缓解城市热岛，改善建筑周边微气候，从而减少建筑能耗，降低建筑碳排放。热岛效应是影响建筑能耗的重要因素。梁益同等人的研究表明，植被覆盖率每提高 10%，热岛强度约下降 1.1℃；王敏等测算显示，2015 年上海市黄浦区城市绿地的减排效能最高可达 55.12t/hm^2。借助绿地系统形成完善的慢行网络，可有效引导居民更多地选择绿色慢行，从而提升城市低碳交通方式比重，降低交通碳排放总量。

① 1 英亩约为 4046.86m^2。

2. 减碳策略

生活碳排放的减少依赖于三个方面的共同作用：降低碳来源（源头减碳）、消减碳排放（过程减碳）和加强碳捕捉（结果减碳）。因此，实践中通过提高城市单元的紧凑性和功能多样性以实现源头减碳，大力发展公共交通体系以实现过程减碳，科学推进城市绿地系统建设以实现结果减碳。

（1）提高城市单元的紧凑性和功能多样性

提高城市单元的功能多样性，是降低居民生活碳排放的有效手段，主要包括：通过建设高密度和功能丰富的社区，打造 15min 生活圈；合理构建多个富有活力的城市次中心，通过基础设施的布局合理规划卫星城，避免城市组团过度扩张和蔓延；提高用地混合度，减少城市居民的出行距离和重复交通；采用"大疏大密"式的城市空间设计。顾大治对上海市的研究发现，上海 9 个新城和 64 个中心镇的过度集中不但没有带来良好的集聚效应，反而使得交通能耗增加、基础设施使用成本增加，以及居民生活成本增加。因此，提倡中心城区人口集聚，同时在空间上布置安排多个城市次中心的"大疏大密"式的城市空间设计更加有利于降低居民生活碳排放，且小街区、密路网的空间形态对于降低小汽车出行的频率有显著作用。

（2）大力发展公共交通体系

建立以 TOD（Transit-oriented Development）模式为代表的绿色公共交通体系，已经成为低碳城市规划的重要手段。通过建立通达全城的公共交通网络，并以重要公交站点为中心，以 5~10min 步行路程为半径，形成商业、办公、居住、休闲、娱乐等功能于一体的混合利用模式，实现城市组团紧凑开发。对于老旧城区，绿色公共交通体系可以降低对小汽车出行的依赖程度；对于新开发区，通过精心设计步行系统和公交系统，实现各种交通方式与轨道交通的零换乘，从而大大提升轨道交通的通勤客流，而这些客流的增加又进一步推动了沿线商业的开发，并会继续推动沿线的土地开发，从而进入一种良性循环状态。

（3）科学推进城市绿地系统建设

城市绿地系统对维持城市的碳氧平衡意义重大，城市区域增加绿化覆盖是增加碳汇最直接有效的方法。绿地系统的建设对降低城市热岛、减少住宅碳排放和交通碳排放都有显著的功效，这一部分将在本书第 3.6 节予以专门讨论，在此不再累述。

3.4.2 居住区空间形态与居民生活碳排放

居住区是实现低碳经济、建设低碳城市的重要空间载体和基本单元，探索居住区碳排放的影响要素与影响机制，提出适宜的减碳规划策略，对居住区节能减碳具有重要意义。

1. 影响机制

影响家庭碳排放产生的居住区要素种类众多，既有家庭经济水平、家庭结构、节能行为意识等社会属性要素，也有土地利用、绿化条件、建筑设计等物质属性要素。不同学者基于不同案例的研究甚至有完全相反的结论。目前，对家庭碳排放影响机制普遍达成共识的居住区形态要素主要有住房面积、建筑体形系数、建筑密度、布局形态和绿地率等。

（1）住房面积

一般来说，大户型的住宅需要更多的能源，住房面积和总碳排放之间存在较为显著的正相关关系。王馨珠发现，当住宅面积处于 60~80m^2 时，碳排放总量最低；当住宅面积超过 80m^2 时，碳排放量显著增加；而住宅面积超过 120m^2 的大户型家庭碳排放量最高。这一结果主要和住房的供暖制冷耗能有关，住宅面积大的家庭供暖制冷设备使用时间要长于面积小的家庭。住宅面积的差异会引起居住者对能源需求量的差异，从而造成了不同的碳排放量。

（2）建筑体形系数

生活碳排放量随着建筑体形系数的增大而显著增大。体形系数反映的是建筑物与大气接触的表面积和建筑物体积的比值。因此，建筑体形系数越大，单位住宅面积与大气接触的外表面积就越大，住宅的外围护结构传热损失也越大，住宅内部越容易受到外界环境气温的影响，住宅夏季制冷及冬季制热所需的能耗也就越多，碳排放量越大。

（3）建筑密度

建筑密度反映了居住区的开发强度。建筑密度可以影响居住区微气候，如风向和日照条件等，从而影响家庭的能源使用情况。一方面，高密度开发加强了城市热岛效应，在夏天时需要更多的能源进行制冷；另一方面，高密度可减少热量的散发，在冬季则有助于减少需要用于供暖的能源消耗。根据目前的大量实证研究，在当前城市常规开发强度时，两者综合作用下，建筑密度和家庭碳排放之间存在着负相关的关系，即家庭碳排放量随建筑密度的增大而减少。

（4）布局形态

居住区布局形态是构建居住区风热环境的基础。冬季，围合度高的居住区会形成更明显的热岛效应，室内较容易获得舒适的室温，减少居民供暖耗能；夏季，围合度高的居住区同时受到相互遮挡导致较少得热，以及通风不畅导致不利散热的共同影响。而且，围合度绝非影响居住区内部风热环境的唯一要素，主导风向迎风面的建筑布局方式、居住区内下垫面的变化情况等都对居住区内部风热环境具有重要的影响，其最终影响需结合所在地区具体情况具体分析。

2. 减碳策略

居住区物质空间要素中，住房面积、建筑体形系数、建筑密度、布局形态和绿地率等都会对碳排放产生较显著影响，因此，实现居住区减碳需从建筑单体设计、住区空间设计和绿地景观设计三方面对居住区空间形态进行管控和引导。

（1）建筑单体设计

建筑单体设计一是需根据地区气候特征，设置合理的建筑体形系数区间，严格控制其最小值；二是在控制住宅面积的基础上，对住宅户型进行精细设计，根据地区气候条件确定合理的住宅进深、开间及开窗体系，合理划分室内空间，保障室内足够的光照并形成有效的通风，减少各类人工供暖及通风的能耗，通过政策引导降低市民对大户型的追求。

（2）住区空间设计

住区空间设计需要对建筑密度和住区空间布局进行合理管控。不同地区日照、通风等存在气候差异，故不同区域最适宜的建筑密度也会不同。各地区建筑密度与碳排放的最优定量关系目前学界仍在研究过程中。对于住区空间布局，则应考虑地区气候和周边自然与人工现状，结合不同季节的风热环境需求，提出适应气候的住区空间布局。可以由南至北采用住宅体量、高度和建筑密度逐渐增加的手法，适当采用较为通透的围合式和山墙错列的布置方式，来达到冬季的日照和防风要求，同时满足夏季的通风和防晒需要。

（3）绿地景观设计

绿地景观设计方面，需要系统考虑区域气候和住区周边自然环境，对区域绿地和住区绿地进行衔接，加强地区绿地的融合、联动效应，同时在住区内部建立“点—线—面”一体化的绿地体系，并考虑立体绿化，改善住宅室内环境，提升住宅降温隔热的效果。在绿地布局和植物选取上，应考虑不同季节的风热环境需求，进行植物的搭配和组合，构建时间维度上稳定的住区绿地系统，形成适应不同季节的风热环境，从而有效阻挡冬季风并引入夏季主导风，同时缓解住宅西晒，提高住区绿地的生态效益。

3.5.1 区域能耗与城市热环境

城市，作为能源消耗和温室气体排放的主要场所，其能源消耗与碳排放问题已经成为制约城市可持续发展的主要因素。在能源供应紧张、环境质量恶化和气候变化等问题日益严重的背景下，如何降低能耗、减少碳排放，已成为世界各地亟待解决的问题。中国城市能耗主要来自建筑、交通和工业三个物质生产部门；人为 CO_2 排放的主要来源是电力行业、工业燃烧、建筑业

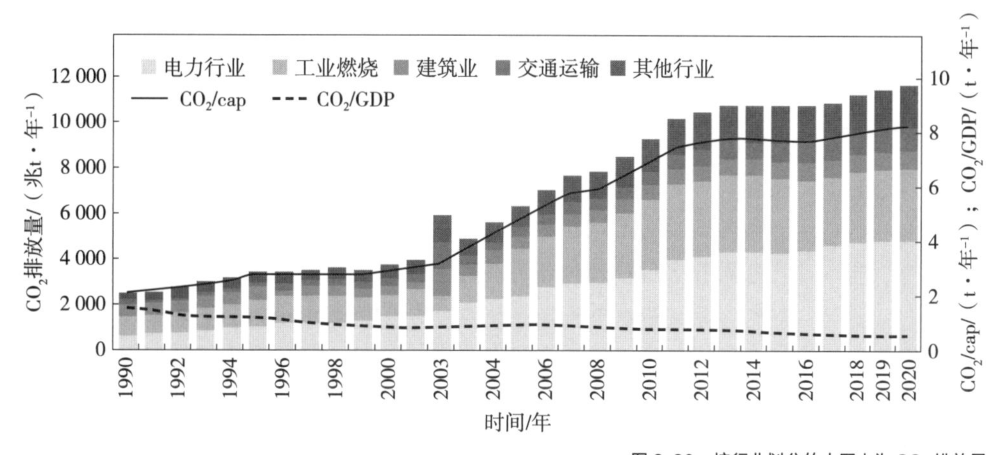

图 3-20　按行业划分的中国人为 CO_2 排放量

（图片来源：中国信息通信研究院印发的《数字化绿色化协同发展白皮书》）

与交通运输（图 3-20）。

（1）建筑能耗：建筑能耗指建筑物在建造、使用和拆除过程中消耗的能源，主要包括供暖、制冷、照明、通风、电气等方面。建筑能耗占据了城市总能耗的很大一部分，同时也是人为热排放的主要来源之一。建筑能耗受到建筑物的类型、结构、材料、朝向、位置、设计等因素的影响。

（2）交通能耗：交通能耗指交通运输工具在运行过程中消耗的能源，主要包括汽油、柴油、电力等。交通能耗是城市动态活力的体现，也是人为热排放和空气污染物排放的重要组成部分。交通能耗受到交通工具的种类、数量、速度、路线等因素的影响。

（3）工业能耗：工业能耗指工业生产活动中消耗的能源，主要包括电力、煤炭、天然气等。工业能耗是城市经济发展水平和结构转型程度的反映，也是人为热排放和温室气体排放的主要贡献者之一。工业能耗受到工业部门、规模、技术水平等因素的影响。

（4）其他能耗：其他能耗指除上述三类之外在其他方面消耗的能源，如公共设施、农业灌溉、园林绿化等。其他能耗相对较小，但也会对城市热环境产生一定程度的影响。

就建筑与城市领域而言，不仅要考虑单体建筑的节能降耗，而且区域尺度上特有的能耗影响因素同样不能忽视。这里所指的区域尺度为占地面积数平方千米以下、建筑面积百万平方米以下的园区、社区、街区、成片开发区或小城镇等。

1. 区域能耗的特征

区域能耗是城市化和工业化过程中一个重要指标，与区域的经济发展、产业结构、人口数量、生活方式等因素密切相关，反映了一个地区在生产、生活和交通等领域所消耗的能源数量。

（1）经济特征

经济增长通常伴随着能源需求的增加。随着城市化和工业化的加速推进，大量的能源用于支撑生产、运输和人们的生活需求，从而促进经济的发展。能源密集型产业，如钢铁、水泥等，消耗大量能源。这些产业的发展不仅直接影响区域能耗的增加，还可能导致能源需求集中在特定地区。此外，能源价格的波动对经济也有重要影响，能源价格的上升可能导致生产成本增加，进而影响产业竞争力和通货膨胀，对经济造成冲击。

（2）社会特征

城市化程度较高的地区，由于产业集聚和人口集中，能源消耗相对较大。城市化还带来了交通拥堵、用电高峰等问题，进一步增加了能源需求。人口密集的城市通常能源需求较大，而且人口数量的增加会带来更多的生活用能需求，如供暖、照明、电器使用等。

（3）环境特征

能源消耗直接影响环境质量。首先，能源燃烧释放的废气和废水可能导致空气和水污染，对生态系统和人体健康产生负面影响。其次，区域能耗与碳排放密切相关，高能耗会增加 CO_2 等温室气体的排放，进而对气候变化产生影响。此外，传统化石燃料是不可再生资源，随着全球需求的增加，能源的稀缺性日益凸显，这可能导致能源供应中断，从而对社会经济造成影响。

（4）技术特征

新的节能技术、智能控制系统等能够降低生产、运输和生活过程中的能源消耗。同时，随着环保意识的增强，可再生能源如太阳能、风能等得到了广泛关注，这些能源具有环保特点，有助于减少对传统能源的依赖。此外，智能城市技术的发展有助于优化能源利用。智能电网、智能家居、智能交通等系统能够更有效地管理和分配能源资源。

2. 区域能耗与城市热环境的关系

区域能耗与城市热环境之间存在着复杂而双向的关系。一方面，区域能耗会导致大量的人为热排放，增加城市的热负荷，造成城市热岛效应的加剧。另一方面，区域能耗也会受到城市热环境的影响。由于城市热环境的改变会影响人们对能源需求和使用方式的选择，从而影响区域能耗的结构和水平。例如，城市变暖会导致建筑物对制冷能源的需求增加，而对供暖能源的需求减少，从而改变建筑能耗的季节性分布和品位结构。又如，城市热环境变差会使人们调整出行方式和频率，从而影响交通能耗的数量和类型。城市热环境变化还会导致工业生产过程中对水资源、原材料、产品质量等方面的要求发生变化，从而影响工业能耗的规模和技术水平。因此，区域能耗与城市热环境之间存在着正反馈机制，即区域能耗越高，城市热环境越差；反之，城市热环境越差，区域能耗也就越高。这种正反馈机制会造成区域能耗与城市热环境之间的恶性循环，加剧能源与环境的危机。

为了打破这种恶性循环，实现区域能耗与城市热环境的协调发展，许多国家和城市都在探索和实施区域能源系统。区域能源系统是指在某个特定的区域内，通过对平行运行的能源体系的优化集成，实现品位对应、温度对口、梯级利用、多能互补的能源生产、供应与利用。区域能源系统可以有效地利用可再生能源和各种低品位能源，特别是传统意义上的余热、废热，减少一次能源消耗和 CO_2 排放，减缓城市热岛效应。

区域能源系统是一种综合性、动态性、复杂性很高的系统工程，需要多学科、多领域、多层次的协同合作。联合国环境规划署 2015 年发布的《城市区域能源：充分激发能源效率和新能源的（可再生能源）潜力》报告中指出，到 2050 年，现代化的区域能源体系将能贡献全球能源领域减排需求的 60%，并减少一次能源消耗达 50%。该报告选取了全球 45 个区域能源利用示范城市，从而为世界各国城市的能源利用和转型提供了参考。

目前，国际上已经有一些有关区域能源系统成功的案例，如丹麦哥本哈根市、德国汉堡市、日本北九州市等。例如，日本提出了智能电网的 3 层体系架构，包括国家、区域和家庭 3 个层面，各层面具有不同的功能定位。其中，区域层面是通过区域能量管理系统，保证区域电力系统稳定，并依托先进通信及控制技术实现供需平衡；国家层面则是构筑坚强的输配电网络，实现大规模可再生能源的灵活接入（图 3-21）。哥本哈根建立了广阔的热电联

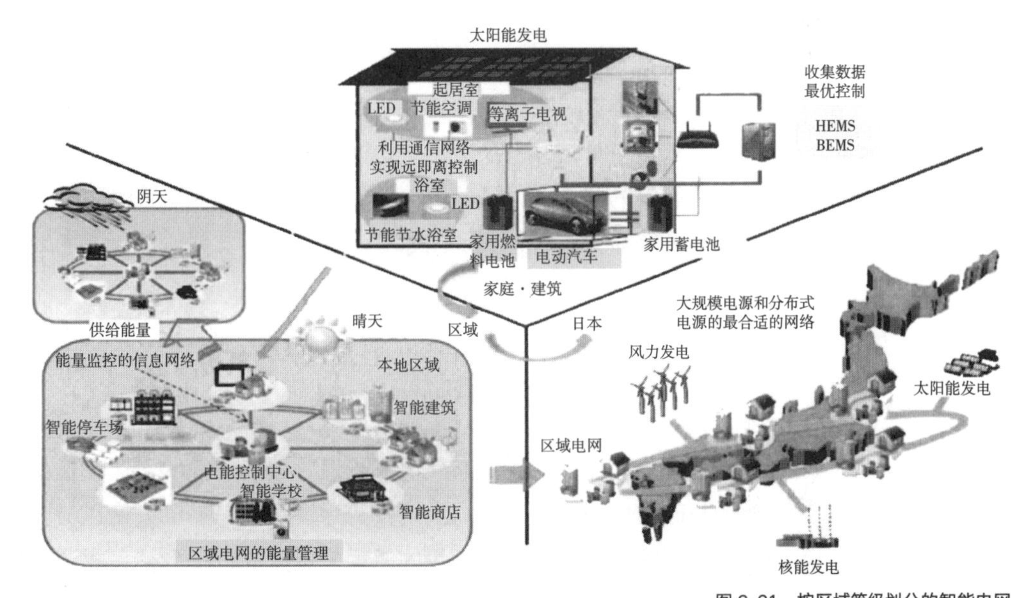

图 3-21　按区域等级划分的智能电网

（图片来源：改绘自 Source State Grid Energy Research Institute Co. Ltd. Analysis Report on Development of Smart Grid in and outside China[M]. Beijing：China Electric Power Press，2012.）

产业和区域供热网络，同时大力发展风力发电等（图 3-22）。我国建成的符合区域能源概念的能源站约 150 座（不含传统的集中供热），分布在华南、华中、华东及华北各个区域，以华东、华南数量居多。华南地区的区域能源系统以分布式能源（燃气冷热电三联供）与集中供冷为主，其他区域有燃气分布式能源（耦合热泵）集中供冷、供热及能源站自用电，但更多的是基于地源（地表水、经处理或未经处理的城市污水、地埋管）热泵的集中供冷、供热系统。

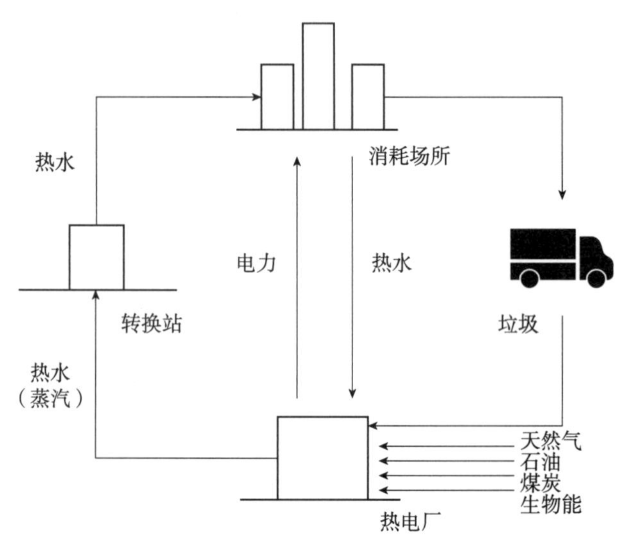

图 3-22 丹麦热电联产的循环系统

（图片来源：张泉，叶兴平，陈国伟. 低碳城市规划：一个新的视野 [J]. 城市规划，2010，34（2）：13-18+41.）

这些案例表明，区域能源系统可以有效地降低区域能耗，提高能源利用效率，减少碳排放，利于降低城市热岛效应，从而减少对城市热环境的不利影响，促进城市可持续发展。总之，区域能耗与城市热环境是一个紧密相关而又相互影响的问题。为了解决这个问题，我们需要从整体和长远的角度出发，建立区域能源系统，实现能源与环境的协调发展，从而创造出更美好的城市生活。

3.5.2 建筑节能与碳排放

过去几十年中，中国城市化发展迅速，建筑规模的迅速增长也带动了建筑能耗与碳排放的持续增长。大规模的建设活动消耗了大量建材，这些建材的生产、运输等过程产生了大量的能耗与碳排放，在全社会能源消耗与碳排放中占有相当比重（图 3-23）。此外，不断增长的建筑面积也导致更多的建筑运行用能，随着人们生活水平的提升，供暖、空调、家用电器等终端用能

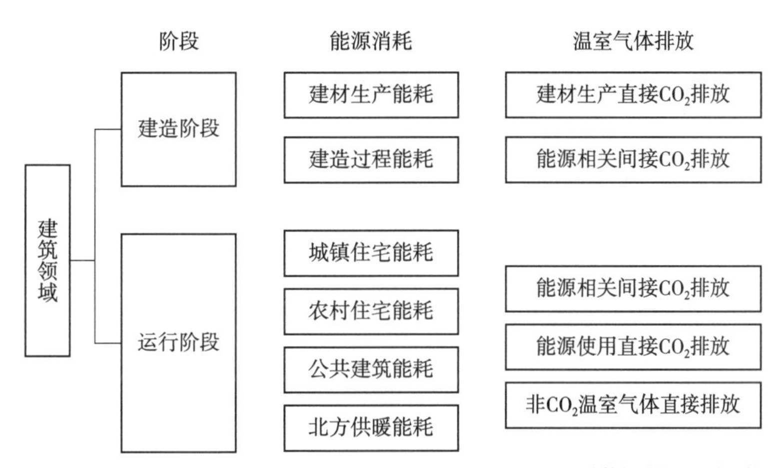

图 3-23　建筑领域能耗及碳排放

（图片来源：胡姗，张洋，燕达，等. 中国建筑领域能耗与碳排放的界定与核算 [J]. 建筑科学，2020，36（S2）：288–297.）

需求和产生的碳排放也不断上升。

《中国建筑能耗研究报告（2018）》统计表明，2016 年的中国建筑能源消费总量为 8.99 亿 t 标准煤，占全国能源消耗总量的 20.62%，其中公共建筑能耗强度最高；同时，建筑运行能耗占全国总能耗的比例约为 20%~25%，而其中建筑供暖空调所用能耗占到建筑运行总能耗的 30% 左右。美国绿色建筑委员会认为，符合领先能源与环境设计标准（LEED）的节能建筑与传统建筑相比最多可减少 25% 的能源消耗和 11% 的用水量，这些最多可减少 34% 的温室气体排放。因此，降低建筑能源消耗对减少碳排放具有重要的现实意义。

1. 建筑碳排放强度的影响因素

（1）建筑面积

快速城市化带动了建筑业的持续发展，使得我国建筑业规模不断扩大。2006—2013 年，我国民用建筑竣工面积快速增长，从每年 14 亿 m^2 左右稳定增长至 2014 年的超过 25 亿 m^2；自 2014 年至今，我国民用建筑每年的竣工面积基本稳定在 25 亿 m^2 左右，并自 2015 年起已经连续多年小幅下降。伴随着大量开工和施工，全国拆除面积从 2006 年的 3 亿 m^2 快速增长，最终稳定在每年 15 亿 m^2 左右。

每年大量建筑的竣工使得我国建筑面积的存量不断高速增长。2018 年我国建筑面积总量约 601 亿 m^2，其中，城镇住宅建筑面积为 244 亿 m^2，农村住宅建筑面积 229 亿 m^2，公共建筑面积 128 亿 m^2，北方城镇供暖面积 147 亿 m^2。建筑面积的不断增加，需要更多的能源来满足供暖、冷却、照明和电力需求，这也造成碳排放量不断增加。

（2）建筑建造能耗

大规模建设活动的开展使用大量建材，建材的生产进而导致了大量能源消耗和碳排放的产生，这是我国能源消耗和碳排放持续增长的一个重要原因。基于相关核算结果，中国民用建筑建造能耗从 2004 年的 2 亿 t 标准煤增长到 2018 年的 5.2 亿 t 标准煤，约占建筑业总能耗的 40%。

建筑建造过程中不仅消耗了大量能源，还导致大量碳排放。其中，除能源消耗所导致的 CO_2 排放之外，水泥生产过程中的碳排放也是重要组成部分。2018 年我国建筑业消耗水泥约 22 亿 t，生产过程带来约 11 亿 tCO_2 的碳排放。2018 年我国民用建筑建造相关的碳排放总量约为 18 亿 tCO_2，其中，建材生产运输阶段用能相关的碳排放及水泥生产工艺过程碳排放分别占比 65% 和 30%（图 3-24）。

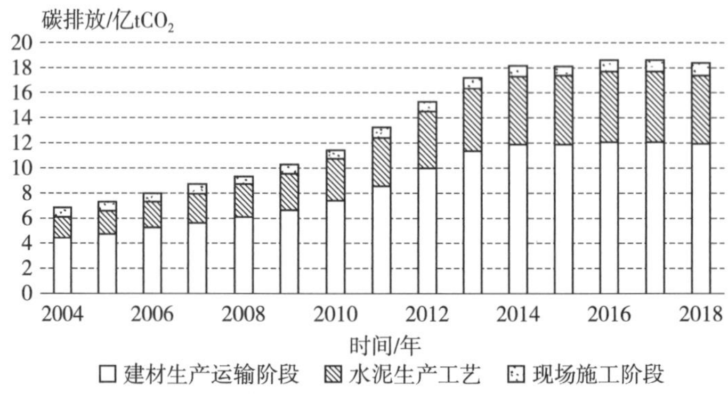

图 3-24　中国民用建筑建造碳排放（2004—2018 年）

（图片来源：胡姗，张洋，燕达，等 . 中国建筑领域能耗与碳排放的界定与核算 [J]. 建筑科学，2020，36（S2）：288-297.）

（3）建筑运行能耗

2001—2018 年，能耗总量及其中电力消耗量均大幅增长。2018 年建筑运行的总商品能耗约 10 亿 t 标准煤，约占全国能源消费总量的 22%。从用能总量来看，农村住宅、公共建筑、北方供暖、城镇住宅四类用能各占建筑能耗的 1/4 左右。近年来，随着公共建筑规模的增长及平均能耗强度的增长，公共建筑的能耗已经成为中国建筑能耗中比例最大的一部分。

建筑能耗总量的增长、能源结构的调整都会影响建筑运行相关的 CO_2 排放。建筑运行阶段消耗的能源种类主要以电、煤、天然气为主，其中，城镇住宅和公共建筑这两类建筑中 70% 的能源为电力，以间接 CO_2 排放为主；农村住宅中用煤的比例约为 60%，导致大量的直接 CO_2 排放。2018 年中国建筑运行的化石能源消耗相关的碳排放为 21 亿 tCO_2，如图 3-25 所示，其中直接碳排放占 50%，电力相关的间接碳排放占 42%，热电联产热力相关的间接碳排放占 8%。按照四个建筑用能分项的碳排放占比分别为：农村住宅

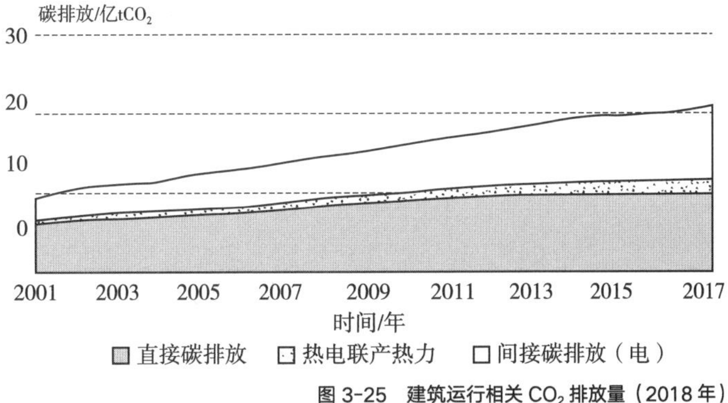

图 3-25　建筑运行相关 CO_2 排放量（2018 年）
（图片来源：胡姗，张洋，燕达，等.中国建筑领域能耗与碳排放的界定与核算[J].建筑科学，2020，36（S2）：288-297.）

23%，公共建筑 30%，北方供暖 26%，城镇住宅 21%。

2. 基于碳减排的建筑节能策略

从碳排放的角度来看，建筑领域碳排放主要为建筑建造和运行中产生的 CO_2 排放。节能建筑可以使用多种方式为建筑环境脱碳作出贡献，通过降低能源消耗而减少碳排放。

（1）合理规划建筑规模，避免“大拆大建”

基于对建筑建造阶段能耗和排放的分析可以发现，建筑规模总量是影响建筑领域能耗与碳排放的重要因素，因此合理规划和控制未来建筑规模总量，是实现全社会和建筑领域低碳发展的必要条件。因此，应当对未来我国建筑规模总量进行总量规划，以及对逐年开工建设量进行合理控制。目前全社会已经建成民用建筑约 600 亿 m^2，人均约 40m^2。按照日本、韩国等亚洲其他发达国家的状况，人均 50m^2 民用建筑（包括住宅、商建和公建）已完全可以满足经济、社会和文化发展的需要。对应我国未来 14 亿人口，未来建筑总规模达到的 720 亿 m^2 应能完全满足人们现代化生活的需要。

另一方面，抑制房屋的“大拆大建”，发展建筑维修和延寿技术，增加建筑维修与功能提升的比例，也是控制建筑能耗与碳排放的重要方法。近 10 年间，中国建筑年竣工面积都在 25 亿 m^2 左右，但同时每年的建筑拆除面积也在 15 亿 m^2 左右，并且呈增长的趋势。在下一阶段，我国将由大规模建设逐渐转为大规模维修、改造和功能提升，因此如何实现城市化任务由“大拆大建”转为“延寿升质”，是下一阶段的重要议题。

（2）引导适宜的建筑形式和系统设计

在营造人工环境的建筑设计理念下，建筑应尽可能与外环境隔绝，避免外环境的干扰，采用高气密性、高保温隔热，避免直射自然光。室内外的连接应经过合理的设计，使其可以根据需要进行调节，达到既可以自然通风又可以实现良好的气密性；既可以通过围护结构散热又可以使围护结构良好保温；既可以避免阳光直射又可以获得良好的天然采光。室内环境参数应根据室外状况在一定范围内波动，由使用者依据需求“分时分区”控制室内环境状态，管理人员和自控系统起到一定的辅助作用。

因此，对于公共建筑应当以科学、合理的理念去引导建筑形式和系统形式的设计，对于新建建筑要尽量营造与室外和谐的室内环境，并应当注意特殊类型公共建筑的节能设计与运行。对于既有建筑，应当以《民用建筑能耗标准》GB/T 51161—2016 为基础开展全过程能耗定额管理，在升级改造过程中不能盲目提高服务水平和加大系统供应。

3.6 城市绿地的降温效应与减碳绩效

城市绿地是指以自然植被和人工植被为主要存在形态的城市用地，它包含两个层次的内容：一是城市建设用地范围内用于绿化的土地；二是城市建设用地之外，对城市生态、景观和居民休闲生活具有积极作用，并且绿化环境较好的区域。

近些年，国内外学者对城市绿地在改善城市生态环境中的积极作用进行了深入的研究。绿地植被通过蒸腾、蒸散作用，对周边环境降温增湿，同时大量吸收空气中的 CO_2，抑制温室效应。城市绿地作为城市中近自然的生态空间，对于维持碳平衡、提升生态系统服务等方面具有重要作用。城市绿地一方面通过植物群落进行自然固碳，降低碳排；另一方面通过缓解城市热岛效应，降低建筑能耗，从而间接降低碳排放。此外，城市绿地通过对居民绿色出行方式的积极影响降低机动车交通频次，故而在一定程度上降低了交通碳排放。

3.6.1 城市绿地的降温效应

城市绿地是城市生态系统的重要组成部分，通过影响城市生态系统的水和热循环去调节城市气候，并改善城市热环境。绿地的“冷源”效应受两个方面因素的制约：绿地自身的冷源强度（即绿地地表的低温程度）和对周围环境的降温能力（与周围环境热交换的范围和强度）。现阶段，绿地对城市热环境的改善作用主要体现在以下两方面。

1. 城市绿地对地表温度的改善作用

绿色植被通过遮阴和蒸散作用降低其所在区域地表温度，从而在微观尺度上改善城市热环境，这一现象早在 1971 年就已被国外学者 Federer 发现。研究初期，国内外学者的探究主要集中在对比分析城市绿地对地表温度改善作用的验证。Bernatzky 研究表明，蒸发是绿地系统降温的主要原因之一，一块山毛榉木林能够蒸发其受辐射能量的 83.8%，一小块城市绿地的降温效果可以达到 3~3.5℃。Ca 等对日本东京城区某公园草地在中午时刻的降温效应进行了研究，结果显示该公园比周边外围 1.2m 处温度低约 2℃，比闹市街区低达 15~19℃。蒋美珍比较了城市绿地的冷源强度，指出植被覆盖区相比于非植被覆盖区温度低 1.1~1.5℃。

景观生态学认为，景观格局制约生态过程。城市绿地对地表温度的改善作用是生态过程的表现，其降温效果必然受到城市绿地格局的制约。因此，后续的研究逐渐开始关注城市绿地的二维及三维特征与其降温效应间的关系。大量研究证实，绿地的二维特征，如绿地面积、绿地形状及绿地布局模式等，是影响绿地地表温度的重要因素。众多研究证实，在水平和垂直方向上，总体上绿地斑块的平均地表温度随着绿地面积的增加而降低，绿地面积与平均地表温度显著正相关，且呈对数曲线关系，即面积较大的绿地对其内部温度的缓解能力较强。此外，如图 3-26 所示，雷江丽等人发现绿地斑块周长与其地表温度也呈对数曲线关系，绿地斑块的形状指数越小，绿地越规则紧凑，绿地内部的地表温度就越低。对于绿地格局来说，模拟显示，在绿地率相同的情况下，与集中型布局相比，分散型布局绿地夏季的地表温度要更低。

除了绿地的二维特征外，大量研究表明，城市绿地的三维特征包括绿地类型、绿地空间结构因子等也影响着其内部温度。研究发现，不同的绿地

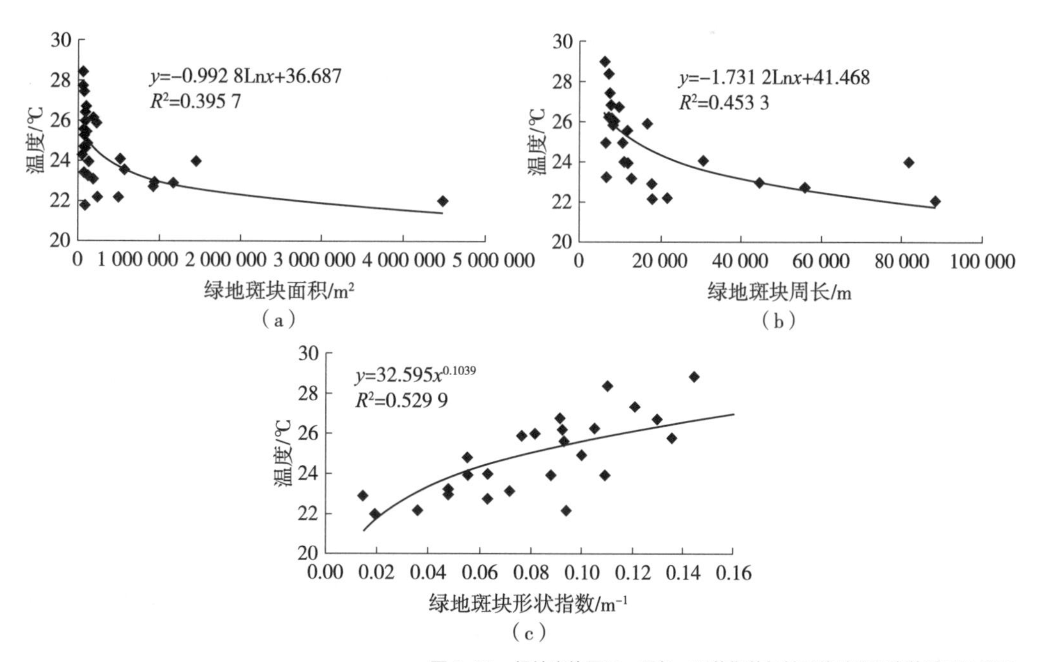

图 3-26 绿地斑块面积、周长、形状指数与其平均地表温度的关系及模型

（图片来源：雷江丽，刘涛，吴艳艳，等. 深圳城市绿地空间结构对绿地降温效应的影响 [J]. 西北林学院学报，2011，26（4）：218-223.）

类型降温效应存在明显差异，乔木能有效阻止阳光直射，降温效应显著高于周围的草本植物。与乔木相比，灌木和攀缘植物的降温效应较低，其中攀缘植物的降温效应一般低于灌木。另有研究表明，小叶植物的降温效应往往高于大叶植物。此外，绿地降温效应还与其空间结构类型、郁闭度、平均冠幅等群落特征密切相关。对于较郁闭的乔—灌—草型复层结构绿地来说，除了居于群落上层的树冠层的蒸腾冷却作用之外，由于树冠层阻挡并吸收了大部分太阳辐射，使透过枝叶间隙到达下层绿地的光照强度迅速降低，因此，绿地内部的气温变化受光照强度的影响程度远低于无绿化的对照裸地。但对于乔木层和草本层发育不完善的绿地，其降温效应反而不如以高灌木为主体的灌—草型绿地。至于结构层次较为单一的草坪，由于直接处于太阳光能的辐射之下，故气温与相对湿度受光照强度影响的变化趋势较明显，蒸腾冷却作用成为草坪改变环境小气候的主要形式，其降温效果明显不如复层结构绿地。Kim等的研究和陈旭等的研究（图 3-27）都证实，森林和混合绿地内部的地表温度明显低于草地和裸地，而乔—草型绿地的地表温度低于灌—草型。此外，由于不同地区的背景气候不同，可能会使城市绿地的降温效应存在一定的差异性。

研究显示，绿地的降温效应还与其郁闭度、平均冠幅、叶面积指数（Leaf Area Index，LAI）等生物因素有关（表 3-9）。植被的郁闭度与群落降温效应呈极显著正相关，即群落郁闭度越大，遮挡的太阳辐射就越多，因此减少了进入群落内的太阳辐射量，使得群落内温度降低。同时，郁闭度越大，植物的蒸腾作用越强，散失的水分也可以起到降低群落内部温度的作用。群落内降温率与平均冠幅呈显著正相关，随着群落平均冠幅的增大，群落内对于地面的遮挡程度越大，从而可以有效减少太阳直射及周边建筑等环境的反射，大大降低群落内的温度，起到增加群落降温率的作用。降温效应与群落的 LAI 呈正相关关系，但相关性不高，LAI 每增加一个单位，绿地的地表温度就会降低 1.2℃。

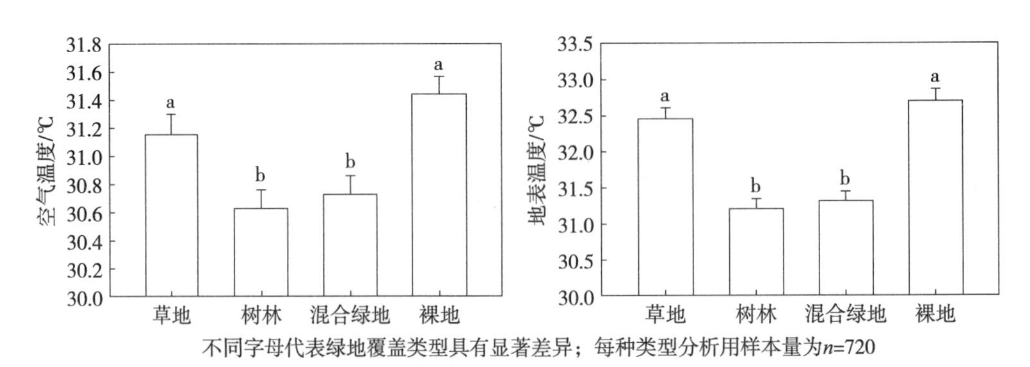

图 3-27　不同绿地覆盖类型的空气温度和地面温度

（图片来源：陈旭，李霖，王江．城市绿地对热岛效应的缓解作用研究：以台州市为例 [J]. 生态环境学报，2015，24（4）：643-649.）

降温效应与郁闭度、平均冠幅、LAI 的相关性　　表 3-9

项目	R	P	回归系数
郁闭度	0.645	0.010	49.793**
平均冠幅	0.533	0.050	1.952*
LAI	0.433	0.122	10.676

注：** 表示在 1% 水平上显著；* 表示在 5% 水平上显著。

植物的蒸腾、遮阴效应受气候条件影响，因此绿地的降温效应在不同的时间和季节也有所不同。Taha 等考虑到白天和黑夜对绿地降温效应的影响，在对加利福尼亚州城市绿地的研究发现，白天绿地的地表温度比周边温度低 6℃左右，而夜间则低约 3℃。Wang 等人在荷兰的一项研究指出，绿地在炎热的夏季的降温效果约是寒冷的冬季的 2 倍。Yang 等人的研究同样证实了这一结论，认为除冬季外，城市绿地在所有季节中都具有显著的降温效果。关于城市绿地对地表温度改善作用随时间变化的研究仍较为有限，但已有的研究一致认为，白天和夏季绿地的改善作用要大于黑夜和冬季。

2. 城市绿地对周围环境温度的改善作用

如图 3-28 所示，城市绿地作为城市结构中的自然生产力主体，通过影响大气中的水热循环等，不仅对地表温度具有改善作用，而且会通过热交换对周围环境温度起到一定的改善作用。

与城市绿地对地表温度的改善作用相同，绿地的面积、形状及布局模式同样是影响其对周围环境温度改善作用的重要因素。绿地的面积越大，其降温效应越明显，但两者之间并非绝对的线性关系。通常，绿地面积在一定阈值内与周边环境温度呈负相关，即绿地面积越大，周边环境温度越低；但超过一定阈值后，绿地面积与周边环境温度则没有太强的相关性。这一现象得

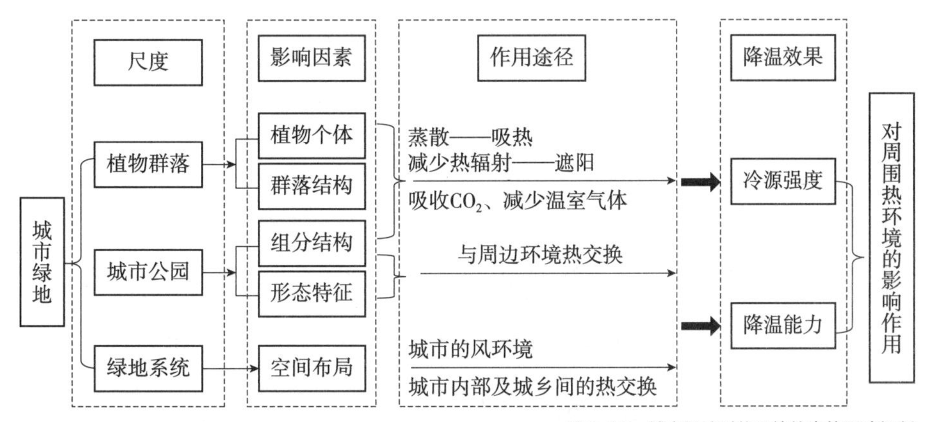

图 3-28　城市绿地对热环境效应的影响机制
（图片来源：刘艳红．城市绿地景观的热环境效应影响机制及其优化研究 [D]. 太原：山西农业大学，2017.）

到了众多学者的研究与验证，但由于各研究区域的背景条件不同，目前学者们对于不同区域展开研究所得的结论都不尽相同。Chen 等指出，5hm^2 的绿地面积是降温的关键阈值；Mikami 等则认为，绿地面积超过 20hm^2 后降温强度不会再增加。此外，城市绿地的形状同样影响其降温效应，随着绿地形状指数的增加，绿地降温影响范围减小，二者的相关性较强。也就是说，绿地斑块形状越松散，其降温影响范围越小。另有学者研究了四种几何形状（多边形、线形、单一型和混合型）绿地的降温效应，发现多边形和混合型绿地具有最优的降温效应。绿地布局形式对周围环境的降温规律则表现为布局越紧凑，降温效应越强，而当绿地呈条形或呈星形分散布局时，绿地的降温效应会相对较弱。

城市绿地对周围环境温度的改善作用与绿地三维特征同样息息相关。合理的群落结构可在一定程度上解决周围环境小气候问题。城市绿地系统中，植物群落结构主要涉及乔木、灌木和草地三种植被的配置比例。许多研究指出，乔—灌—草型的绿地降温效应最好，不同结构植被的降温效应依次为乔—灌—草 > 乔—草 > 灌—草 > 草地；即使结构相同，绿量不同，降温效果也是不同的，在一定比例结构搭配的乔—灌—草型绿地中，乔—灌两个冠层绿量越高，降温效果越好。总之，绿地的结构越单一，绿量越小，其降温效应就越差。有研究同时指出，绿地群落的郁闭度、LAI 和植被覆盖率等特征均与降温效应有关，如表 3-10 所示。郁闭度与阴影有关，而树木遮阴和蒸散则被认为是创造较低温度的主要方式，因此冠层密度越大，降温效果就越好。通过 ENVI-met 模拟郁闭度与绿地降温效应的关系显示，郁闭度每增加 1%，绿地周围空气温度可降低 0.14℃。LAI 同样在绿地降温过程中扮演着重要角色，并与绿地的降温效应呈正相关关系，即叶面积越大，绿地的降温效果越明显。同样，绿地周围的气温与树木覆盖率之间存在显著的负相关关系，即树木覆盖率越高，绿地的降温效应就越强。

不同季节绿地降温强度与绿地结构之间的皮尔逊系数　　表 3-10

绿地结构	夏季	冬季
茎秆密度 /（n · hm^{-2}）	0.563	0.201
直径 /cm	0.584	0.532
树木高度 /m	0.666	0.440
林分面积 /（m^2 · hm^{-2}）	0.707	0.574
LAI	0.722	0.658
郁闭度 /%	0.806	0.747

绿色植被的蒸腾作用和遮阴是其产生降温效应的主要原因，而这二者都受到昼夜和季节的影响。昼夜和季节的交替会带来光照强度、温度和湿度等差

异，这些均会影响植被的蒸腾作用，加之不同季节植被覆盖率不同，因而不同季节的植被遮阴也会存在很大差异，从而影响绿地对周围环境温度的改善作用。由于绿地降温功能的发挥与植被及太阳辐射密切相关，因此绿地的降温效应存在着日变化，在白天大致呈现“山峰型”。虽然绿地降温效应的具体峰值出现在何时尚未有统一的结论，但绿地白天的降温强度明显高于晚上已得到普遍共识。有学者认为，绿地的降温效应从 8 : 00 开始逐渐增加，在 12 : 00—15 : 00 达到最大值，从 15 : 00 开始逐渐减少；另有学者研究显示，公园绿地的降温效应在 8 : 00—11 : 00 保持稳定，11 : 00 之后降温效应逐渐增加，在 18 : 00 左右达到最大。因此，一天内绿地的降温效应与时间的关系仍需进一步探究。Hamada 等的研究显示，绿地的冷岛效应范围在夜晚为 200~300m，而在白天，尤其是夏季，范围可超过 500m。对于绿地降温效应的季节变化来说，绿地在夏季时对周围环境温度的改善效果最好，其次是春季和秋季，冬季最差，这可能与植被的生长状态有关。当然，城市绿地的降温效应还受到周围城市环境如地形、街道走向、建筑密度、建筑几何结构等因素的影响。

3.6.2 城市绿地的减碳绩效

城市绿地在降低城市碳排放中扮演着不可或缺的角色。首先，栽种植物是唯一不消耗能量的碳汇方法，而其他的人工碳汇方法在碳捕获和固化过程中往往需要耗能，有时甚至会增加碳排放。其次，城市绿地系统还具有调节小气候、涵养水源、吸收污染物等生态功能，从而间接降低建设灰色基础设施所导致的碳排放，减少城市的总体能耗。

有研究证实，我国城市温室气体来源主要包括四部分：生产（44.5%）、建筑（19.8%）、交通（17.5%）和森林减少（18.2%）。因此，实现减排的关键是减少前三部分的能耗，提高能源利用率，改善能源结构，开发清洁能源，构建资源节约型城市。基于上述背景，如图 3-29 所示，城市绿地的减碳绩效可以体现在固碳增汇、降温减排和绿色慢行三个方面。

1. 固碳增汇

《联合国气候变化框架公约》将碳汇定义为“从大气中去除 CO_2 的过程、活动或机制”。植物通过光合作用释放 O_2，吸收大气中的 CO_2 并将其固定在植被和土壤中，从而降低大气中 CO_2 浓度。

绿地主要通过两种方式固碳：植物通过叶片的光合作用固定 CO_2，积累净碳量；同时，绿地范围内的土壤，依托植物的光合作用、分解作用，以有机物和无机物的形式储存碳，形成土壤碳库。城市绿地的总体规模和布局特征，植物的类型、年龄、规格和群落结构等参数都对其固碳增汇能力具有显

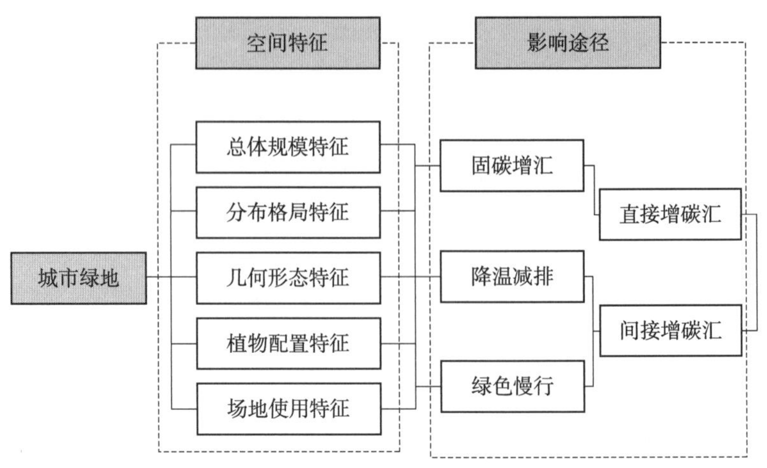

图 3-29　城市绿地空间减碳路径

（图片来源：王敏，宋昊洋 . 影响碳中和的城市绿地空间特征与精细化管控实施框架 [J]. 风景园林，2022，29（5）：17–23.）

著影响。王洪成等利用遥感数据计算得到天津市市内六区绿地植被平均年固碳量为 7.204t/（hm^2·a），介于孙中元等所模拟的烟台市各县市区绿地年固碳量 4.090~9.620t/（hm^2·a）之间；金力豪测算出杭州市临安云制造小镇各类绿地固碳率为 9.020~12.420t/（hm^2·a）；武文婷估测杭州市城市绿地年固碳速率为 8.918t/（hm^2·a）。

研究证实，提高园林绿化植被固碳能力的关键在于增加植被覆盖率和碳密度。不同类型的植物碳汇能力差异较大，乔木远高于灌木、草本和藤本植物，阔叶林高于针叶林，落叶树高于常绿树。于超群等对济南市城区典型绿地碳储量的研究进行分析，发现植物群落层次越复杂，固碳效果越好；植物群落密度越高，碳汇功能越强。由此可见，在合理设计种植密度的前提下，应尽量增加乔木的种植密度，适当增加立体绿化，提高整体绿量，从而显著提升城市绿地固碳能力。

城市土壤所固持的碳通常为城市植被的几倍到十几倍，是城市园林绿化空间中最大的碳库。增强城市土壤的碳固持能力，将对减缓城市能源消耗、碳排放起到非常积极的作用。此外，采用园林绿化废弃物和湿垃圾资源化产物改良土壤、增加土壤碳固持能力等方法，则能实现减源增汇并举。

2. 降温减排

城市绿地的降温效应已在本书第 3.6.1 节中给予了详细阐述，在此不再赘述。显然，绿地能通过影响城市热环境来减少城市总体能耗，间接达到减排效果。城市绿地通过遮阴、蒸腾和防风能改善建筑周边微气候环境，间接减少空调用能。同时，城市绿地系统还能降低城市热岛强度，有效减少城市能耗。梁益同等人的研究表明，植被覆盖率每提高 10%，热岛强度约下降

1.1℃。张彪评估了上海市绿地植被的吸热降温效益，结果显示，2017年上海市绿地植被夏季能吸热 8.49×1015J，可节约当年居民生活用电量的10%。对佛罗里达州一座临时建筑的研究表明，其周边的绿地最多可减少其50%的日常生活用电。在盐湖城的研究发现，如果每户都种植4棵乔木，则地方电厂每年可减少9000t的碳排放。

王敏等研究发现，在人口密度较高的区域优先布局绿地，能够获得较高的减排效益，有利于碳中和目标的实现。因此，进行规划时应在人口密集区域“见缝插针”布局绿地；在高密度城区，可推行立体绿化以增加绿量；同时，应注重道路附属绿地的连通和均衡分布，并通过滨水绿地建设等方式充分发挥水体降温辐射效能，形成较整体的绿地减排网络结构，整合有限绿地的碳减排综合效能。

3. 绿色慢行

交通减排是高密度城市碳减排的重点领域。借助绿地系统形成完善的慢行网络，可有效促进居民绿色慢行，提升城市低碳交通方式比重，降低城市交通碳排放总量，实现绿地间接减排。

国内外学者基于各自的研究，提出了城市场所可步行性评价的各种主客观测度指标。其中，使用频次最高的7个指标是：人行道的存在、人行道的品质、土地使用、过街设施、停车、灯光和树木。由此可见，城市绿地系统对人们慢行交通选择的促进作用得到了国内外研究者的共识。相关研究数据表明，较高的植被覆盖率和绿视率、丰富的植物搭配、必要的服务设施布局等能促进居民的步行行为，从而推动城市交通减碳。徐磊青等结合客观测量与问卷调查指出，良好的绿化景观和丰富的服务设施都对步行活动品质的提高具有非常重要的价值。

在有限的城市空间中，如何高效提升绿地碳汇总量和碳汇效率，是面向碳中和绿地建设的首要目标。加强对于城市绿色碳汇效益和间接消减碳排放效益的总体评估与协同量化研究，对于指导绿地空间调整、高效发挥其多重生态效应具有重要意义。

思考题与练习题

1. 从能量平衡角度分析城市热岛效应形成原因。
2. 高反射率的地面铺装是否能够改善住区热环境？为什么？
3. 影响热舒适性的因素有哪些？请列举并解释每个因素的作用。
4. 讨论比较不同热舒适评价指标的特点和适用性。
5. 为什么紧凑型多中心城市发展模式有利于缓解城市热岛效应？

6. 论述城市绿地的生态特征对其降温效应和减碳绩效的影响。

7. 城市热岛效应与气候变化有什么关系？如何通过减轻城市热岛效应来应对气候变化？

主要参考文献

[1] 刘加平，等 . 城市环境物理 [M]. 北京：中国建筑工业出版社，2011.

[2] 于付涛，狄育慧 . 城市户外热环境指标评价 [J]. 洁净与空调技术，2011（4）：26-30.

[3] 刘蔚巍，邓启红，连之伟 . 室外环境人体热舒适评价 [J]. 制冷技术，2012，32（1）：9-11.

[4] 朱正 . 基于室外热舒适的寒地商业街区建筑群体形态设计研究 [D]. 哈尔滨：哈尔滨工业大学，2022.

[5] 张辉 . 气候环境影响下的城市热环境模拟研究：以武汉市汉正街中心城区热环境研究为例 [D]. 武汉：华中科技大学，2006.

[6] 赵俊华 . 城市热岛的遥感研究 [J]. 城市环境与城市生态，1994（4）：40-43.

[7] 李涵 . 徐州市区不透水面时空演变及其热环境效应研究 [D]. 徐州：中国矿业大学，2020.

[8] 毛博 . 基于风环境分析的长春市总体城市设计导控研究 [D]. 长春：吉林建筑大学，2020.

[9] 王美雅，徐涵秋，付伟，等 . 城市地表水体时空演变及其对热环境的影响 [J]. 地理科学，2016，36（7）：1099-1105.

[10] 刘骁 . 湿热地区绿色大学校园整体设计策略研究 [D]. 广州：华南理工大学，2017.

[11] 林波荣，李莹，赵彬，等 . 居住区室外热环境的预测、评价与城市环境建设 [J]. 城市环境与城市生态，2002，15（1）：41-43.

[12] 赵宇 . 深圳华侨城社区热环境评估及优化策略研究 [D]. 哈尔滨：哈尔滨工业大学，2013.

[13] 刘扬 . 建筑布局模式对湿热地区城市住区室外热环境影响分析 [J]. 绿色建筑，2023，15（1）：60-62+68.

[14] 郭韬 . 中国城市空间形态对居民生活碳排放影响的实证研究 [D]. 合肥：中国科学技术大学，2013.

[15] 王馨珠 . 住区碳排放影响要素及减碳策略研究 [D]. 北京：北京工业大学，2019.

[16] 伍小亭，王砚，宋晨，等 . 基于暖通专业视角的区域能源系统思考：概念、规划、设计 [J]. 暖通空调，2019，49（1）：2-14+24.

[17] 胡姗，张洋，燕达，等 . 中国建筑领域能耗与碳排放的界定与核算 [J]. 建筑科学，2020，36（S2）：288-297.

[18] 刘艳红 . 城市绿地景观的热环境效应影响机制及其优化研究：以太原市为例 [D]. 太原：山西农业大学，2017.

[19] 车通，杨旸，罗云建 . 城市绿地降温效应及其研究进展 [J]. 林业建设，2019（3）：52-56.

[20] 秦仲，巴成宝，李湛东 . 北京市不同植物群落的降温增湿效应研究 [J]. 生态科学，2012，31（5）：567-571.

[21] 刘本本，周继华，孙清琳，等 . 城市绿地降温功能研究进展 [J]. 北方园艺，2020（20）：130-136.

[22] 赵彩君，刘晓明 . 城市绿地系统对于低碳城市的作用 [J]. 中国园林，2010，26（6）：23-26.

[23] 王敏，宋昊洋 . 影响碳中和的城市绿地空间特征与精细化管控实施框架 [J]. 风景园林，2022，29（5）：17-23.

[24] 单俊超 . 城市街道空间特征及其与人群活动关系探究：以北京副中心为例 [D]. 武汉：武汉大学，2020.

第4章 城市湿环境

城市化进程中，大量人工铺设的不透水地面不利于雨水、雪水渗透入地以补充城市地下水资源，致使城市地下水位下降，导致干燥、缺水、夏季地表高温、影响植物生长等问题，使城市物理环境质量大大降低。同时，受到城市下垫面改变、透水性变差及城市排水不畅等多种因素的影响，当发生极端降雨时可能导致严重的城市内涝，对城市正常运行产生不利影响。为减少这种影响，需要采取相应措施。因此，加强城市湿环境调节能力，改善城市物理环境质量，需要对城市湿环境相关知识有所了解。

4.1.1 湿空气的基本概念

1. 湿空气的组成

自然界的空气，都是干空气和水蒸气的混合物。凡是含有水蒸气的空气就是湿空气。湿空气的压力等于干空气的分压力和水蒸气分压力之和，即：

$$P_w = P_d + P \tag{4-1}$$

式中 P_w——湿空气的压力（Pa）；

P_d——干空气的分压力（Pa）；

P——水蒸气的分压力（Pa）。

空气中所含的水分愈多，空气的水蒸气分压力就愈大。在一定的温度和压力条件下，一定容积的干空气所能容纳的水蒸气量有一定的限度，也就是说，湿空气中水蒸气的分压力有一个极限值。水蒸气含量达到极限值时的湿空气称作“饱和”的，尚未达到极限值的湿空气称作“未饱和”的。处于饱和状态的湿空气中水蒸气所呈现的压力，称为“饱和水蒸气压”或“最大水蒸气分压力”，用符号 P_S 表示；未饱和空气中的水蒸气分压力用 P 表示。

根据《民用建筑热工设计规范》GB 50176—2016，标准大气压力下，不同温度时的饱和水蒸气压 P_S 值如表 4-1 所示。P_S 值随温度升高而变大，这是因为在一定的大气压力下，湿空气的温度越高，其一定容积中所能容纳的水蒸气越多，因而水蒸气所呈现的压力也越大。

2. 空气的湿度

每立方米的湿空气所含水蒸气的重量，称为空气的绝对湿度。绝对湿度一般用 f（g/m^3）表示，饱和状态下的绝对湿度则用饱和蒸汽量 f_{max}（g/m^3）表示。绝对湿度只能说明湿空气在某一温度条件下实际所含水蒸气的重量，并不能直接说明湿空气的干、湿程度。例如绝对湿度为 153g/m³，在温度 18℃时，水蒸气含量已达最大值，也就是说已经是饱和空气了；但若空气的温度是 30℃，却还是比较干燥的，因为 30℃的饱和空气的水蒸气含量为

标准大气压时不同温度下的饱和水蒸气分压力 P_S　　单位：Pa　　表 4-1

a. 温度自 0℃至 -20℃（与冰面接触）										
T/℃	0.0	0.1	0.2	0.3	0.4	0.5	0.6	0.7	0.8	0.9
-0	610.6	605.3	601.3	595.9	590.6	586.6	581.3	576.0	572.0	566.6
-1	562.6	557.3	553.3	548.0	544.0	540.0	534.6	530.6	526.6	521.3
-2	517.3	513.3	509.3	504.0	500.0	496.0	492.0	488.0	484.0	480.0
-3	476.0	472.0	468.0	464.0	460.0	456.0	452.0	448.0	445.3	441.3
-4	437.3	433.3	429.3	426.6	422.6	418.6	416.0	412.0	408.0	405.3
-5	401.3	398.6	394.6	392.0	388.0	385.3	381.3	378.6	374.6	372.0
-6	368.0	365.3	362.6	358.6	356.0	353.3	349.3	346.6	344.0	341.3
-7	337.3	334.6	332.0	329.3	326.6	324.0	321.3	318.6	314.6	312.0
-8	309.3	306.6	304.0	301.3	298.6	296.0	293.3	292.0	289.3	286.6
-9	284.0	281.3	278.6	276.0	273.3	272.0	269.3	266.6	264.0	262.6
-10	260.0	257.3	254.6	253.3	250.6	248.0	246.6	244.0	241.3	240.0
-11	237.3	236.0	233.3	232.0	229.3	226.6	225.3	222.6	221.3	218.6
-12	217.3	216.0	213.3	212.0	209.3	208.0	205.3	204.0	202.6	200.0
-13	198.6	197.3	194.7	193.3	192.0	189.3	187.0	186.7	184.0	182.7
-14	181.3	180.0	177.3	176.0	174.7	173.3	172.0	169.3	168.0	166.7
-15	165.3	164.0	162.7	161.3	160.0	157.3	156.0	154.7	153.3	152.0
-16	150.7	149.3	148.0	146.7	145.3	144.0	142.7	141.3	140.0	138.7
-17	137.3	136.0	134.7	133.3	132.0	130.7	129.3	128.0	126.7	126.7
-18	125.3	124.0	122.7	121.3	120.0	118.7	117.3	117.3	116.0	114.7
-19	113.3	112.0	112.0	110.7	109.3	108.0	106.7	106.7	105.3	104.0
-20	102.7	102.7	101.3	100.0	100.0	98.7	97.3	96.0	96.0	94.7

b. 温度自 0℃至 25℃（与水面接触）										
T/℃	0.0	0.1	0.2	0.3	0.4	0.5	0.6	0.7	0.8	0.9
0	610.6	615.9	619.9	623.9	629.3	633.3	638.6	642.6	647.9	651.9
1	657.3	661.3	666.6	670.6	675.9	681.3	685.3	690.6	695.9	699.9
2	705.3	710.6	715.9	721.3	726.6	730.6	735.9	741.3	746.6	751.9
3	757.3	762.6	767.9	773.3	779.9	785.3	790.6	795.9	801.3	807.9
4	813.3	818.6	823.9	830.6	835.9	842.6	847.9	853.3	859.9	866.6
5	874.9	878.6	883.9	890.6	897.3	902.6	909.3	915.9	921.3	927.9
6	934.6	941.3	947.9	954.6	961.3	967.9	974.6	981.2	987.9	994.6
7	1 001.2	1 007.9	1 014.6	1 022.6	1 029.2	1 035.9	1 043.9	1 050.6	1 057.2	1 065.2
8	1 071.9	1 079.9	1 086.6	1 094.6	1 101.2	1 109.2	1 117.2	1 123.9	1 131.9	1 139.9
9	1 147.9	1 155.9	1 162.6	1 170.6	1 178.6	1 186.6	1 194.6	1 202.6	1 210.6	1 218.6
10	1 227.9	1 235.9	1 243.2	1 251.9	1 259.9	1 269.2	1 277.2	1 286.6	1 294.6	1 303.9
11	1 341.9	1 321.2	1 329.2	1 338.6	1 347.9	1 355.9	1 365.2	1 374.5	1 383.9	1 393.2

续表

b. 温度自 0℃至 25℃（与水面接触）										
T/℃	0.0	0.1	0.2	0.3	0.4	0.5	0.6	0.7	0.8	0.9
12	1 401.2	1 410.5	1 419.9	1 429.2	1 438.5	1 449.2	1 458.5	1 467.9	1 477.2	1 486.5
13	1 497.2	1 506.5	1 517.2	1 526.5	1 537.2	1 546.5	1 557.2	1 566.5	1 577.2	1 587.9
14	1 597.2	1 607.9	1 618.5	1 629.2	1 639.9	1 650.5	1 661.2	1 671.9	1 682.5	1 693.2
15	1 703.9	1 715.9	1 726.5	1 737.2	1 749.2	1 759.9	1 771.8	1 782.5	1 794.5	1 805.2
16	1 817.2	1 829.2	1 841.2	1 851.8	1 863.8	1 875.8	1 887.8	1 899.8	1 911.8	1 925.2
17	1 937.2	1 949.2	1 961.2	1 974.5	1 986.5	1 998.5	2 011.8	2 023.8	2 037.2	2 050.5
18	2 062.5	2 075.8	2 089.2	2 102.5	2 115.8	2 129.2	2 142.5	2 155.8	2 169.1	2 182.5
19	2 195.8	2 210.5	2 223.8	2 238.5	2 251.8	2 266.5	2 279.8	2 294.5	2 309.1	2 322.5
20	2 337.1	2 351.8	2 366.5	2 381.1	2 395.8	2 410.5	2 425.1	2 441.1	2 455.8	2 470.5
21	2 486.5	2 501.1	2 517.1	2 531.8	2 547.8	2 563.8	2 579.8	2 594.4	2 610.4	2 626.4
22	2 642.4	2 659.8	2 675.8	2 691.8	2 707.8	2 725.1	2 741.1	2 758.8	2 774.4	2 791.8
23	2 809.1	2 825.1	2 842.4	2 859.8	2 877.1	2 894.4	2 911.8	2 930.4	2 947.7	2 965.1
24	2 983.7	3 001.1	3 019.7	3 037.1	3 055.7	3 074.4	3 091.7	3 110.4	3 129.1	3 147.1
25	3 167.7	3 186.4	3 205.1	3 223.7	3 243.7	3 262.4	3 282.4	3 301.1	3 321.1	3 341.0

301g/m^3，这种空气还有相当的吸收水分的能力。可见，绝对湿度相同的两种空气，其干、湿程度未必相同。必须是相同温度条件下，才能根据绝对湿度的值来判断哪一种较为干燥或潮湿。这在应用上很不方便，因此，又引入了相对湿度的概念。

相对湿度是指一定温度，一定大气压力下，湿空气的绝对湿度 f 与同温、同压下的饱和蒸汽量 f_{max} 的百分比，称为该空气的"相对湿度"。相对湿度一般用 φ（%）表示，即：

$$\varphi=\frac{f}{f_{max}}\times 100\% \tag{4-2}$$

水蒸气的实际分压力 P 主要取决于空气的绝对湿度 f，同时也与空气的绝对温度有关，一般用以下近似式表示：

$$P=0.146Tf \tag{4-3}$$

式中 f——与 P 对应的绝对湿度（g/m^3）；

T——空气的热力学温度（K）。

由式（4-3）可见，当气温一定时（T 一定），水蒸气分压力随绝对湿度成正比例变化；当绝对湿度一定时（f 一定），水蒸气分压力随绝对温度成正比例变化。由于不同状况下的 T 值往往不同，故 P 与 f 也就不成正比例（表 4-1）。

但是，在建筑热工设计中，涉及的气温变化范围不大，变换成绝对温度后，其相对变化就更小。因此，为方便起见，可近似地认为 P 与 f 成正比例；

同样，也认为 P_S 与 f_{max} 成正比例。这样，就可以用式（4-4）表示相对湿度：

$$\varphi=\frac{P}{P_S}\times 100\% \tag{4-4}$$

式中　P——空气的实际水蒸气分压力（Pa）；

P_S——同温下的饱和水蒸气分压力（Pa）。

由于已有不同温度下的 P_S 值的现成资料（表 4-1），而且有好几种能直接快速测定空气相对湿度 φ 的仪器（例如干湿球湿度温度计），所以用式（4-4）就可以方便地进行各种计算。

3. 露点温度

在一定的温度和压力的条件下，湿度一定的空气中所含的水蒸气量是一定的，因而其实际水蒸气分压力 P 也是一定的，其所能容纳的最大水蒸气含量，以及与之对应的最大水蒸气分压力 P_S 也都是一定的。既然一定状态的湿空气的 P 和 P_S 都一定，故其相对湿度 φ 也就是一定的。

根据这种道理，设有一房间，如果不改变室内空气中的水蒸气含量，只是用干法加热空气（如用电炉加热）使其升温，则 P_S 相应变大，即所能容纳的最大水蒸气含量随温度的升高而变大；但因为是干法加热升温，在加热过程中既不增加也不减少水蒸气，也就是保持 P 值不变，故相对湿度随之变小。相反，如果保持室内水蒸气分压力 P 不变，而只是使气温降低，则因 P_S 相应变小，故相对湿度变大，且温度下降越多，P_S 就越小（表 4-1），相对湿度也越大。当温度降到某一特定值时，P_S 小到与 P 值相等，相对湿度 φ=100%，本来是不饱和的空气，终于因室温下降而达到饱和状态。这一特定温度称为该空气的“露点温度”。

露点温度通常用 t_d 表示，其物理意义就是空气中的水蒸气开始出现结露的温度。如果从露点温度往下继续降温，则空气就容纳不了原有的水蒸气，而迫使其一部分凝结成水珠（露水）析出。冬天在寒冷地区的建筑物中，常常看到窗玻璃内表面上有很多露水，有的则结成很厚的霜，其原因就在于玻璃保温性能太低，其内表面温度远低于室内空气的露点温度，当室内较热的空气接触到很冷的玻璃表面时，就在表面上结成露水或冰霜。

4.1.2　城市的水分平衡

地球上的水从来不是静止不动的，而是不断地以运动、相变等方式在空间中进行转移。“水循环”又称水分循环，是指自然界中各种形态的水，在太阳辐射、地球引力等的作用下，通过水的蒸发、水汽输送、凝结降落、下渗、径流等环节，不断发生的周而复始的运动过程。水循环是一个复杂的过程，更是一个重要的自然过程。它将地球上的各种水体组合成连续统一的水圈，并进一步将水圈、岩石圈、大气圈和生物圈紧密联系在一起，形成相互联系、制约的统一体。

1. 城市水循环

城市水循环由自然水循环系统和人工水循环系统两部分组成。自然水循环系统是由降雨、蒸发、地表径流（河流等）、贮留（湖泊等）、下渗、地下水流等构成的循环系统，人工水循环系统是指由城市给水（河流引水系统和地下水开采系统）、用水、排水（雨水排水和污水排水等下水道系统）和处理系统构成的循环系统（图 4-1、图 4-2）。城市水循环系统的功能是否正常发挥作用，由它的结构和系统的完善程度来决定。因此，维护城市水循环生态系统的整体平衡是城市经济发展与生态环境保护的前提与基础。

城市水循环的目的是实现水资源可持续利用，减少水资源浪费和污染，保护水环境，提高城市可持续发展水平。为了实现这一目标，城市需要制定合理的水资源管理政策，提高水资源利用效率，鼓励居民和企业节约用水，推广先进的水处理技术，建立完善的水循环系统。

2. 城市水分平衡

水分平衡是指大气层中水蒸气的输入和输出之间的平衡关系。城市水平衡关注的是城市大气层中水分的蒸发、凝结、降水等过程，以及水蒸气在大气中的输送和分布。城市水分平衡方程为：

$$P+F+I=E+r+\Delta S+\Delta A \tag{4-5}$$

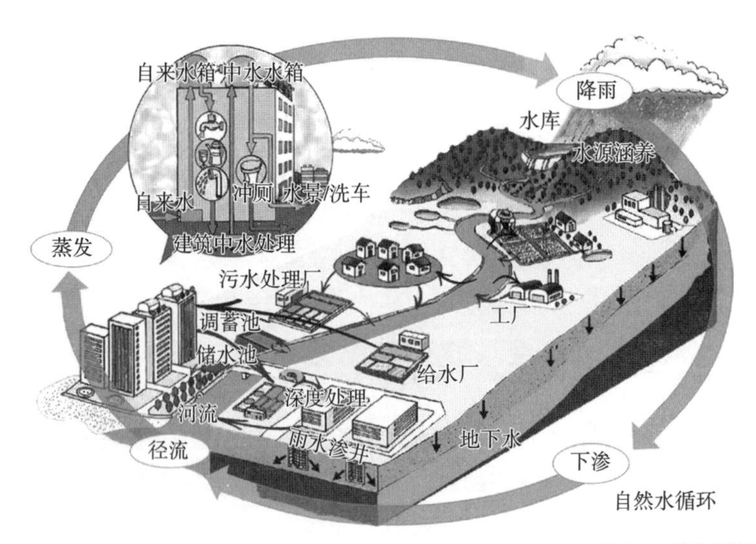

图 4-1 城市水循环示意图

（图片来源：郝天，桂萍，龚道孝．日本城市水系统发展历程 [J]. 给水排水，2021，57（1）：84-89.）

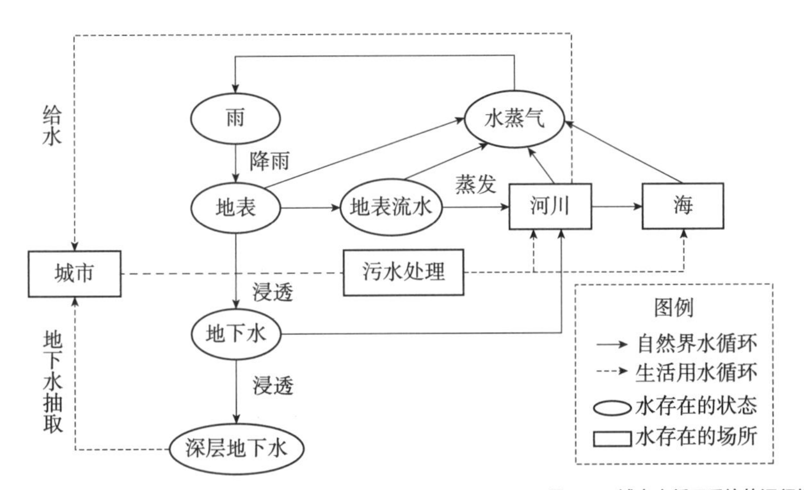

图 4-2　城市水循环系统的运行模式

（图片来源：王发明．基于水循环平衡的城市内涝根源探析：以南宁市为例 [J]. 城市问题，2012（7）：38–43.）

式中　P——降水量；

F——由燃烧所产生的水分；

I——通过管道等供应城市的水分；

E——蒸发和蒸腾的总量，简称蒸散量；

r——径流量的变化；

ΔS——贮存在城市建筑物—空气—地面系统水分的变化；

ΔA——建筑物—空气—地面系统间平流的水分。

其中，贮存在城市建筑物—空气—地面系统的水分对蒸散量 E 的影响较大，而蒸散量 E 又直接决定了城市湿环境。上述各量在市区和郊区的差异，除了影响城市湿环境外，还会影响城市的热量平衡，造成城市区域热气候与郊区的差异。

在式（4–5）的各项中，城市与郊区均有明显的差别，城市的 P、F 和 I 三项值都比郊区大。研究证实，城市及其下风方向降水量一般比郊区多，城市年降水量比郊区多 5%~15%。城市的 E 和 ΔS 比郊区小，r 又比郊区大。由于所取的研究对象四周环境相同，ΔA 可忽略不计。城市中水分平衡与能量平衡关系十分密切，特别是表现在蒸散这一过程中。由于城市的下垫面不透水面积大，植被少，故蒸散量较郊区更小。

图 4–3 和图 4–4 分别为郊区和市区的水分平衡示意图。从图 4–3 和图 4–4 对比可以看出，城市中由于建筑物密集，不透水面积大，故下垫面留存水量少；而郊区土壤疏松，故降雨后渗透留存水量大，同时还有大量植被截留一部分降水。因此，郊区水分平衡中，下垫面水分贮存量 ΔS 要比市区大得多。要增加城区下垫面的蒸散量和水分贮存量最好的方法就是改变城市下垫面，包括加强绿化、在人行道和停车场采用孔隙铺地、种植耐压耐踩踏的浅草等手段。

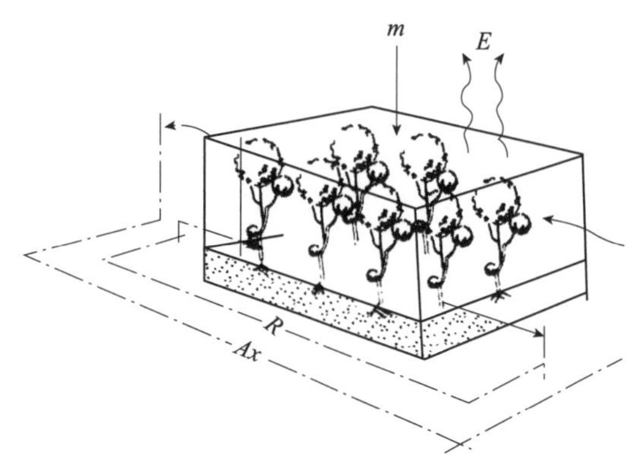

图 4-3　郊区水分平衡示意图
（图片来源：刘加平，等．城市环境物理 [M].
北京：中国建筑工业出版社，2011.）

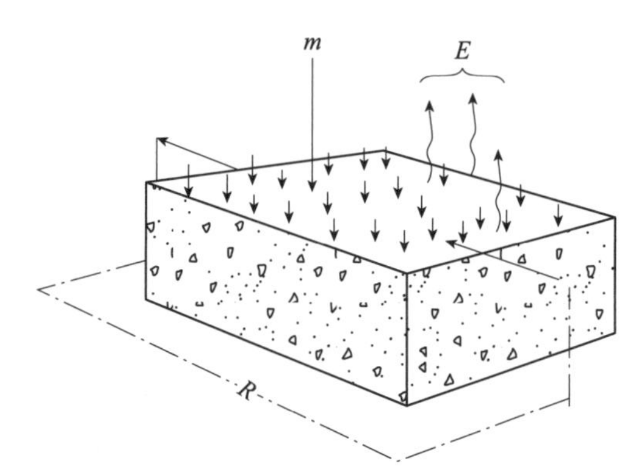

图 4-4　市区水分平衡示意图
（图片来源：刘加平，等．城市环境物理 [M].
北京：中国建筑工业出版社，2011.）

3. 城市中地—气潜热交换

城市下垫面吸收了净辐射量 Q_f 和人为热 Q_h，除部分贮存在下垫面内部以外，其余的一部分通过湍流交换方式将显热（又称可感热，Sensible Heat）输送给空气（当地面温度低于气温时亦可通过湍流交换从空气获得显热），另一部分则通过蒸散（包括从湿润的地面蒸发和从地表植被蒸腾）作用使得下垫面的水分将潜热 Q_L（Latent Heat）输送给空气（当地面有露水凝结时，则地面从空气获得潜热）。潜热 Q_L 由式（4-6）决定：

$$Q_L=-\rho LK\frac{\partial q}{\partial z} \tag{4-6}$$

式中　ρ——空气密度；

K——水分的湍流扩散系数；

$\frac{\partial q}{\partial z}$——大气含湿量的垂直梯度；

L——水的相变潜热。

城市中下垫面向空气潜热输送量的大小主要取决于下垫面可供蒸发的水分量的多少。由于城市中可供蒸发的水分比郊区更少，因此其下垫面向大气提供的潜热 Q_L 小于郊区。城市下垫面的性质是复杂多样的，例如城内既有水灌溉的草地又有干燥的停车场，二者表面可供蒸发的水分有很大的差异，故其 Q_L 值也大不相同。如表 4-2 所示为在正午时美国哥伦比亚市（Columbia）进行的观测，其研究结果表明，同在城区的草地和停车场上离地面 2m 高处的气温都是 24.7℃，但两者的地面温度却相差甚大。其能量平衡各分量中差别最大的是地—气潜热交换 Q_L 项。在草地上潜热交换值 Q_L 为 0.30cal/（cm^2 · min），占当时太阳总辐射的 1/4；而在停车场上 Q_L 为零，其所接收的太阳总辐射绝大部分用于地面长波辐射和下垫面贮存，其次为地—气显热交换量。

美国哥伦比亚市停车场与草地正午时辐射能量平衡　　表 4-2

项目	气温 /℃	地表温度 /℃	太阳总辐射 /（W·m^{-2}）	大气逆辐射热 /（W·m^{-2}）	地表辐射 /（W·m^{-2}）	潜热通量 /（W·m^{-2}）	显热通量 /（W·m^{-2}）	下垫面贮热量 /（W·m^{-2}）
草地	24.7	32.0	840	301	469	210	84	168
停车场	24.7	47.5	861	301	595	0	70	448

要了解整个城市下垫面的地—气显热交换量和地—气潜热交换量的情况，就必须调查研究其城区内部各种不同土地类型，分别测量或估算其地—气显热交换量值和地—气潜热交换量值；在此基础上，再根据各种土地类型所占面积的百分比加以计算，才能得出该城市二者的总体情况。表 4-3 为美国圣路易斯市夏季晴日午间（10：00—13：00）的能量平衡各分量所做过的全面研究的结果。

可见，圣路易斯市市区和郊区所接收的净辐射相差不大（郊区比城区多 27W/m^2），但在热量分配上却大不相同。市区显热通量占总净辐射的 55%，远大于郊区；潜热通量仅占 26%，比郊区小得多。此外，市区的地—气显热交换量与地—气潜热交换量的比值为 2.12，而郊区只有 0.77；同时市区下垫面中的贮热量 Q_t 亦大于郊区。郊区能量平衡中的最大差别在市区，因其可供蒸发蒸腾的水分少，所以其蒸散所消耗的显热 Q_s 小，导致地—气显热交换量与地—气潜热交换量的比值显著大于郊区。

圣路易斯市市区和郊区能量平衡各分量　　表 4-3

区域	净辐射 Q_f /（W·m^2）	显热通量 Q_s /（W·m^{-2}）	Q_s/Q_f	潜热通量 Q_L /（W·m^{-2}）	Q_L/Q_f	Q_H/Q_L	下垫面贮热量 Q_t/（W·m^{-2}）	Q_t/Q_n
市区	437	244	55%	115	26%	2.12	115	24%
郊区	464	171	37%	221	48%	0.77	85	18%

4.1.3　城市的空气湿度

城市的空气湿度通常是指空气的相对湿度。城市空气湿度主要受大气中水蒸气含量影响，此外还受空气的水蒸气潜在容纳能力影响。空气湿度的高低不仅对人体的健康和舒适有较大影响，还会对降水、气温和紫外线强烈程度造成影响。同时，空气湿度也是影响大气颗粒物浓度的主要气象因子，从而间接影响到空气质量和大气能见度。因此，研究城市的空气湿度对了解城市气候、水资源管理和控制空气污染等具有重要的科学意义。

影响城市空气湿度的因素很多。城市下垫面的透水性较差，降水到达地面后会迅速变成径流；城市植被覆盖面积小，会使蒸发和蒸腾作用大为减弱；城市近地层湍流交换强，有利于水汽向高层输送。此外，燃烧过程中排放的碳氢化合物，也会增加空气中的水蒸气含量。

1. 城乡湿度差异

由于下垫面性质的改变，城市的空气湿度较郊区农村更小。城市下垫面多为人工铺设的水泥、柏油路面，与郊区农村的田野植被和土壤不同。市区由于排水良好，降水后雨水很快流失，地表层水分含量少，地面比较干燥，蒸发快且蒸发量有限，因此城市的绝对湿度比郊区小。

城乡湿度差异是城市湿环境的重要特征。以京津冀地区 2001—2014 年的大气观测数据为例，城市和邻近郊区之间的相对湿度差异约为 2.5%，城市核心地区比郊区更热且更干。在欧洲，城市市区的绝对湿度比郊区低 0.2~0.5hPa，城市市区的相对湿度比郊区低 4%~6%（表 4–4）。随着城市的发展，城市有逐年变干的趋势。以东京为例，从 1955—1975 年的 20 年中，平均相对湿度下降了 8%，超过了过去 80 年的下降值（5%）。上海市 2001—2015 年城市核心区域相对湿度呈现明显的逐年降低的趋势，并且以 0.05g/（kg · a）的速率在逐年变干，且城市核心区域较周围非城市核心区显著变干。

欧洲若干城市城乡湿度之差　　表 4–4

城市	绝对湿度差 /hPa			相对湿度差 /%		
	1 月	6 月	年	1 月	6 月	年
维也纳	+0.1	−0.4	−0.2	−1	−6	−4
柏林	+0.1	−0.8	−0.2	−2	−10	−6
特里尔	+0.1	−1.1	−0.5	−1	−10	−6
科隆	−0.2	−0.6	−0.4	−3	−6	−6
弗罗茨瓦夫	—	—	−0.5	—	—	−6
慕尼黑	+0.01	−0.5	−0.25	−4.3	−6.7	−5.5

城乡湿度场的差异存在明显的年变化和日变化。表 4–4 中的数值显示，城乡空气相对湿度的差值夏季为 6%~7%，冬季为 1%~4%，夏季明显大于冬季。上海监测数据显示，一年中多数时间为市区的水汽压小于郊区，只有在夜晚或清晨短时间内出现市区水汽压超过郊区的现象。全年市区月平均水汽压都比同时期的郊区小，其差值以盛夏 7—8 月为最大，冬季 12 月一次年 2 月最小，且秋季一般大于春季。随着城市的发展，城市绝对湿度小于郊区有逐渐增强的趋势。

城乡绝对湿度差值的日变化与温度的日变化相似，但会出现正负值昼夜相反的现象。白天，郊区的蒸发蒸腾作用比市区大，因此郊区水汽压比市区高。夜晚，郊区的空气冷却得快，并且层结比市区覆盖层稳定，水汽集结在贴近地面的下层，有大量的露水凝结出来，因此水汽压降低；而市区夜间热岛效应强，气温比郊区高，蒸发强，水汽凝露量小，夜间湍流强度比白天减弱，垂直向上输送的水汽减少，致使市区近地层空气的水汽压反而比郊区大。加拿大埃德蒙顿市区和郊区绝对湿度的昼夜变化，如图 4-5 所示。

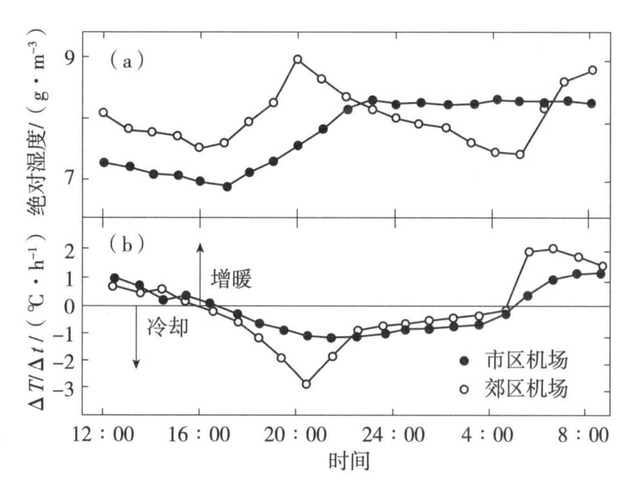

图 4-5 埃德蒙顿市区与郊区绝对湿度及小时降温率的日变化
（图片来源：周淑贞，束炯．城市气候学 [M]. 北京：气象出版社，1994.）

城乡间相对湿度的差异因受地理位置和气候条件的制约，会出现某些特殊的规律。例如，濒临热那亚湾的意大利帕尔马，由于受地中海气候的影响，其冬季暖湿多雨，植物生长繁茂，郊区的蒸发蒸腾作用旺盛，因此城乡间相对湿度的差值较大；而夏季，该地区降水稀少，植物枯黄，郊区的蒸发蒸腾作用明显减弱，城乡间相对湿度的差异达到一年中最小的数值。我国的上海由于受东亚季风的控制，城乡相对湿度差的年变化也呈现特殊的规律：6 月份是梅雨季节，城乡相对湿度差值最小；10 月份热岛效应最强，城乡相对湿度差值最大。

2. 城市干岛和湿岛效应

随着城市化过程中城市的高速发展，市区和郊区的各气候要素出现了很大差异。国内外很多学者对城郊间气候差异进行了研究。周淑贞在上海城市气候研究中提出“干岛”“湿岛”的概念。

（1）城市干岛

城市中由于下垫面性质的改变，建筑物和人工铺砌的坚实路面大多数为不透水层，降雨后雨水很快流失，故地面比较干燥，再加上植物覆盖面积小，因此城市的自然蒸发蒸腾量比较小。下垫面粗糙度大，在白天空气层结较不稳定，其机械湍流和热力湍流都比较强，通过湍流向上输送的水汽量较多。这些因素导致市区的绝对湿度往往小于附近的郊区，形成“城市干岛”。城市化加重了全球气候变暖对城市大气湿度的影响。1980—2018年，我国京津冀、长三角、珠三角、成渝地区等城市地区的地表大气变得比周边郊区更干，并在2000年前后出现“城市干岛”效应。

（2）城市湿岛

在夜晚，郊区下垫面温度和近地面气温的下降速度比市区快，在风速小、空气层结稳定的情况下，有大量露水凝结，致使其近地面空气层中的水蒸气分压力锐减。城区因热岛效应，气温比郊区高，冷凝量远比郊区小，且有人为水汽量的补充，夜晚湍流强度又比白天减弱，由下向上输送的水汽量少。因此，这时城市近地面空气层的水蒸气分压力反而比郊区大，形成“城市湿岛”。这种湿岛主要是由于夜间城、郊冷凝量不同而形成的，故可称为“凝露湿岛”。从湿岛形成的原因来分析，除凝露湿岛外，还有结霜湿岛、雾天湿岛和雨天湿岛，其中以凝露湿岛为最常见。

由于城市干岛和湿岛形成的根本原因是地—气潜热交换与水分平衡，因此湿岛和干岛的形成与热岛效应和其他气象特征密切相关，且往往是交替出现的。城市干岛和湿岛效应是针对城市与郊区空气的绝对湿度而言的，由于城市热岛效应的存在，城市平均绝对湿度一般要比郊区小，气温又比郊区高，这就使得其相对湿度与郊区的差值比绝对湿度更为明显。特别是在城市热岛强度大的时间内，其城市干岛效应更为突出。例如，墨西哥城热岛强度以冷季夜间为最强，其城、郊相对湿度的差值也是在此时为最大。监测数据显示，某日夜间（4：00—6：00、无云微风）墨西哥城中心相对湿度为50%，而城区边缘却达到75%，两者相差达25%。

城市湿岛效应与干岛效应是城市环境中两种不同的现象，也是人类在城市化过程中无意识地对局地气候产生的影响。城市湿岛效应可以提供湿润的室内环境、水资源利用和生态系统服务，但也可能导致室内健康问题和疾病传播；干岛效应可以减少室内湿度问题、疾病传播风险和建筑物受损，但也可能导致高温、对水资源需求升高和大气污染等生态影响。在城市规划和管理中，应综合考虑两种效应的特点，并寻找合适的平衡点，以实现宜居、可持续的城市发展目标。

4.1.4 城市的云和降水

气溶胶是悬浮在大气中的微小固态或液态颗粒物，包括尘埃、烟雾、颗粒物等，能够对城市气象和气候产生重要影响。由于交通尾气、工业排放、建筑施工和人类活动等原因，城市的气溶胶污染普遍较为严重。在城市大气中，气溶胶起着重要的云凝结核的作用。当湿空气中含有足够多的气溶胶颗粒时，它们可以充当凝结核，使水汽围绕颗粒凝结成液态水滴或冰晶。这些微小的颗粒物作为云凝结核，有助于云滴和降水的形成。因此，城市气溶胶污染导致了更多的云滴形成和增加了降水的可能性，尤其在城市下风向地区，降水量增加的趋势更为显著。

城市云量（尤其是底层云量）比郊区增多，主要有以下几个原因。首先，城市气溶胶污染使得大气中的凝结核数量增加，从而为低云的形成提供了充足的条件。其次，城市热岛效应导致城市低层大气的不稳定，从而进一步促进对流云的形成。此外，城市的粗糙地表和湍流交换也增加了低层云的生成概率。

城市气候的复杂性导致了城市雨岛效应的产生。热岛效应导致城市内局地温度较高，形成热岛环流，这促使局地复合和上升运动增多，从而增加了局地性对流云和降水的形成。同时，城市下垫面的粗糙度增加了动力和热力湍流向上输送水汽和动量交换的程度，这就对移动性降水系统形成了一种阻碍作用，导致降雨在城市区域停留时间较长。加之高浓度的气溶胶污染在城市上空增加了云凝结核和冰核的含量，致使云内的凝结和不稳定发展，因此进一步增强了城市雨岛效应。

4.1.5 城市湿环境与人体舒适健康

城市人口增加、城市建设用地增加、植被绿地减少等变化，导致城市增温的同时也影响着城市的湿环境，进而影响人居环境的舒适与健康。

空气中没有水汽时，相对湿度为零；空气中水汽已经饱和时，水分停止蒸发，这时相对湿度为 100%。空气温度越高，所能储藏的水分就越多，空气在 32℃时所能贮藏的水分几乎为 21℃时的两倍。有研究发现，高温、高湿时，大量水汽使体表汗液蒸发困难，从而妨碍人体的散热过程。医疗气象研究表明，使人体感觉舒适的空气温度、湿度的合理搭配是：温度在 20℃、25℃、30℃、35℃时，其相对湿度为 85%、60%、45%、33%。可见，即使是在 35℃以上的高温，只要相对湿度较小，仍然可以达到相对舒适的状态。在常温条件下，相对湿度以 30%~60% 较为舒适。

相对湿度过高则对人体健康不利。如图 4-6 所示，空气中充足的湿气使微生物可能处于繁殖“活跃”状态，从而加快病菌滋生。此外，相对湿度过高会促进人体松果腺体分泌出更多的松果激素，使得体内甲状腺素及肾上腺素的浓度相对降低，人会感到无精打采、萎靡不振。何飞研究指出，中国江南地区霉雨季（也称梅雨季）相对湿度可达到 80% 以上，空气中充满水分，人体汗腺不能蒸发汗液，使热能积蓄在体表，造成体温上升、湿热难受、烦躁不安，甚至中暑。调查表明，湿热的气候易使人患偏头痛、胃溃疡、脑血

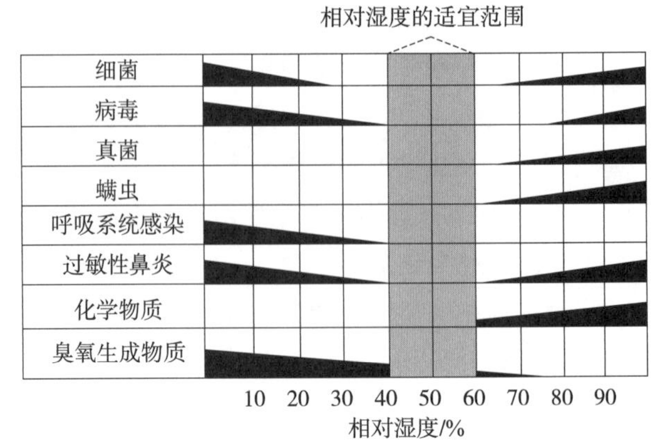

图 4-6　相对湿度对人体健康的影响
（图片来源：陆耀庆 . 实用供热空调设计手册 [M]. 2 版 . 北京：中国建筑工业出版社，2008.）

栓及皮疹，甚至会导致某些组织发生改变。而在低温季节时，潮湿则会加强空气对热的传导作用，使体热大量散失。因此，在低温、潮湿的情况下，机体更易受到寒冷的损害，发生风湿病和关节炎等。同时，高湿度环境对结核病、肾脏病、冠心病、慢性腰腿痛等疾病患者都有不良影响。

李连成等人研究发现，“湿阻病”（Dampness Obstruction Syndrome）是中医学中的一种病症，主要表现为体内湿气阻滞，导致气血运行不畅，引发各种症状，如肢体沉重、乏力、浮肿、胸闷、食欲不振等，该病在潮湿地区的人群发病率显著高于其他地区。石家庄地区曾对湿阻病进行过流行病学调查，结果发现人群易感率为 10.55%。气候较为干燥的中国华北地区尚且如此，其他气候湿润地区，尤其是我国南方及东南亚、沿海国家的“湿”病发生率可想而知。英国伦敦卫生和热带医院的流行病学教授也指出，由温暖及潮湿的情况下滋长的疾病，在未来 20 年会更加普遍。这充分表明了围绕“湿环境”所展开的各项研究，具有实际价值和突出的紧迫性、重要性。

4.2 城市湿环境研究历程

利用科学文献分析工具——CiteSpace 软件对近 20 年城市湿环境相关文献进行分析，共引文献网络反映了研究领域的科学结构和演化规律，其中，不同聚类组下的高被引频次文献分别代表了该研究主题下最具价值的内容。如表 4-5 所示为前 6 个聚类组中被引频次最高的文献。弗莱特切尔（Fletcher）对城市排水专业领域内的不同研究主题从发展历史、范围、应用和基本原则角度进行解读；萨尔瓦多（Salvadore）回顾了流域尺度城市水文系统模型的科学理论和实践进展，旨在确定当前的局限性，并为未来发展提供参考；库勒（Kuller）对水敏感城市设计进行了全面的回顾，并为水敏感城市设计规划提出了新的适宜性框架；贝恩特松（Berndtsson）系统地回顾了绿化屋顶在城市排水中的作用，考虑了水量与水质及相关方面；阿奎莱拉（Aguilera）以西班牙格拉纳达都市区为例，研究了表征景观结构的不同空间指标组合对城市空间增长特征和模式的影响，该文促进了有关空间特征信息的指标选择研究；保罗（Paul）系统地梳理了城市化影响下城市流域地表特征的改变，以及对城市溪流水文系统的影响，为该方向的未来研究提供了理论支撑与启迪。

不同聚类下的高被引文献　　表 4-5

聚类标签	年份	作者	文献名称
Best Management Practices	2014	FLETCHER T D，et al.	SUDS，LID，BMPs，WSUD and more—The evolution and application of terminology surrounding urban drainage
Flood Risk Management	2015	SALVADORE E，et al.	Hydrological modeling of urbanized catchments：A review and future directions
Water Sensitive Cities	2017	KULLER M，et al.	Framing water sensitive urban design as part of the urban form：A critical review of tools for best planning practice
Green Roof	2010	BERNDTSSON J C	Green roof performance towards management of runoff water quantity and quality：A review
Urbanisation	2011	AGUILERA F，et al.	Landscape metrics in the analysis of urban land use patterns：A case study in a Spanish metropolitan area
Restoration	2001	PAUL M J，et al.	Streams in the urban landscape

对关键词进行共现分析，能够得到关键词共现网络（图 4-7），反映城市湿环境领域当前及过去时段产生过哪些研究热点。在图 4-7 的两张图片中，中介中心性较高的关键词包括：城市水文（Urban Hydrology）、海绵城市、城市化（Urbanization）、相对湿度（Relative Humidity）、气候变化（Climate Change）、热岛效应、雨洪管理（Stormwater Management）。

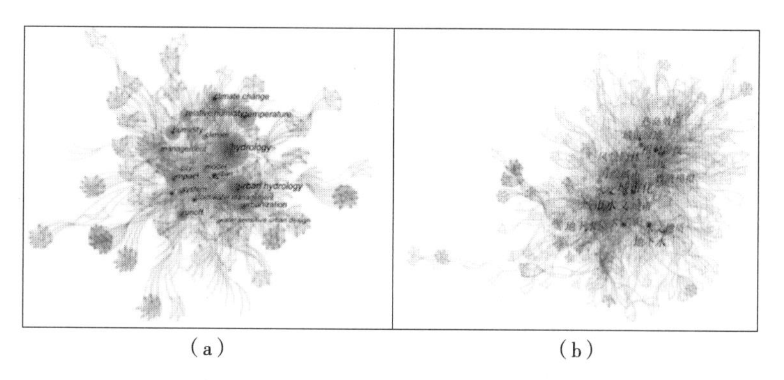

（a）　（b）

图 4-7　关键词共现网络图谱

如表 4-6 所示，网络中节点的出现频次代表了研究热度，中介中心性代表了网络中关键词节点的位置重要性。通过以上指标可对研究领域的主要内容和研究热度进行解释，把握城市湿环境领域热点的总体演进规律。根据出现频次和中介中心性，对不同类别关键词进行分析可知，城市化是在论文中出现的主要背景条件，其次是热岛效应与气候变化；在论文所涉及的研究要素中，相对湿度与温度（Temperature）是最常被纳入研究的因素，其次是气象要素（Climate）与土地利用（Land Use）；城市水文是城市湿环境研究领域中的主要关注主题；城市内涝、城市防洪、雨洪管理和风景园林、城市绿地、绿色基础设施（Green Infrastructure）、植被（Vegetation）作为问题和控制手段也常常得到研究；在该研究领域下，数值模拟、水文模型、模型（Model）、模拟（Simulation）为主要研究方法；海绵城市作为改善城市湿环境应对策略得到重视，学界对水敏感城市设计（Water Sensitive Urban Design）、低影响开发（Low Impact Design，LID）的研究也较为普遍。综上，研究领域主要围绕城市化影响下所导致的城市湿环境相关问题，包括城市水文、雨洪管理，结合海绵城市、低影响开发策略改善城市湿环境。

CNKI/WOS 关键词一览表　　表 4-6

分类	CNKI				WOS			
	关键词	频次	中心性	年份	关键词	频次	中心性	年份
背景	城市化	120	0.23	2003	Urbanization	158	0.15	2003
	热岛效应	38	0.07	2006	Climate Change	149	0.06	2004
	气候变化	27	0.03	2003	UHI	23	0.03	2010
要素	相对湿度	63	0.06	2004	Temperature	209	0.09	2003
	温度	48	0.04	2002	Relative Humidity	152	0.05	2003
	微气候	40	0.02	2011	Climate	94	0.05	2010
	气象要素	33	0.06	2002	Land Use	77	0.08	2003
主题 / 对象	城市水文	112	0.19	2002	Urban Hydrology	262	0.05	2003
	风景园林	58	0.08	2006	Runoff	138	0.07	2003
	城市绿地	48	0.06	2002	City	92	0.08	2007
	水资源	46	0.06	2002	Stormwater Management	82	0.12	2005
	城市内涝	43	0.04	2011	Green Infrastructure	58	0.07	2010
	城市防洪	32	0.04	2002	Vegetation	40	0.08	2004
方法	数值模拟	42	0.1	2004	Model	127	0.09	2003
	水文模型	24	0.03	2006	Simulation	49	0.02	2006
应对策略	海绵城市	132	0.1	2015	Water Sensitive Urban Design	84	0.03	2007
	低影响开发	41	0.01	2013	Low Impact Development	41	0.02	2010
	屋顶绿化	11	0.01	2003	Green Roof	13	0.01	2010

结合 CiteSpace 软件中引用突现检测，分析该领域中不同关键词的起止时间与引用突现强度，进一步了解该领域研究热点特征（表 4-7）。CNKI 数据显示，最先引起研究者关注的是气温；2012 年城市化问题开始突显，随后引起了研究者对雨洪管理的关注；2015 年开始，相对湿度、城市绿地、下垫面、水文、微气候和海绵城市开始得到重点研究。从 WOS 数据来看，研究关注点和热点突现时间存在一定差异，首先是遥感（Remote Sensing）在城市湿环境研究中得到关注；进入 2010 年后，水文与水资源（Hydrology &Water Resource）逐渐成为研究热点，模型和模拟作为研究方法得到关注，绿化屋顶（Green Roof）、绿色基础设施等缓解措施得到重视；近年出现的突现关键词主要为土地覆盖（Land Cover）、弹性（Resilience）、城市热岛、城市（City）等。综合来看，国内外在城市湿环境领域的相关研究都逐渐关注于城市化对城市的影响及海绵城市等缓解措施。

关键词突现分析　　单位：年　　表 4-7

	关键词	突现强度	突现开始	突现结束	2002—2022
CNKI	气温	3.901 2	2009	2015	
	城市化	5.742 4	2012	2013	
	雨洪管理	6.319 0	2013	2019	
	相对湿度	5.548 1	2015	2018	
	城市绿地	5.782 1	2015	2018	
	下垫面	4.529 2	2015	2020	
	水文模型	4.657 1	2015	2022	
	水文地质	6.563 6	2015	2022	
	微气候	13.536 2	2015	2022	
	海绵城市	50.338 6	2015	2022	
WOS	Remote Sensing	3.116 1	2003	2012	
	Hydrology & Water Resource	3.489 3	2011	2014	
	Modelling	3.722 0	2012	2017	
	Green Roof	4.152 4	2013	2014	
	Simulation	3.548 7	2016	2018	
	Green Infrastructure	8.080 5	2017	2022	
	Land Cover	4.836 0	2017	2020	
	Resilience	4.767 4	2018	2022	
	UHI	4.138 6	2018	2019	
	City	4.918 3	2020	2022	

综上所述，城市湿环境研究主要包含以下两个方面：①城市化所导致的城市水文特征改变；②海绵城市、低影响开发和水敏感城市设计等调控手段的理论和实践研究分析。目前，以暴雨径流管理模型（Storm Water Management Model，SWMM）为例的水文水力学模型与仿真模拟方法在城市湿环境领域中得到广泛应用。在城市气候或微气候层面，城市湿环境对人体舒适度的影响不可忽视，尤其是城市中绿化基础设施对气候的改善效果也得到了较多学者的重视。低影响开发技术的发展，使城市对于雨洪管理由原先的粗放、被动适应转变为精细、可持续的主动治理。

根据联合国人居署的数据，截至 2021 年，已有 56% 的人口居住在城市中，到 2050 年这一比例预计将增长到 68%。中国也正处于高速城市化阶段，全国城市化率从 2000 年的 36.22% 增加到 2021 年的 64.72%。城市化导致水文循环发生变化，从而引发社会—环境—生态问题。首先，城市扩张增加了不透水面积，改变了城市水循环，导致极端降水事件增多，径流系数和径流量增加，增大了城市洪涝风险。其次，城市化导致城市生活和工业废水增加，引起水质恶化和水生态系统问题。

众多研究表明，城市市区内的降水量显著高于郊区降水量，城市周围降水时空趋势性分布十分明显。其主要原因是城市化对水分和能量收支的影响，这些影响形成了城市“热岛效应”“雨岛效应”“干 / 湿岛效应”等气候现象。热岛效应影响着云的形成和运动，对局地降雨及降雨机制产生影响，使得城市区域水文特征发生变化：城市地区的降水量、地表径流明显大于周围农村地区，但蒸发量、地下径流明显小于周围农村地区。一般认为，城市热岛可以增加城市的降雨，且增加的区域集中在市中心及其下风向范围。这主要是由于在静风的条件下，热岛使得城区气压相对较小，使得乡村较冷的空气流向城区，形成局部空气对流，产生降雨。但城市热岛效应只是增加了降雨量而不会引起降雨，即它不会提高降雨次数，只是刺激降雨量。陈云浩等对上海的研究表明，不同的热力背景对下垫面降雨分布有不同的影响，降雨量依次从自然背景、低温背景、高温背景递增。在自然背景下，年降雨为 974.2mm；在低温背景下，年降雨为 1027.2mm，增加了 53mm，增加幅度为 5.4%；而高温背景下，年降雨则为 1075.7mm，增加了 10.5mm，增幅为 10.4%。黄国如等对济南的研究中发现，“雨岛效应”使得城市增雨率约为 10%。曹琨等选取 1959—2007 年上海市龙华站降水、气温资料及青浦、嘉定降水资料，运用累积曲线、距平统计和相对偏差对比等方法对上海地区降水量进行统计分析，发现“雨岛效应”主要集中于汛期 5—10 月，市区降水平均年增长率为郊区的 1.6 倍。Katharine 等基于全球 1973—2003 年逐月地表湿度分布数据分析发现，城市化及其他人类活动导致地表水汽含量（绝对湿度）明显增加。顾丽华等利用 4 个气象站 1961—2005 年水汽压、相对湿度的资料，对南京市的城市干岛和湿岛效应进行了全面、细致的研究，发现南京在平均相对湿度和水汽压上表现为明显的干岛效应，且随着城市规模的发展，南京城市干岛效应总体为增强的趋势。

地表覆盖情况因城市化过程发生改变，进而对城市水文循环产生间接影响。Becker 等认为城市景观影响水文特征，主要表现为水文循环过程中对竖向的蒸散发与下渗、横向的地表径流与壤中流等水文过程的影响。袁艺等以深圳市布吉河流域为例，应用分布式水文模型进行模拟实验，建立了城市不透水表面与城市水文变化之间的影响关系，其认为在快速城市化过程中，城镇用地大量增加，生态用地、农业用地大面积减少，导致城市化流域径流系数增大，使得暴雨洪水的洪峰流量和洪水流量加大，这是城市洪涝灾害日益严重的主要原因。Kauffman 等利用观测数据研究了美国 Delaware 地区 19 个小流域的基流量与不透水表面的关系，认为不透水表面的增加降低了基流量。可以看出，由于不透水表面的阻隔作用，降落到城市地面的雨水无法及时下渗，将迅速转化为地表径流，从而加大径流量，加快径流汇集，缩短径流历时，甚至迅速形成洪峰，造成洪水灾害。在长时间尺度上，城市化的水文效应表现为城市流域的基流量减少，总径流量增加。Weng 运用 RS 及 GIS 集成研究珠江三角洲地区城市扩展对地表径流的影响，认为城市不透水表面增长加大了珠江流域的总径流量。郑璟等利用 SWAT（Soil and Water Assessment Tool）分布式模型对深圳市布吉河流域的水文过程进行了模拟、验证，分析了城市化进程中土地利用变化对流域水文的可能影响，认为建设用地的增加导致流域蒸散发量、土壤水含量和地下径流深度都有不同程度的减少，而地表径流则有大幅增加。由于大面积不透水表面的存在，改变了城市局部小气候，形成的蒸发蒸腾不同于自然过程，故干扰了水文循环过程。而在城市地区不透水表面的增加，也容易形成局部高温现象，影响城市局地气候，形成热岛效应和雨岛效应，增加城市地区降水，促进蒸散发循环，加剧城市径流。

城市化伴生的水环境与水生态效应相关研究往往是城市水文学领域的热点之一。张学勤等就城市水质问题提出了节约用水、控制点源和面源污染、加强城市绿地建设、生态修复城市水体等改善城市水环境质量的具体措施。任玉芬等通过对不同城市下垫面的分析，研究了屋面和路面等不透水面及绿地 3 类城市主要下垫面形式的降雨径流污染。在城市水生态方面，卡特尔（Kattel）等认为，城市生态是一个联合的整体，是由建筑、土地利用、城市绿地、道路、湿地、栖息地及岛屿等不同的组合聚集在一起形成的，维持城市生态对于保障城市可持续发展来说十分重要。戈贝尔（Göbel）等提出了拟自然的城市水文生态管理方法，并评估了这种管理模式下城市地下水的响应规律。王沛芳等提出了水安全、水环境、水景观、水文化和水经济“五位一体”的城市水生态系统建设模式。综上所述，城市水环境与水生态效应研究不应只局限于水资源本身，而需要结合城市整体建设去规划。

4.3.1 干湿气候等级划分方法

干湿气候区划分是气候学、地理学、生态学、农学等学科的重要研究内容，并被广泛应用于城市气候学、城市水文学、城市规划与设计、环境工程及空气质量研究等领域。在全球气候变化背景下，降水量、水资源的分布也会发生变化，有的地区在变湿，有的地区在变干。气候干湿变化规律研究对各地、各行业有针对性地利用气候资源、趋利避害及适应气候变化等都具有重要意义。

由于研究者对干湿气候区理解不同，所研究的区域和目的不同，以及受当时科学技术发展水平和观测资料的限制，近 100 多年来，国内外学者曾提出过许多种干湿气候等级体系，以及划分干湿气候的指标及其计算方法。目前提出的干湿气候区等级体系及其划分指标各不相同，主要分为 3 类：①降水量与蒸散量的比值；②降水量和降水距平；③根据降水量、土壤水分、植物蒸腾之间的水分平衡确定干湿气候指标。其中，第 2 类指标简便、意义明确，但只考虑了水分的收入项，没有水分平衡的概念；第 3 类指标对农业生产更有实际意义，但受理论和技术条件的限制，指标体系性不足，距实际应用还有一定距离；第 1 类指标应用最广泛。一个地区的干湿状况与降水量和蒸发量密切相关，通常采用年干燥度（年蒸发量与年降水量之比）来反映。降水量超过蒸发量的地区，空气湿润，且超过量越多，湿润程度越大；同样，蒸发量超过降水量的地区，空气干燥，且超过量越多，干燥程度越明显。

各国主要干湿气候区划分等级及其名称　　表 4–8

序号	等级	干湿气候等级及其名称								作者	年份
		1	2	3	4	5	6	7	8		
1	5	—	过湿	湿润	半湿润	半干燥	干燥	—	—	桑思韦特（Thornthwaite）	1931
2	8	超湿润	极湿润	湿润	亚湿润	半干旱	干旱	极干旱	超干旱	霍尔德里奇（Holdridge）	1947
3	6	过湿	潮湿	湿润	半湿润	半干燥	干燥	—	—	桑思韦特（Thornthwaite）	1955
4	5	—	过渡湿润	湿润	湿润略不足	湿润不足	湿润极不足	—	—	布迪科（Budyko）	1948
5	5	—	很湿	湿润	半湿润	半干旱	干旱	—	—	张宝堃	1959
6	4	—	—	湿润	半湿润	半干旱	干旱	—	—	黄秉维	1958
7	6	—	潮湿	湿润	半湿润	半干旱	干旱	干燥	—	卢其尧，等	1965
8	4	—	—	湿润	半湿润	半干燥	干燥	—	—	钱纪良，等	1965
9	6	—	潮湿	湿润	半湿润	半干旱	干旱	干燥	—	陈明荣	1974

续表

序号	等级	干湿气候等级及其名称								作者	年份
		1	2	3	4	5	6	7	8		
10	5	—	—	湿润	亚湿润	亚干旱	干旱	极干旱	—	陈咸吉	1982
11	6	—	潮湿	湿润	半湿润	半干旱	干旱	干燥	—	丘宝剑	1985
12	4	—	—	—	半湿润干旱	半干旱	干旱	极端干旱	—	慈龙骏，等	1997
13	5	—	—	湿润	半湿润	半干燥	干燥	极端干燥	—	丁一汇，等	2001
14	3	—	—	湿润	—	半干旱	干旱	—	—	杨建平，等	2002
15	6	—	潮湿	比较湿润	半湿润	半干旱	干旱	极端干旱	—	王菱，等	2004
16	3	—	—	湿润	—	半干旱	干旱	—	—	刘波，等	2007
17	5	—	—	湿润	半湿润	半干旱	干旱	极端干旱	—	毛飞，等	2008

桑思韦特分别在1931年和1955年提出两种干湿气候区等级的划分方法：第一种（1931年）分为5级，即过湿、湿润、半湿润、半干燥和干燥；第二种（1955年）分为6级，即过湿、潮湿、湿润、半湿润、半干燥和干燥，在过湿和湿润之间增加了潮湿这一过渡区。1947年霍尔德里奇将干湿气候区扩展至8级，即超湿润、极湿润、湿润、亚湿润、半干旱、干旱、极干旱和超干旱。1948年布迪科将干湿气候区分为5级，即过渡湿润、湿润、湿润略不足、湿润不足和湿润极不足。近半个世纪以来，国内学者根据各自研究的需要，有些把干湿气候区分为6个等级，有些分为5个等级，有些分为4个等级，也有少数分为3个等级（表4–8）。但是，几乎所有等级体系均有湿润、半干旱和干旱3个气候区。可见，这3个区是最基本的干湿气候区，所不同的是有的学者在干旱区中分出极端干旱区。在湿润区中分出半湿润区、潮湿区和过湿区。

4.3.2 我国干湿气候分区

我国现行国家标准《干湿气候等级》GB/T 34307—2017中规定了干湿气候的等级、划分指标和计算方法，以干湿指数（Dryness/Wetness Index，*DWI*）作为划分指标，共分为6个等级（表4–9）。

我国干湿气候的等级、名称及其指标 **表4–9**

等级	名称	划分指标	等级	名称	划分指标
1	极干	$DWI<0.05$	4	半湿润	$0.50 \leqslant DWI<1.00$
2	干旱	$0.05 \leqslant DWI<0.20$	5	湿润	$1.00 \leqslant DWI<1.65$
3	半干旱	$0.20 \leqslant DWI<0.50$	6	极湿	$1.65 \leqslant DWI$

干湿指数 DWI 的计算公式如下：

$$DWI=\frac{1}{m}\cdot\sum_{i=1}^{m}\frac{P_i}{E_{0i}} \quad (4-7)$$

式中 DWI——近 30 年或以上年的平均年干湿指数（无量纲）；

m——近 30 年或以上的年数；

P_i——历史第 i 年降水量（mm）；

E_{0i}——历史第 i 年参考作物蒸散量（mm）。

根据全国 602 个气象站 1961—2008 年逐日气象资料（包括平均气温、最高气温、最低气温、水汽压、日照时数、风速和降水量等要素），用 FAO Penman-Menteith 方法计算逐日潜在蒸散量，得到全国各站历年年降水量与年潜在蒸散量比值，称为干湿指数。统计分析表明：48 年以来，平均年降水量最大的是广西东兴，为 2744.5mm，最小的是新疆吐鲁番，为 15.2mm，两者相差 180 多倍，绝对值相差 2729.3mm；48 年以来，平均干湿指数最大的是广西东兴，为 2.61，最小的是新疆吐鲁番和青海冷湖，为 0.01，两者相差 261 倍，绝对值相差 2.60。

根据国内外的研究成果，结合中国气候特点，毛飞等将全国干湿气候分为 7 个等级，分别命名为过湿区、潮湿区、湿润区、半湿润区、半干旱区、干旱区和极端干旱区，定义干湿指数小于 0.05 的地区为极端干旱区，0.05~0.20 为干旱区，0.20~0.50 为半干旱区，0.50~1.00 为半湿润区，1.00~1.50 为湿润区，1.50~2.00 为潮湿区，大于 2.00 为过湿区。张存杰等选用 1961—2014 年我国数据比较完整的 2207 个地面观测气象站资料，对我国干湿气候空间特征进行了分析，其指数采用干燥度指数（Aridity Index，AI），干湿等级采用 6 级划分法。

干燥度指数的计算方法如下：

$$AI=\frac{E_0}{P} \quad (4-8)$$

式中 AI——干燥度指数；

E_0——采用 FAO Penman-Monteith 方法计算的年潜在蒸散量；

P——年降水量。

依据干燥度指数确定的干湿等级划分标准见表 4-10。我国干旱、半干旱区面积占国土面积的 48.8%，其中极干旱区、干旱区和亚干旱区面积分别占国土面积的 9.1%、21.8% 和 17.9%，主要分布于新疆、内蒙古、西藏、青海、甘肃等西部地区；亚湿润区、湿润区和极湿润区面积占我国国土面积的比例分别为 16.2%、27.8% 和 8.8%，主要位于我国长江以南及东北部分地区。

干湿等级划分标准　　表 4-10

等级	名称	干燥度指数	代表性地方
1	极湿润	<0.5	广州市、澳门特别行政区、福州市、南昌市
2	湿润	0.5~1.0	成都市、武汉市、合肥市、南京市
3	亚湿润	1.0~1.5	郑州市、西安市、济南市、沈阳市
4	亚干旱	1.5~3.5	太原市、兰州市、拉萨市、呼和浩特市
5	干旱	3.5~20.0	酒泉市、嘉峪关市、喀什地区、二连浩特市
6	极干旱	≥ 20.0	吐鲁番市、若羌县、额济纳旗、和田市

4.3.3 我国干湿气候时空分布特征

在全球变暖的背景下，全球干旱和半干旱地区呈现扩大趋势。研究表明，世界潜在蒸散发呈现减小的趋势，而在潜在蒸散发减小的背景下，降水变化趋势是不同的，因此作为反映水分收入与支出总体结果的干湿情况的变化也是不同的。研究表明，1960—1990 年中国西北部呈现明显的气温升高和降水增加趋势。早年由于数据、技术等因素的限制，一些研究的手段有限，无法确定这种变化的空间范围和时间尺度。近年来，随着遥感技术的发展，使得长时期大空间观测数据的利用和分析成为可能，从而可以实现从更大的尺度上探索这种变化的时空特征。

张存杰及其团队利用观测资料和气候预测资料，对中国近60年（1961—2020 年）干湿气候变化的总体特征、区域特征、年代际变化和季节变化特征进行了研究。研究发现，近 60 年来中国气候整体呈现湿润趋势，特别是西部地区，过去 10 年内气候变得更加湿润。与 20 世纪 60 年代相比，干旱面积减少了约 65 万 km^2。

从全国 2255 个站点的数据可以看出，1961—2020 年中国的干旱程度呈下降趋势，气候变得越来越湿润（图 4-8）。各时期干燥度指数的线性变化趋势为每 10 年减少 0.17（$p<0.01$）。中国不同地区干湿气候变化的影响因素并不相同，西部、东南部和东北部干燥度指数的下降（气候变湿）是降水增加和潜在蒸发量下降的共同作用，而华北、华中北部和西南北部则主要是潜在蒸发量下降所致。

从 1981—2010 年的平均值来看，干旱气候区主要分布在西部和北部，占中国国土面积的 48.1%；湿润气候区主要分布在华东和华南地区，占中国国土面积的 51.9%。1960 年以来，我国干旱气候区呈递减趋势，从 54.46% 下降到 47.57%，而湿润气候区呈增加趋势。1961—2000 年，中国干旱气候总面积大于湿润气候总面积；近 10 年则相反，气候变得更加湿润。特别是 2020 年，湿润气候面积已占总气候面积的 60%。

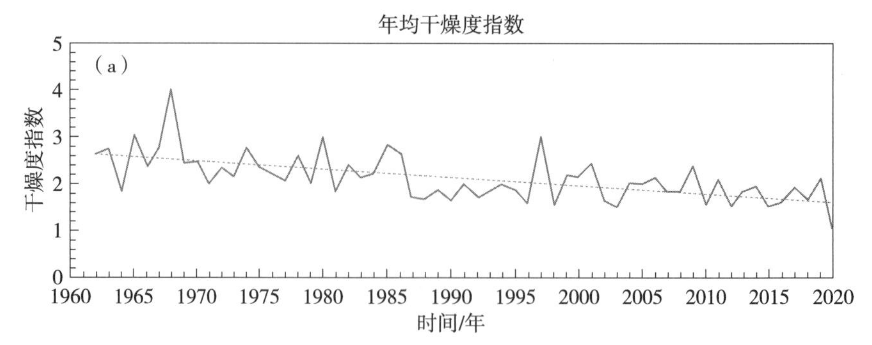

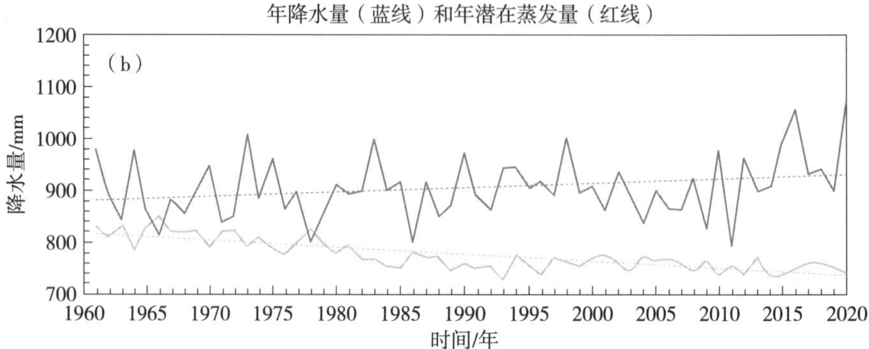

图 4-8　1961—2020 年我国年均干燥度指数、年降水量、年潜在蒸发量

（图片来源：ZHANG C，REN Y，CAO L，et al. Characteristics of dry-wet climate change in China during the past 60 years and its trends projection[J]. Atmosphere，2022，13（2）：275.）

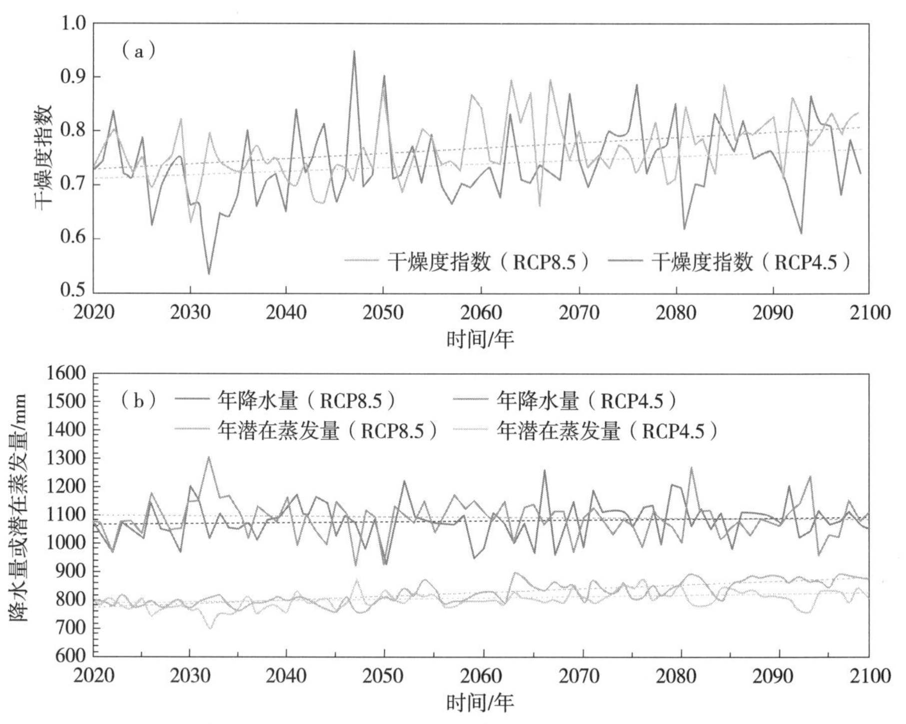

图 4-9　中等碳排放情景（上）和高碳排放情景（下）下年平均干燥度指数、年降水量和年潜在蒸发量预测①

（图片来源：ZHANG C，REN Y，CAO L，et al. Characteristics of dry-wet climate change in China during the past 60 years and its trends projection[J]. Atmosphere，2022，13（2）：275.）

① 代表性浓度路径（Representative Concentration Pathway，RCP）是 IPCC 采用的温室气体浓度（而非排放）轨迹。

预测显示，碳排放强度将影响我国干湿气候特征。如图 4-9 所示，干燥度指数在中等碳排放情景（RCP4.5）下每 10 年增加 0.008，在高碳排放情景（RCP8.5）下每 10 年增加 0.01，表明在高碳排放情景下比在中等碳排放情景下更趋于干旱。在中等碳排放情景下，2021—2040 年干燥度指数偏低，而 2040—2080 年干燥度指数偏高，2080 年后呈下降趋势，这表明在该情景下本世纪最后 20 年气候相对湿润。

4.4.1 城市水资源综合管理

对于地球上不断扩大的城市地区而言，水是重要的自然资源。到 2050 年，预计工业和生活的用水需求将增加一倍。同时，由气候变化导致的极端天气事件更加频繁，这将改变城市中心及其周边地区可用水的质量和数量，使靠近水体的城市可能遭遇与气候变化相关的风险。除水资源可用量外，水质问题也不容忽视。水资源污染正不断威胁着用水者及自然生态系统。城市水资源综合管理的概念正是基于这种严峻的形势和威胁而提出的。

水资源综合管理是建立在实际经验基础上的实践性理念。尽管该理念的许多内容已于 1977 年马德普拉塔首次全球水会议后广为流传，但其作为实践研究课题引起的全面讨论却是在《21 世纪议程》和 1992 年里约热内卢世界可持续发展会议之后。全球水伙伴的定义现已被广泛接受，其认为“水资源综合管理是推动水、土地和其他相关资源协作开发管理的过程，意图在保护生态系统可持续性的前提下，以公平的方式将经济与社会福利最大化”。

城市水资源综合管理从源头开始规划水资源的保护、节约和开发，其涵盖城市集水区的所有水源，包括蓝水（地表水、地下水、调入水、脱盐水）、绿水（雨水）、黑水、棕水、黄水和灰水（污水）、再生水、雨洪及虚拟水，并将不同来源的水（地表水、地下水、不同种类的废水、回收水和雨水）与不同用途所需的质量相匹配，将水的储存、分配、处理、回收和处置作为一个循环而不是分离的过程，并相应地制定基础设施规划；将使用相同水源的其他非城市用户纳入考虑的范畴；充分认识并努力协调涉及城市水资源管理的各类正式的（组织、法律和政策）和非正式的（规范和惯例）机构之间的协同关系，寻求经济效益、社会公平和环境可持续性之间的平衡。

城市水资源综合管理被包含在水资源综合管理的框架之内，通过协调统筹城市供水部门与其他部门，以促进流域或集水区内的水安全。因此，城市水资源综合管理作为监测流域各分支系统的工具，在提高可用水量、增加获取水的途径和减少因用水引起的冲突等方面发挥作用。

4.4.2 低影响开发雨水系统

低影响开发指在场地开发过程中采用源头、分散式措施维持场地开发前的水文特征，也称为低影响设计或低影响城市设计和开发（Low Impact Urban Design and Development，LIUDD），其核心是维持场地开发前后水文特征不变，包括径流总量、峰值流量、峰现时间等（图 4-10）。从水文循环角度而言，要维持径流总量不变，就要采取渗透、储存等方式，实现开发后一定量的径流量不外排；要维持峰值流量不变，就要采取渗透、储存、调节等措施削减峰值，延缓峰值时间。

1. 低影响开发雨水系统构建的基本原则

低影响开发理念的提出，最初是强调从源头控制径流，但随着低影响开发理念及其技术的不断发展，加之我国城市发展和基础设施建设过程中面临的城市内涝、径流污染、水资源短缺、用地紧张等突出问题的复杂性，在我国，低影响开发的含义已延伸至源头、中途和末端不同尺度的控制措施。海绵城市——低影响开发雨水系统是指在城市开发建设过程中采用源头削减、中途转输、末端调蓄等多种手段，通过渗、滞、蓄、净、用、排等多种技术，实现城市良性水文循环，提高对径流雨水的渗透、调蓄、净化、利用和排放能力，维持或恢复城市的“海绵”功能。

低影响开发雨水系统构建的基本原则是规划引领、生态优先、安全为重、因地制宜、统筹建设，需统筹协调城市开发建设的各个环节。在城市规划、设计、实施等各环节纳入低影响开发内容，并统筹协调城市规划、排水、园林、道路交通、建筑、水文等专业，共同落实低影响开发控制目标。在城市各层级、各相关规划中均应遵循低影响开发理念，明确低影响开发控制目标，结合城市开发区域或项目特点确定相应的规划控制指标，落实低影响开发设施建设的主要内容。

设计阶段应对不同低影响开发设施及其组合进行科学合理的平面与竖向设计，在建筑与小区、城市道路、绿地与广场、水系等规划建设中，应统筹考虑景观水体、滨水带等开放空间，建设低影响开发设施，构建低影响开发雨水系统。低影响开发雨水系统的构建与所在区域的规划控制目标、水文、气象、土地利用条件等关系密切，因此，选择低影响开发雨水系统的流程、单项设施或其组合系统时，需要进行技术经济分析和比较，优化设计方案。低影响开发设施建成后，应明确维护管理责任单位，落实设施管理

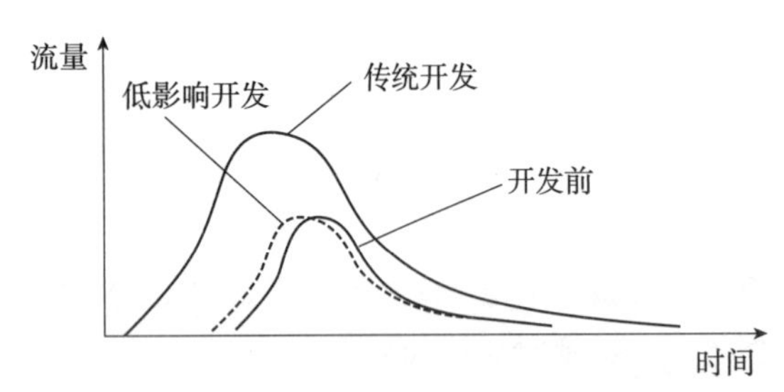

图 4-10 低影响开发水文原理示意图
（图片来源：引自《海绵城市建设技术指南——低影响开发雨水系统构建（试行）》）

人员，细化日常维护管理内容，确保其运行正常。

2. 低影响开发雨水系统的设计

低影响开发雨水系统的设计应与建筑、园林绿化、道路交通、排水等专业相协调，在建筑与小区、城市道路、城市绿地与广场、城市水系等方面进行详细设计。下面选择与本专业内容关联较多的两种类型予以介绍。

（1）建筑与小区

建筑屋面和小区路面的径流雨水应通过有组织的汇流与转输，经截污等预处理后引入绿地内的以雨水渗透、储存、调节等为主要功能的低影响开发设施。因空间限制等原因不能满足控制目标的建筑与小区，径流雨水还可通过城市雨水管渠系统，引入城市绿地与广场内的低影响开发设施。相关设施的选择应因地制宜、经济有效、方便易行，例如结合小区绿地和景观水体优先设计生物滞留设施等。建筑与小区低影响开发雨水系统典型流程，如图 4-11 所示。

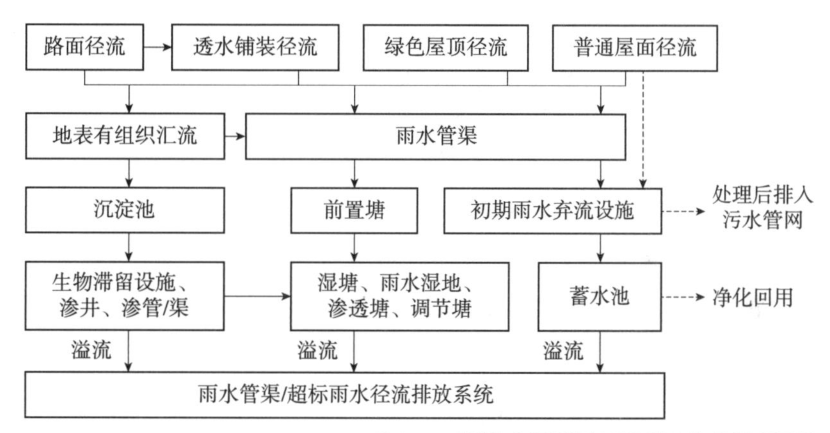

图 4-11　建筑与小区低影响开发雨水系统典型流程示例
（图片来源：引自《海绵城市建设技术指南——低影响开发雨水系统构建（试行）》）

在进行规划时，应充分结合现状地形地貌进行场地设计与建筑布局，保护并合理利用场地内原有的湿地、湿塘、沟渠等；优化不透水硬化面与绿地空间布局；建筑、广场、道路周边宜布置可消纳径流雨水的绿地。低影响开发设施除了选择生物滞留设施、雨水罐、渗水井等小型、分散的设施外，还可结合集中绿地设计渗透塘、湿塘、雨水湿地等相对集中的设施，并衔接整体场地竖向与排水设计。此外，有景观水体的小区，景观水体宜具备雨水调蓄功能，其规模应根据降雨规律、水面蒸发量、雨水回用量等，通过全年水量平衡分析确定。对雨水要进行充分的回收利用，例如小区内的景观水体补水、循环冷却水补水及绿化灌溉、道路浇洒用水的非传统水源宜优先选择雨水。

场地内的建筑应采取雨落管断接或设置集水井等方式，将屋面雨水断接并引入周边绿地中的小型、分散的低影响开发设施内，或通过植草沟、雨水管渠将雨水引入场地内的集中调蓄设施中。若建筑的屋顶坡度较小，可采用绿色屋顶。当建筑层高不同时，可将雨水集蓄设施设置在较低楼层的屋面上，收集较高楼层建筑屋面的径流雨水，从而借助重力供水以节省能量。

小区道路的设计应优化道路横坡坡向、路面与道路绿化带及周边绿地的竖向关系等，以便于径流雨水汇入绿地内的低影响开发设施内。同时，路面宜采用透水铺装，路面排水宜采用生态排水的方式，雨水首先汇入道路绿化带及周边绿地内的低影响开发设施内，并与设施内的溢流排放系统、其他城市雨水管渠系统、超标雨水径流排放系统等相衔接。

（2）城市绿地与广场

在进行绿地设计时，应考虑在满足改善生态环境、美化公共空间、为居民提供游憩场地等基本功能的前提下，结合绿地规模与竖向设计，在绿地内设计可消纳屋面、路面、广场及停车场径流雨水的低影响开发设施。在植物种类的选择方面，低影响开发设施内植物宜根据水分条件、径流雨水水质等进行选择，选择耐盐、耐淹、耐污等能力较强的乡土植物。

城市绿地与广场宜设置透水铺装、生物滞留设施、植草沟等小型、分散式低影响开发设施；城市湿地公园、城市绿地中的景观水体等可通过雨水湿地、湿塘等集中调蓄设施，消纳自身及周边区域的径流雨水，构建多功能调蓄水体与湿地公园。城市绿地与广场低影响开发雨水系统典型流程，如图 4-12 所示。

周边区域径流雨水进入相关设施前，可以利用沉淀池、前置塘等进行预处理，防止径流雨水对绿地环境造成破坏。有降雪的城市还应采取措施，对

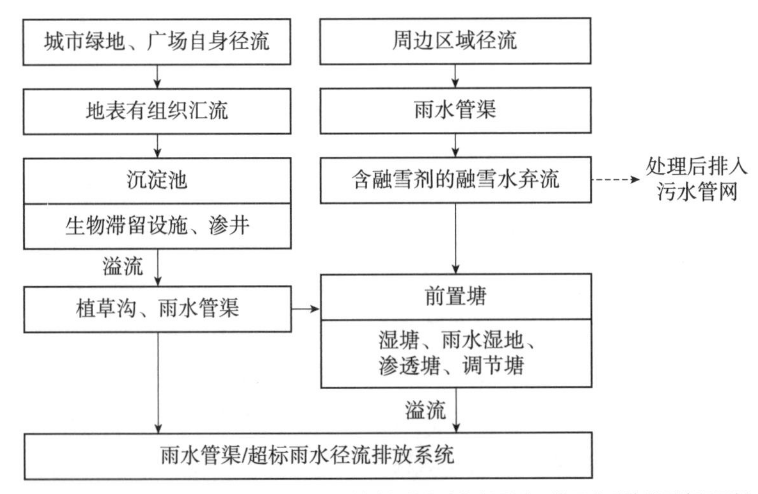

图 4-12 城市绿地与广场低影响开发雨水系统典型流程示例

（图片来源：引自《海绵城市建设技术指南——低影响开发雨水系统构建（试行）》）

含融雪剂的融雪水进行弃流，弃流的融雪水经处理（如沉淀等）后可再次排入市政污水管网。

3. 低影响开发雨水系统的技术选择

低影响开发技术按主要功能一般可分为渗透、储存、调节、转输、截污净化等几类。通过各类技术的组合应用，可实现径流总量控制、径流峰值控制、径流污染控制、雨水资源化利用等目标。实践中，应结合不同区域水文地质、水资源等特点及技术经济分析，按照因地制宜和经济高效的原则选择低影响开发技术及其组合系统。

各类低影响开发技术又包含若干不同形式的低影响开发设施，主要有透水铺装、绿色屋顶、下沉式绿地、生物滞留设施、渗透塘、渗井、湿塘、雨水湿地、蓄水池、雨水罐、调节塘、调节池、植草沟、渗管/渠、植被缓冲带、初期雨水弃流设施、人工土壤渗滤等。低影响开发单项设施往往具有多个功能，如生物滞留设施的功能除渗透补充地下水外，还可削减峰值流量、净化雨水，实现径流总量、径流峰值和径流污染控制等多重目标。因此，应根据设计目标灵活选用低影响开发设施，根据主要功能按相应的方法进行设施规模计算，并对单项设施及其组合系统的设施选型和规模进行优化。下面对常见的 6 种低影响开发技术设施进行介绍。

（1）透水铺装

透水铺装按照面层材料不同可分为透水砖铺装、透水水泥混凝土铺装和透水沥青混凝土铺装，嵌草砖、园林铺装中的鹅卵石、碎石铺装等也属于渗透铺装。透水砖铺装和透水水泥混凝土铺装主要适用于广场、停车场、人行道及车流量和荷载较小的道路，如建筑与小区道路、市政道路的非机动车道等，透水沥青混凝土路面还可用于机动车道。透水砖铺装的典型构造如图 4-13 所示。各类透水铺装适用区域广、施工方便，可补充地下水，并具有一定的峰值流量削减和雨水净化作用，但缺点是易堵塞，寒冷地区有被冻融破坏的风险。

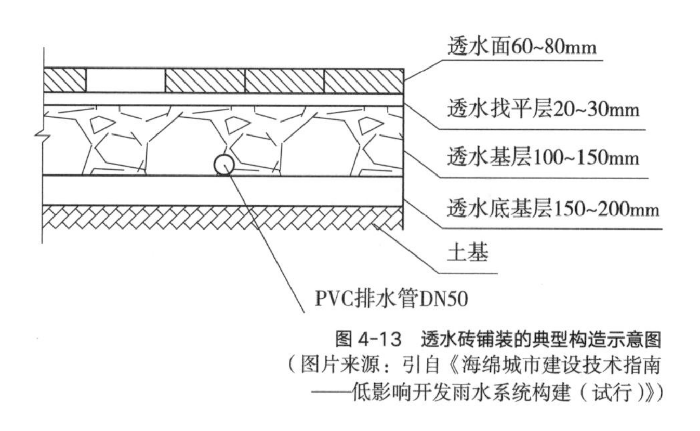

图 4-13　透水砖铺装的典型构造示意图
（图片来源：引自《海绵城市建设技术指南——低影响开发雨水系统构建（试行）》）

（2）绿色屋顶

绿色屋顶也称种植屋面、屋顶绿化等，可有效减少屋面径流总量和径流污染负荷，具有节能减排的作用，但对屋顶荷载、防水、坡度、空间条件等有严格要求。绿色屋顶适用于符合屋顶荷载、防水等条件的平屋顶建筑和坡度不高于 15° 的坡屋顶建筑。

根据种植基质深度和景观复杂程度，绿色屋顶又分为简单式和花园式两类。基质深度根据植物需求及屋顶荷载确定，简单式绿色屋顶的基质深度一般不大于 150mm，花园式绿色屋顶在种植乔木时基质深度可超过 600mm，如图 4-14 所示为绿色屋顶的典型构造。

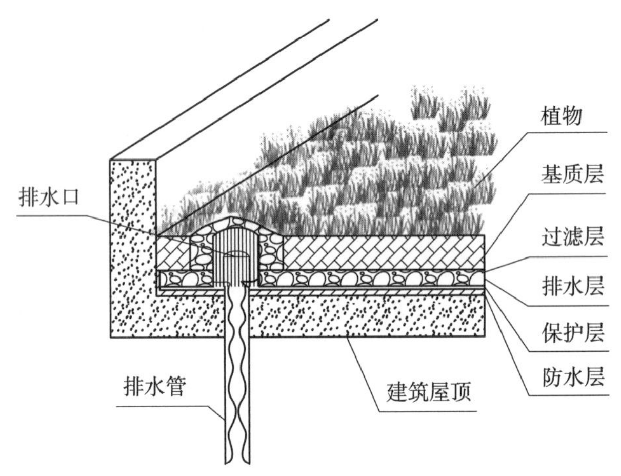

图 4-14 绿色屋顶的典型构造示意图
（图片来源：引自《海绵城市建设技术指南——低影响开发雨水系统构建（试行）》）

（3）下沉式绿地

下沉式绿地具有狭义和广义之分。狭义的下沉式绿地指低于周边铺砌地面或道路在 200mm 以内的绿地，如图 4-15 所示；广义的下沉式绿地泛指具有一定的调蓄容积（以径流总量控制为目标进行目标分解或设计计算时，不包括调节容积）且可用于调蓄和净化径流雨水的绿地，包括生物滞留设施、渗透塘、湿塘、雨水湿地、调节塘等。

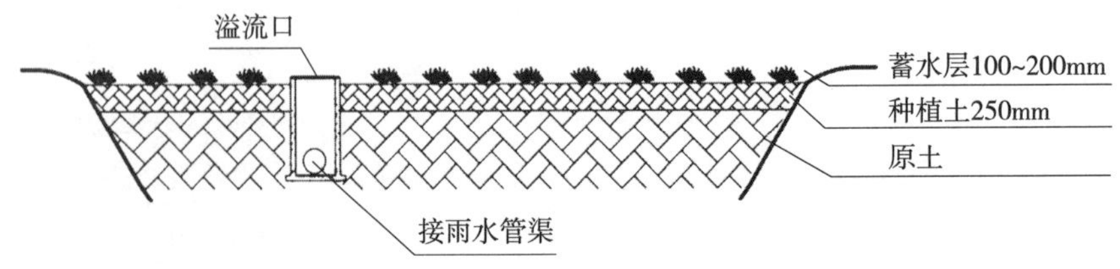

图 4-15 狭义的下沉式绿地的典型构造示意图
（图片来源：引自《海绵城市建设技术指南——低影响开发雨水系统构建（试行）》）

下沉式绿地可广泛应用于城市建筑与小区、道路、绿地和广场内。狭义的下沉式绿地适用区域广，其建设费用和维护费用均较低，但大面积应用时，易受地形等条件的影响，且实际调蓄容积较小。

（4）湿塘

湿塘指具有雨水调蓄和净化功能的景观水体，雨水同时作为其主要的补水来源。湿塘有时可结合绿地、开放空间等场地条件设计为多功能调蓄水体，即平时发挥正常的景观及休闲、娱乐功能，暴雨发生时发挥调蓄功能，实现土地资源的多功能利用。湿塘一般由进水口、前置塘、主塘、溢流出水口、护坡及驳岸、维护通道等构成。湿塘的典型构造，如图 4-16 所示。

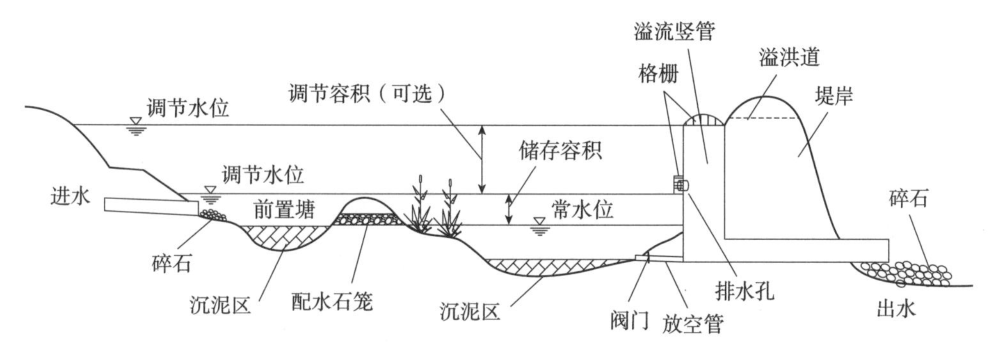

图 4-16 湿塘的典型构造示意图

（图片来源：引自《海绵城市建设技术指南——低影响开发雨水系统构建（试行）》）

湿塘适用于建筑与小区、城市绿地、广场等具有空间条件的场地，可有效削减较大区域的径流总量、径流污染和峰值流量，是城市内涝防治系统的重要组成部分，但其对场地条件要求较严格，建设和维护费用高。

（5）生物滞留设施

生物滞留设施指在地势较低的区域，通过植物、土壤和微生物系统蓄渗、净化径流雨水的设施，可分为简易型生物滞留设施（图 4-17）和复杂型生物滞留设施（图 4-18），按应用位置不同又称作雨水花园、生物滞留带、高位花坛、生态树池等。生物滞留设施主要适用于建筑与小区内建筑、

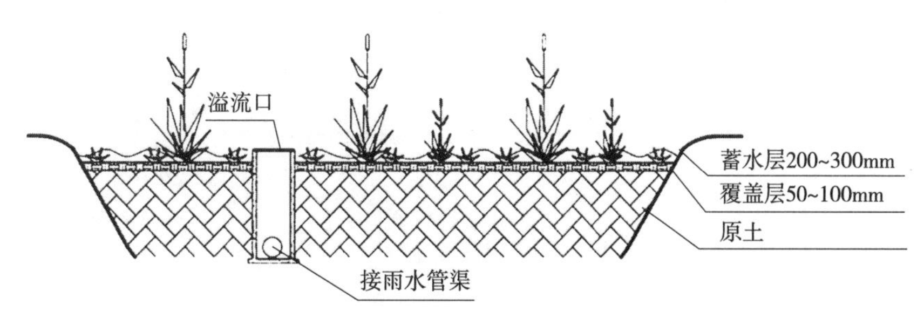

图 4-17 简易型生物滞留设施的典型构造示意图

（图片来源：引自《海绵城市建设技术指南——低影响开发雨水系统构建（试行）》）

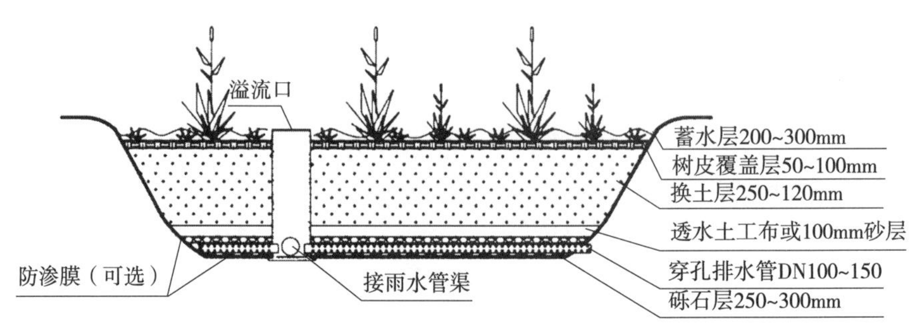

图 4-18　复杂型生物滞留设施的典型构造示意图

（图片来源：引自《海绵城市建设技术指南——低影响开发雨水系统构建（试行）》）

道路及停车场的周边绿地，以及城市道路绿化带等城市绿地内。对于径流污染严重、设施底部渗透面距离季节性最高地下水位或岩石层小于 1m 及距离建筑物基础小于 3m（水平距离）的区域，可采用底部防渗的复杂型生物滞留设施。

生物滞留设施形式多样，适用区域广，易与景观结合，径流控制效果好，建设费用与维护费用较低；但地下水位与岩石层较高、土壤渗透性能差、地形较陡的地区应采取必要的换土、防渗、设置阶梯等措施，以避免次生灾害的发生，因此可能会增加建设费用。

（6）雨水湿地

雨水湿地利用物理、水生植物及微生物等作用净化雨水，是一种高效的径流污染控制设施。雨水湿地分为雨水表流湿地和雨水潜流湿地，一般设计成防渗型以便维持植物所需要的水量，并常与湿塘合建且设计出一定的调蓄容积。雨水湿地（图 4-19）与湿塘的构造相似，一般由进水口、前置塘、沼泽区、出水池、溢流出水口、护坡及驳岸、维护通道等构成。雨水湿地可有效削减污染物，并具有一定的径流总量和峰值流量控制效果，但建设及维护费用较高，适用于具有一定空间条件的建筑与小区、城市道路、城市绿地、滨水带等区域。

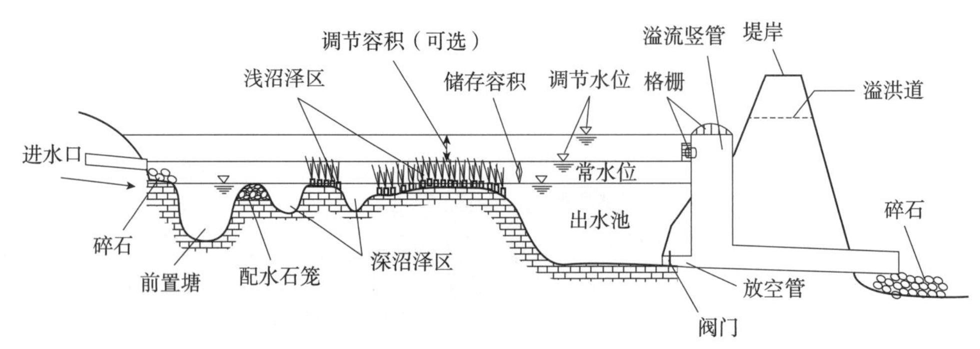

图 4-19　雨水湿地的典型构造示意图

（图片来源：引自《海绵城市建设技术指南——低影响开发雨水系统构建（试行）》）

4.5.1 湿地的保护与恢复

湿地生态系统作为全球生态系统的重要类型，对区域气候的调节有较大的影响，《湿地公约》[①]和《联合国气候变化框架公约》均特别强调了湿地对调节区域气候的重要影响，特别是在增加局部地区空气湿度、缩小昼夜温差、降低大气含尘量等气候调节方面具有明显的作用。湿地表面的水汽蒸发、热量交换及植被的蒸腾作用等都会直接或间接地影响区域气候环境。此外，湿地晨雾还可以去除大气中的扬尘和颗粒物，净化空气，提高空气质量。

湿地生态系统对城市环境湿度的调节作用主要是通过水分蒸发和植被叶面的水分蒸腾，把一部分水分蒸发到大气中，参与大气水循环过程，提高大气湿度，并以降雨的形式返回周围环境中，使得湿地和大气之间不断地进行着物质和能量交换，从而保持当地的湿度和降水量。研究证实，湿地巨大的热容量和强烈的水分蒸散对区域小气候的调节作用十分明显。有研究表明，干旱区湿地每年调节气候的生态服务价值占湿地总生态服务价值的32%，是各项生态价值之首。因此，保护和恢复湿地生态系统，增加城市的自然湿地面积，可以提高城市的水源涵养和调节能力。

湿地对城市局部环境具有明显的降温、增湿和增加负氧离子浓度的作用，且距离水体越近，其小气候效应就越强。城市湿地对气温和相对湿度的调节作用可能比人们预想的还要显著。以北京市典型城市湿地的小气候效应为例，与距离湿地5km处观测值相比，湿地最高可以降温4.4℃，增湿12.8%，增加负氧离子浓度27.2%。湖泊湿地对局部环境的降温和增湿效果比河流湿地更加明显，两者分别相差大约1℃和5%。空气湿度实测数据表明，湖泊湿地对周边环境的增湿效果明显，平均达到8%~14%；河流湿地增湿效应相对较弱，为3%~9%。因此，从城市规划与建设的角度看，在增加湿地面积的同时，也要根据湿地用途相应地考虑不同的湿地类型，使湿地改善城市生态环境的效应得到充分发挥。

4.5.2 城市水体

包括河流、小型景观湖泊等在内的城市水体具有明显的微气候效应。作为生态环境功能的重要部分，城市水体在局地热湿环境中具有特殊积极的调节作用。城市水体一方面通过水分蒸腾作用调节周边一定区域内的温湿度；另一方面由于水体与其他下垫面的温湿特性差异，其周边还可形成局地微风，有助于改善局地热湿环境。

---

① 全称为《关于特别是作为水禽栖息地的国际重要湿地公约》

1. 水体的温度效应

由于水体表面平滑，其上方空气流动阻力较小，故水体上方的风速一般比陆地大。另外，水体具有反射率小、透射率大的辐射特性，故水面获得的辐射能量比陆地多。同时，水的比热容较高，一方面通过水面获得的热量可以通过对流导热作用储存于水体深层；另一方面水面温度稳定，可通过水面对流换热和蒸发作用将热量传递给周边大气环境，进而调节局地气温。

2. 水体的湿度效应

水面和陆地空气湿度的差异主要是由水面和陆地的蒸发和温度不同而引起。研究表明，夏季水体对环境的影响主要发生在上风岸 2km 以内和下风岸 9km 以内，以 2.5km 以内最为明显，且离岸越远影响越弱。与较大面积水体邻近的、面积 1.25km^2 的水体，可以使 2.5km 之内温差达到 0.2~1.0℃，水汽比湿增加 0.1~0.7g/kg；孤立面积 2km^2 的水体，可以使 1.0km 范围内降温 0.6℃，水汽比湿增加 0.1~0.4g/kg。冬季水体对环境的温湿度影响不如夏季明显。

水体的面积和布局是影响微气候效应的重要因素。水体面积越大，对环境的影响就越大；单块且小于 0.25km^2 的水体对环境影响不明显，而多块且密集分布的小面积水体对环境降温增湿的效果更为显著。

4.5.3 生态型路面铺装

现阶段城市道路、商业街、广场、步行道、停车场、小区和公园道路广泛使用各类不透水铺装系统，如不透水沥青、水泥混凝土、花岗石、大理石等。不透水性铺装对于城市的排水防涝、水平衡和生态平衡有不利影响，主要危害有三方面：一是不利于雨水和雪水渗透入地；二是会增加城市的热岛效应；三是会破坏城市的地面生态。这些危害导致城市出现夏季下垫面温度升高、生态调节系统失衡等问题，使得城市的生态环境质量与舒适度大大降低。其中，最显著的危害是阻断了雨水对城市地下水资源的补充，使下降的地下水位难以回升，故而愈发干燥的城市地表将会影响城市中树木和其他植被的生长，使生态城市的目标更加难以实现。

鉴于不透水性铺装系统的不利影响，生态型路面铺装系统作为低影响开发的措施之一，近几十年得到了大力发展，例如透水混凝土铺装、透水砖铺装、保水性铺装等。欧洲地区最先提出透水性铺装的是法国，具体措施为将传统不透水沥青路面的孔隙率加大；亚洲地区的日本是最早开始对透水性铺装系统进行研究的国家，在 20 世纪 80 年代开始推行“雨水渗透计划”，同时开发推广了透水性沥青铺装和透水性水泥铺装系统，并广泛在城市公园、小区广场、交通道路和体育场等场所应用。我国古代就已将砖瓦铺地的透水性地面应用于园林及宅院建造，但于 20 世纪 90 年代才开始在城市建设中应用生态型铺装。近年来，生态型铺装在大型项目中得到广泛应用，例如北京奥林匹克公园在广场、停车场铺设的透水混凝土面积约 11.7 万 m^2，利用在赛道周边设置截水沟等措施将经过透水混凝土过滤的雨水排入赛道内，实现了场馆内的雨洪利用，平均每年利用雨水约 12 万 m^3，雨水利用率约为 85%，从而节约了赛道补水。

与传统不透水铺装系统相比，生态型铺装系统在调节城市气候和生态环境方面具有极大的优势。生态型铺装系统的多孔构造及下层土壤中储存了大量的毛细水，毛细水在太阳辐射的作用下，通过蒸腾吸收热量，使其地表温度降低，从而有效地缓解了夏季地表温度过高的问题。此外，蒸发的水蒸气还会增加空气的湿度，滋养城市的各种绿色植物，从而减少了城市的绿化用水。长期观测结果表明，透水性铺装在 6—10 月的正午路表平均温度相较于非透水性铺装可降低约 4.5℃，在频繁降雨月份中的路表平均降温效果超过 6℃。因此，居民小区、公园、广场和人行道路应提倡铺透气透水的生态型地面铺装。

生态型铺装系统种类丰富，材料、构造和特性各有不同，在应用场地上也有所区别。常见的生态型铺装系统总结见表 4-11。

常见的生态型铺装系统总结　　表 4-11

形式	整体铺装			块状铺装	碎料铺装
	透水性铺装		保水性铺装		
材料	透水水泥混凝土	透水沥青混凝土	透水沥青混凝土+保水浆料	透水砖、植草砖、块材嵌草铺装等	如卵石、砾石和砂石铺装等
原理	透水性能主要由表层铺装材料内部存在的连通孔隙和透水基层形成		通过在透水性沥青路面结构的孔隙中灌注保水性材料来实现其吸水、保水功能	透水性能主要依靠面材的铺砌间隙和透水基层形成	主要依靠铺装材料的间隙进行透水
适用场地	车行道、人行道、停车场、广场	车行道、人行道、停车场	车行道、人行道、停车场、广场、园路	车行道、人行道、停车场、广场、园路	人行道、园路、小场地
相关标准	《透水水泥混凝土路面技术规程》CJJ/T 135—2009（2023 年版）	《透水沥青路面技术规程》CJJ/T 190—2012	无	《透水砖路面技术规程》CJJ/T 188—2012	无

生态型铺装的种类和铺装方法具体有以下几种，其中透水砖铺装和透水混凝土铺装在当前城市建设中应用最为广泛。

1. 透水砖铺装

透水砖铺装是指铺设的砖是透水的，且砖与砖之间的连接处由透水性填充材料拼接。透水砖铺装适用于停车场、人行道、自行车道和步行街巷地面的铺设。

2. 透水混凝土铺装

透水混凝土内部含有较多孔隙且多为直径超过 1mm 的大孔，因此具有良好的透水性。将透水性混合料直接摊铺在路基上，经压实、养护等工艺构筑而成的路面即为透水混凝土路面。在我国，透水混凝土路面铺装主要用于园区道路、步行道、停车场、广场等。

3. 实心砖铺装

实心砖铺装是指铺设采用实心砖，但砖与砖之间留出一定空隙，空隙中是泥土，使天然的草可以生长出来。此类地面约有 35% 的绿化面积，适用于居民区、公园和街头广场地面的铺设。

4. 碎料铺装

碎石铺装指用细碎石或细鹅卵石铺路，地面仅由大小均匀的石子散落铺成。碎料铺装的地面透水好，不生杂草，适用于房舍周边、人行道边、居民区的小步行道、校园和公园的步行道路。

5. 孔型砖铺装

孔型砖铺装是指用孔型砖加碎石来铺路，在带孔的地砖孔中撒入小卵石或碎石来铺地面。该类地面不生杂草，但可使雨水顺利渗透，同时其热反射大大低于全硬化地面。

4.5.4 雾炮降温增湿系统

近年来，改善城市空气质量多采用雾炮降温增湿系统，其对周边环境有显著的降温增湿和抑尘效果，可以有效降低粉尘浓度。因此，作为新型高科技设备的雾炮机被广泛应用，其原理是利用特制的高压雾化系统和双管环形喷圈，将水溶液雾化为微米左右的水雾颗粒，并在风机的作用下，将水雾喷洒在尘源处；水雾颗粒和粉尘颗粒相互吸附，变为大型粉尘颗粒团，增加了体积和重量，在重力作用下，降落在地面；与此同时，通过水分蒸发的吸热作用，达到降温增湿的效果，从而缓解了城市热岛效应。城市雾炮系统的喷雾作业可大幅提升局地环境的相对湿度，使其超过 70%，同时可降低局地环境空气中的 PM_{10} 浓度。

思考题与练习题

1. 两种湿空气环境温度不同，而相对湿度数值一样，是否同样干燥？为什么？

2. 什么是“城市干岛”？缓解“城市干岛”效应的具体措施有哪些。

3. 城市湿环境对人体健康有哪些影响？

4. 我国干湿气候通常划分为哪几个等级？其划分依据是什么？

5. 什么是低影响开发雨水系统？举例说明如何实现低影响开发雨水系统。

6. 试阐述城市湿地和水体对大气湿环境的调节作用。

7. 生态型路面铺装有哪些类型？其适用范围如何？

主要参考文献

[1] 刘加平，等 . 城市环境物理 [M]. 北京：中国建筑工业出版社，2011.
[2] 王发明 . 基于水循环平衡的城市内涝根源探析：以南宁市为例 [J]. 城市问题，2012（7）：38-43.
[3] 宋培豪 . 两种绿地布局方式的微气候特征及其模拟 [D]. 郑州：河南农业大学，2013.
[4] 章敏 . 外湿与空气微生物相关性及其对模型大鼠的影响 [D]. 武汉：湖北中医学院，[①] 2006.
[5] 肖荣波，欧阳志云，李伟峰，等 . 城市热岛的生态环境效应 [J]. 生态学报，2005（8）：2055-2060.
[6] CHEN Y，SHI P，LI X. Effect of Different Thermal Background on Urban Rainfall（Rainstorm）（Ⅰ）：Spatial Difference of Rainfall Distribution[J]. Journal of Natural Disasters，2001，10（2）：37-42.
[7] 张建云，宋晓猛，王国庆，等 . 变化环境下城市水文学的发展与挑战：Ⅰ. 城市水文效应 [J]. 水科学进展，2014，25（4）：594-605.
[8] 刘家宏，王浩，高学睿，等 . 城市水文学研究综述 [J]. 科学通报，2014，59（36）：3581-3590.
[9] 刘珍环，李猷，彭建 . 城市不透水表面的水环境效应研究进展 [J]. 地理科学进展，2011，30（3）：275-281.
[10] 毛飞，孙涵，杨红龙 . 干湿气候区划研究进展 [J]. 地理科学进展，2011，30（1）：17-26.
[11] 中华人民共和国住房和城乡建设部 . 住房城乡建设部关于印发海绵城市建设技术指南——

① 现为湖北中医药大学。

低影响开发雨水系统构建（试行）的通知：建城函〔2014〕275 号 [EB]. 住房和城乡建设部官方网站，(2014-10-22) [2014-11-03].
[12] 吴淳子．旧城区改造中的雨洪管理体系研究 [D]. 天津：天津大学，2017.
[13] 崔丽娟，康晓明，赵欣胜，等．北京典型城市湿地小气候效应时空变化特征 [J]. 生态学杂志，2015，34 (1)：212-218.
[14] 李书严，轩春怡，李伟，等．城市中水体的微气候效应研究 [J]. 大气科学，2008 (3)：552-560.
[15] 杨小山，胡振宇，赵立华．生态型铺装系统热效应的研究现状与展望 [J]. 建筑科学，2015，31 (8)：28-34.
[16] 邢开成．建设生态地面 改善城市环境 [C]// 中国气象学会．新世纪气象科技创新与大气科学发展：中国气象学会 2003 年年会“农业气象与生态环境”分会论文集．北京：气象出版社，2003：3.

第5章 城市风环境

风不仅会对整个城市的环境有巨大影响，而且对室内环境和室内外微气候也会产生影响。风场分布与城市环境的关联主要表现在空气污染、自然通风、对流热交换、风荷载及城市风害等方面。城市风场分布是复杂的。由于城市下垫面特殊，具有较高的粗糙度，热力紊流和机械紊流都比较强，再加上城市区域的热岛环流，因而无论是在城市边界层还是在城市覆盖层，对盛行风向和风速都有一定影响，从而使得市区和郊区的风场分布差异较大，而这将会直接影响到城市规划、局地风场、防风与通风和大气减污降碳等工作。

5.1.1 城市大气边界层

1. 地球大气圈的结构

我们把随地球引力而旋转的大气层称为大气圈。大气圈最外层的界限很难确切划定，但大气圈也不能认为是无限的。在地球场内受引力而旋转的气层高度可达 10 000km，有的学者就以 10 000km 的高度作为大气圈的最外层。在一般情况下，可以把地球表面到 1000~1400km 的气层作为大气圈的厚度。超出 1400km 以外，气体非常稀薄，就是宇宙空间了。

大气圈中的空气分布不均匀，其中海平面上的空气最稠密。在近地大气层里，气体的密度随高度上升而迅速变稀，到了 40~1400km 的大气层里，空气渐渐稀薄。根据大气圈中大气组成状况及大气在垂直高度上的温度变化而划分的大气圈层的结构如图 5-1 所示。

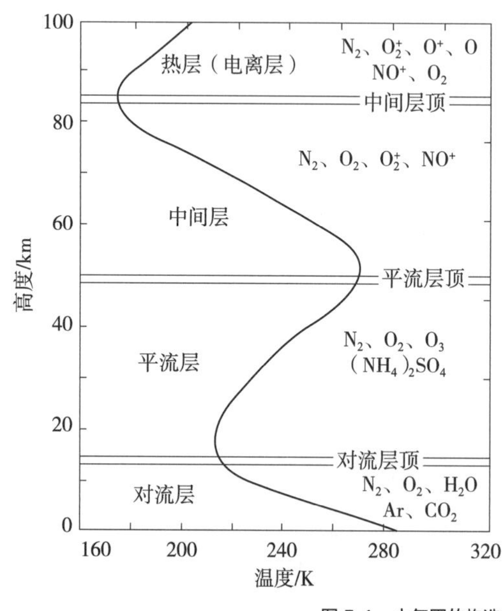

图 5-1 大气圈的构造
（图片来源：刘加平，等. 城市环境物理 [M]. 北京：中国建筑工业出版社，2011.）

从地球表面向上，大约到 90km 高度，大气的主要成分 O_2 和 N_2 的组成比例几乎没有什么变化。具有这样特性的大气层，我们称为均质大气层（简称均质层）。在均质层以上和外层空间的大气层（如热层），其气体的组成随高度有很大的变化，这个圈层称为非均质层。

在均质层中，根据气体的温度沿地球表面垂直方向的变化又分为对流层、平流层和中间层。对流层（Troposphere）是大气圈的最低一层，其厚度平均约 12km（两极薄、赤道厚）。这一层大气对人类的影响最大，通常所谓空气（大气）污染就是指这一层。对流层的特点是直接与水圈和岩石圈靠近，这一层的空气是对流的，引起对流的原因是由于岩石圈与水圈的表面被太阳晒热，或热辐射将下层空气烤热，冷热空气发生垂直的对流现象。此外，地面有海陆之分、昼夜之别，以及纬度高低之差，因而不同地面的温度也有差别，这样就形成了水平方向的对流。归纳一下，对流可以是垂直的，也可以是水平的，其结果是形成风力的搅混，空气就被混合得均匀了。因此，近地空气层的化学成分大致是相同的。还应指出，空气与水圈和岩石圈（也叫地表）接触的另一内容，是水蒸气和尘埃、微生物等固态物质进入空气层，成为扬尘、飞沙的来源；水汽则形成雨、雪、雹、霜、露、云、雾等一系列气象现象。现代大型飞机的巡航高度多为 10 000~12 000m，基本上是在对流层顶上，其目的也是为了避开气象因素的影响，以便全天候飞行。

对流层上面是平流层（Stratosphere），其温度随高度的增加而上升，并且经常保持稳定。平流层中均匀分布着 O_3，它吸收了太阳辐射中的大部分紫外辐射，保护地表的生物免遭紫外光线的伤害。对流层向上是中间层和电离层，其对地表几乎没有太大的直接影响。

2. 大气边界层

如前面所述，从地球表面到 500~1000m 高的这一层空气一般称为大气边界层，而在城市区域上空则称为城市边界层（Urban Boundary Layer）。大气边界层的厚度并没有一个严格的界限，它只是一个定性的分层高度，在局部区域可延伸至 1500m 左右的高度。其厚度主要取决于地表粗糙度，一般在平原地区薄，在山区和市区较厚。这是因为在山区的高大山峰、市区的高大建筑物和构筑物使地表粗糙度变得很大，使得气流流动时受到地面的摩擦阻力较平原地区大。

从地面向上到 50~100m 这一层空气通常称为接地层（或近地层），在城市区域则称为城市覆盖层（Urban Canopy）。接地层内的气温和风速、风向的变化都很复杂，是与人关系最密切的一层。

3. 边界层内纵向风速分布

大气边界层内空气的流动称为风。从城市环境的角度，人们最关心的是在边界层内沿纵向的风速分布情况和水平面的风向分布情况。本节先讨论边界层内纵向的风速分布。

（1）定性分析

图 5-2 是西安市秋季市中心和郊区不同高度处的风速随时间的变化曲线。由图中可以看到，不同高度处风速值是不同的。市区贴地区域的热力条件较复杂，对气流干扰较大，故市区某些位置与某些时间的气流速度并不完全随高度的增加逐渐增加；而在郊区，几乎任何时间，风速都随着高度的增加而增大。

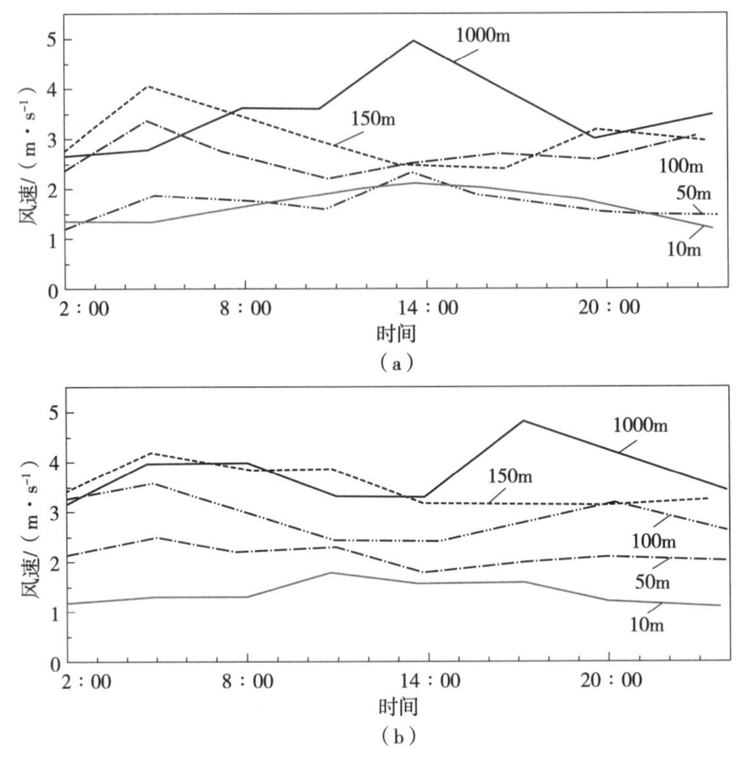

图 5-2 西安市秋季垂直风速日变化

（a）市中心；（b）郊区

（图片来源：刘加平，等．城市环境物理 [M]. 北京：中国建筑工业出版社，2011.）

边界层内风速沿纵向（垂直方向）发生变化的原因是下垫面对气流有摩擦作用和空气层结的不稳定性，其中下垫面的粗糙程度是主要的影响因素。在摩擦力的作用下，紧贴地面处的风速为零，沿垂直向上，越往高处地面摩擦力影响越小，风速逐渐加大。当到达一定的高度时，往上其风速不再增大，这个高度称为摩擦厚度或摩擦高度，也有人称为边界层高度。将该高度处的风速称为地转风风速。图 5-3 定性地表示了三种粗糙度不同的下垫面层上，不同高度处风速的分布廓线。从图中可以看出，粗糙度不同的三种下垫面上空的风速分布和边界层厚度是不同的。图中以地面风速为零，地转风风速分布和边界层后面的数字表示该高度处的风速与地转风风速的比值。例如，在高度 100m 处，平坦开旷的农村的风速为地转风风速的 86%，而城市中心区的风速则为地转风风速的 50% 左右。在不同下垫面上，地转风风速出现的高度亦不同。在平坦开旷的农村地转风风速出现的高度较小，而在城市中心区则需达到较大的高度才能出现地转风风速。

（2）不同高度处风速计算

达芬堡采用了简单的指数式来表示和计算边界层内不同高度处的风速：

$$V_h=V_g\left(\frac{h}{h_g}\right)^a \tag{5-1}$$

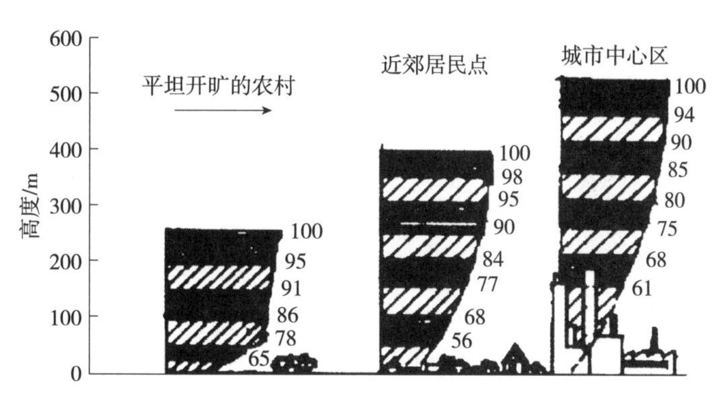

图 5-3　由于地面粗糙度不同的低空风速变化

（图片来源：刘加平，等 . 城市环境物理 [M]. 北京：中国建筑工业出版社，2011.）

式中　V_h——高度 h 处的风速（m/s）；

V_g——当地地转风风速（m/s）；

h_g——当地边界层厚度（m）；

a——当地下垫面粗糙度系数，是一个反映摩擦阻力的常数，其值取决于地面粗糙度等因素。

一般工程计算中，a 和 h_g 可按表 5-1 取值。

不同下垫面上的 a 和 h_g　　　　**表 5-1**

下垫面性质	指数 a	边界层厚度 h_g/m
平坦开旷的农村	0.16	270~350
近郊居民点	0.28	390~460
城市中心区	0.40	420~600

已知某地的地转风风速 V_g 条件（查表 5-1），由式（5-1）可求得任意高度处的风速。

式（5-1）是目前计算边界层内沿垂直风速分布的许多种计算式中最为简单的一种，但其对于工程计算仍有不便之处。因为大多数地区，地转风风速 V_g 仍是未知的；而且一个地区自由大气中的盛行风，除了地转风外，还有梯度风、大气紊流等。所以，常用式（5-2）来计算边界层内的风速：

$$V_h=V_s\left(\frac{h}{h_s}\right)^{a'} \quad (5-2)$$

这里，h_s=10m，V_s 为 10m 高处的风速。由于我国气象台站所记录的风速都是当地 10m 高处的风速，所以设计计算时可以很容易从气象台站查得所需数据。式（5-2）中的 a' 值已不能按前述表 5-1 取值，而可以按式（5-3）确定：

$$a'=\frac{\lg V_h-\lg V_s}{\lg h-\lg 10} \quad (5\text{-}3)$$

在已查得 10m 高处风速值时，可在建设现场观测一任意高度处（h>10m）的风速，由式（5-3）可求得当地的 a'。《建筑结构荷载规范》GB 50009—2012 将地面粗糙度系数类别规定为 A、B、C、D 共 4 类（表 5-2），基本上适应了各类工程建设的需要。其中，A 类指近海海面和海岛、海岸、湖岸及沙漠地区；B 类指田野、乡村、丛林、丘陵及房屋较稀疏的乡镇；C 类指有密集建筑群的城市市区；D 类指有密集建筑群且房屋较高的城市市区。

地面粗糙度系数 a' 值 表 5-2

类别	A	B	C	D
a'	0.12	0.15	0.22	0.30

4. 边界层内气温周期性变化

由于地球周而复始的运转，故地表任意一点接收的太阳辐射热量在按日周期性波动，从而使得边界层内各点的空气温度呈现周期性日变化和年变化。

（1）气温的日变化

气温日变化的一般特点是：一天当中有一个最高值和一个最低值，最高值出现在 14：00 左右，最低值出现在凌晨日出前后（图 5-4）。一天当中气温的最高值和最低值之差，称为气温日较差，其大小反映了气温日变化的程度。气温日较差随地表性质的不同而变化，后者（即地表性质）包括海陆、地势、植被的不同。就海陆的不同来说，气温日较差海洋小于陆地，沿海小于内陆。在一般情况下，海上的气温日较差只有 1~2℃，而在内陆地区则常

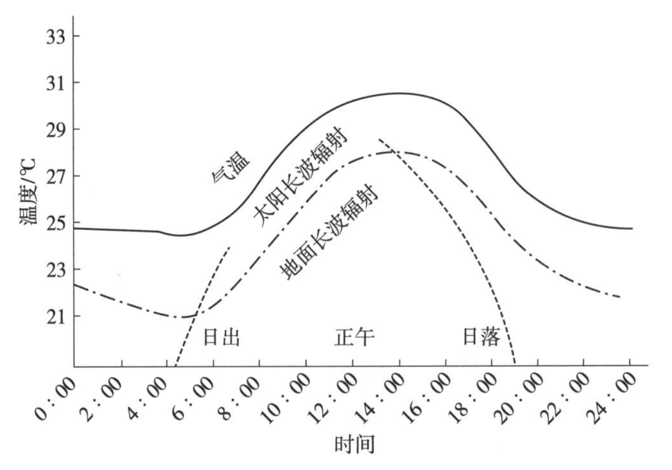

图 5-4 气温、太阳辐射的日变化

（图片来源：刘加平，等．城市环境物理 [M]. 北京：中国建筑工业出版社，2011.）

常达到 15℃以上，有些地方甚至达到 25~30℃。就地势的不同来说，山谷的气温日较差大于山顶，凹地的气温日较差大于高地。

就天气情况而言，阴天由于云层的存在，使白天地面得到的太阳辐射少，最高气温比晴天低；夜间云层覆盖阻挡地面长波辐射，最低气温反而比晴天高，所以阴天的气温日变化比晴天小。

由此可见，在任一地方，每一天的气温日变化既有一定的规律性，又不是前一天气温变化的简单重复，而应考虑到上述诸因素的综合影响。

（2）气温的年变化

在地球上绝大部分地区，气温均有年变化，尤其是在春、夏、秋、冬四季分明的中纬度，气温年变化显著，一年中有一个最高值和一个最低值。由于地面储存热量的原因，使气温最高值和最低值出现的不是在太阳辐射最强和最弱的一天（北半球的夏至日和冬至日），也不是太阳辐射最强和最弱一天所在的月份（北半球的 6 月和 12 月），而是比这一天要滞后 1~2 月。大体上，海洋滞后较多，陆地滞后较少，沿海滞后较多，内陆滞后较少。我国大部分地区将最高气温值与最低气温值之间的差值称为该地区的大陆度；而将一年中日平均气温的最高值和最低值之差，称为气温年较差，其值大小与纬度、海陆分布等因素有关。气温年较差随纬度增加而增大，陆地气温年较差大于海洋气温年较差，温带陆地气温年较差可达到 20~60℃，海洋气温年较差为 11℃左右。

无论是气温日变化，还是气温年变化，都是由太阳辐射量差异，以及大陆、海洋等吸热和放热的不同而引起的。气温日变化、年变化是造成气压变化和风形成的直接原因。

5. 大气稳定度

（1）云及云量

前文曾多次提到云的概念。云能蔽日，故可直接影响太阳辐射到达近地面及地表的升温和降温。云的形成、数量、分布和演变情况，不但对逆温形成有直接影响，而且对间接了解空气中气象要素的变化和大气运动状况，以及进行短期天气预报具有重要作用。

云的分类按其高度一般分为高、中、低 3 种。高云的云底高度一般在 5000m 以上，由冰晶组成，云体呈白色，有蚕丝的光泽，薄而透明。阳光通过高云时，地面物体的影子清楚可见。中云的云底高度一般为 2500~5000m，由过冷却的微小水滴及冰晶混合组成，颜色呈白色或灰色，没有光泽，云底较高且云体稠密。低云的云底高度一般在 2500m 以下，由微小水滴和冰晶组成，云层结构松散，云低而黑。

云量是指云遮蔽天空的百分比，一般将天空分为 10 份，在这 10 份中，被云所遮盖的份数称为云量。如云占天空 1/10，云量记为 1；占 2/10，记 2；其余类推。当云布满天空时，云量记为 10。如果天空被云所遮，但在云层中还有少量空隙（空隙总量不到天空的 1/20），则云量也记为 10。当天空无云，或量不到 1/20 时，云量为 0。

（2）大气稳定度

大气稳定度是指大气层稳定的程度，即大气中某一高度上的一团空气在垂直方向上相对稳定的强度。当这团空气受到扰动时，就会产生向上或向下运动。如果这团空气自起点移动一小段距离后，又有返回原来位置的趋势，则此时的大气是稳定的；如果它自起点一直向上或向下移动，则此时的大气为不稳定的；如果介乎上述两种情况之间，常称为中性状态。

许多天气现象的发生都和大气稳定度有密切关系。污染物在大气中扩散，在很大程度上取决于大气稳定度。大气稳定度表示空气层结是否安于原在的层结，是否易于发生垂直运动，即是否发生对流。假如大气中某一空气团受到对流冲击力的作用，则可能出现三种情况：如果空气团受对流冲击力作用使其移动后，逐渐减速，并有返回原来高度层结的趋势，则这时的层结对于该空气团而言是稳定的；如果空气团受力运动后有远离起始高度的趋势，则这时的层结对于该空气团而言是不稳定的；如果空气团受力被推到某一高度后，既不加速也不减速，则这时的层结对于该空气团而言是中性层结。

当空气中某气块处于平衡状态时，它与周围的空气是有相同压力、温度和密度的。单位体积的气块受到两个力的作用：一个是四周空气对它的浮力，方向垂直向上；另一个是其本身的重力，方向垂直向下，且浮力与重力相等。实际上，大气层结是否稳定，就是某一运动的空气团比周围空气是轻还是重的问题：比周围空气重，则倾向于下降；比周围空气轻，则倾向于上升；和周围空气一样轻重，则既不倾向上升也不倾向下降。而空气的轻重决定于气压和温度，在气压相同的情况下，在同一高度，两气团相对轻重问题就是气温的问题。一般情形下，在同一高度，某一气团和其周围空气大体有相同的温度。如果一气团上升到某一高度处，变得比在这一高度其周围空气冷些，它就重些，于是就有下降的趋势，那么，这一空气层结稳定。相反，若这一气团变得比周围空气热一些，则它就轻一些，那么，这一空气层结就不稳定。如果气团与周围具有相同气压、温度，则轻重相同，这时空气层结属于中性。

（3）大气稳定度分类

现在对大气稳定度的分类通常采用帕斯奎尔 - 吉福特的分类方法（简称帕斯奎尔法）。该法考虑的气象参数包括太阳辐射强度、太阳高度角、云量、地面风速等。按照帕斯奎尔分类法，将大气稳定度分为强不稳定、不稳定、弱不稳定、中性、较稳定和稳定 6 级，分别用字母 A、B、C、D、E、F 相应表示。通过简单气象观测，查表 5-3，便可得到大气稳定度等级。

帕斯奎尔大气稳定度分析　　表 5-3

地面上 10m 处风速 /($m \cdot s^{-1}$)	辐射			白天或黑夜阴云密布	夜晚	
	强（太阳高度角 >60°）	中（30°< 太阳高度角 <60°）	弱（太阳高度角 <30°）		低云量≥ 5	低云量≤ 4
<2	A	B	B	D	—	—
2~3	B	B	C	D	E	F
3~5	B	B~C	C	D	D	E
5~6	C	C~D	D	D	D	D
>6	C	D	D	D	D	D

5.1.2　城市大气环境质量

大量的空气污染监测和大气扩散试验证明，城市大气是否会发生污染及污染的浓度和分布如何，一方面取决于污染源的多寡、性质和排放强度（单位时间内的排放量），另一方面还要根据当时当地的气象条件而定。在不同的气象条件下，同一个污染源造成的地面污染浓度可相差几十倍乃至几百倍，其影响的区域也可以完全不同，并且污染物的性质亦可产生质的变化。气象条件对大气污染物所产生的重大影响表现在许多方面，其中主要包括：大气对污染物的稀释扩散能力随着气象条件的改变而发生巨大的变化；气象条件对大气污染物的物理和化学转化过程有显著的影响；大气状况对污染源本身的影响；等等。

1. 大气的组成

整个大气层主要由多种气体混合而成，此外还有水滴、冰晶和尘埃、花粉、孢子等。大气中除去水汽和杂质外，整个混合气体称为“干洁空气”。大气的主要成分为 N_2（氮气）、O_2（氧气）和 Ar（氩气），三者合计约占空气总重量的 99.9%。近地面大气层干空气的密度，在标准状况下为 $1.293 \times 10^{-3}g/cm^3$。水蒸气密度比干空气密度小，二者之比为 0.662。因此，空气中含水汽愈多，密度愈小。空气中水汽的含量为 0~4%，其他气体含量很少。

干洁空气中，各种气体的临界温度是很低的，例如，N_2 为 −147.2℃，O_2 为 −118.9℃，Ar 为 −122.0℃。在自然界的条件下，不能达到这样低的温度，因此，这些气体在大气圈中永远不会液化，所以空气的主要组成成分总是保持为气体状态。

此外，大气中还含有痕量的其他气体，如 CO、NH_3、SO_2、H_2S、Cl_2、NO_2、O_3 和 CH_2O 等，其含量均在百万分之一以下（表 5–4）。其中，O_3 起源于高空大气层（臭氧层）；CO、NH_3、H_2S、H_2、CH_4 和 CH_2O 是地面有机物分解和腐解的产物；NO_2 是雷雨产生的；SO_2 主要是火山和温泉的排出物。在森林地区，空气中还含有森林排出的挥发性物质，为多环芳香类化合物。

在城市，特别是大城市，由于工厂、交通工具和城市居民生活中排出的各种废气，使城市空气组成更加复杂，某些组分的含量远远超过天然空气中的含量。当空气中某些组分的含量超过国家大气环境质量标准时，就认为空气被污染。

近地面大气层痕量气体的含量　　表 5–4

气体	含量		残留时间
	$\times 10^{-6}$	/（$\mu g \cdot m^{-3}$）（标准状态下）	
CO_2（二氧化碳）	（2~4）$\times 10^2$	（4~8）$\times 10^5$	4a
CO（一氧化碳）	（1~20）$\times 10^{-2}$	（1~20）$\times 10$	~0.3a
N_2O（氧化氮）	（2.5~6.0）$\times 10^{-2}$	（5~12）$\times 10^2$	~4a
NO_2（二氧化氮）	（0~3）$\times 10^{-3}$	0~6	—
NH_3（氨）	（0~2）$\times 10^{-2}$	0~15	—
SO_2（二氧化硫）	（0~20）$\times 10^{-3}$	0~50	~5d
H_2S（硫化氢）	（2~20）$\times 10^{-3}$	3~30	~40d
O_3（臭氧）	（0~5）$\times 10^{-2}$	0~100	~2a
H_2（氢）	0.4~1	36~90	—
Cl_2（氯）	（3~15）$\times 10^{-4}$	1~5	—
I_2（碘）	（0.4~4）$\times 10^{-5}$	0.05~0.5	—
CH_4（甲烷）	1.2~1.5	（8.5~11）$\times 10^2$	~100a
CH_2O（甲醛）	（0~1）$\times 10^{-2}$	0~16	—

2. 我国城市大气污染管理历程

大气污染是指由于自然过程或人类社会经济活动，使烟尘、有害气体等在大气中的数量、浓度、持续时间等达到一定程度，以致破坏生态系统和人类正常生存与发展时，对人或物造成危害的现象。我国大气污染管理工作主要开始于 20 世纪 70 年代，此后随着经济社会的发展和防治管理工作的深入，我国大气污染物问题逐渐从煤烟型向以 $PM_{2.5}$ 和 O_3 为特征的区域复合型演变，大气污染防治工作也大致经历了消烟除尘、酸雨和 SO_2 控制、污染物排放总量控制、区域复合型污染防治 4 个阶段，如表 5–5 所示。

我国不同时期大气污染物特征及管理历程 表 5-5

项目	消烟除尘阶段	酸雨和 SO_2 控制阶段	污染物排放总量控制阶段	区域复合型污染防治阶段
大气污染物特征	逐渐出现局地大气污染	出现区域性大气污染，酸雨问题突出	大气污染呈现区域性、复合型的新特征	区域性、复合型大气污染
大气污染防治对象	烟尘、悬浮颗粒物	酸雨、SO_2、悬浮颗粒物	SO_2、NO_x 和 PM_{10}	霾、$PM_{2.5}$、PM_{10}、O_3
大气污染防治重点	排放源监管，工业点源治理，消除烟尘	燃煤锅炉与工业排放治理，重点城市和区域污染防治	实行污染物总量控制，实施区域联防联控	多种污染源协同控制，重污染预报预警

（1）消烟除尘阶段

20 世纪 70—90 年代，随着经济的快速发展和能源消耗量的急剧增加，我国城市煤烟型污染越来越严重。这一阶段大气污染物以烟尘和悬浮颗粒物为主，污染范围主要限于城市局地，例如太原市煤烟型大气污染、兰州市光化学烟雾污染、天津市工业烟气污染。这一阶段控制重点是工业点源，空气质量管理以属地管理为主，主要任务包括排放源监管、工业点源治理、消烟除尘等。

（2）酸雨和 SO_2 控制阶段

20 世纪 90 年代—21 世纪初，由于经济发展迅速，污染防治执行力度有限，大气污染物特别是 SO_2 的排放量持续增长。这一阶段大气污染物主要以燃煤锅炉、工业排放的 SO_2 和悬浮颗粒物为主，空气污染的范围由城市局地污染向区域性污染发展，出现了大面积的酸雨。长江以南广大地区降雨酸度迅速升高，酸雨面积超过 300km × 104km，继欧洲、北美之后形成世界第三大酸雨区。在这一阶段，通过实施燃煤含硫量限值、工业污染源 SO_2 达标排放、SO_2 排放总量控制、机动车污染排放控制、征收 SO_2 排污费、大气排污许可制度等措施，全国 SO_2 和酸雨污染得到一定缓解。

（3）污染物排放总量控制阶段

2001—2010 年，我国大气污染控制的模式逐渐走向以污染物排放总量控制为核心。2008 年北京奥运会对环境空气质量提出更高要求，奥运会期间的空气质量保障与污染物减排控制取得了显著成效，这对我国大气污染防治工作的深入推进具有特殊意义。该阶段的主要防治对象转变为 SO_2、NO_x 和 PM_{10}，大气污染初步呈现区域性、复合型特征，煤烟尘、酸雨、$PM_{2.5}$ 和光化学污染同时出现，京津冀、长三角、珠三角等重点地区大气污染问题突出。这一阶段的控制重点为燃煤、工业源、扬尘、机动车尾气的污染，开始实施污染物总量控制和区域联防联控。

（4）区域复合型污染防治阶段

2011 年至今，以 $PM_{2.5}$ 和 O_3 为特征的区域复合型污染成为我国大气污染主要特征。该阶段初期，我国 SO_2 排放量已有明显削减，但是其他主要大气污染物排放量仍呈增长趋势或未有明显下降，区域性 $PM_{2.5}$ 污染严重，O_3 污染问题日益凸显。2015 年以来，全国 O_3 污染呈现波动上升态势，全国超标天数中 O_3 为首要污染物的占比从 2015 年的 12.5% 增加到 2020 年的 41.8%，O_3 已成为实现优良天数约束性指标的重要瓶颈。因此，$PM_{2.5}$ 和 O_3 污染协同控制将是未来较长一段时间内我国大气污染防治的重点。

3. 现阶段主要城市大气污染物的特征

现阶段，我国大气污染正由传统的煤烟型污染发展成多种污染物复合型污染，城市大气中的污染物有数十种之多，可分为大气气态污染物（如 CO、NO_2 和 SO_2）和城市环境空气颗粒物（如 $PM_{2.5}$ 和 PM_{10}）。下面介绍几种主要污染物的性态和危害性。

（1）CO（一氧化碳）

CO 是无色、无臭、无味的气体。一般城市空气中的 CO 含量对植物及有关的微生物均无害，但对人类则有害，因为它能与血红素作用生成羟基血红素（Carboxyhemoglobin，HbCO）。实验证明，血红素与 CO 的结合能力比与氧的结合能力大 200~300 倍。因此，CO 可使血液携带氧的能力降低而引起缺氧，引发头痛、晕眩等症状，同时还会使心脏过度疲劳，致使心血管工作困难，终至死亡。

CO 对人体毒害程度的大小由许多因素决定，例如空气中 CO 的浓度、接触 CO 的时间、呼吸的速度，以及有无吸烟习惯（吸烟者 COHb 的本底约为 5%，不吸烟者约为 0.5%）等。CO 是城市大气中含量最多的污染物（约占大气中污染物总量的三分之一），其天然本底只有百万分之一左右。现代发达国家城市空气中的 CO 有 80% 是汽车排放的，是因碳氧氢化合物燃烧不完全而产生的，但空气中 CO 的污染水平并没有持续提高，这说明必定存在着某种自然净化的过程，但其机理迄今仍未完全了解。显然，CO 是会转化为 CO_2 的。

根据 2021 年中国城市大气污染物来源分类统计（表 5-6），流动源排放出的各种污染物占整个城市大气污染物的 51%，比其他三类固定源所排放的污染物总量还要多。

城市中 CO 浓度每小时的变化情况随城市行车类型而异。例如，早晚上班、下班时间，CO 浓度达高峰值；节假日不上班，则不会出现高峰。又如，车速越高，CO 排出越少，故大城市的交叉道口和交通繁忙的道路上，常常出现高浓度的 CO 污染。因此，良好的交通管理有助于降低城市空气中 CO 的含量。

（2）氮氧化物

造成空气污染的氮氧化物主要是 NO（一氧化氮）和 NO_2（二氧化氮），

中国城市大气污染物来源分类统计 **表 5-6**

污染物		污染物（$\times 10^5$t）						
		CO	硫氧化物	氮氧化物	碳氢化物	颗粒物质	共计	占比 /%
流动源	主要运输（主要是汽车尾气）	76.9	0.3	62.6	19.0	0.7	159.5	51
固定源	能源利用生活源	2.4	6.4	3.6	0.7	20.5	33.6	11
	工业生产（化工等）	21.0	20.7	36.9	3.5	32.4	114.5	36
	集中式污染治理设施	0.2	0.1	0.2	5.6	0.1	6.2	2
共计		100.5	27.5	103.3	28.8	53.7	313.8	100

它们大部分来源于矿物燃烧过程（包括汽车及一切内燃机所排放的NO_x），也有的来自生产或使用硝酸的工厂排放出的尾气，以及氮肥厂、黑色及有色金属冶炼等。

氮氧化物浓度高的气体呈棕黄色，从工厂烟囱排出来的氮氧化物气体，人们称之为“黄龙”。在燃烧装置内，高温下，燃料燃烧用的空气中的O_2和N_2发生反应，生成NO。NO的生成速度随燃烧温度的增高而加大，在300℃以下，产生很少的NO；燃烧温度高于1500℃时，NO的生成量就显著增加。因此，燃烧温度越高，O_2的浓度越大或反应时间越长，则NO的生成量越大。

在空气中，NO可以转化为NO_2，但其氧化速度很慢。排放空气中的NO_2主要来源于燃烧过程。一般空气中的NO对人体无害，但当它转变为NO_2时，就具有腐蚀性和生理刺激作用，因而有害。NO_2还能降低远方物体的亮度和反差，故又是形成光化学烟雾的因素之一。

NO_2会毁坏棉花、尼龙等织物，破坏染料，使其褪色，并能腐蚀青铜材料，还会损害植物生长。在$0.5\times10^{-6}NO_2$环境下持续35天，会使柑橘落叶和发生萎黄病。一般城市空气中NO_2浓度能引起急性呼吸道病变。试验证明，在NO_2每天浓度为$0.006\ 3\times10^{-6}$~0.083×10^{-6}的条件下持续6个月，儿童的支气管炎发病率明显增加。

（3）硫氧化物

矿物燃料中一般都含有相当数量的硫（煤中约有0.5%~6.0%），有的是无机硫化物，有的是有机硫化物。这种燃料燃烧时释放出来的硫多为SO_2，还有少部分SO_3。由表5-6可见，空气中的SO_x有75%以上来自固定源燃料的燃烧，而其中的80%又是燃煤的结果。例如我国某电厂，装机容量达10万kW，每小时耗煤粉48t，其每小时向大气排出SO_2和烟尘约2880kg，一年的排放量大约可达12 600t。

当空气中SO_2浓度大于0.3×10^{-6}时，即可由味道闻出来；而大于3×10^{-6}时，其刺激性臭味则更加明显。SO_2能与水反应生成亚硫酸（H_2SO_3），而SO_3与水反应则生成硫酸（H_2SO_4）。后一反应进行得极快，并生成硫酸气溶胶，所以空气中通常不存在 SO_3 气体。在城市空气的固体微粒中，一般约含有 5%~20% 的硫酸盐。

SO_2 的腐蚀性较大，软钢板在含 SO_2 浓度约为 0.12×10^{-6} 的空气中腐蚀一年失重约 16%。SO_2 会使空气中拉索钢绳的使用寿命缩短，使皮革失去强度，建筑材料变色破坏，塑像及艺术品毁坏；能损害植物的叶子，影响其生长并降低其产量；能刺激人的呼吸系统，尤其有肺部慢性病和心脏病的老年人易受害。此外，SO_2 还有致癌影响，当空气中有微粒物质共存时，其危害可增大 3~4 倍。

（4）悬浮颗粒物

悬浮颗粒物是指悬浮在空气中的微小颗粒，具体包括固体、液体和气溶胶，烟尘、烟雾、云雾等是最常见的形式。根据颗粒物的形成可以将其分为一次颗粒物和二次颗粒物：一次颗粒物是在自然或者人类活动中出现的，如扬尘和火山灰等；二次颗粒物是经过化学反应形成的，如工业排放的废气和汽车尾气等。

颗粒物是空气中普遍存在且危害较大的污染物之一。随着社会经济的快速发展、城市化进程的加快及能源消耗的不断攀升，颗粒物已成为我国城市大气的首要污染物。按粒径大小可把颗粒物分为总悬浮颗粒物（TSP）和可吸入颗粒物（PM_{10} 和 $PM_{2.5}$）。TSP 是指空气动力直径小于或等于 100μm 的颗粒物，PM_{10} 是指空气动力学直径小于或等于 10μm 的颗粒物，其中空气动力学直径小于或等于 2.5μm 的为 $PM_{2.5}$。$PM_{2.5}$、PM_{10} 除了对空气能见度、全球气候变化等产生影响外，还对人体健康产生巨大危害。这是由于 PM_{10} 能够进入人体的呼吸系统，沉积在咽喉与气管等上呼吸系统，而粒径更小的 $PM_{2.5}$ 可以深入到细支气管和肺泡，且难以排出人体。

（5）光化学烟雾（Photochemical Smog）

空气污染的性质视一定地区的种类而定，同时也与该地区的地理和气象条件有关。“伦敦烟雾”和“光化学烟雾”的区别就是很好的例子。伦敦烟雾主要是 SO_x 和微粒（其主要成分是氧化铁）的混合物，经化学作用，生成硫酸而危害人类的呼吸系统；光化学烟雾则是 HC（即汽车排出物）和 NO_x 在阳光作用下发生化学反应而生成的刺激性产物。

光化学烟雾的一次污染物是 NO_x 和 HC。它们在阳光作用下发生一系列复杂的化学反应，结果产生有毒的二次污染物，包括 NO_2、O_3 和 $CH_3C(O)OONO_2$（过氧乙酰硝酸酯，Peroxyacetyl Nitrate，PAN），后两者通常被称为光化学氧化剂。光化学烟雾会刺激眼睛，这是由具有刺激性的二次污染物如 CH_2O、过氧苯甲酰硝酸酯（PB_2N）、丙烯醛引起的；其二次污染物（如 O_3）还会引起胸部压缩，刺激黏膜，引发头痛、咳嗽、疲倦等症状。此外，O_3 还会损害有机物质，如橡胶、棉布、尼龙及聚酯等。

以上仅讨论了大范围内主要的几种污染物，还有一些危害性也很强的局地性污染物（如放射性污染等），请参考有关大气污染的书籍。

作为《环境空气质量标准》GB 3095—2012 中的五项基本污染物，其质量浓度的高低决定着城市大气质量状况，影响着城市环境和居民的身心健康。我国各地区经济发展极不平衡，各城市的污染类型和污染物的排放量存在很大的差异，污染浓度随时间的分布也很不均匀，大气污染物的分布特征具有明显的空间差异性和季节差异性。

（1）空间差异性

由于城市之间的社会、经济发展不平衡等因素，我国城市大气污染物 $PM_{2.5}$、PM_{10} 的高浓度区分布相似，主要集中在华北平原地区、长江三角洲及东北地区，不同气态污染物同一季节主要分布区不同。由于 CO 主要来源于燃料的不完全燃烧，而北方地区是我国煤炭使用量较大的地区，因此也是 CO 浓度的高值区。SO_2 的主要来源是煤炭燃烧，因而山西省也是 SO_2 浓度的高值区；而冬季取暖对煤炭的使用造成了北方及西北地区 SO_2 污染严重。SO_2 浓度在山东省西部也形成了明显高污染区，表明该地区煤炭使用量大。NO_2 来源除了化石燃料利用外，工业和汽车尾气也是重要的污染源。因此，我国除了由燃煤造成的 NO_2 污染区外，汽车保有量大的长三角和珠三角地区的 NO_2 污染也比较严重。由此可见，能源使用问题仍然是造成我国大气污染的主要原因。

（2）悬浮颗粒物与污染气体相关性

悬浮颗粒物主要来源于人类生产、生活活动，如煤炭燃烧、机动车排放等，而这些大气污染源在排放颗粒物的同时，也产生大量的气态污染物，因此，城市大气污染往往是悬浮颗粒物和气态污染物的混合，而雾霾天气往往是多种污染物积累相互作用的结果。我国大部分颗粒物浓度与气态污染物相关性较强，而且 $PM_{2.5}$ 浓度与气态污染物的相关性强于 PM_{10} 与气态污染物的相关性，这主要是由于 PM_{10} 容易沉降，同时 $PM_{2.5}$ 相对较轻，容易像气态污染物一样在大气中积累。

此外，气态污染物 CO、NO_2 和 SO_2 在大气中作为前体物质，在太阳辐射的作用下与 O_3、挥发性有机物（VOCs）发生复杂的光化学反应而完成气一粒转化过程，生成一系列二次颗粒物。深圳市区二次气溶胶的估算表明，二次硫酸盐、二次硝酸盐的生成对 $PM_{2.5}$ 总质量分别贡献了 30% 和 9%，二次有机气溶胶年均浓度占 $PM_{2.5}$ 中有机物质总量的 57%。对成都市区的研究表明，二次无机气溶胶对 $PM_{2.5}$ 浓度的年均贡献为 37% ± 18%。我国气态污染物浓度较高，大气二次颗粒物的生成潜力不容忽视。因此，进行多种污染物共同控制，不仅会直接降低环境空气颗粒物与气态污染物的浓度，而且还会进一步减少大气二次颗粒物的产生，是治理我国城市大气复合型污染的有效途径之一。

（3）季节差异性

我国城市主要污染物 $PM_{2.5}$、PM_{10}、CO、NO_2 和 SO_2 浓度的季节性差异明显，均呈冬季 > 春、秋季 > 夏季的趋势。污染源一般分为自然源和人为源，而城市大气污染物主要来源于人为源。不同季节下人类生产、生活活动强度不同，导致污染物输入有季节差异。同时，大气污染物的输出主要依赖于气象条件，其中大气稳定性和降雨对大气污染物输出有重要影响。对比污染程度差异显著的夏、冬两季，由于冬季供暖，故煤炭的燃烧增加了大气污染物输入；而我国大部分地区处于季风气候区，夏季大气层活动强烈，降雨量大，降雨频率高，故有利于大气污染物的扩散与清除。

研究表明，夏季季风是影响我国东部环境空气颗粒物季节变化的主要因素，而季风带来的降雨则对大气污染物起到了重要的湿清除作用，$PM_{2.5}$ 浓度的高值范围缩小的月份正值我国季风气候期。相反，冬季常出现静稳天气甚至形成逆温层，故不利于大气污染物的扩散与清除。冬季雾霾天气主要是由于垂直逆温与地表弱风速天气造成的污染物大量积累。因此，冬季的大气污染物输入量大和输出条件较差是导致我国城市冬季污染程度远高于夏季的主要原因。由于影响大气污染物输入与输出的气象条件我们暂时无法控制，因此在大气扩散能力较差的冬季，需加强节能减排的力度。

除受人为源影响外，我国北方及西北地区春季受沙尘天气影响显著，有时沙尘天气甚至会波及南方地区，而沙尘会显著增加环境空气颗粒物浓度。在北京 4 月沙尘暴天气下，PM_{10} 浓度可为非沙尘天气下的 5~10 倍，持续时间可达 14h。但沙尘天气下的大风对 SO_2、NO_x 有清除作用，故而 SO_2 和 NO_x 处于较低水平。因此，受沙尘天气影响是春季我国颗粒物浓度较高的不可忽视的原因之一，应加强植被保护，植树造林。我国三北防护林的建设在改善了生态环境的同时，也减弱了沙尘天气的强度。

4. 大气质量标准

防治城市大气污染已成为当今世界各国的普遍任务，而城市大气污染的程度是各式各样的。冰岛首都雷克雅未克利用其得天独厚的地热资源发电、取暖，很少使用煤和石油，全市没有一个烟囱，是“天然暖气化的无烟城市”。然而，世界上大多数城市都是以烟囱林立、汽车活动频繁而著称的，城市中气溶胶和有害气体远比郊区和广大乡村要多。$PM_{2.5}$、PM_{10}、CO、NO_2 和 SO_2 等大气污染物会强烈刺激呼吸系统，并通过呼吸系统进入人体循环系统，从而对人体全身造成严重危害；而暴露在空气中的人们往往同时受各种污染物的影响，会造成诸多疾病甚至死亡。

大气质量标准是一个国家或一个地区所属范围的大气环境污染物质容许浓度的法定限制，对企业、社会和公众都有法律效力，必须遵守执行。大气质量标准常常要有相关的法律或条例作为保障，对违反环境标准，恶化大气质量，危害人体健康和严重破坏生态平衡者，需要追究经济和法律责任。大气质量标准同时又是控制环境污染、评价环境质量及制定国家和地区大气污染物排放标准的依据。

大气环境质量标准是根据污染物的环境基准规定的污染物容许浓度。环境基准是按照污染物对人体危害和生态平衡的影响程度制定的。例如 SO_2，经过大量科学实验表明，SO_2 浓度为 0.1mg/m^3 时，可以保障清洁适宜的生活和劳动环境。从人的健康出发，这个限制不存在问题。然而，植物对 SO_2 较敏感，曾观测到 SO_2 平均值大于 0.056mg/m^3 时会使森林生长缓慢的证据。因此，为保护生态环境，自然保护区、风景旅游区、名胜古迹和疗养地区这些地区的 SO_2 平均值可以定为 0.02mg/m^3，该限制是保护国家生态和舒适美好的生活环境所要求达到的水平。SO_2 浓度为 0.25mg/m^3 可以作为短期暴露极值，如果将此作为日平均值再降低当然更为理想，但是势必需要相应降低一次浓度和年平均值标准，而这将要投入大量投资用于控制 SO_2 排放量，在经济上难以实施。SO_2 浓度为 0.5mg/m^3 可以保障不出现烟雾事件和急性中毒，但慢性中毒可能增加。从许多研究资料得知，如果 SO_2 浓度大于 0.7mg/m^3，并伴有悬浮微粒协同作用于人体，则人将会开始出现死亡现象，类似伦敦烟雾事件。但是一次浓度在这个限值以下时，也有可能使有呼吸道系统疾病的患者病情恶化。因此，应对城市的不同功能区（指工业区、商业区、居住区、清洁区）加以区划，人口稠密的居住区就不能采用这个限值，对清洁区则可以采用 0.25mg/m^3 或更低的一次浓度指标。

《环境空气质量标准》GB 3095—2012 将环境空气功能区分为两类。一类区为自然保护区、风景名胜区和其他需要特殊保护的区域，二类区为居住区、商业交通居民混合区、文化区、工业区和农村地区。其中，一类区适用一级浓度限值，二类区适用二级浓度限值。一、二类环境空气功能区质量要求，见表 5-7。

环境空气污染物的浓度限值 **表 5-7**

类别	污染物项目	平均时间	浓度限值		单位
			一级	二级	
基本项目	SO_2（二氧化硫）	年平均	20	60	μg/m^3
		24 小时平均	50	150	
		1 小时平均	150	500	
	NO_2（二氧化氮）	年平均	40	40	
		24 小时平均	80	80	
		1 小时平均	200	200	

续表

类别	污染物项目	平均时间	浓度限值		单位
			一级	二级	
基本项目	CO（一氧化碳）	24 小时平均	4	4	mg/m^3
		1 小时平均	10	10	
	O_3（臭氧）	日最大 8 小时平均	100	160	$\mu g/m^3$
		1 小时平均	160	200	
	颗粒物（粒径 ≤ 10μm）	年平均	40	70	
		24 小时平均	50	150	
	颗粒物（粒径 ≤ 2.5μm）	年平均	15	35	
		24 小时平均	35	70	
其他项目	TSP（总悬浮颗粒物）	年平均	80	200	$\mu g/m^3$
		24 小时平均	120	300	
	NO_x（氮氧化物）	年平均	50	50	
		24 小时平均	100	100	
		1 小时平均	250	250	
	Pb（铅）	年平均	0.5	0.5	
		季平均	1	1	
	BaP（苯并 [a] 芘）	年平均	0.001	0.001	
		24 小时平均	0.002 5	0.002 5	

注：基本项目在全国范围内实施；其他项目由国务院环境保护行政主管部门或者省级人民政府根据实际情况，确定具体实施方式。

我国对于风环境的研究可以追溯到很久以前，但对城市风环境进行量化分析的现代科学研究则起步较晚。国际上相关研究也是在 20 世纪 60 年代才开始出现，而较为成熟的量化研究则是随着计算机和风洞技术等的发展，直至近 30 年才逐渐丰富起来。在我国，对城市风环境的成熟研究始于 20 世纪 90 年代，并在过去的 20 多年间经历了较为快速的发展。目前对城市风环境的研究日趋多元化，并且往往偏重研究一些具体问题，还没有形成较为统一的理论或方法体系。这一方面是因为城市空间对风场的作用相当复杂，另一方面也是因为不同研究者的知识背景和关注点不同，从而导致了研究目的、意义和方法上存在许多差异。

5.2.1　研究热点

以科学网络引文数据库（CNKI/WOS）为数据源，对城市风环境的研究现状进行分析。关于风环境的研究从 2002 年左右开始逐年增加，2016 年左

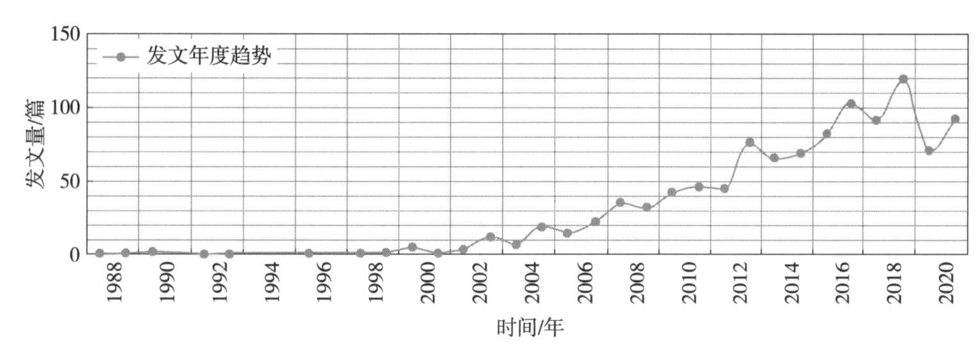

图 5-5　风环境研究发文量趋势

右至今达到相对平稳的水平，如图 5-5 所示。特别是由于技术推动和需求拉动的双重作用，自 2010 年以来，风环境研究进入了高速增长阶段。一方面，风环境的定量研究在很大程度上受到模拟技术的影响和制约，风洞技术和计算机模拟技术的发展为进行大规模定量研究提供了可能；另一方面，过去 20 多年中城市建设快速推进，高层建筑区域大量增加，对城市风环境的营造提出了要求，也推动了相关研究的发展。此外，在气候变化等全球性问题的推动下，相关从业者对城市风环境的重视程度也在不断提高。

同时，风环境的跨学科研究也发展迅猛，已深入到建筑学、环境科学与工程、大气科学等多个学科，并衍生出多个交叉学科主题。表 5-8 所示是多个交叉学科及对应的研究主题。在现有的研究文献中，以建筑物理和建筑技术背景的研究者居多，占到了研究文献数量的 40% 左右；土木工程、环境工程类和大气科学类的研究数量紧随其后。经统计发现，城市规划及城市设计专业背景的研究者，所发表论文数量不足整体的 10%，这从一定程度上表明，从城市规划视角对风环境的关注度还有待提高。

交叉学科研究主题　　表 5-8

相关学科	交叉学科主题
建筑学	自然通风、高层建筑、住宅小区、建筑风环境、建筑布局、绿色建筑
环境科学与工程	流场分布、空气质量、环境问题、污染物扩散、环境风
大气科学	风速测量、风观测、大气边界层、风向角、主导风向、风速分布
土木工程	风洞试验、风荷载、数值风洞、风压系数、高速列车、风压分布
力学	计算流体力学、湍流模型、数值模拟方法、风洞模拟实验、雷诺平均
动力工程及工程热物理	数值模拟、CFD 数值模拟、冷却塔、CFD 解析、冷却数

在所有符合研究要求的文献中，最早发表的时间为 1993 年 9 月。梳理 1993—2022 年国内外有关城市风环境的研究热点和发展趋势，通过对

关键词进行共现分析，根据关键词出现频次和中心性总结城市风环境的研究热点，大致可将城市风环境分为概念定义、测度分析和驱动机理研究三个方面，如表 5-9 所示。其中概念定义的关键词主要有风环境（Wind Environment）、微气候（Microclimate）、主导风向（Wind Direction）、城市风（Urban Wind）和风速（Wind Speed）；测度分析的关键词主要有数值模拟（CFD）、风洞试验（Wind Tunnel）和大涡模拟（Large Eddy Simulation）；驱动机理的关键词主要有城市规划 / 设计（Urban Planning/Design）、通风廊道（Ventilation）、高层建筑（High-rise Building）、建筑布局（Buildings Layout）、热环境（Thermal Environment）、城市形态（Urban Morphology）、城市气候（Climate）和城市热岛（Heat Island）。

结合 CiteSpace 中引用突现检测，分析不同关键词的起止时间与引用突现强度，进一步了解该领域研究热点特征，如图 5-6 所示。CNKI 数据显示，最先引起研究者关注的是高层建筑，其关注强度较高且关注时间长；2001 年，开始对城市风环境的测度分析方法进行研究，首先对风洞试验进行了长

CNKI/WOS 关键词一览表　　表 5-9

分类	CNKI				WOS			
	关键词	频次	中心性	年份	关键词	频次	中心性	年份
概念定义	风环境	181	0.56	1999	Wind Environment	84	0.06	2011
	微气候	8	0.02	2008	Microclimate	21	0.01	2016
	主导风向	6	0.06	2011	Wind Speed	10	0.01	2014
	城市风	6	0.10	2005	Wind Direction	6	0.05	2002
	风速	6	0.04	2015	Urban Wind	3	0.01	2021
测度分析	数值模拟	95	0.36	2001	CFD	83	0.04	2010
	风洞试验	9	0.01	2001	Large Eddy Simulation	51	0.05	1999
	大涡模拟	4	0.00	2009	Wind Tunnel	31	0.04	2001
驱动机理	城市规划 / 设计	63	0.26	2003	Urban Planning/Design	62	0.05	2012
	通风廊道	33	0.05	2015	Heat Island	59	0.03	2013
	高层建筑	16	0.10	1996	Climate	52	0.09	2008
	建筑布局	12	0.01	2012	Buildings Layout	51	0.04	2010
	热环境	9	0.00	2003	Ventilation	44	0.03	2013
	城市形态	9	0.04	2015	Thermal Environment	20	0.01	2016
	城市气候	8	0.11	2010	Urban Morphology	6	0.01	2021
	城市热岛	6	0.02	2008	High-rise Building	3	0.01	2021

关键词	年份	突现强度	突现开始	突现结束	1996—2023
风环境	1999	4.81	2018	2019	
通风廊道	2015	4.49	2015	2020	
城市风道	2016	4.24	2016	2019	
风洞试验	2001	3.34	2020	2023	
高层建筑	1996	2.78	2008	2013	
城市风	2005	2.65	2005	2011	
城市形态	2015	2.44	2019	2023	
建筑布局	2012	2.36	2012	2013	
城市规划	2003	2.23	2013	2014	
模拟分析	2016	2.10	2016	2017	
风速	2015	2.01	2015	2016	
通风潜力	2020	1.95	2020	2021	
城市隧道	2007	1.92	2007	2009	
西安市	2015	1.91	2015	2017	
微气候	2008	1.90	2017	2018	
主导风向	2011	1.89	2019	2020	
城市热岛	2008	1.77	2020	2023	
自然通风	2012	1.76	2012	2014	
风道规划	2017	1.73	2017	2019	

Keywords	Year	Strength	Begin	End	1997—2023
Flow	1997	5.47	2008	2013	
Dispersion	1999	8.69	2010	2015	
Street Canyon	1997	6.42	2011	2014	
Transport	2011	3.04	2011	2018	
Numerical Simulation	2007	3.19	2012	2015	
Turbulence	1997	4.35	2013	2017	
Temperature	2012	4.63	2014	2016	
Hong Kong	2016	5.76	2016	2019	
Hot	2016	3.94	2016	2018	
Built Environment	2016	3.91	2016	2019	
Vegetation	2011	3.00	2016	2018	
CFD Simulation	2012	3.38	2017	2018	
Wind Energy	2019	4.82	2019	2021	
Density	2019	3.10	2019	2021	
Turbulent Flow	2020	3.09	2020	2021	

图 5-6 CNKI/WOS 关键词突现分析

时间的研究，随后模拟分析成为研究的热点并延续至今；2012 年城市化问题加重，研究者开始寻求解决方法，对优化策略进行研究，如通风廊道、城市形态、建筑布局、风道规划等。从 WOS 数据来看，研究关注点和热点突现时间存在一定差异，首先是街道峡谷（Street Canyon）在城市风环境研究中得到关注；2007 年开始，数值模拟（Numerical Simulation）等测度分析方法得到重视；2011 年以后，研究者开始关注优化策略，如建筑环境（Built Environment）、植被、密度（Density）等。目前，在建筑与城市规划领域运用城市气候学的研究成果，在规划设计中，实现对风环境的调控和优化，形成标准化的模式语言，指导城市通风廊道的建设及实际的建筑设计，是国内外关注的热点。这一热点当前集中表现在通风廊道、减缓雾霾及大气污染等方面的相关研究。研究技术方面，也呈现从实地测量、实验室风洞模拟到开展数值模拟的趋势。

综上所述，城市风环境研究的主要内容分为以下 5 个层面：城市环境气候图、城市中心区及城市通风廊道层面、城市街谷层面、居住区或建筑群层面及单体高层建筑层面。

1. 城市环境气候图

世界上已经有很多国家进行了关于城市气候图的相关研究，并应用它开展相关的气候规划实践与指导。德国卡塞尔市利用地理信息系统叠加建筑体积、城市热岛分布、土地用途、地形高度等因素构建城市气候分析图，并通过解析得出城市气候规划建议图，从规划视角出发提出改善城市气候的总体规划目标。德国斯图加特市在城市气候分析图中识别出冷空气集聚的区域，并指导了土地利用图的修改，最终加强了城市气流的交换，并将冷空气引入城市内部。城市环境气候图主要是从宏观的角度分析城市及其周边的风环境特征，对于总体、宏观地把握城市风环境状况具有指导意义。

2. 城市中心区及城市通风廊道层面

城市中心区的风环境由于受建筑、街道、绿地和开敞空间等多方面的影响，其风环境相对复杂。曾勇对厦门市环东海域进行风环境分析，结合模拟结果分析得出环东海域空间形态的优化设计策略。曾穗平通过对天津市中心城区的风热环境进行模拟分析，解析天津中心城区风道的现状问题，基于“源—流—汇”理论提出风热环境耦合优化策略。目前，关于构建城市通风廊道的研究也逐渐增多。刘红年等以杭州市为研究对象，利用城市高分辨率地表类型、城市建筑等资料，对构建通风廊道的影响进行研究，发现通风廊道对增加风速、降低气温、提高湿度都有明显的作用。张云路等以晋中市为例，在识别城市通风潜力的基础上，结合城市绿地系统的合理布局，优化通风廊道的布局和建设。周媛等以沈阳市为例，通过 CFD 数值模拟与评估去优化城市绿地空间布局的方法，完善城市通风廊道的构建。相对来说，在解决城区风环境问题时，大多数研究采用的措施是以构建城市通风廊道来改善城市风环境，因此目前关于城市通风廊道的研究成果相对较多，是城市风环境研究城市规划实际应用中较为普遍的方法。

3. 城市街谷层面

城市街谷是指由城市街道及两侧建筑所形成类似“峡谷”的空间，其可以作为通风廊道的主要载体，同时也是人群活动较为集中的区域。王振在城市街区结合风环境与热环境等影响因素，对微气候进行研究，通过对各因子的分析，总结出改善微气候的城市街谷设计策略。尹杰以街道形态为研究对象，利用地理信息系统和 CFD 数值模拟的方法，归纳街道朝向、街道长度等指标作为风道划分的评价标准，实现对城市建成区的评价。蒂莫西 · R. 奥克（T.R.Oke）通过对不同形式的城市街道进行研究分析，以探索其布局特点与城市微气候之间的关联。

4. 居住区或建筑群层面

因为居住区或建筑群直接影响居民的生活感受，所以相关研究在近几年的数量逐渐增多。岳梦迪以北京市为研究地点，通过对板式高层居住区设计中各类建筑设计要素和居住区内、外部环境进行风环境模拟分析，得出各类设计要素对人行区域风环境的影响规律，并形成相应优化方法。于子越以哈尔滨市为研究地点，通过对具有不同空间形态的高层混合住区风环境进行综合分析，提出了相关设计策略。应小宇通过对筛选出的 8 种建筑群布局的风环境分析，发现可利用改变建筑朝向实现优化高层建筑群周围风环境的目的，并以杭州市钱江新城四季青路地块为例提出设计参考。

5. 单体高层建筑层面

单体高层建筑主要因其对风的阻碍较大，常在其建筑底部形成强风区，从而影响人的舒适度。徐晓达利用风洞试验，系统分析了建筑的尺寸参数、形体参数及朝向对其周边行人风环境的影响，结合相关性分析，提出了一种适用于北京地区的行人风环境评估模型。

5.2.2 研究方法

目前，城市风环境研究的主要方法有三种。

1. 现场实测

对于城市风环境实测方面的研究从1970年开始，逐渐应用于单个建筑和建筑物群体的风环境研究中。1975 年维伦（Wiren）对两个单体建筑的中心线上的平均风速进行了实测研究，该研究还停留在建筑物为外形简单和排列规则的基础阶段。斯塔索普洛斯（Stathopoulos）等对不同高度和不同风向角下的建筑物之间过道的风速进行了实测研究，通过分析得出了其风场的湍流分布特征。修佐（Shuzo）等为了对东京市区某高层建筑周围的风环境状况进行评估，在建筑物周围布置观测点以长期监测其风速状况，并对高层建筑的周围风场特征进行了初步研究。阿尔库拉安（Al-Quraan）等为了对城市风环境进行完整评估，采用了实测与风洞试验结合的方法，该方法将气象站实测的风速信息作为风洞试验的入流条件，在大气边界层风洞中评估城市风环境。

相比于平原、山区等地区，城市风场的实地测量局限性较大。城市风场实地测量需要在现场考察并在关键位置设置测风塔，长期连续观测风速和风向后，再进行城市风资源的评估，相对而言周期较长。虽然现场实测能够比较真实地反映现场的风资源状况，但其本身受限于测风塔的数量，若想获得现场全尺度的风场信息，则十分耗费人力和财力；并且现场实测也只能是记录单次或多次风场结果，数据有限。

2. 风洞试验

建立城市目标建筑群的缩尺模型，在大气边界层风洞中进行风洞试验测量。随着大气边界层风洞试验室设备和技术的持续更新，风洞试验作为被广泛接受的一种研究手段也被运用于城市风环境的各项研究工作中。李彪等提出了表达建筑物群体不均匀性的形态学参数化方法，完成了正交旋转组合设计的风洞试验方案，对所建立的形态学参数进行了初步的风洞试验研究，同时利用风洞试验方法研究了建筑群各形态学参数对拖曳力的影响。Hagishima

等为了研究现实城市中建筑群布局对城市风场的影响，开展了风洞试验，采用了城市建筑交叉排列、钻石形排列、方格排列、混合排列四类布局方式，而 Cheng 等则是研究了对齐排列和交错排列两种布局。Sharples 等对孤立、理想的城市建筑模型开展了大气边界层风洞试验研究，通过监测建筑物表面的风压，以研究目标建筑的风环境特征。Fuka 等对等高阵列中包含个别高层建筑的理想化建筑群开展了风洞试验研究，探讨了建筑物群体风环境对风向的敏感性；同时将竖向通量分为对流和湍流两部分，分别评估了风向变化和高层建筑的存在对通量分量的影响。

风洞试验灵活性大，直观性强，同时实验条件比较容易控制。但是，综合考虑费用、周期及结果精度等因素，风洞试验相比于现场实测方法并不具有明显优势。此外，由于自身体积及模型比例的限制，对更大区域城市风场的风洞模拟还有待进一步的研究。

3. 数值模拟

求解城市风场的数值方法较多，其中采用 CFD 方法能够模拟大气边界层中的湍流在建筑周围产生的撞击、分离、环绕、再附等现象。采用 CFD 数值模拟城市风环境中的风能分布，具有费用低、周期短，便于模拟真实环境、描述流场细节和给出流场定量结果的优点。但是，由于计算流体力学中不同湍流模型均作了一定的假设，故对数值仿真结果精度造成了一定的影响。

虽然采用 CFD 方法还存在着湍流理论发展略有不成熟、受到计算机计算资源限制等问题，但是现有湍流模型、方法的计算精度总体上可以满足工程需求。一方面，随着理论研究的进一步深入和计算能力的提高，数值模拟应用将会越来越广泛，并成为未来的发展方向；另一方面，基于现场实测的风资源评估必须结合数值模拟结果共同使用，才能预测全流域风场。

5.3.1 城市风场特征

城市风场是不同尺度的辐合热力环流和微弱的盛行风综合作用的结果。此外，受城市下垫面建筑布局、建筑高度与密度、绿地与旷地面积及分布状况等的影响，城市风场的基本特征表现为风向不规则、平均风速小于郊区、局部强风和局部风影等。城市规模和城市扩展模式是影响城市风场特征的两个重要因素。高度城市化的区域，在下垫面类型中，建筑占比较高且密集，当自然风吹过城市时，气流主要从建筑上方通过，只有少量气流进入建筑与街区下层空间，因此建筑界面上、下部分是两个环境特征差别极大的系统。城市内部风场有两个显著特点，第一个是流经城市的盛行风被大幅度削减；第二个是盛行风与城市内部热力环流之间互为生消关系，当盛行风微弱时，城市内部温度不均产生局地热力环流，形成的空气流动较为明显。基于这两个特点，城市规模越大，下垫面建筑对自然风的阻碍就越大，盛行风进入城市建筑街区空间就越微弱，同时其内部不同尺度的热力环流也就越明显，因而风场也越表现出复杂性和多样性。城市内部风环境如图 5-7 所示。

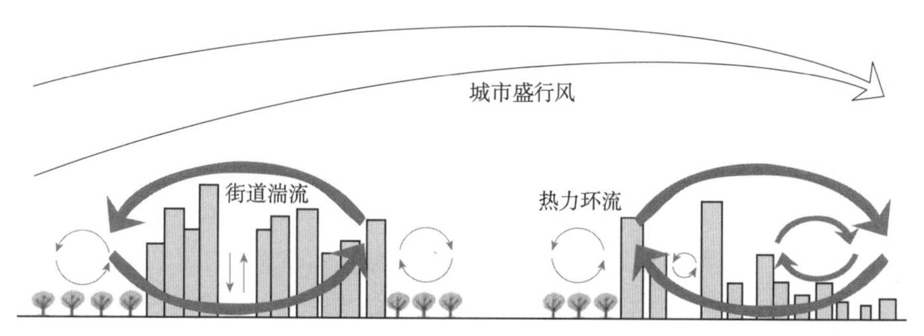

图 5-7 城市内部风环境

（图片来源：司马晓，李晓若，俞露，等 . 城市物理环境规划方法创新与实践 [M]. 北京：中国建筑工业出版社，2020.）

城市扩展模式指城市空间发展过程中表现出的共同形态特征和规律。通常，城市扩展模式可分为圈层蔓延扩展模式、组团结构模式和轴向扩展模式等。

1. 圈层蔓延扩展模式

圈层蔓延扩展模式是基于同心圆理论的城市空间开发，这是平原地区比较常见的城市形态，各组成部分比较集中，连成一片以便于集中设置生活服务设施，方便居民生活，便于行政管理，节省市政建设投资。然而，设施集中容易造成环境问题。与组团式城市多中心不同，对于圈层式城市而言，扩张大多以市中心的位置向外画同心圆，中心只有一个。该模式主张以城市为中心，逐步向外发展。研究表明，这一类城市的城市风场表现为典型的城市与郊区复合热岛环流。随着城市规模增大，城市风场的环流特征逐渐消失，并表现出复杂的、由局地环流主导的特性。尤其是当高层建筑在城市外围时，由于其挡风作用，城市中心可能会因为无风而频发污染。

2. 组团结构模式

组团发展城市指一个城市分成若干块不连续的用地，城市组团之间通常被农田、山地、比较宽的河流、大片森林等分割。对于组团发展的城市群来说，其内部的风场模式和其组团规模、组团分隔方式密切相关。当城市规模较大时，上风向组团与下风向组团的风场状况存在差异，盛行风对上风向组团影响显著，对其他组团影响不显著。组团内部局地热力环流的性质由组团的分隔方式决定，组团由山体、绿带、水面开阔的河流等分隔时，每个组团能产生适宜的河风、林源风等环流，有利于城市环境的改善。同时，组团模式由于具有多个热场中心，故能将中心的热力环流分解为若干局地环流，有利于缓解老城中心的污染集聚。

3. 轴向扩展模式

轴向扩展模式指城市范围以城市扩展轴为中心向外扩散。城市扩展轴可分为自然和人工两大类，自然的扩展轴指河流、山脉等，人工的轴线主要是道路。对于轴向扩展模式，城市顺风规模、城市顺风向角度、城市发展轴类型均可影响城市风场。当盛行风风向与城市发展轴垂直时，城市与流动空气的交互面积大，而其相对较小的纵深使郊区自然风易于到达建成区内部；与之相对的是，当盛行风风向与城市扩展轴平行时，顺轴向扩展规模越大，城市内部通风越不畅。当扩展轴为山林和河流时，河流和山林能在城市内部形成山风或河风。

5.3.2 风向类型与规划设计

1. 风向类型和分区

气象工作者指出，城市规划设计时应考虑不同地区的风向特点。我国的风向应分为 4 个区。

（1）季风区

季风区的风向比较稳定，冬偏北，夏偏南，冬、夏季盛行风向的频率一般都在 20%~40%，冬季盛行风向的频率稍大于夏季。我国从东北到东南大部分地区属于季风区。

（2）主导风向区（单一盛行风向区）

主导风向区一年中基本上是吹一个方向的风，其风向频率一般都在 50% 以上。我国的主导风向区大致可分为Ⅱa 区、Ⅱb 区和Ⅱc 区 3 类。Ⅱa 区常年风向偏西，我国新疆的大半部和内蒙古及黑龙江的西北部基本上属于这个区，显然蒙古人民共和国也在这个区。Ⅱb 区常年吹西南风，我国的广西、云南南部属于这个区。Ⅱc 区介于主导风向与季风两区之间，冬季偏西风，频率较大，约为 50%；夏季偏东风，频率较小，约为 15%。青藏高原基本上在Ⅱc 区内。

（3）无主导风向区（无盛行风向区）

无主导风向区的特点是全年风向多变，各向频率相差不大且都较小，一般都在 10% 以下。我国的陕西北部、宁夏等地在这个区内。

（4）准静风区

准静风区简称为静风区，是指风速小于 1.5m/s 且频率大于 50% 的区域。我国的四川盆地等属于这个区。

2. 城市规划布局方法

应用气候学家朱瑞兆先生提出了如下城市规划布局的基本原则。

（1）季节变化型

季节变化型是指风向冬、夏变化一般大于 135° 而小于 180°。在此情况下进行城市规划时，应参照该城市 1 月份、7 月份的平均风向频率，把工业区按当地最小风频的风向，布置在居住区上风方向。

（2）单盛行风向型

单盛行风向型是指风向稳定，全年基本上吹一个方向上的风。在此类地区进行城市规划时，应将工业区布置在盛行风的下风侧，居住区布置在上风侧。

（3）双主型

双主型是指风向在月、年平均风玫瑰图上同时有两个盛行风向，且其两个风向间角大于 90°。例如，北京同时盛行北风和南风，其工业布局应与季节变化型相同。

（4）无主型

无主型的特点是全年风向不定，各个方位的风向频率相当，没有一个较突出的盛行风向。在此情况下，可计算该城市的年平均合成风向风速，将工业区布置在年合成风向风速的下风侧，居住区在其上风侧。

（5）准静风型

准静风型的特点是：静风频率全年平均值在 50% 以上，有的甚至高达 75% 以上，年平均风速仅为 0.5m/s；静风以外的所谓盛行风向，其频率不到 5%。在准静风型地区，根据计算的结果，污染浓度极大值出现的距离大致是烟囱高度 10~20 倍远的地方，因此生活居住区应安排在这个界线以外。

北京大学杨吾扬先生等指出，在我国应根据盛行风向来考虑城市和工业区的布局规划，不宜采用主导风的原则。他们分析了我国季风风向变化规律，并结合风向旋转和最小风频来考虑其对规划布局的影响，同时参考我国气象学界已有的成果，编制了应用于城镇规划设计的中国风向区划。根据风向类型，运用盛行风向、风向旋转、最小风频等指标，可将城镇功能区布局分为 10 个类型，如图 5-8 和表 5-10 所示。

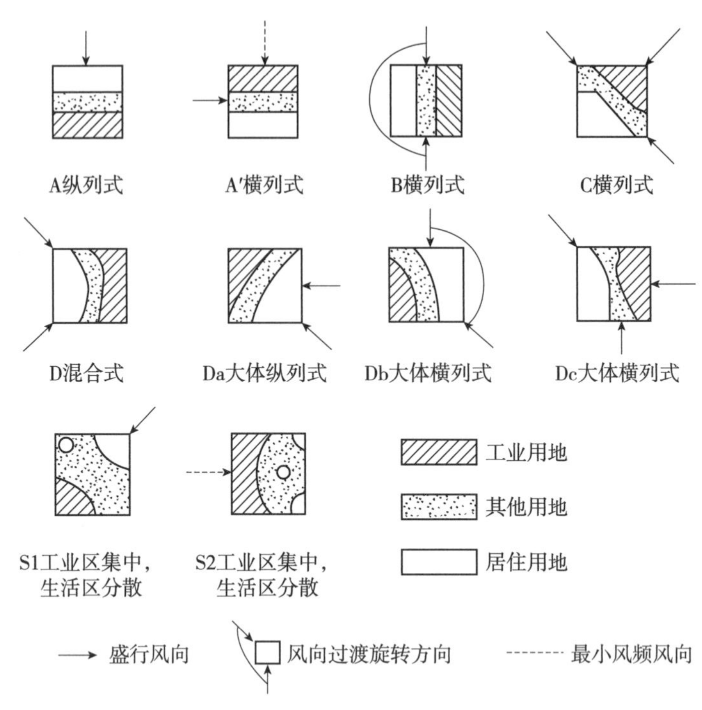

图 5-8　城市布局典型图示

（图片来源：刘加平，等 . 城市环境物理 [M]. 北京：中国建筑工业出版社，2011.）

风向与城市功能区的布置　　**表 5-10**

<table>
<tr><th colspan="2">风向类别</th><th>符号</th><th>沿风向功能区格局</th><th>指标</th><th>生活区</th><th>工业区</th></tr>
<tr><td colspan="2" rowspan="2">单一盛行风</td><td>A</td><td>纵列式</td><td>盛行风向</td><td>上风</td><td>下风</td></tr>
<tr><td>A′</td><td>横列式</td><td>最小风频</td><td>下风</td><td>上风</td></tr>
<tr><td colspan="2" rowspan="3">对应盛行风 180℃</td><td>B</td><td>横列式</td><td>风向旋转</td><td>本侧</td><td>对侧</td></tr>
<tr><td>C</td><td>横列式</td><td>最小风频</td><td>下风</td><td>上风</td></tr>
<tr><td>D</td><td>混合式</td><td>风向夹角</td><td>内侧</td><td>外侧</td></tr>
<tr><td rowspan="3">夹角盛行风</td><td>90°</td><td>Da</td><td>大体纵列式</td><td>盛行风向</td><td>上风</td><td>下风</td></tr>
<tr><td>45°</td><td>Db</td><td>大体横列式</td><td>风向旋转</td><td>本侧</td><td>对侧</td></tr>
<tr><td>135°</td><td>Dc</td><td>大体横列式</td><td>最小风频</td><td>下风</td><td>上风</td></tr>
<tr><td colspan="2" rowspan="2">静风为主</td><td>S1</td><td>工业区集中，生活区分散</td><td>次大风频</td><td>上风</td><td>下风</td></tr>
<tr><td>S2</td><td>工业区集中，生活区分散</td><td>最小风频</td><td>下风</td><td>上风</td></tr>
</table>

以上所讨论的我国城市规划风向分区及在规划设计中的应用只是针对大气边界层内较大范围风向而言，在实际规划设计中，各地的风向、风速往往因受地形、地物、局地气温等许多因素的影响而产生各有特点的局地风，如热岛环流等，这是每个设计人员所必须注意的。

5.3.3 城市通风廊道规划

城市通风廊道（Urban Ventilation Channel）是指以提升城市的空气流动性、缓解热岛效应和改善人体舒适度为目的，为城区引入新鲜冷湿空气而构建的通道。通过对城市的规划现状、土地利用、气象和地理等资料进行统计，对市域范围进行背景风环境研究、通风量计算、地表通风潜力估算、城市热岛强度计算及绿源识别，可在城市总体 / 区域规划层面构建城市主通风廊道和次级通风廊道，以期利用城市风道促进城市空气循环，从而改善城市热岛效应，并降低空气污染。

1. 主通风廊道

城市主通风廊道应与软轻风下的主导风向基本平行，在现有用地覆盖无法完全满足的情况下，两者夹角应小于 30°。主通风廊道的宽度应不小于 200m，长度大于 5000m 为宜，以能形成贯穿整个城市的廊道为最优。

在规划时，主通风廊道应沿着通风潜力较大的狭长地区构建。在构建过程中，要连通绿源与城市中心，打通重点弱通风量分布区，达到阻隔城市热岛连片、集中发展的目的。

此外，在用地上，除增加可行的通风廊道用地外，可依托城市现有主要交通干道、天然河道、绿化带、已有高压线走廊、相连的休憩用地、非建筑用地等空旷地作为廊道的载体。

2. 次级通风廊道

城市次级通风廊道应与软轻风下的次主导风向平行，在现有用地覆盖无法完全满足的情况下，两者的夹角应小于 30°。城市次级通风廊道的宽度应不小于 50m，同时，廊道内障碍物垂直于气流流动方向的宽度应尽量小于廊道宽度的 10%，其长度以大于 1000m 为宜。

在规划时，次级通风廊道应沿着通风潜力较大的地区构建。在构建过程中，要使其连通绿源与建成密集区，达到降低城市热岛强度的目的。除此之外，次级通风廊道应尽量弥补城市主通风廊道在现有用地覆盖下无法保证的“断头”廊道区域，特别是局地弱通风量区域，且其方向应利于与城市主通风廊道相连成网络，达到辅助和延展主通风廊道通风效能，以及沟通、连接局地绿源和风环境较差区域的功能。在用地上，除增加可行的通风廊道用地外，可依托城市现有街道、公园、河渠、建筑线后移地带及低矮楼宇群等作为廊道的载体。

除了前述属于大天气系统决定的风向类型之外，各风向分区内还会由于各地点所处地理环境不同而产生局部地区性环流。局地环流是指中、小尺度的区域性环流。除热岛环流外，局地环流还包括山谷风、海陆风等。因此，规划设计时，要考虑各个环流类型的风速、风向对城市环境、小区环境的综合影响，抓住主要矛盾。

5.4.1 局地环流

1. 山谷风

山谷风多发生于较大的山谷地区或平原相连地带，其风向具有明显的日变性。在山区，白天地面风通常从谷地吹向山坡，夜间地面风常从山坡吹向谷地。在白天，山坡受到太阳辐射比谷地强，山坡上空气增温多，而山谷上空同高度的空气因离地面较远故增温较小，于是山坡上的暖空气不断上升，并从山坡上空流向谷地上空，谷底的空气则沿山坡向山顶补充，这样便在山坡与山谷之间形成一个热力环流。下层风为谷底吹向山坡，称为谷风。到了夜间，则形成与白天相反的热力循环。山坡上的冷空气因密度大，顺山坡流入谷地，谷底的空气因汇合而上升，并从上面向山顶上空流去。下层风是由山坡吹向谷地，称为山风。图 5-9 定性地表示了谷风和山风的形成过程。

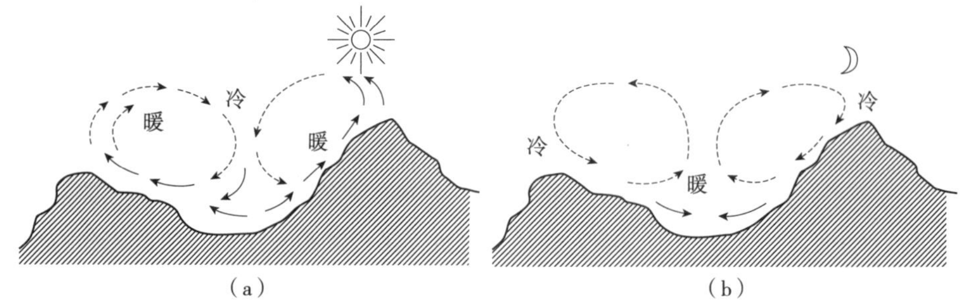

图 5-9 山谷风的形成过程
（a）谷风；（b）山风
（图片来源：刘加平，等 . 城市环境物理 [M]. 北京：中国建筑工业出版社，2011.）

白天谷风，夜间山风，其风向是基本稳定不变的。山风和谷风两频率大致相等，各占约 40%。相对而言，谷风的风速要大于山风，谷风的风速约为 1.3~2.0m/s，山风的风速约为 0.3~1.0m/s，这是因为太阳辐射照射山坡表面的增温强度要大于山坡表面长波辐射散热的降温强度。

由山谷风的形成过程可知，阴雨天因山坡表面接收不到太阳辐射，长波辐射散热亦困难，故山谷风的风速接近于零。此外，山谷风的风速与山坡几何尺度成正比关系，山坡表面由谷底至山顶尺度愈大，则风速愈大，反之则小。当然，山谷风亦与山坡的朝向、山坡面与太阳辐射光线的垂直程度有密切关系。

对于较大尺度的山谷，循环往复式环流会加重该地区的大气污染。谷底工厂或生活排向大气中的污染物，在背景风速较小情况下，不易向远处扩散，随着热冷空气的循环，会形成所谓的倒灌式污染。山谷地带逆温现象的频繁出现更加重了这种污染。

很多人认为墨西哥城是地球上污染最严重的城市，这与它的山谷地形不无关系。密集的人口、3.5 万家工厂和 300 万辆汽车，再加上墨西哥市的地理地形位置和亚热带气候，使该市居民饱受极差空气质量之苦。

墨西哥城海拔 2250m，在这个高度上 O_2 浓度只有海平面的四分之一。这意味着燃料的燃烧效率非常低，即使新车也会排放出大量污染物。该市处于群山和火山峰环绕之中，形成典型的山谷风，外部空气只能从城市的东南部进出这个高海拔盆地。每年的 11 月至第二年的 4、5 月是墨西哥城的干燥冬季，经常出现逆温现象。山谷风使冷空气沿山边下降，进入城市盆地，被城市热岛效应产生的热空气盖在下面，使逆温现象进一步增强。每天的逆温一般会持续到上午的中段时间。此外，海拔和纬度（北纬 19°）的关系，墨西哥城冬季光照充足，从而导致强烈的光化学活动。由于墨西哥城经常不刮风或者风很小，故城市里产生的任何污染物都不易扩散出去，常常会积累到非常高的浓度。

2. 海陆风

海陆风也是受热力因素作用而形成的。白天，地面与海洋面受太阳辐射增温程度不同，陆地增温强烈，陆地上空暖空气流向海洋上空，而海面上冷空气流向陆地近地面，于是形成海风。夜间，陆地地面向大气进行热辐射，其冷却程度比海洋面强烈，于是海洋上空暖空气流向陆地上空，而陆地近地面冷空气流向海面，于是又形成陆风。图 5-10 定性地描述了海陆风的形成过程。

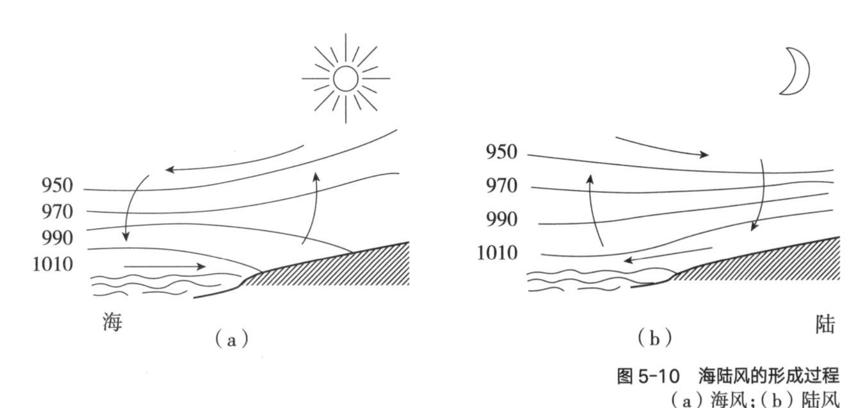

图 5-10　海陆风的形成过程

（a）海风；（b）陆风

（图片来源：刘加平，等 . 城市环境物理 [M]. 北京：中国建筑工业出版社，2011.）

海陆风影响的范围不大，一般沿海地区比较明显。海风通常深入陆地20~40km，高达1000m，最大风力可达5~6级；陆风在海上可伸展8~10km，高达100~300m，风力不过3级。在温度日变化和海陆之间温度差异最大的地方，最容易形成海陆风，故热带地区的海陆风最显著，而中高纬度地区的海陆风比较微弱。我国海岸线所在纬度为46.5°~18.5°，沿海受海陆风的影响由南向北逐渐减弱，南方海南岛榆林受海陆风影响较显著，北方辽河入海口处受海陆风影响较弱。此外，在我国南方较大的几个湖泊、湖滨地带，也能形成较强的所谓“水陆风”。

在沿海地区的城市和工厂，夜间污染物随陆风吹向海洋，白天污染物又随海风吹回陆地，造成沿海附近地上污染物循环累积，局地污染加重。

在海风和陆风转换期间，即日出约1~2h后，从海面吹向陆地的暖空气，与由于日出后陆地增温而在较高的气层中产生气流流向海面方向的气流相遇，这里沿海附近陆地的气温低于海面吹向陆地空气的气温，这样，暖空气与冷空气相遇，暖空气压在冷空气之上，于是形成了一个封闭的逆温。

此外，如果沿海内陆大范围的盛行风和海风方向相反，因海风的温度低，所以它在下层，从陆地吹向海面的盛行风温度高，故暖气流在上流，冷、暖空气相遇的交界面上，就形成一层倾斜的逆温顶盖，如图5-11所示。由图可见，在沿海近岸处的烟囱排出来的烟气被封闭型逆温层罩住，难以扩散，这样会造成沿海近处地区污染物浓度增大。而在离海岸线较远的烟囱排出来的烟气，受封闭型逆温层影响很弱或无影响。

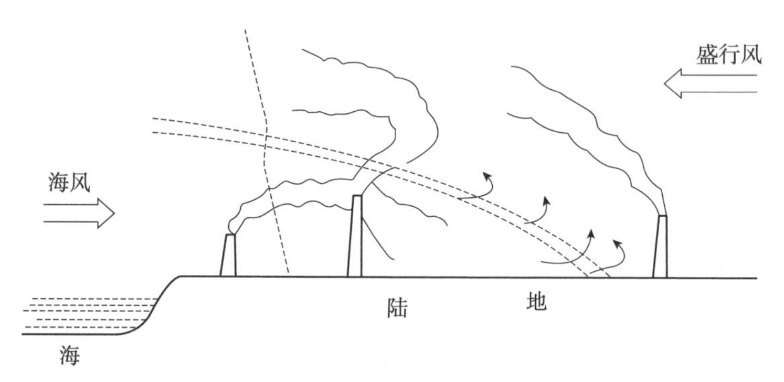

图5-11　海风入侵时污染物输送状况示意图

（图片来源：刘加平，等．城市环境物理[M]. 北京：中国建筑工业出版社，2011.）

由于海陆风作用而发生严重污染的著名城市之一为雅典，其地形为一面临萨罗尼克海湾，三面环山。在海陆风的循环作用下，污染物在雅典盆地不容易扩散。这里属地中海气候，阳光强烈，气温较高，再加上风速比较小，故在海陆风的作用下经常出现逆温，造成大气中出现高浓度污染物，特别是O_3和NO_2这样的光化学污染物。同洛杉矶一样，海风对雅典地区O_3的形成有明显影响。第一天 O_3 在该市上空形成后就会被晚间的陆风吹到海上并继续随风在高空飘荡，因而难以被消耗掉；第二天一早这些 O_3 又被海风吹回雅典上空，降至地表，使地表 O_3 浓度迅速升高。

3. 过山风和下坡风

在山脉的背风坡，由于山脉的屏障作用，通常风速较小，但在某些情况下，气流越过山后，在山的背风面一侧会出现局地较强的风，这种自山上吹下来的局地强风，称下坡风，如图 5-12 所示。气流在山的迎风面，因受山脉阻挡，使空气在此堆积并沿着迎风坡上升，这时流线密集，形成正压区；气流过了山顶之后则流线稀疏，形成负压涡流区，气流沿山坡下滑，其下滑速度往往较大。

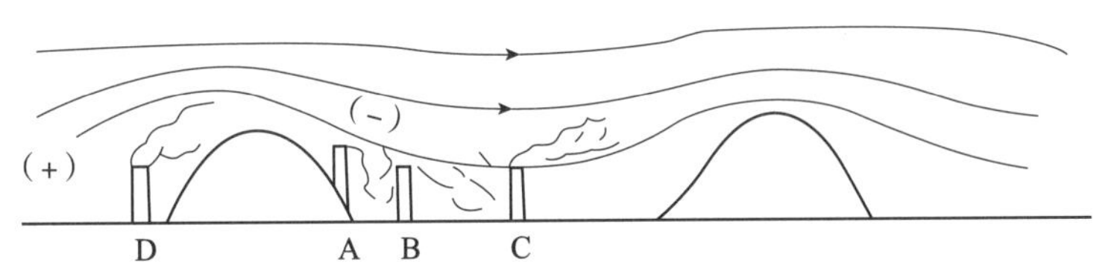

图 5-12　过山风示意图

（图片来源：刘加平，等 . 城市环境物理 [M]. 北京：中国建筑工业出版社，2011.）

在山区建立工厂要注意过山的下坡风对大气污染的影响，且其在山两侧的不同位置时影响有很大相同。为方便起见，选择 A、B、C 和 D 四点加以说明。A 点由于山峰的阻挡扰动气流的作用，使气流在背风坡反气旋性弯曲，工厂烟囱排放出来的烟气在原地打转，造成局部地区污染程度高。B 点正好在背风坡，受下压的过山气流的影响，烟囱冒出来的烟气很快在下风向落地，造成局地高浓度。C 点位于山谷中间，烟囱排放出来的烟气正好处于比较平直的气流中，污染物随气流可被带到较远的地方，不会造成局地高浓度。D 点在迎风坡下沿的地方，烟囱冒出来的烟气随气流翻越山顶，所以在迎风坡不会造成高浓度；但是，应当注意污染物在背风坡堆积，造成高浓度。

在复杂地形的山区建立工厂既要考虑大气污染，又要考虑岩石因不稳定滑坡、山洪暴发而产生的泥石流及下坡风速的影响。对于大型山脉，下坡风速度可高达 40m/s 以上，这样高的风速将会对地面基础设施造成严重破坏。

5.4.2　建筑组群周边风场

就整体而言，城市的平均风速比同高度的空旷郊区要小，但在覆盖层内部，流场的局地差异性很大。有些地方成为“风影区”，风速极微；但在特殊情况下，某些地方的风速亦可大于同时间同高度的郊区。造成上述差异的主要原因有两个：第一是由于街道的走向、宽度及两侧建筑物的高度、形式和朝向不同，使各地所获得的太阳辐射能有明显的差异。这种局地差异，在盛行风速微弱或无风时会导致局地热力环流，从而使城市内部产生不同的风向风速。第二是由于盛行风吹过城市中鳞次栉比、参差不齐的建筑物时，因阻碍摩擦效应产生不同的升降气流、涡动和绕流等，从而使风的局地变化更为复杂。

当盛行气流遇到建筑物阻挡时，主要应考虑其动力效应。对单一建筑物而言，在迎风面上一部分气流上升越过屋顶，一部分气流下沉降至地面，还有一部分则绕过建筑物两侧向屋后流去。考虑到城市建筑物分布的复杂性，此处例举一种由几幢建筑物组合分布的形式，即在上风方向有几排较低矮、形式相似的房屋，而在下风方向又有一高耸的楼房矗立，如图 5-13 所示。在盛行风向和街道走向垂直的情况下，两排房之间的街道上会出现涡旋和升降气流，街道上的风速受建筑物的阻碍会减小，产生“风影区”。但若盛行风向与街道走向一致，则因狭管效应，街道风速会远比开旷地区强；如果盛行风向与街道两旁建筑物成一定交角，则气流呈螺旋形涡动，有一定水平分量沿街道运行。

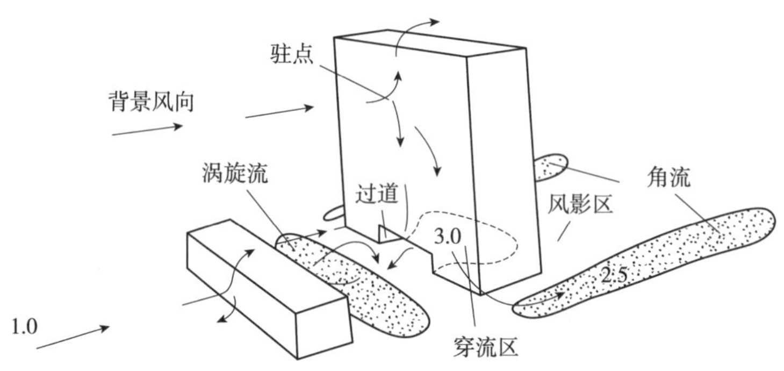

图 5-13　气流受到建筑物阻挡后的分布情况

（图片来源：刘加平，等 . 城市环境物理 [M]. 北京：中国建筑工业出版社，2011.）

从图 5-13 可以看出，当盛行风直吹到高层建筑物迎风墙时，在建筑总高度 H 的 2/3~3/4 高度处墙的中央受风的冲击存在一驻点，气流从此驻点向外辐射，其中一部分沿墙面上升经过屋顶后在背风面形成背风涡旋，另一部分则沿墙面下沉。下沉气流中有一支作为回流（方向与盛行风向相反），加强其上风向低层建筑物的背风面涡旋气流；另一支则沿建筑物的底缘顺着屋角向后流，形成“角流”。

由于近地面的风速一般是随高度减小而增大的，故从高墙驻点下沉的气流具有比上层更大的风速，当降至地面步行高度时，出现三个大风速区。如果盛行风速为 1 的话，则图 5-13 中阴影区域的风速皆大于 1。这三个大风速区一个是高、矮建筑物之间的涡旋气流区，风速为原盛行风速的 1.3 倍；一个是位于高建筑物两侧的角流区，风速为原盛行风速的 2.5 倍；另一个最大风速区是位于高墙下面的“穿流区”，风速可达原盛行风速的 3 倍。如果此高建筑物的下面有支柱撑立或有过道的话，则在此的“穿流区”风速将比开旷区大 3 倍。

由于建筑物的阻挡作用，使得建筑物附近的气流分布更加复杂，而建筑物附近又是人员出现和停留概率最高的地方，因此了解建筑物附近的气流特征，不仅可以避免风害出现，还可以为人们提供一个舒适、具有良好空气品质的健康户外活动空间打下基础。

1. 建筑物屋顶上方的气流

图 5-14 是某建筑物屋顶上方 12m 高度范围内，在不同来流速度 U_0 下风速沿着高度的分布曲线。由图可以看到，当来流风速较大时，屋顶上方气流速度与来流风速基本相等，即 $U/U_0 \approx 1.0$。但在微风条件下，如 $U_0=0.777$m/s 时，屋顶上方的风速明显增大，特别是屋顶上 3~9m 处，其风速甚至超过了来流风速的 2 倍。

图 5-15 是气流正吹过不同屋顶坡度的建筑物时，横剖面上建筑物周围 U/U_0 的等值线图。$U/U_0>1.1$ 的区域视为大风区。显然，随着屋顶坡度的增大，大风区的位置逐步向下风侧和屋顶上方移动，且屋顶上方大风区的面积在坡度为 3∶1 时最大。因此，在沿海等容易发生风害地区，应保证屋顶坡度远离 3∶1。

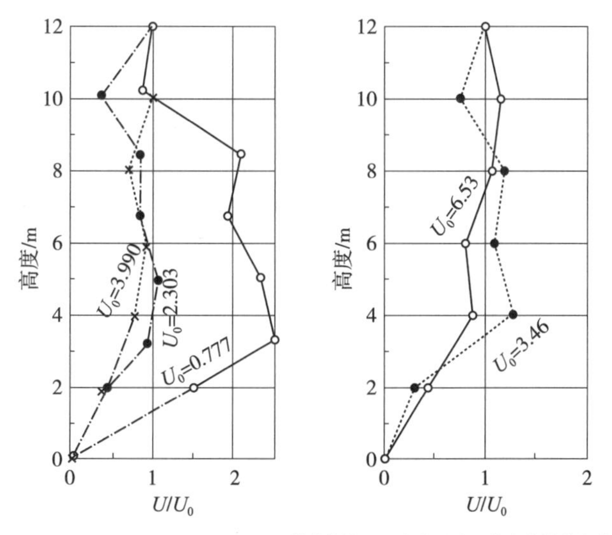

图 5-14　某建筑物屋顶上方风速沿着高度的分布曲线

（图片来源：刘加平，等 . 城市环境物理 [M]. 北京：中国建筑工业出版社，2011.）

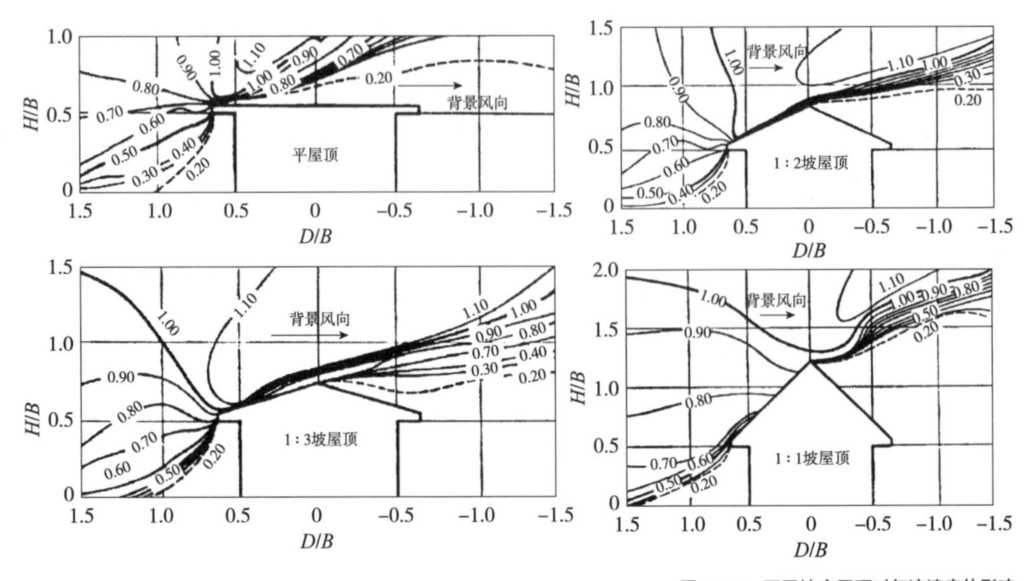

图 5-15　不同坡度屋顶对气流速度的影响
（图片来源：刘加平，等 . 城市环境物理 [M]. 北京：中国建筑工业出版社，2011.）

2. 独立建筑物附近气流的水平分布

不同高度平面，特别是近地面的风速分布情况，不仅对建筑物周边空气品质有很大影响，还直接关系到人员活动的安全性和舒适性。日本学者采用 1 ∶ 200 的缩尺模型（图 5-16）在风洞中研究了 5 种不同尺寸单体建筑物附近的气流状况，表 5-11 给出这 5 种模型附近出现大风区的情况对比。

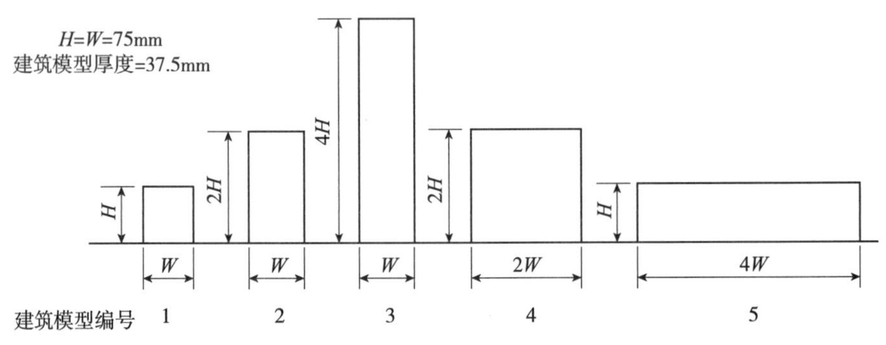

图 5-16　风洞试验中的建筑物模型
（图片来源：刘加平，等 . 城市环境物理 [M]. 北京：中国建筑工业出版社，2011.）

由表 5-11 中数据可知，在近地面，模型 3 周围最大风速值最大，且大风区的面积也远大于其他模型，故可以认为近地面的风场受建筑物高度的影响大于建筑迎风面宽度；而在二分之一建筑总高度的平面风场与近地面有较大区别，这个高度处的风场受建筑物高度的影响小于建筑迎风面宽度，最大风速值出现在模型 5 附近，大风区的面积也明显小于近地面流场情况。

独立建筑物模型周边气流状况 表 5-11

模型编号	1	2	3	4	5
测量高度 z=37.5mm					
风速比最大值	1.27	1.38	1.76	1.39	1.39
较高风速区域面积比	1.0	3.4	5.7	3.0	2.6
测量高度 $z=H/2$					
风速比最大值	1.27	1.33	1.27	1.36	1.39
较高风速区域面积比	1.0	1.6	2.5	2.9	2.6

注：风速比为建筑物周边风速与背景风速的比值；较高风速区域面积比为建筑物周边风速比大于 1.1 的区域面积与模型 1 周围风速比大于 1.1 的区域面积的比值。

进一步分析大风区的具体位置，可以看出，近地面的大风区和最大风速出现位置都紧靠建筑物山墙，而二分之一建筑总高度平面的大风区通常都在离开建筑物一定距离的位置。建筑高宽比对平行于风向剖面上的风速影响可以忽略不计，而对垂直于风向平面的流场影响显著。高宽比大的模型 4 的大风区在建筑高度风向上的范围较大，而在水平风向的范围较小；高宽比较小的模型 5 附近的大风区则呈三角形，且最大风速较小。

3. 建筑群内的流场

当风垂直吹向两栋或多栋并列布置的建筑时，由于建筑物迎风面对气流的阻挡作用，一部分空气通过屋顶上方流过，另一部分从两栋建筑之间的空间流过。由于狭管效应的作用，建筑物之间的间距空间内的风速可能高于来流速度。图 5-17 为不同宽度建筑的间距空间内的气流速度实测结果。可以看到，对于 3 种宽度的建筑均表现为离地面越近风速越大。另外，当两栋建筑并列间距相对于建筑宽度非常小时，建筑群对气流形成的阻力会过大，使绝大部分受阻空气从屋顶上方流过，并列间距空间不会出现大风区；当并列间距相对于建筑宽度较大时，狭管效应不显著，并列间距空间的风速与来流速度基本一样。

建筑宽度为 45m 时，并列间距空间内的风速较小；随着建筑宽度的缩小，并列间距空间的最大风速值增加，速度比最大达到 1.4。实际中，多层建筑的并列间距与建筑宽度的比例关系多接近于图 5-17（a）的情况，而高层建筑的并列间距与建筑宽度的比例关系多接近于图 5-17（c）的情况，因此在高层建筑林立的小区内出现大风风害的概率远高于多层建筑。在建筑布局时，应尽可能避免使速度比出现最大值的并列间距与建筑宽度比。

如前所说，采用 1∶200 的缩尺模型在风洞中研究行列布局建筑小区内的气流状况。图 5-18 是二分之一建筑群高度平面上的平均流速比值分布。左侧图为多层建筑组成的小区，内部风速较小，速度比大于 1.1 的区域极小；

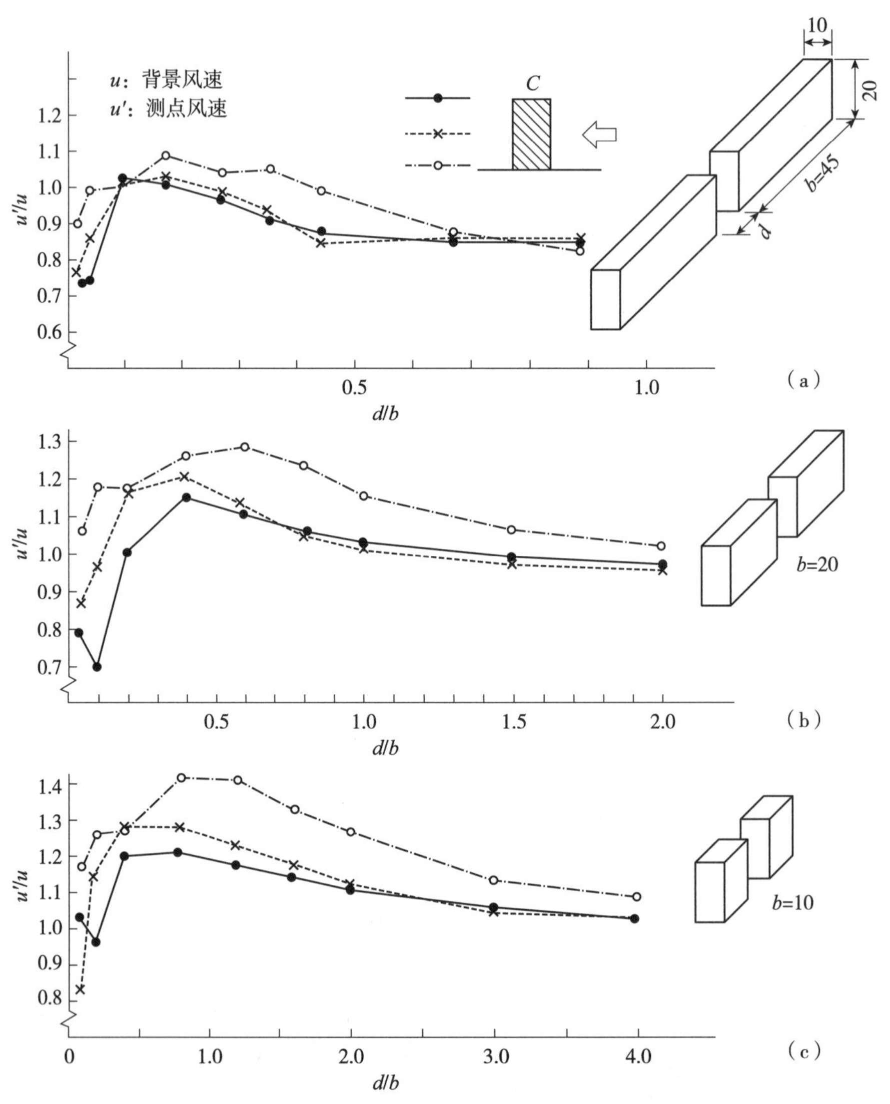

图 5-17　不同宽度建筑并列间距空间内的气流速度

（图片来源：刘加平，等 . 城市环境物理 [M]. 北京：中国建筑工业出版社，2011.）

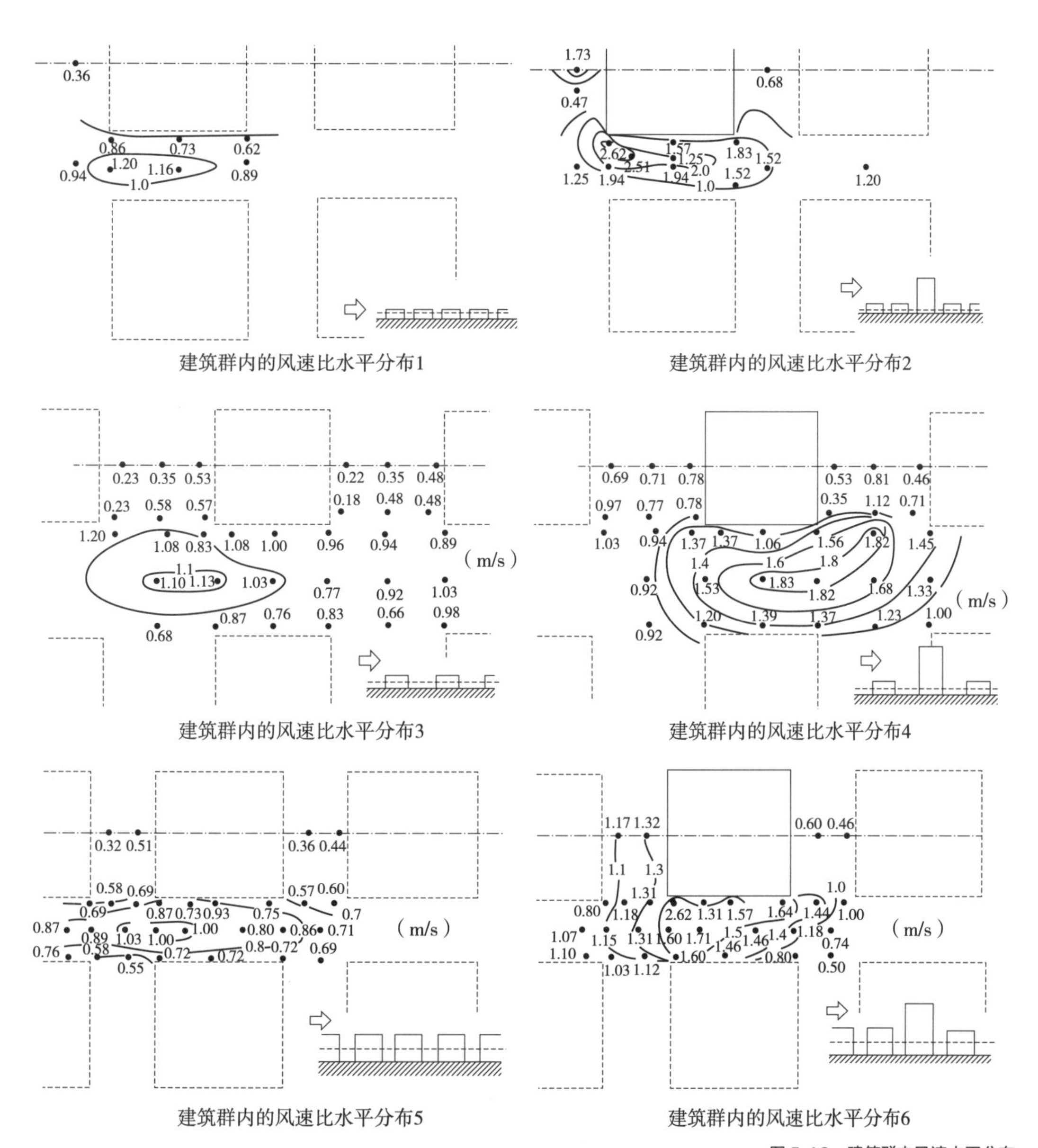

图 5-18　建筑群内风速水平分布

（图片来源：刘加平，等 . 城市环境物理 [M]. 北京：中国建筑工业出版社，2011.）

而在右侧图中表示的存在高层建筑的多层建筑群中，大风区域的面积几乎包含了整个并列间距空间，速度比的最大值达到 1.8~2.5。

5.4.3　场地防风与通风

室内风环境质量与室外风场特征密切相关，建筑间距、布局都会直接影响场地风环境，影响户外活动空间的舒适度，以及影响建筑能耗和碳排放。

1. 场地防风

冬季防风不仅能提高户外活动空间的舒适度，同时也能减少建筑由冷风渗透而引起的热损失。研究表明，当风速减小一半时，建筑由冷风渗透引起的热损失可减少到原来的 25%。因此，寒冷地区建筑的室外防风非常关键。

（1）构筑防风屏障

建筑防风最常用的手段是利用防风林或挡风构筑物。一个单排、高密度的防风林（穿透率 36%），设置于 4 倍建筑高度的地方，风速会降低 90%，同时可以减少被遮挡建筑物 60% 的冷风渗透量，节约常规能耗 15%。挡风墙的疏密程度（穿透率）与防风效果有很大的关系（图 5-19）。利用防护林做挡风墙时，其背风区风速取决于树木的高度、密度和宽度。防风林背后最低风速出现在距离林木高度 4~5 倍处。

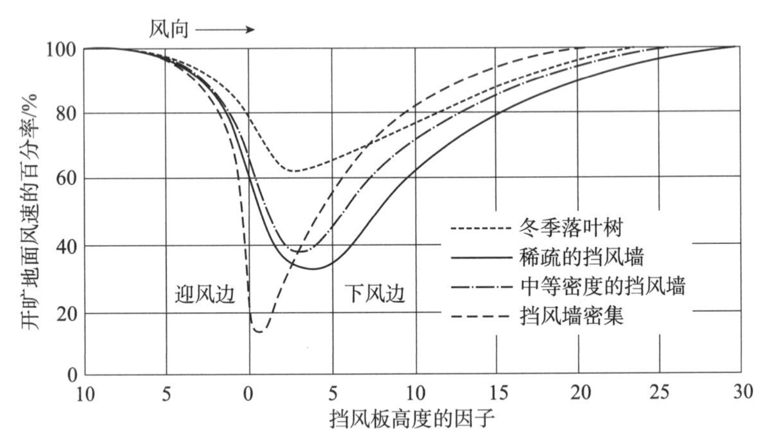

图 5-19　挡风墙的疏密程度（穿透率）与防风效果的关系

（图片来源：中国建筑业协会建筑节能专业委员会 . 建筑节能技术 [M]. 北京：中国计划出版社，1996.）

适当布置防风林的高度、密度与间距会收到很好的挡风效果，如图 5-20 所示。树种的选择应综合考虑太阳能利用和寒风遮挡，并应集中布置在景观地区、开敞空间、停车场及化粪池，以减少其对邻近建筑的遮挡。应通过道路、景观和附属结构的设计使主要建筑避开冬季的主导风向。

（2）建筑防风

由于风与大楼之间的相互作用而使风速在建筑周围产生局部增大的现象称为“建筑风”。建筑风影响建筑结构，影响行人的安全舒适。对于建筑风的防治，需要从立面和平面综合来考虑。

立面上，可以将高层建筑物下层部分规划成一大片的低层建筑，而且这些低层建筑物的设计高度必须比周围建筑物的高度高，以避免“涡流风”影响周围的低矮建筑；也可以将建筑做中空化处理，在建筑物立面中部位置设一大的开口，使风能够穿透而过，以降低下降风的风速，且建筑物的中空层应设置

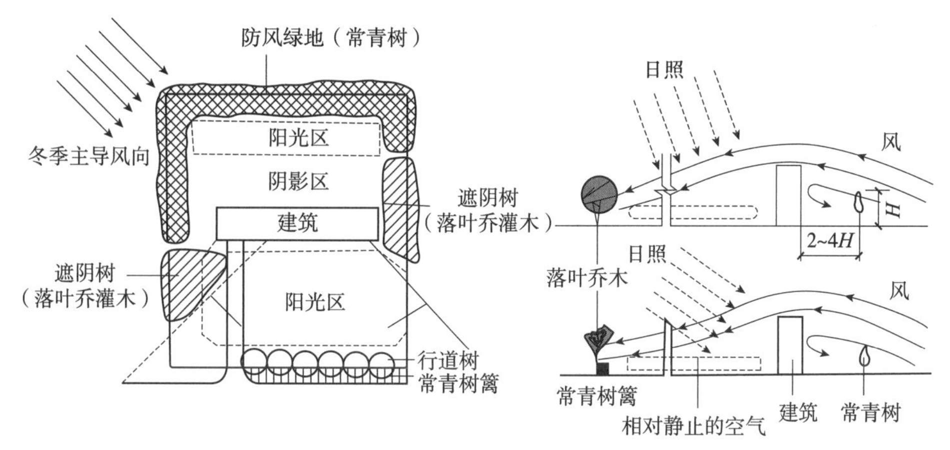

图 5-20　防风设计
（图片来源：刘加平，杨柳 . 室内热环境设计 [M]. 北京：机械工业出版社，2005.）

在接近迎风面的气流分叉点附近，此时风速增加区域最小。对于高低错落的建筑群，为防止高层建筑物迎风面与低层建筑间通路及入口处的逆流风对行人活动的影响，可以在邻栋间通廊的上部设置顶盖或防风屏蔽（图 5-21）。

平面上，可以将建筑平面转角做锯齿状设计处理，使迎风面上风处面积小，下风处面积大；也可将建筑物平面进行流线形处理（图 5-22），以降低“涡流风”及下降风速的增加。相仿地，也可以借助遮阳板或增设阳台等方式将建筑物墙面做成凹凸状，以阻挠气流，并降低横切建筑物侧面的风速。

进行平面布局时，应尽可能使得建筑物长边与长年主导风向平行，并加大建筑群的邻栋间隔，以避免产生局部峡谷风，降低“建筑风”的影响。

2. 场地通风

自然通风是当室内温度升高时获得舒适的、最简单有效的方法，室内自然通风效果与室外风环境密切相关。

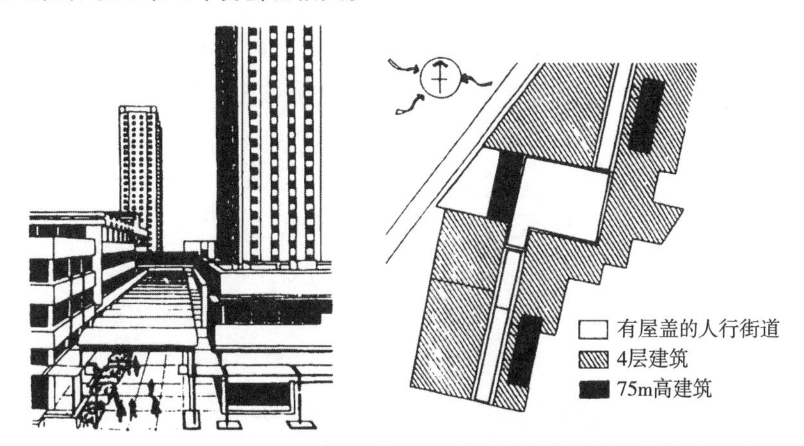

图 5-21　伦敦格林爱德蒙顿高层建筑与商业步行街
（图片来源：PENWARDEN A D，WISE A F E. Wind Environment around Buildings[M]. London：HMSO，1975.）

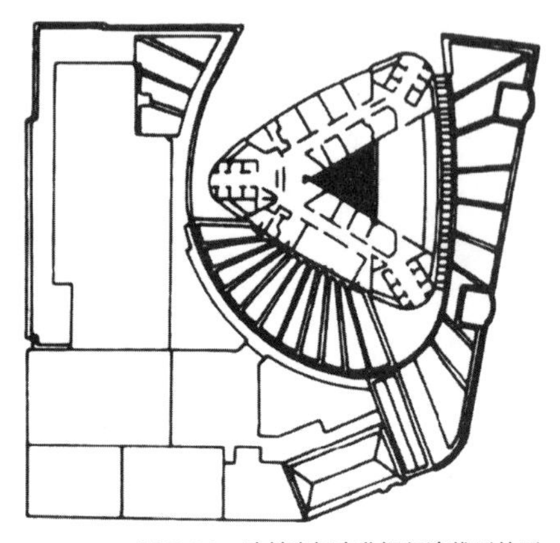

图 5-22 法兰克福商业银行流线形外形（图片来源：BROWN G Z. Sun，Wind，and Light：Architectural Design Strategies[M]. Hoboken：Wiley，1985.）

若建筑物布置过于稠密，由于阻挡气流，住宅区通风条件就会变差。若整个地区通风良好，道路及建筑室内的污染空气就会较易往外扩散，夏季还可以降低步行者的体感温度。此外，具有良好自然通风的房间可以降低空调的使用率，从而降低能耗。

有日本学者通过风洞试验研究了住宅区的建筑密度是如何影响整个地区的通风。从实际住宅区中选定低层住宅区和中高层集合住宅区，把 200m × 270m 范围内的建筑物，按照缩尺 1/300 制成模型，设置在风洞内的模型转盘上。在道路及建筑外部空间均匀布置了 50 个测点，测点高度 1.5m，通过转动转盘，在 16 个方位上变换来流风向，测试各测点风速。

由风洞试验得到的各测点的风速数据，与不放置建筑模型时原始风场风速数据的比值，可以得到风速比。风速比越大，说明该测点的通风就越好。当测点的风速等于无模型测试的风速时，风速比为 1。风速比大于 1，意味着该测点的风速比无模型原始风场风速大。不同建筑物布置情况下，住宅区内不同风速比的出现频率分布如图 5-23 所示。风速比的出现频率分布图是指将全方位的全部测点的风速比从 0 到 1.5，以 0.05 为间隔分成 30 个阶段，各阶段的数据量的比率用线条图来表示。图 5-23 显示了各种住宅区 16 个方位的所有测点的风速比和标准偏差，其中示例 1~8 主要是由高度为 1~2 层的独立式住宅构成的低层住宅区，示例 9~14 是中高层集合住宅区。

从图 5-23 中可以一目了然地看出，与低层住宅区相比，中高层集合住宅区的风速比出现频率分布图在横向上显得宽，在一个地区中测试的风速比变化很大，且其中还存在着风速比超过 1 的测点，显示这些地点由于受到建筑穿堂风的影响，比无模型原始风场的风速还要大。

总建筑占地率与风速比平均值的关系如图 5-24 所示，其横轴为住宅区的建筑密度，纵轴为住宅区风速比的平均值。建筑占地率是指建筑面积（建筑物外墙围住的部分的水平投影面积，以下相同）与建筑地基面积的比，通常是以建筑地基为单位来计算的。为了表示整个住宅区的建筑密度，住宅区面积为含公共用地的整个地区的土地面积，图中的编号表示图 5-24 中的实验示例的号码。由图 5-24 可知，整个地区的总建筑占地率越大，风速比平均值就越低。整体上，高层集合住宅区用地的风速比平均值比低层住宅区用地要高。分别对中高层集合住宅区用地和低层住宅区用地的示例引回归直线，可以发现地区的总建筑占地率与风速比平均值有非常高的相关性。由于两条回归直线的倾斜度相等但截距不同，所以当地区的总建筑占地率相同时，通常中高层集合住宅区用地的风速比平均值比低层住宅区用地要略高 0.26 左右。

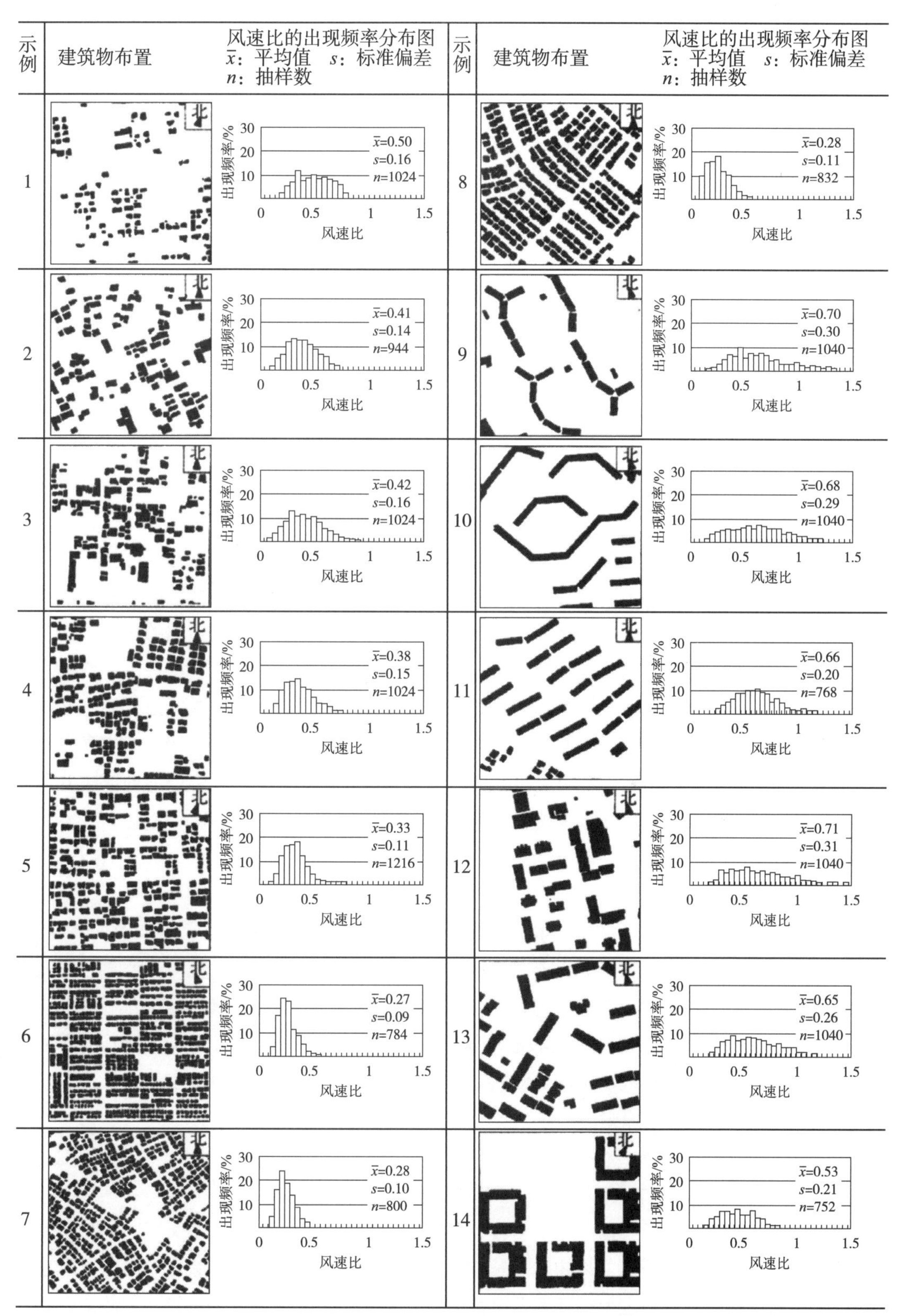

图 5-23 各类住宅区的建筑物布置与风速比的出现频率分布图

（图片来源：刘加平，等．城市环境物理 [M]. 北京：中国建筑工业出版社，2011.）

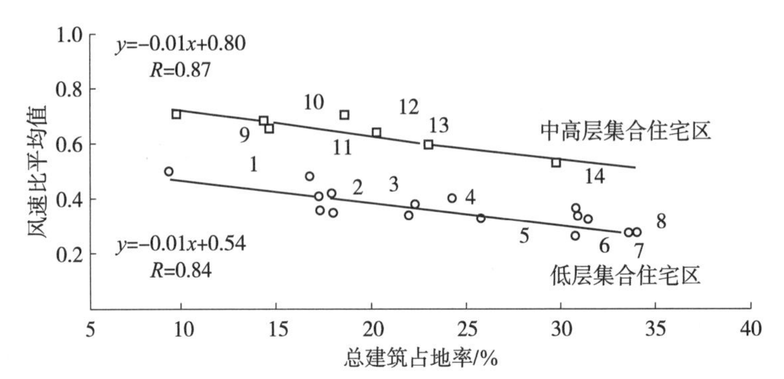

图 5-24　总建筑占地率与风速比平均值的关系

（图片来源：刘加平，等 . 城市环境物理 [M]. 北京：中国建筑工业出版社，2011.）

产生这种现象的原因是由于中高层集合住宅区用地是在整个地区内被统一规划的，因此容易形成一个集中而连续的开放空间，具备了风道的功能，从而带来整个地区的良好通风环境。而在低层住宅区用地中，随着地基不断被细分化和窄小化，建筑物很容易密集在一起，造成总建筑占地率的增加，因此整个地区的通风环境就会变得恶劣。

风力过弱夏季就感到闷热，相反，风力过强则身体就感觉到不适或者感到有危险，因此规划设计时重要的是要保证既不强也不弱的适度风速。我国各地区气候差异较大，风力强的地区和风力弱的地区都存在。即使在同一地区，夏季和冬季风的强度也会有变化。在规划住宅区时，重要的是把夏季风力较弱地区的低层住宅区用地控制在较低的总建筑占地率上。中高层集合住宅区用地虽然对整个地区的通风有利，但对于冬季风力强的地区需要采取提高总建筑占地率或防风等对策。

5.5 控制大气污染的风象规划设计

控制城市环境大气污染可以采取很多不同的措施，例如改变燃料结构、采用新式锅炉和工艺、采取高效的消烟除尘措施等，也可以通过合理布置建设用地，在城市建设的各个阶段都充分考虑环境问题等方法。在城市规划、小区规划及建筑和总图设计中，除了需要综合考虑气候特征、水文地质特征、建设规模等因素的影响以外，为控制和减轻大气环境污染，还应掌握下面几条原则。

5.5.1 选择合理的风象污染指标

所谓“风象”，是一个地区风向、风频和风速的综合。风向、风频和风速对防止大气环境污染都有重要意义，必须考虑它们的综合影响。例如，某地区西北风的风频为 30%，平均风速为 4m/s，而东风的风频为 25%，平均风速为 3m/s，那么能否认为频率较大的西北风下风侧污染就比东风下风侧污染严重呢？显然是不能的。为此，国内外研究与工程技术人员提出了数种综合考虑风对污染影响的参数——风象污染指标，下面简单介绍几种。

1. 污染系数

一个地区某一方向（一般选 8 个或 16 个方向）的污染系数，是指该方向的风向频率与平均风速的比值，由式（5-4）表示：

$$P_i=f_i/u_i \quad i=1，2，\cdots\cdots，8 \text{或} 16 \qquad (5-4)$$

式中 P_i——第 i 个方向的污染系数；

f_i——第 i 个方向的风向频率（%）；

u_i——第 i 个方向的平均风速（m/s）。

f_i 和 u_i 值取最近 5 年的统计平均值，可求出每个方向的 P_i 值。表 5-12 是某城镇的风象分析表。根据污染系数小表示该方位下风侧污染轻的概念，故排放污染的工业区应在该城镇的西部，居住区则布置在东部。

2. 污染风频

上述污染系数的概念是从苏联引进的，虽然它比不考虑风速对大气污染的影响前进了一步，但还很不完善，一是量纲不对，二是对于静风时污染系数为无限大，与实际不符。杨吾扬先生等对污染系数的定义式进行了修正，提出了新的风象污染指标——污染风频。一个地区某方向的污染风频由式（5-5）表示：

$$f_{pi}=f_i \cdot \frac{2u_0}{u_0+u_i} \qquad (5-5)$$

式中 f_{pi}——第 i 个方向的污染风频（%）；

f_i——第 i 个方向的风向频率（%）；

u_i——第 i 个方向的平均风速（m/s）；

u_0——该地区各方向平均风速（m/s）。

各参数取值方法与污染系数的取值方法相同。按式（5-5）计算各方位 f_{pi} 并列于表 5-12 中最后一行，可以发现 f_i 和 f_{pi} 二者的物理特性基本一致，只是 f_{pi} 比 f_i 更完善一些。

某城镇风象分析表 **表 5-12**

项目名称	风向									
	N	NE	E	SE	S	SW	W	NW	C	全年平均
风向频率 f_i/%	16	9	3	6	15	13	4	11	22	—
平均风速 u_i/（$m \cdot s^{-1}$）	3.2	2.4	1.5	1.9	2.6	2.6	3.5	4.1	0	2.6

续表

项目名称	风向									
	N	NE	E	SE	S	SW	W	NW	C	全年平均
污染系数 P_i	5	3.8	2	3.2	5.8	5	1.1	2.7	8	—
污染风频 f_{pi}/%	14.2	9.4	3.7	6.9	15	13	3.4	6.9	44	—

注：表中 C 表示静风情况。

3. 风象频率

张景哲教授认为，平均风速是一个抽象概念，大气污染程度是根据实际风速变化的。例如，1~2m/s 的微风、小风极易产生污染，对环境来说属于危险风速；而 7~8m/s 以上的风速产生大气污染的可能性极少，可忽略不计。如果将上述两种意义相差悬殊的数字加以平均，则很可能掩盖环境污染的真相。因此，张景哲教授提出了按实际风速绘制风象频率图的见解，其方法是：采用多年气象统计资料，将风速分为 8 个等级（静风除外），即 1~7m/s 的风速每递增1m/s 为一个等级，大于8m/s 的风速为最后一级；然后按16个方位（或 8 个方位），分别统计每个方位每级风速出现的频率，并将数据标在有坐标的图上或者表格中。表 5-13 即为芜湖市多年气象资料统计的风象频率表。

芜湖市风象频率　　单位：%　　表 5-13

风向	风速							
	1m/s	2m/s	3m/s	4m/s	5m/s	6m/s	7m/s	>8m/s
N	0.9	2	1.5	1	0.6	0.3	0.2	0.19
NNE	0.61	1.4	1	0.6	0.3	0.14	0.1	0.09
NE	1.4	3.4	2.7	1.6	0.86	0.4	0.3	0.2
ENE	1.3	3.7	2.7	2.2	1.1	0.6	0.4	0.2
E	2.4	5.8	4.8	3	1.9	0.8	0.6	0.2
ESE	1.2	2.2	1.4	0.96	0.6	0.2	0.99	0.6
SE	1.5	2.4	1.4	0.6	0.5	0.2	0.5	0
SSE	0.75	0.98	0.4	0.1	0.5	0.02	0	0
S	0.97	1.4	1.6	0.2	0.07	0.02	0	0
SSW	0.5	0.8	0.4	0.2	0.04	0	0	0
SW	0.97	1.8	1.2	0.7	0.23	0.13	0.16	0.09
WSW	0.5	1.3	0.9	0.6	0.4	0.2	0.2	0.1
W	0.8	1.8	1.4	1	0.68	0.33	0.24	0.14
WNW	0.32	0	0.7	0.4	0.3	0.1	0	0
NW	0.97	1.2	1.2	0.7	0.5	0.2	0.2	0.1
NNW	0.3	0.8	0.6	0.4	0.2	0.07	0.08	0.04

分析表 5-13 中的数据，通过比较极易产生污染的 1~2m/s 的微风在不同风向时的出现频率，可以看出东风的频率最高，达到了 5.8%，而且东风和东北风在 1~4m/s 风速范围内的出现概率都明显大于其他风向。因此，可以认为芜湖市可能导致严重大气污染的是 2m/s 左右的东风，其次为 3~4m/s 的东风和东北风，对空气有污染的工业企业不宜布置在上述风向的上风侧。

在工程设计具体使用时，还可根据表 5-13 计算出每个方向每级风速下的污染风频值，然后将每个方向的污染风频率叠加得出各方位的 f_{pi}，再按前述方法进行城市功能区的布置。

4. 污染概率

张景哲等人认为，在污染源排放量不变的情况下，污染物排放到大气后能否造成大气环境污染，除与风有关外，还与大气稳定度、降水强度、大气热力湍流等因素有关，因此提出以污染概率这一新物理概念代替前述风象污染指标。在确定一个地区不同方位的污染概率时，先确定每个方位的污染指数：

$$I_i = S \cdot P_r / u \cdot h \tag{5-6}$$

式中 I_i——风的污染指数；

S——大气的稳定度相对值；

P_r——降水量相对值；

u——风速相对值；

h——湍流混合层厚度相对值。

显然，I_i 亦为无量纲的相对值。在污染源强度不变的条件下，I_i 值愈大表示污染愈严重。式（5-6）中大气稳定度相对值 S、降水量相对值 P_r 和风速相对值 u 可分别由表 5-14~ 表 5-16 来确定。

大气稳定度的相对值　　表 5-14

稳定度等级	A	A-B	B	B-C	C	C-D	D	D-E	E
相对值 S	1	1.5	2	2.5	3	3.5	4	4.5	5

不同降水强度下降水的相对值　　表 5-15

降水强度 /（$mm \cdot 12h^{-1}$）	0	0.1~4.9	5~14.9	>15
相对值 P_r	0.3	0.2	5	6

不同风速下污染物输送扩散速度的相对值　　表 5-16

风速 /（$m \cdot s^{-1}$）	1	2	3	4	5	>6
相对值 u	1	2	3	4	5	6

混合层厚度与大气污染程度为反比，并且随着季节、昼夜不同而变化。据国外研究表明，城市混合层厚度一般是白天比夜间约大 1 倍，夏季比冬季约大 2 倍，风速大于 6m/s 或阴天（云量 8~10 级）时，白天混合层比晴一多云或风速小于 6m/s 时略低，夜间略高。混合层厚度相对值如表 5-17 所示。

城市混合层厚度的相对值 表 5-17

晴—多云（云量 0~7 级）或风速小于 6m/s			阴天（云量 8~10 级）或风速大于 6m/s
季节	白昼	夜间	白昼—夜间
夏	6	3	4.5
春、秋	4	2	3
冬	2	1	1.55

通常，式（5-6）用气象台站定时观测的云量（采用总云量）、风向、风速、降水量和降水起讫时间的记录值计算。这些记录值可以从地面气象观测月报表中查取，每次观测值计算出一个风的污染指数 I_i 值，I_i 值的大小就表明在每次观测时的天气条件下，可能出现污染的污染程度表达值。根据多地资料统计分析，凡出现降水时，I 值一般很小，最大值不超过 0.80。因此，将 $I \leqslant 0.80$ 归于大气清洁类型，$I > 0.80$ 归于大气污染类型。利用各风向 $I > 0.80$ 的所有污染指数值，按式（5-7）即可计算出各风向的污染概率：

$$F_i = \frac{\sum_i^n I_i'}{\sum_i^N I_i'} \times 100\% \tag{5-7}$$

式中 F_i——污染概率，下标为风向，分 16 个方位；

I_i'——I 值大于 0.80 的污染指数；

n——某一风向 $I > 0.80$ 出现的次数；

N——各风向 $I > 0.80$ 出现次数的总和。

污染概率的优点在于它把不造成大气污染那部分风除去了，仅考虑可能造成大气污染的那部分风。同时，污染概率不仅仅考虑每一风向可能造成大气污染的风的频率，同时也考虑每个风向可能出现污染的程度。根据 1978 年资料计算出的北京市、呼和浩特市和长沙市该年各风向的风象频率、污染指数、污染风频和污染概率，加以换算后画出 3 个站的风象频率风玫瑰图、污染风频风玫瑰图及污染概率风玫瑰图（图 5-25）。从图 5-25 可以看出，各站的污染概率风玫瑰图与后二者之间是有明显差别的。因此，建议在进行城市规划时，需要对 10~20 年或更长一点时间的资料进行计算，给出污染概率风玫瑰图，以对城市工业做出合理的布局。

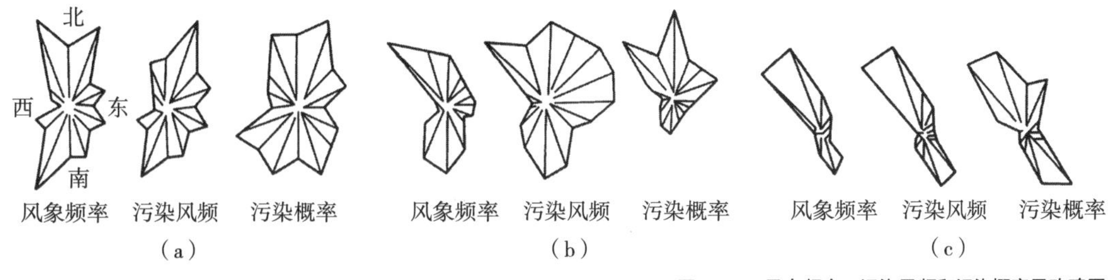

图 5-25　风向频率、污染风频和污染概率风玫瑰图
（a）北京市；（b）呼和浩特市；（c）长沙市
（图片来源：刘加平，等 . 城市环境物理 [M]. 北京：中国建筑工业出版社，2011.）

5.5.2　正确处理地形地物与污染的关系

1. 山间盆地

山间盆地全年静风、小风多，且常发生地形逆温和辐射逆温。其逆温强度远大于平原，不利于气体向外扩散。图 5-26 所示为美国的密契尔电厂（装机容量 160 万 kW），厂区周围有相对高度为 200m 的山丘，盆地内又有居民区。如果采用低的烟囱，则一方面烟流总量被周围山丘围在盆地以内，另一方面受到逆温层的“盖子”压住，也不能向高空排出。于是，电厂采用了高 h=360m 的大烟囱。这样一来，烟囱出口高出逆温层顶和周围山丘，从而能顺利地向外扩散烟流。显然，周围山丘较高的盆地，是不适合设置有污染的工厂的。

图 5-26　利用高烟囱有利于气体扩散
（图片来源：刘加平，等 . 城市环境物理 [M]. 北京：中国建筑工业出版社，2011.）

2. 沿海地区或大型内陆水域周围地区

沿海或大型内陆水域周围地区因有海（湖）陆风形成的日变型局地环流，故在规划中应注意不要将污染源与居住区二者平行沿海岸布置，如图 5-27（a）所示。因为将污染源与居住区二者平行沿海岸布置，则势必受海风影响而造成对居住区的污染。但如果采用图 5-27（b）所示的放射性布置方式，则因海陆风总是大体上垂直于海岸线方向而不会形成污染。

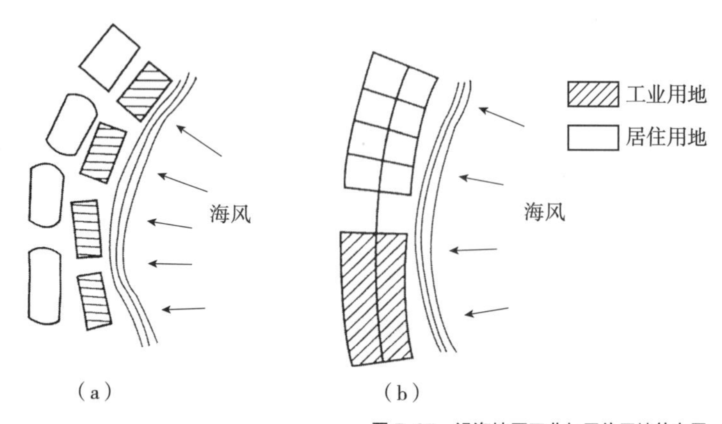

图 5-27　沿海地区工业与居住用地的布置

（a）错误的布置方式；（b）正确的布置方式

（图片来源：刘加平，等．城市环境物理 [M]. 北京：中国建筑工业出版社，2011.）

3. 山丘

如果山丘一侧已有居住区或其他生活区（图 5-28 中 C 点），则在另一侧建造有污染的工厂时，就必须考虑烟流在经过山丘后，恰好在居住区形成下旋涡流所可能带来的污染。

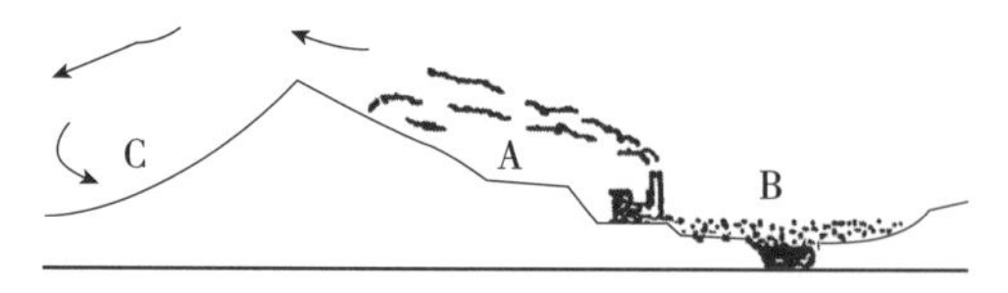

图 5-28　山丘一侧对另一侧的污染

（图片来源：刘加平，等．城市环境物理 [M]. 北京：中国建筑工业出版社，2011.）

4. 烟囱高度与周围地形地物的关系

烟囱高度与其周围建筑物或其他地物的关系，对烟气扩散有直接影响。一般来说，在烟囱高度 20 倍的范围以内，不应布置高大建筑。我国规定烟囱的高度不得低于其附属建筑高度的 1.5~2.5 倍。有资料表明，当烟囱高度超过其近旁建筑物高度的 2.5 倍时，烟气的扩散就不会受到近旁建筑物的涡流影响，不会造成烟气下沉污染。反之，如果烟囱不够高，就会像图 5-29（a）所示那样产生污染。

由于同样的理由，在地形起伏的丘陵地区，如果周围大约 2km 范围内的地形没有高过烟囱顶部的，那么一般来说，烟气是能够顺利扩散的。反之，则也会产生如图 5-29（b）所示的倒灌式污染。

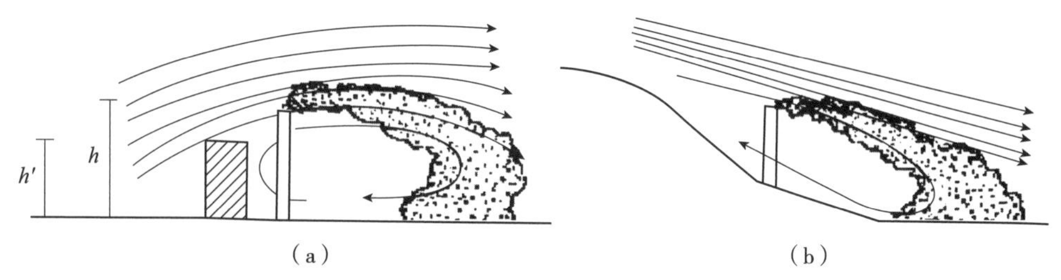

图 5-29　烟囱高度与附近地形地物的关系
（a）$h<2.5h'$;（b）山丘较高时
（图片来源：刘加平，等 . 城市环境物理 [M]. 北京：中国建筑工业出版社，2011.）

5.5.3　加强城市绿化建设

城市绿化是城市建设中的一个重要组成部分，绿地改变了城市下垫面的性质，故在改善城市气体条件、保护环境上起着重要作用。城市园林绿地系统规划必须参考当地城市气候特征，因地制宜，这样才能取得良好的效果。

1. 城市绿化对大气环境的净化作用

在建筑物内及周围栽种植物，能改善城市热、风、噪声等环境。植物对 CO_2 的吸收主要源于光合作用，不同季节太阳辐射强度不同，故植物对 CO_2 的吸收率与季节关系密切。通常，夏季 CO_2 吸收率是 11.0mg/（m^2 · min），秋季为 6.5mg/（m^2 · min），冬季为 1.8mg/（m^2 · min）。

植物既可以通过光合作用吸收 CO_2，也可以通过叶片吸附环境中的污染物。研究结果表明，植物对 NO_x 移除机制主要是基于叶片的物理吸附。环境温度和照度都会影响 NO_x 吸附量，温度升高时，NO_x 吸收呈线性降低；照度增强时，NO_x 吸附量也呈降低趋势。因此，植物对 NO_x 的吸附量因环境温度和照度的增大而减少。

树木犹如空气的过滤器，使混浊的空气通过绿地而净化。树木树叶茂密，其叶面面积加起来超过树身占地面积的 60~70 倍。一般叶片、树枝表面比较粗糙，有的叶面还有茸毛，因此能很好地阻滞、过滤和吸附空气中的烟灰粉尘。据测定，绿地中的空气含尘量比街道上少 1/3~2/3，铺草皮的足球场比未铺草皮的足球场其上空含尘量减少 2/3~5/6。绿地的过滤作用，也因树木品种不同而有很大的差异，一般以叶大、叶面粗糙多毛而带有黏性者最好。如榆树的净尘力比杨树高 5 倍。

城市绿化还具有改善城市微气候、吸收遮挡噪声、防风沙、促降水、防水灾、降低放射性污染等诸多功效，并且具有观赏、美观、经济价值等许多功能。可以说，绿化建设是百益无害的建设，其优点在此不一一列举，请参考有关专业书籍。

2. 发展城市卫生防护林带

关于城市园林绿地的分类、定额指标及规划布置方法，请参考“城市规划原理”等课程。这里仅从控制城市大气环境污染的角度讨论卫生防护林带的布置和设计。

烟囱下风侧污染浓度最大值一般出现在有效高度的 10~15 倍远的地方。由于卫生防护林带是靠带内特殊的树和立体化的布置方式对有害气体、烟尘污染的吸收、阻滞作用来控制和减轻大气污染环境，所以在污染最为严重的区域，设置防护林带将是最必要、最有效的，如图 5-30（a）所示。如果除烟囱排放烟尘外，同时还有直接从厂区散发出来的污染物沿图 5-30（b）中水平箭头指示方向扩散，则应采取疏密结合或由疏到密的绿地结构，如图 5-30（b）所示。

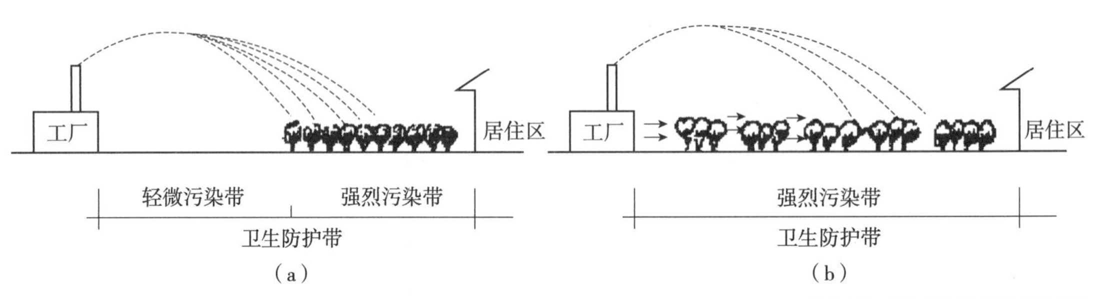

图 5-30 卫生防护林带的布置方式

（图片来源：刘加平，等．城市环境物理 [M]. 北京：中国建筑工业出版社，2011.）

我国现行的卫生防护地带按工业性质和规模，分为 1000m、500m、300m、100m、50m 共 5 级。在城市布局中，究竟采用什么等级？防护带中的绿地如何布置？这些都要因地制宜，必须视工业区的性质、规模、排放特点、地形、城市中用地状况等具体条件而定。

在地形复杂的丘陵、河谷地区，可利用山脊、河流等天然屏障作防护带，并要求因地制宜地布置，不要盲目植树造林。例如，居住区位于低处时，在周围高处或气流通道植树造林，会加速有害气体聚积的危险，非但起不到防护作用，反而加重居住区的污染。有些城市用地紧张，然而又必须设置防护林带时，为了有效利用土地，可在防护带内布置一些不怕污染的项目，如仓库、小型的无害工业、不受大气污染影响的农作物等。

3. 街道绿化对污染物扩散的影响

城市街道是机动车污染物集中排放的高浓度污染区，应结合污染源浓度特征，针对不同的道路合理配置树种，采取适宜的绿化方案，使植物在充分发挥其净化功能的同时，有利于机动车污染物向街谷上空扩散。可根据污染源强度将街道分为交通量小和交通量大的两类，并提出以下绿化原则以供城市规划设计人员参考。

（1）交通量小或纯人行道路

由于这类道路的污染源强度小，树冠形成的顶盖对污染物扩散的阻碍作用可以忽略不计，故这类街道应以满足景观要求为主，力求增加绿量。行道树树种应选择根深、分枝点高、冠大荫浓、生长健壮、适应城市道路环境且落果不会对行人造成危害的树种，花灌木应选择花繁叶茂、花期长、生命力强、高度低于1.2m（不阻挡驾驶员视线）且便于管理的树种。在污染源浓度较低的住宅区和街心花园等区域的绿化，应强调植物的生物净化功能，增加乔木的数量，但同时应采取较宽的株距，以便使每一植株的树冠能充分展开。研究显示，以提高植物的生态净化为目的，该类型路段乔、灌、草配置的推荐比例为1∶6∶20。

（2）车流量大的交通干道

实测结果表明，在车流量大的交通干道两侧配置行道树时，不应单纯强调增加绿量，而应注重有利于机动车废气稀释并迅速排出街道，且绿化带不应对污染物扩散产生抑制作用。建议机动车道两侧的绿化以草地和低矮灌木相结合为主，配置比例约为10∶3，即在$10m^2$的草地上设计3株灌木（不含绿篱）。灌木的栽植不宜过密，高度尽可能低，以避免阻碍贴地污染物的扩散；自行车道和人行道之间的绿带可种植高大乔木，在不影响污染物扩散的条件下，为行人遮阳、美化街景并诱导行车方向。

（3）高架道路下方的绿化

高架道路下方的绿化不宜种植高度较大的浓密灌木，以免形成不通风隔断，造成高架道路及其附近空气品质更加恶化。

5.5.4 基于GIS的大气污染扩散模拟

地理信息系统（Geographic Information System，GIS）可以对空间数据按空间位置进行管理并研究各种空间实体间的相互关系，可以迅速获取所需信息，并以地图和图形的方式表达出来。可见，基于GIS技术构建城市大气污染物的扩散模拟平台能够弥补传统大气扩散模型输入参数多、结果表现力不足的缺陷，能够有效揭示城市大气污染物的扩散规律，为进一步揭示城市空间布局与大气污染物扩散的内在关系，改善大气污染，缓解城市雾霾天气等起到积极作用。

基于GIS技术设计的开发平台包括系统开发和运行的硬件、软件环境，框架层次包括用户层、功能层、中间层和数据层等。图5-31为基于GIS的大气扩散模拟计算流程：通过用户自定义参数，建立高斯点源坐标并进行坐

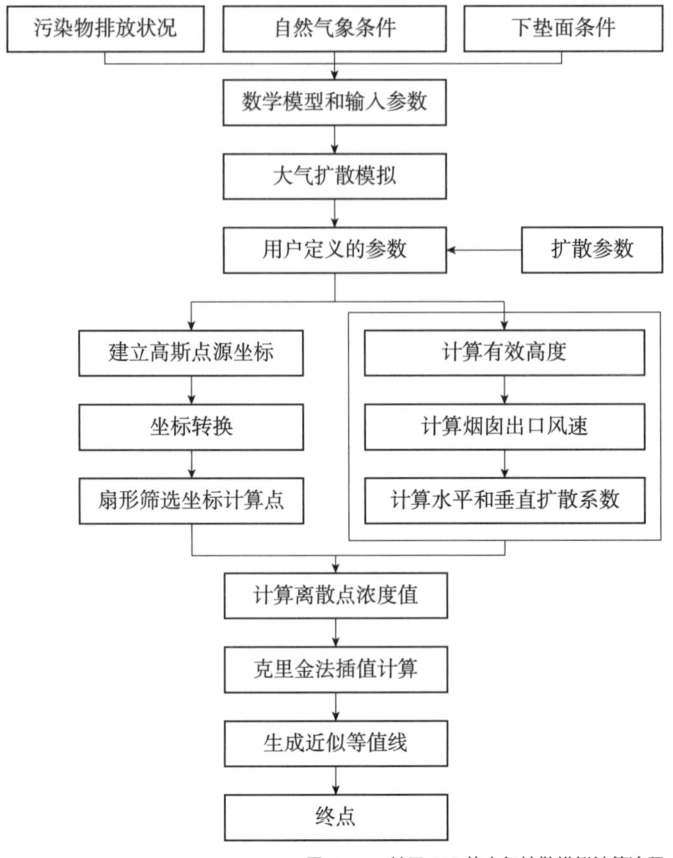

图 5-31　基于 GIS 的大气扩散模拟计算流程

标转换；然后用扇形筛选坐标计算点，对离散点的浓度值进行计算；随后采用普通克里金法进行插值计算，并用椭圆方法生成近似等值线。等值线的确定方法是根据点集中的最大和最小浓度，以及所需要得到的等值线层数，计算出每层等值线浓度值。表 5-18 为横向、垂直大气扩散幂函数指数表结构，它们是用于确定大气中污染物扩散参数的一组数据，这些参数与大气的稳定性、地形、地面粗糙度等因素有关，表中给出了不同字段名称对应的数据类型和长度。

水平和垂直大气扩散功率函数指标表结构　　表 5-18

名称	数据类型	长度	是否允许空值	备注
PS	字符型	3	否	大气稳定
a	双线型	7	否	大气扩散回归指数
b	双线型	7	否	大气扩散回归指数
Max	线型	3	否	最大下风向距离
Min	线型	3	否	低风的最小距离

整个系统功能的搭建是基于 ArcGIS 的二次开发进行的，利用制图与功能组件 MapObjects 进行平台的顶层搭建。构建的大气扩散模拟系统包括四个模块，即地图浏览、地图查询、地图编辑和大气扩散。前三者均属于大气扩散模拟模块，进行基础查询、浏览、定位和数据存储服务；大气扩散模块的参数定义是最核心部分，通过不同参数的输入最终进行扩散模拟，如图 5-32 所示。

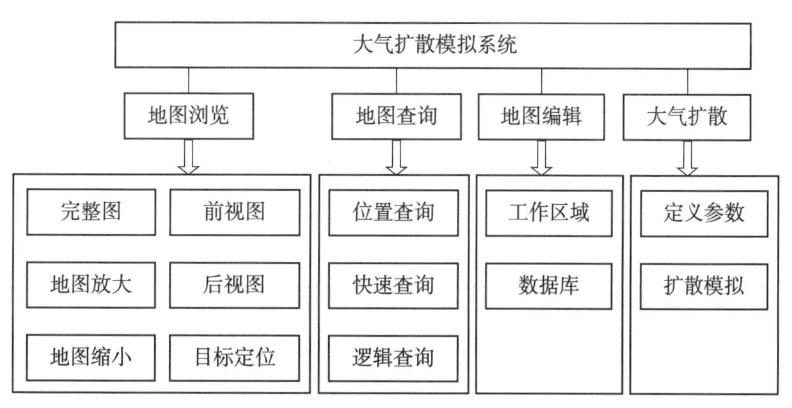

图 5-32　系统功能展示

系统构建完成后，以某市为例，通过 ArcGIS 技术模拟大气污染扩散，并将模拟结果与监测点结果进行比对，以验证模型的可靠性。例如，西安市大气细颗粒物的主要污染物来源包括燃煤、机动车尾气、建筑扬尘及自然地质尘、生物质燃烧、二次污染物、工业排放等，工业排放主要来源于电力和造纸行业。选择市中心城区范围内的主要工业污染源，在静风状态下，确定点源扩散的中心点后设置气象参数，在图层要素中确定相关源强参数，再从栅格计算点分布图层读取高程值并计算污染物浓度值，并最终作为栅格属性存储。模拟监测点位包括某工矿区监测站、某中学监测站、某街道监测站和某商业中心监测站。取 20d 后的预测结果与监测结果的平均值，并进行比较，结果如表 5-19 所示。

监测点位位置和监测预测情况　　表 5-19

监测点	位置 /m			VOCs/（ug · m^{-3}）		
	X	*Y*	高度	预测	监测	比值
某工矿区监测站	6 918.81	−9 254.65	65.91	25.14	26.23	0.9 586
某中学监测站	11 038.22	4 099.08	64.83	37.38	28.85	1.296
某街道监测站	6 773.08	1 044.00	62.02	30.24	31.38	0.964
某商业中心监测站	10 975.48	754.73	67.45	33.33	36.12	0.923

结果表明，基于 GIS 的大气扩散模拟预测对研究区域污染物的扩散模拟和空气质量预测具有较高的可靠性、合理性和实用性，可以实现结合城市规划要求的大气污染物的演变机理分析和动态模拟，能够对城市空气质量起到评价和预警作用。

5.6 城市大气减污降碳协同效应

大气污染物与碳排放同根同源，都主要来自化石燃料燃烧；同时，降低碳排放与减少污染物排放的相关政策要求和基本路径本质上是一致的。大气污染物与碳排放协同治理不仅能在一定程度上降低政策实施成本，避免政策失效风险，还可以带来额外效益。因此，研究城市大气减污降碳协同效应能够为城市环境治理和低碳发展提供科学依据和技术支撑，对于兑现碳达峰、碳中和承诺具有重要的现实意义。

5.6.1 碳、污同源特征与协同效应

能源作为工业时代生产生活的基本要素，是社会经济发展的重要物质基础，同时也是我国温室气体和大气污染物产生的最大来源。我国“富煤、贫油、少气”的能源资源条件决定了一次能源消费主要依赖以煤炭为主的化石燃料。由于含有 C（碳）、S（硫）、N（氮）等元素，化石燃料在燃烧氧化过程中会同时释出温室气体和大气污染物，即部分温室气体和大气污染物的产生同源。

SO_2 和 CO_2，前者是我国主要防控的传统大气污染物，后者是备受全球关注的影响气候变化的主要温室气体，二者从来源和产生机理上看均主要来源于化石燃料的燃烧。研究表明，我国大约 80% 的 SO_2 和 70% 的 CO_2 来自煤炭的燃烧，大气污染物与 CO_2 协同减排效果具有趋势一致性和变化同步性，全国城市平均工业 SO_2 与 CO_2 协同减排活动和细颗粒物与 CO_2 协同减排活动具有协同性，存在多种大气污染物有效协同治理的可能性。

中国多尺度排放清单模型（Multi-resolution Emission Inventory for China，MEIC）中，将行业种类分为四个：“电力领域”包含电力部门和热力部门（含自备电厂），“工业领域”包括工业过程和使用工业锅炉的各类工业企业，“民用领域”包括商业、城市居民、农村居民使用的各种固定燃烧设施，“交通领域”包含道路运输车和非道路车辆。各领域的排放量及排放占比如表 5-20 所示，以这四个相应行业温室气体和大气污染物排放贡献占比（率）来分析协同率。从各行业排放贡献率的数据可以看出，电力行业 CO_2 与 SO_2 的排放贡献率分别为 32.06%、28.49%；工业领域 CO_2 与 SO_2 的排放贡献

率分别为 48.68%、58.52%，CO、黑炭（BC）、$PM_{2.5}$ 的排放贡献率分别为 41.71%、32.56%、49.68%；民用行业排放贡献率较高的为 CO、$PM_{2.5}$ 以及 BC，分别为 44.82%、38.83%、51.42%。以上这些数据显示，以 CO_2 为代表的温室气体与以 SO_2 和 $PM_{2.5}$ 为代表的大气污染物在行业排放贡献率上具有高度的协同性，其协同减排潜力巨大，二者的协同治理依赖于行业之间的转型和配合。

各行业排放贡献率　　单位：%　　表 5-20

污染物排放源	SO_2	CO_2	NO_x	CO	VOCs	PM_{10}	$PM_{2.5}$	BC	OC
电力行业	28.49	32.06	32.52	1.22	1.08	8.36	7.32	0.11	0.00
工业行业	58.52	48.68	38.59	41.71	61.23	56.88	49.68	32.56	15.65
民用行业	12.17	12.51	3.92	44.82	26.88	31.57	38.83	51.42	81.28
交通行业	0.82	6.76	24.96	12.26	10.81	3.18	4.17	15.91	3.07

一方面，协同减排是在控制温室气体排放的过程中同时实现了削减其他局地大气污染物排放的效益，虽然将化石能源快速替换为零碳或低碳能源会导致降碳成本增加，但由此带来的 $PM_{2.5}$ 削减效益能够有效降低 $PM_{2.5}$ 相关致死率，提升健康效益。另一方面，协同减排是在控制局地污染物排放或开展生态建设的同时也减少了温室气体的排放。例如，当天津市供热系统能源效率从 65% 提升到 80% 时，能够减少 19% 的 CO_2 和 SO_2 等污染物排放量，说明提高集中供热系统能源效率能产生一定程度的碳污协同效益。长春市城市森林面积在 1984—2014 年显著增长，生态建设的同时，城市森林固碳量也随之得到了明显提升。

5.6.2　城市热岛与污染物扩散的交互影响

2023 年 3 月 20 日，联合国政府间气候变化专门委员会（Intergovernmental Panel on Climate Change，IPCC）发布第六次评估报告《气候变化 2023》，明确指出人类活动每排放 1 万亿 tCO_2，全球地表平均气温将上升 0.27~0.63℃。在我国，城市气温与碳排放量之间同样具有较高的相关性：山西省 20 世纪 80 年代—2016 年的能源消耗与气象数据显示，平均每增加 1×10^6t 的碳排放量，会使太原市年平均气温升高 0.19℃，临汾市年平均气温升高 0.25℃；在 1995—2006 年上海城市化高速发展阶段，化石燃料消耗量的高速增长带来大量碳排放，造成城区增温和热岛效应加剧。

对于不同气候特点的地区，城市热岛效应可能带来不同的影响。例如，在冬季较为寒冷的地区，城市热岛效应能够降低冬季住宅供暖需求，同时减少城市碳排放；但对于气候温和的地区，城市热岛则会造成能耗和碳排放的显著增长。城市中绿地的缺失、建成空间的规划不周全和人为热排放的增长均会加剧热岛效应，而热岛效应又会改变城市中的空气流通模式，导致空气中污染物在热岛中心区域的聚集，从而进一步恶化了城市环境。因此，通过减缓城市热岛效应，能够在改善城市热环境的同时对空气污染问题带来正面影响。

1. 沿海城市

沿海城市地区虽然也存在热岛效应，但沿海的海陆风环流对于热岛效应存在一定的缓解作用。如前所述，由于下垫面结构的不同，海岸线周边存在着强烈的海陆风环流。海陆风影响了城区及周围地区温度、湿度和空气污染物浓度的时空变化，在空气污染物的传输和扩散中起着重要的作用。

上海北部为大气污染较重区域，且海陆地形复杂，常有海陆风发生。肖犇针对该区域使用数值模拟方法研究了海陆风对污染物扩散的影响。海陆风对沿海地区空气质量的影响并不总是优化或恶化，为了能够清晰地分辨海陆风对污染物扩散的影响，设定分别在 4 个时间段释放 2h 污染物，然后停止释放并继续模拟 22h，研究海陆风对污染物输运的作用。释放时段分别为：时段①（5：00—7：00）（陆风逐渐减弱的清晨）、时段②（11：00—13：00）（自由羽流阶段，海风即将发生的中午）、时段③（17：00—19：00）（海风逐渐减弱的傍晚）和时段④（23：00—1：00）（陆风即将发生的凌晨）。由于陆地上空 100m 以下空间（即近地层）的污染物对生产生活的影响程度最大，故绘制上海近地层和崇明近地层的污染物无量纲浓度随时间的变化曲线予以分析，如图 5-33 所示。

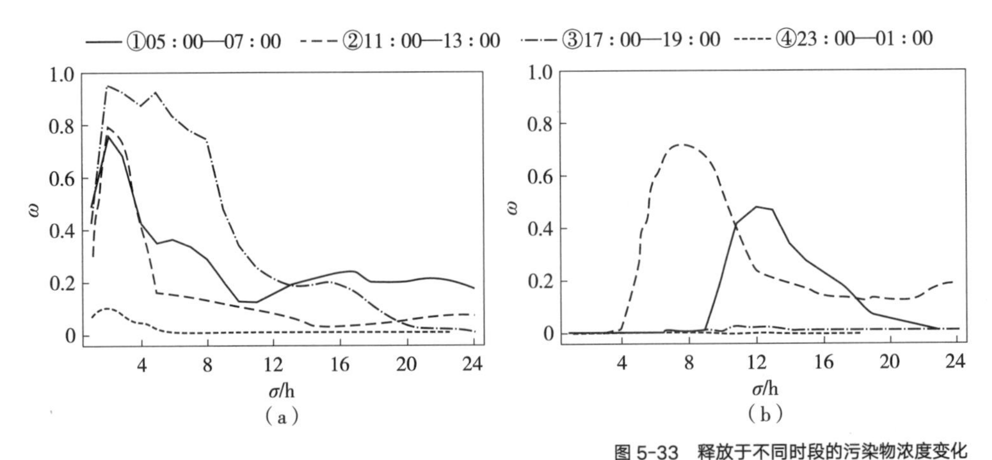

图 5-33　释放于不同时段的污染物浓度变化

（a）上海陆地近地层；（b）崇明近地层

（图片来源：肖犇，贾洪伟，徐佳佳，等．上海北侧区域海陆风对污染物扩散的影响 [J]. 中国环境科学，2022，42（4）：1552-1561.）

在 4 组释放时段中，时段①和时段④污染物释放对应的时间点分别是陆风即将结束的清晨和陆风即将开始的深夜，前者对上海陆地近地层造成的污染程度相对严重（图 5-33a 中黑实线），而后者对上海陆地近地层造成的污染相对轻微（图 5-33a 灰虚线）。时段①为处于陆风后期的清晨阶段，陆风即将结束，故持续释放的污染物无法被完全吹离，上海陆地近地层浓度的下降速度减缓；陆风消失后进入自由羽流为主导流场的时期，污染物向上输运，浓度短暂上升后逐渐下降；直到海风发生，吹至宽海的污染物随海风再次污染上海陆地，导致上海近地面浓度上升并维持在中等浓度。而时段④对应的深夜释放的污染物随后就被强劲的陆风吹离上海陆地，陆风起到了很好的清洁效果。

时段②与时段③相隔 6h，导致的上海陆地近地层污染却分别是最轻微（图 5-33a 黑虚线）和最严重（图 5-33a 点划线）的，两时段释放污染物的区别在于时段②的污染物是在海风锋面抵达污染源之前释放的，而时段③污染物释放时海风锋面已经经过了释放区域。海风锋面与污染物的时空关系决定了海风的效果。在锋面抵达前释放的污染物将被锋面卷入上空，海风起到清洁作用；而在锋面抵达后再释放的污染物则会被锋面后的海风夹带推向内陆，海风反而恶化了近地面空气质量。

可见，海风对污染物扩散的影响效果取决于海风锋面与污染物分布的时空关系。如果锋面能够遇到污染物，则会将其卷入回流带至高空区域，起到扩散和清洁作用；但如果污染物位于海风锋面后方，海风则会将污染物推至内陆，造成持续性污染。陆风通常总能将污染物吹离陆地区域，起到一定清洁作用，但最终效果与污染物的释放时段有关。在清晨时段释放的污染物，逐渐变弱的陆风只能将污染物吹至近海区域，而后的海风又会将污染物吹回陆地造成二次污染；而对于在凌晨时段释放的污染物，陆风则可将大部分污染物吹离陆地，使空气质量得到改善。

2. 内陆城市

如前所述，近年来，我国大气污染格局发生了深刻变化，季节性的 O_3 和颗粒物污染已成为我国大部分城市，尤其是内陆城市大气污染的主要特征。大气污染和城市热岛效应的复合影响日益突出。图 5-34 展示了气候变化对人类健康、经济和社会的多重影响。高温热浪和大气污染是气候变化的重要组成部分，而高温热浪对 O_3 和颗粒物的增加有显著作用。

夏季高温加快了 O_3 的光化学反应速率，促进 O_3 生成，同时城区的静稳天气会抑制 O_3 扩散，从而导致 O_3 积累。冬季污染物无法突破逆温层向上传输，主城区的高温引起的城市内部环流不断地将污染物在郊区和市区间传输，进一步加剧城市内部污染，逆温层和城市热岛效应形成的内循环导致主城区的雾霾不断积累。新冠疫情期间，有关大气污染的研究也证明排放源大量减少时 $PM_{2.5}$ 和 PM_{10} 下降明显，但 O_3 不降反升，所以必须加强 O_3 和 $PM_{2.5}$ 的协同治理。大气污染和城市热岛效应的协同治理是应对城市复杂气候环境问题的必然选择。

以西安为例，西安市中心城区有管理单元 410 个，将其划分为 2743 个 500m × 500m 的网格，使用双变量局部 Moran's Ⅰ检验大气污染物和城市热岛的空间作用，如图 5-35 所示。夏季 O_3 和夏季热岛有显著的空间交互作用，有 383 个高—高聚类，即高 O_3 浓度单元格被高温单元格包围。城区中的车

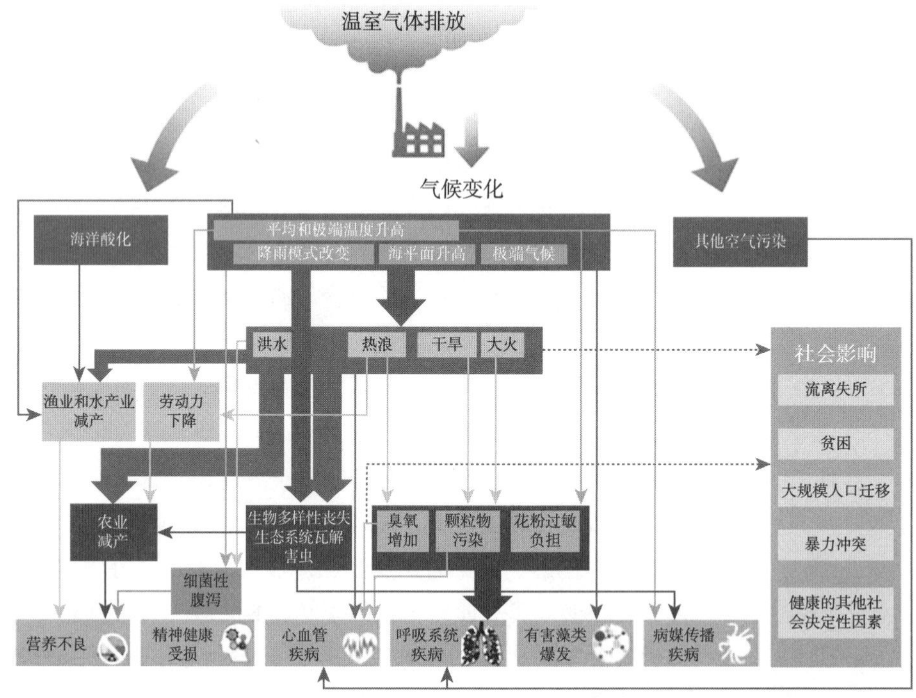

图 5-34 气候变化对人类健康的影响路径

（图片来源：WATTS N，ADGER W N，AYEB-KARLSSON S，et al. The Lancet Countdown：tracking progress on health and climate change[J]. The Lancet，2017，389（10074）：1151-1164.）

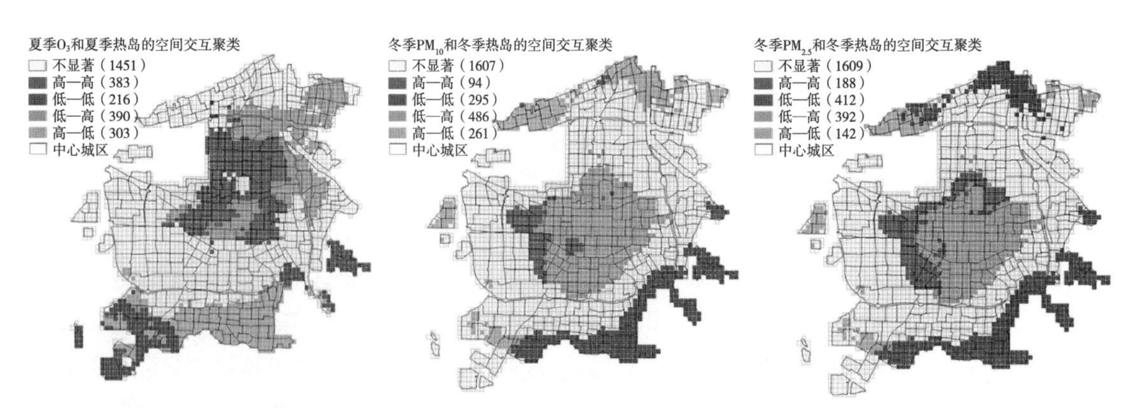

图 5-35 中心城区大气污染物和城市热岛的空间交互图

辆行驶和生产生活排放了大量的 O_3 前体物 NO_x 和 VOCs，高温加速了 NO_x 和 VOCs 反应生成 O_3。夏季 O_3 和夏季热岛的空间交互中出现了 390 个低一高聚类，即低 O_3 浓度单元格被高温单元格包围，说明并非所有的高温区都会伴随高 O_3 浓度，这取决于 O_3 前体物的排放，而 O_3 前体物与人的活动密切相关，远离中心城区的区域前体物排放少，所以会出现低一高聚类。中心城区的中心也存在低一高聚类，这是由 NO_x 对 O_3 的滴定作用造成的，这一区域较大的交通量会增加 NO_x 排放，NO_x 会消耗大气中的自由基，而自由基是 O_3 形成的重要前体物，前体物减少导致中心产生 O_3“洼地”。可见，夏季减缓热岛对降低中心城区的 O_3 有显著作用。

冬季 PM_{10}、$PM_{2.5}$ 和冬季热岛的空间交互作用并不显著，未出现大范围的高一高聚类和低一低聚类。PM_{10} 只有 94 个的高一高聚类，位于中心城区热岛高温区西侧边缘；$PM_{2.5}$ 有 188 个高一高聚类，位于中心城区热岛高温区的西侧和北侧边缘。PM_{10}、$PM_{2.5}$ 和冬季热岛反而出现了大量的低一高聚类，即低 PM_{10} 和低 $PM_{2.5}$ 的单元格被高温单元格包围，中心城区的热岛高温并未造成 $PM_{2.5}$ 和 PM_{10} 升高。因此，冬季中心城区的热岛高温可能有利于降低 $PM_{2.5}$ 和 PM_{10}，主城区的热岛高温能增强湍流混合，增加城市边界层高度，从而有助于 $PM_{2.5}$ 和 PM_{10} 扩散。

5.6.3 城市景观碳汇减污效应

城市的碳排放部门主要为建筑碳排放、交通碳排放、工业碳排放，其中建筑碳排放、交通碳排放与城市设计关联性较强，工业碳排放受经济规模、产业结构、能源供给、工业技术等非城市设计要素影响更多。因此，在城市设计领域，通过优化设计策略作用于建筑部门和交通部门，可以有效减少化石能源的使用，控制温室气体排放。

CO_2 在光合作用过程中从大气中移除并作为植物生物量储存的这一过程通常被称为陆地碳吸收。随着植物组织死亡，植物凋落物的产生及通过根系渗出物，碳也被隔离并储存在土壤中。“固碳”“碳封存”通常被用来描述各种植被和土壤介质长期储存与捕获大气碳的这一过程，城市景观建设能够有效吸收和储存更多的碳。同时，城市景观在缓解城市大气污染和城市固体颗粒物方面也有重要作用，其主要表现为：城市景观及其空间布局对城市大气污染物的吸收与降解作用；城市景观在滞尘方面的作用；城市景观及其空间布局对城市大气环境微生物的吸收与降解作用。

1. 城市森林

城市森林在优化城市微气候、缓解气候变化、减碳固碳中扮演重要角色，其主要方式包括减少建筑物制冷供暖的能源消耗碳排放、光合作用固碳、森林土壤固定有机碳等。城市森林碳固定抵消能源碳排放基本均在 5% 以下，不同城市由于城市森林总量和城市化程度不同，抵消量存在差异。如表 5-21 所示，21 世纪初同时期杭州城市森林碳固定抵消能源碳排放量最高，达到 4.76%；而上海最低，不到 0.01%。

不同城市碳固定与能源碳排放　　表 5-21

城市	能源碳排放 / (10^4t · a^{-1})	碳固定 / (10^4t · a^{-1})	碳抵消比重 /%
中国广州	2 907.41（2005—2010）*	65.87（2005—2010）	2.27
中国北京	4 456.64（2007）	63.05（2005）	1.41
中国上海	5 042.45（2007）	0.63（2007）	0.01
中国杭州	2 791.36（2010）	132.81（2010）	4.76
美国纽约	1 422.82（2008）	3.84（2002）	0.27
美国芝加哥	987.27（2005）	4.01（2002）	0.41
韩国春川	24.6（1994—1996）	0.43（1994—1996）	1.75

注:( ) * 中为研究年份，碳固定均为城市森林乔木层固定量。

城市森林的固碳能力及其空间分布会因植被种类、区域特点而产生差异。2017 年，上海城市森林总面积为 79 674.72hm^2，年均固定 CO_2 量 135.57 万 t，单位面积森林植被的固定 CO_2 能力为 17.02t/hm^2。如图 5-36 所示，张彪等人研究发现，在上海城市森林中，阔叶林是最大的植被类型，占据了城市森林总面积的 81%。阔叶林固定的 CO_2 量为 117.61 万 t，占据了上海城市森林植被固定 CO_2 总量的 86.75%，其固定 CO_2 能力为 18.22t/hm^2。相比之下，灌木林和混交林的面积相对较小，分别占据了城市森林总面积的

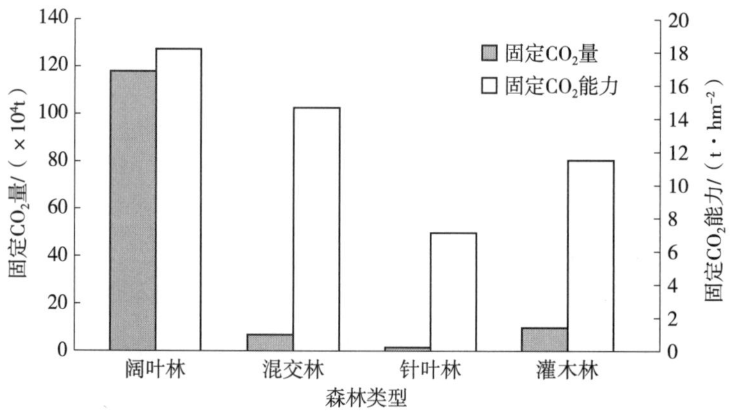

图 5-36　不同植被种类固碳量

（图片来源：张彪，谢紫霞，高吉喜 . 上海城市森林植被固碳功能及其抵消能源碳排放效果评估 [J]. 生态学报，2021，41（22）: 8906-8920.）

10.73% 和 5.71%，因此它们的 CO_2 固定贡献仅为 7.26% 和 4.92%。但是，混交林的固定 CO_2 能力明显高于灌木林地。此外，针叶林的固定 CO_2 能力最低，仅为阔叶林的 0.4。由于针叶林面积也较小，不足城市森林总面积的 2.6%，因此针叶林对 CO_2 的固定贡献率仅为 1.07%。

城市森林对空气颗粒物的调节作用主要表现为物理降尘和化学除尘。气流是空气颗粒物的载体，城市森林通过改变气流运动速度和方向，实现物理降尘，并利用其特殊的叶面结构及复杂的冠层结构来吸附、阻滞粉尘。城市森林作为障碍物，改变了气流的速度和方向，对空气颗粒物的传播距离、传播方向和传播数量产生影响。当含尘气流流经树冠时，受其阻碍，林内风速降低，空气中携带的一部分粒径较大的颗粒物搬运能力下降，重力沉降加快，使空气中颗粒物浓度降低、传播距离缩短。这种阻碍作用对 PM_{10} 等较大的颗粒物的影响尤为显著。同时，植物叶表面微结构、复层空间结构和巨大叶面积为空气颗粒物提供了滞留和停着的条件和空间，植物可通过扩大叶面积和更新新叶来增加这种净化效果。此外，植物叶片的表面特性和本身的湿润性能够附着、黏附大量空气颗粒物。城市森林的化学除尘主要是与森林植被生长代谢有关的除尘，主要体现在：城市森林内空气负离子对空气颗粒物的中和作用；对温湿度的调控能够降低化学反应活动和加快细颗粒物沉降；植物生长发育所分泌的有机挥发物能减少空气粉尘中携带有害微生物概率；以及通过气体交换能将大气污染物吸收，并通过氧化还原过程进行降解或进行积累贮藏，从而达到净化污染物的效果。

2. 行道树

在城市中，悬浮颗粒物污染对公众健康存在威胁，因为其能够引起呼吸系统疾病。街道中，树木对悬浮颗粒物存在一定程度的削减作用。苗纯萍等采用相对浓度差异为指标，比较了 2019 年 8—11 月沈阳市某地区树木叶片的四个阶段（无叶期、生叶期、茂叶期和落叶期，图 5-37）行道树对颗粒物的影响，如图 5-38 所示。结果显示，行道树对近地面颗粒物浓度的影响存在季节变化。对于粒径相对较大的颗粒物，其相对浓度在生叶期和茂叶期通常为负值，在落叶期通常为正值；而粒径更小的颗粒物在四个阶段中多为正

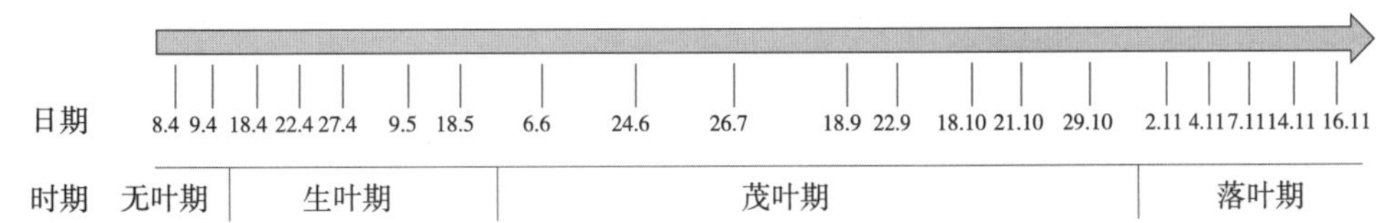

图 5-37 测试日期和树木叶片的四个阶段

（图片来源：MIAO C，YU S，HU Y，et al. Seasonal Effects of Street Trees on Particulate Matter Concentration in an Urban Street Canyon[J]. Sustainable Cities and Society，2021（3）：103095.）

值。同时，树木对颗粒物的削减效果随着叶面积密度的增长而有所降低，这可能与树木冠层密度的增长有关。树木冠层密度较大时，会降低街谷内的气流速度，影响空气污染物随气流在城市街道中的输送效果。

城市区域是主要的碳排放源，故城市绿化对于碳的吸收和储存具有巨大意义。赵淑清团队计算了北京市各地区的行道树碳储量分布，发现在朝阳区和海淀区的总碳储量和年增长量要高于其他区域；石景山区由于总道路面积最小，其单位面积碳储量最高；虽然西城区的总体面积较小，但其总碳储量和单位面积碳储量都相对较高。行道树的碳储量会受到其所处位置差异的影响（图 5-39），位于二环、三环之间和五环外的行道树拥有更高的碳储密度，从城市中心到城郊的碳储密度和年增长量都呈两边高、中间低的趋势。从图 5-40 可以发现，行道树尺寸、树木密度和街道面积都会对碳储密度造成影响，其中树木尺寸和密度与碳储密度呈正相关，街道面积则与碳储密度之间呈负相关关系。

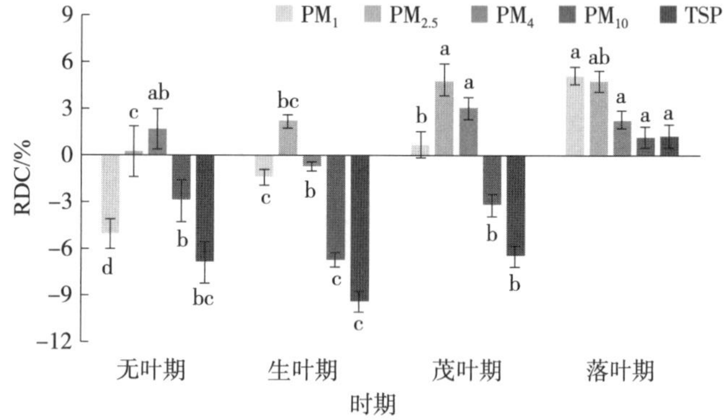

图 5-38　各树叶阶段的相对浓度差异
（图片来源：MIAO C，YU S，HU Y，et al. Seasonal Effects of Street Trees on Particulate Matter Concentration in an Urban Street Canyon[J]. Sustainable Cities and Society，2021（3）：103095.）

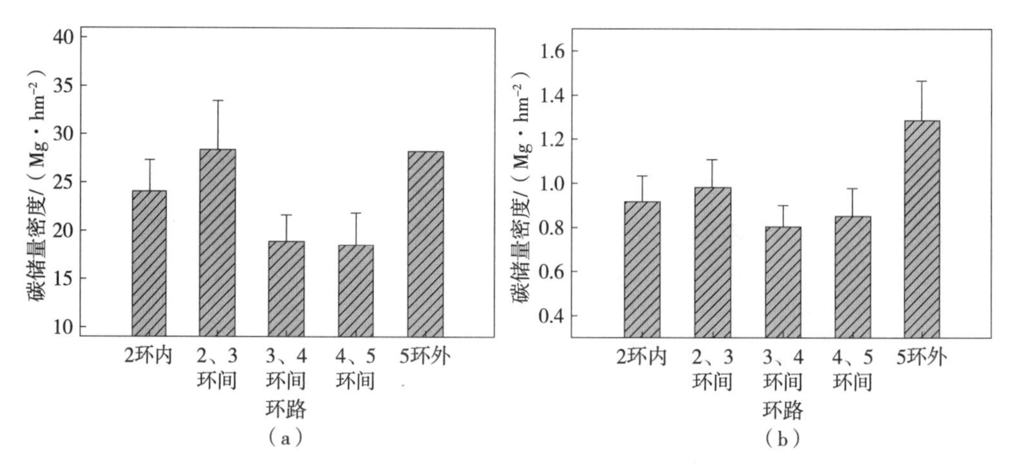

图 5-39　不同环路之间的碳储量密度和年增长碳储量密度
（a）碳储量密度；（b）年增长碳储量密度
（图片来源：TANG Y，CHEN A，ZHAO S. Carbon Storage and Sequestration of Urban Street Trees in Beijing，China[J]. Frontiers in Ecology and Evolution，2016，4（53）.）

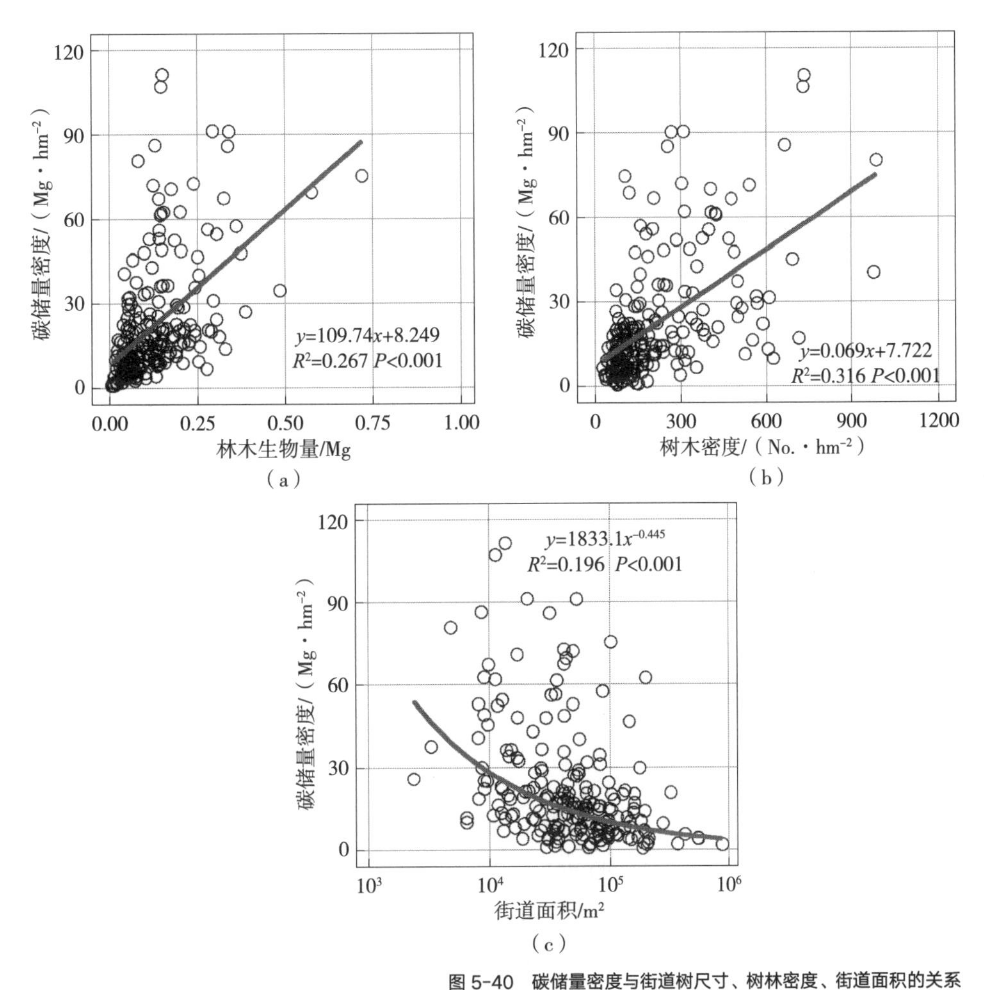

图 5-40 碳储量密度与街道树尺寸、树林密度、街道面积的关系

（a）行道树木尺寸；（b）树木密度；（c）街道面积

（图片来源：TANG Y，CHEN A，ZHAO S. Carbon Storage and Sequestration of Urban Street Trees in Beijing，China[J]. Frontiers in Ecology and Evolution，2016，4（53）.）

3. 居住区绿化

适宜的绿化可有效改善居住区中建筑周边的温度场和风场，从而直接影响住宅建筑的运行能耗，进而影响住宅建筑的运行碳排放，即通过节约能耗来降低建筑物的运行碳排放，实现节能碳汇；加之绿化本身的植物碳汇作用，形成综合减碳效应。颗粒物的扩散浓度也受到微气候环境的影响，风速、温度、相对湿度等环境因素的变化均与颗粒物扩散浓度呈现显著相关性。居住区绿地通过对微气候的调节作用影响住宅建筑物周围颗粒物的扩散浓度。研究分 13 种工况对西安市居住区宅旁绿地情况进行了模拟（表 5-22）。

模拟工况设置 **表 5-22**

工况	绿地率/%	宅旁绿地面积 /m²	绿地形式	植物数量 / 面积		
				乔木 / 棵	灌木 /m²	草坪 /m²
基本工况 A0	0	0	无绿化（A0）	0	0	0
工况 1（B25）	25	450	乔—灌（B）	15	450	0
工况 2（C25）			乔—草（C）	15	0	450
工况 3（D25）			乔—灌—草（D）	15	225	225
工况 4（B30）	30	850	乔—灌（B）	28	850	0
工况 5（C30）			乔—草（C）	28	0	850
工况 6（D30）			乔—灌—草（D）	28	425	425
工况 7（B35）	35	1350	乔—灌（B）	45	1350	0
工况 8（C35）			乔—草（C）	45	0	1350
工况 9（D35）			乔—灌—草（D）	45	675	675
工况 10（B45）	45	1600	乔—灌（B）	53	1600	0
工况 11（C45）			乔—草（C）	53	0	1600
工况 12（D45）			乔—灌—草（D）	53	800	800

图 5-41 为各工况影响下的住宅周围 $PM_{2.5}$ 扩散浓度。由图 5-41 可见，各类工况下的 $PM_{2.5}$ 浓度均小于基本工况，并且绿地对 $PM_{2.5}$ 浓度的削减效果呈现季节性差异，其影响效果从高到低分别为秋季、夏季、春季和冬季。同时，$PM_{2.5}$ 的削减效果伴随绿地面积增加而增强；在面积相同的情况下，不同绿地形式的削减效果以乔—灌为最佳，乔—灌形式绿地的 $PM_{2.5}$ 浓度降低幅度平均为乔—草形式的 1.2 倍。

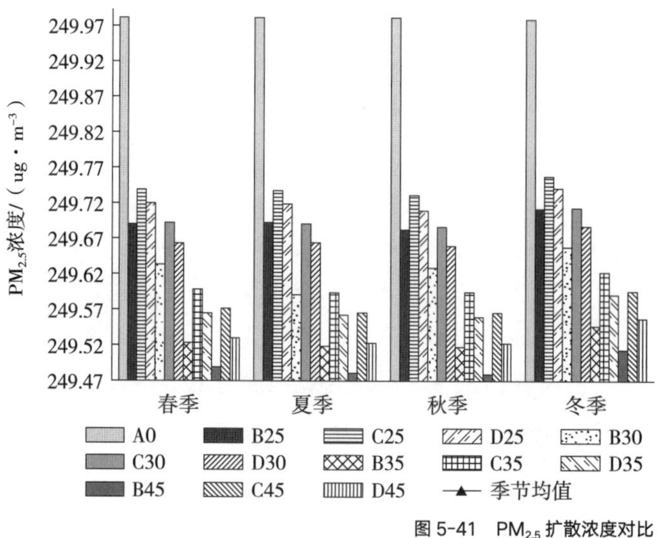

图 5-41 $PM_{2.5}$ 扩散浓度对比

各工况对住宅全年运行能耗的影响对比如图 5-42 所示。以无绿地基本工况建筑能耗量为基准，各类绿地工况均通过宅旁绿地对微气候的调节作用降低了住宅建筑能耗，其中能耗降低最大的工况为绿地率 35% 时的乔—灌绿地形式。从宅旁绿地率来看，当绿地形式分别为乔—灌与乔—草时，绿地率均在 35% 时能耗降低效果最明显；而当绿地形式为乔—灌—草时，住宅能耗降低量随绿地面积增加呈增长趋势。从不同绿地形式来看，在绿地面积相同的情况下，乔—灌形式相比于其他两种形式影响下的建筑能耗最低，节能量最大。这是因为种植面积相同时，灌木的三维绿量远高于草坪，因此灌木所占面积较大时对微气候的调节作用更显著。乔—草与乔—灌—草两种形式则略有不同：在绿地率为 25% 时，乔—草形式影响的建筑能耗低于乔—灌—草；绿地率为 30% 及以上时，乔—灌—草形式影响的建筑能耗则低于乔—草。这一结果与乔—草、乔—灌—草对温湿度的影响结果相一致，从而进一步证实了宅旁绿地通过微气候调节影响建筑物能耗的有效性。

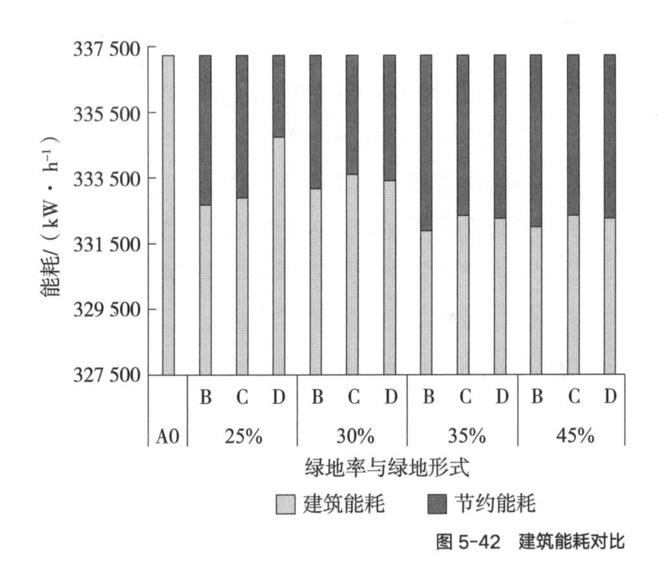

图 5-42　建筑能耗对比

如果将植物本身通过光合作用产生的碳汇量称为植物碳汇，将通过绿化调节微气候来降低建筑运行能耗产生的碳汇量称为节能碳汇，两者之和为综合碳汇，则不同绿地工况影响下的三种碳汇对比如图 5-43 所示。相对于植物碳汇，节能碳汇曲线整体增长趋势平缓，在绿地率为 25% 且绿地形式为乔—草时与植物碳汇量相近，说明该工况下绿地发挥的节能效果与其固碳效应基本持平。植物碳汇曲线随绿地率增长而明显呈上升趋势，在绿地率超过 25% 以后，植物碳汇量远大于节能碳汇量，说明植物的生态效应主要体现在其本身的固碳作用。在绿地面积相同的情况下，乔—灌形式的节能碳汇和植物碳汇均要大于其他绿地形式。

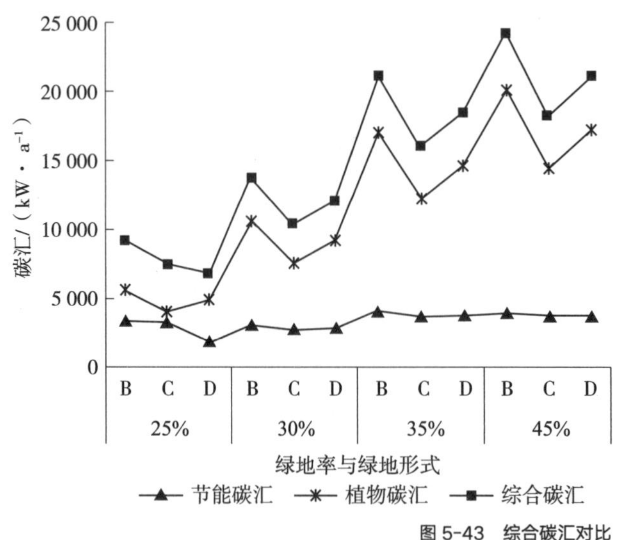

图 5-43 综合碳汇对比

4. 建筑绿化

屋顶绿化可以通过直接和间接作用来促进城市地区的固碳减排。一方面，屋顶绿化上的植被和土壤基质可以捕获和储存周围环境中的 CO_2；另一方面，植被和土壤的遮阳和蒸腾作用可以降低建筑物周围的温度，延长建筑物的使用寿命，从而降低建筑能耗，减少能源生产过程中的碳排放。可见，屋顶绿化可以起到环保节能的双重作用。

植被种植层是影响绿色屋顶性能的关键因素之一，故种植合适的植被可以提高绿色屋顶的性能和寿命。多种类植物组合配置不仅可以提高固碳潜力，还有利于改善生物多样性和营造更自然的绿色屋顶。在固碳释氧方面，以乔—灌—草为主的复层结构类型对改善城市环境质量具有显著影响，其固碳潜力也优于其余配置方式。此外，在植被配置过程中，识别互补性植被并进行合理选择配置也十分必要。研究表明，互补性植被混合种植可提高固碳潜力，反之则起到抑制作用。

植被种植层和土壤基质层具有良好的保温隔热作用，有助于减少建筑物的得热或失热过程，降低供暖和制冷成本，提高建筑物的节能性能。建筑绿化还通过遮阴和蒸腾效应降低周围环境气温，减少制冷需求，提高空气调节系统效率。同时，土壤和植被还能够保护屋顶薄膜免受紫外线辐射，从而延长建筑寿命并降低后期更换和运维过程所产生的碳成本。此外，屋顶绿化在调节雨水、降低风速等方面均具有明显效益，可通过对微气候的调节对空气质量产生间接影响。新加坡对屋顶绿化的推广使得空气中 SO_2 和亚硝酸总量分别减少了 37% 和 21%。有学者估算，如果对华盛顿 20% 的屋顶进行绿化，其生态效益可与 1.7 万株行道树相仿，能够吸收同等数量的空气污染物。

除植物滞尘、吸收有害气体等直接发挥生态作用的方式外，屋顶绿化还能通过改变气流来缓解城市大气污染。这是通过两个过程来完成的：一是绿地上方的变性空气，通过平流作用向四周非绿地上方扩散，从而使周围非绿地上的空气性质发生变化，这种影响所波及的范围较小，而且除了贴地层外，其影响程度较轻；二是绿地上空气象要素发生变化后，造成热力环流作用，在有利的地形条件下，叠加在背景风场上，从而使较大范围的空气产生上升或下沉运动，这种影响范围广且强度大。此外，屋顶绿化对建筑的降温作用还能增强街道峡谷效应，提升空气质量，且其提升程度随降温效果的增加而增强。

思考题与练习题

1. 大气边界层内沿纵向的风速分布情况如何？各点的空气温度呈现怎样的变化规律？

2. 现阶段我国城市的大气污染具有什么特征？简要说明几种主要大气污染物的性态及其危害。

3. 城市内部风环境具有哪些特征？

4. 结合实际案例，分析城市通风廊道对城市环境的影响。

5. 如何防治“建筑风”？

6. 比较分析不同风象污染指标的适用性。

7. 思考如何用更为经济有效的方法，同时实现改善空气质量和碳减排这两个目标？

主要参考文献

[1] 刘加平，等．城市环境物理 [M]. 北京：中国建筑工业出版社，2011.

[2] 张美根，韩志伟，雷孝恩，等．天津市空气污染数值预报实验中的模式系统 [J]. 气候与环境研究，1999（3）：237–243.

[3] 薛文博，许艳玲，史旭荣，等．我国大气环境管理历程与展望 [J]. 中国环境管理，2021，13（5）：52–60.

[4] 王文兴，柴发合，任阵海，等．新中国成立 70 年来我国大气污染防治历程、成就与经验 [J]. 环境科学研究，2019，32（10）：1621–1635.

[5] 郑淼．基于模糊层次分析法的建设项目环境影响评价研究 [D]. 天津：天津大学，2009.

[6] 黄晓虎，韩秀秀，李帅东，等．城市主要大气污染物时空分布特征及其相关性 [J]. 环境科学研究，2017，30（7）：1001–1011.

[7] 叶锺楠．我国城市风环境研究现状评述及展望 [J]. 规划师，2015，31（S1）：236–241.

[8] 张冲．考虑大气分层的城市风环境仿真研究 [D]. 武汉：华中科技大学，2020.

[9] 冯娴慧．城市的风环境效应与通风改善的规划途径分析 [J]. 风景园林，2014（5）：97–102.

[10] 王维 . 生态空间风险管控研究 [D]. 上海：上海交通大学，2019.
[11] 孟宪敏 . 寒冷地区住宅节能设计策略研究 [D]. 天津：天津大学，2007.
[12] 陈华 . 园林绿化与建筑节能关系的理论研究 [D]. 北京：北京林业大学，2006.
[13] 曹文俊 . 污染系数、污染指数和污染机率的评介 [J]. 南京气象学院学报，1986 (2): 198-203.
[14] 叶芳羽 . 环境经济政策的减污降碳协同效应与优化研究 [D]. 长沙：湖南大学，2021.
[15] 姜晓群，王力，周泽宇，等 . 关于温室气体控制与大气污染物减排协同效应研究的建议 [J]. 环境保护，2019，47 (19): 31-35.
[16] 肖犇，贾洪伟，徐佳佳，等 . 上海北侧区域海陆风对污染物扩散的影响 [J]. 中国环境科学，2022，42 (4): 1552-1561.
[17] 曹丹 . 绿色屋顶固碳减排潜力研究综述 [J]. 建筑与文化，2021 (10): 27-30.

第6章 城市光环境

随着科学技术文明及城市化进程的高速发展，人们传统的日出而作、日落而息的生活习惯逐渐发生改变。无论白天还是夜晚，城市都需要拥有一个健康、安全、舒适、低碳的光环境。城市光环境包括日照环境和人工照明环境。在城市生态系统中，光环境设计常常还会伴生光污染和碳排放增多等问题，这就对植物生长、人体健康和环境保护带来了挑战，也对低碳城市物理环境设计提出了新的要求。

现代人生活在信息时代，每天都有成千上万的信息需要了解。人们依靠不同感觉器官从外界获得这些信息，其中绝大多数来自光的视觉作用。太阳光、星光、灯光都是人们日常生活中常见的光。目前研究的光，是能够引起人视觉感觉的那一部分电磁辐射，其波长范围为 380~780nm。波长大于 780nm 的红外线、无线电波等，以及波长小于 380nm 的紫外线、X 射线等，人眼都感觉不到（图 6-1）。由此可知，光是客观存在的一种能量，而且与人的主观感觉有密切的联系。

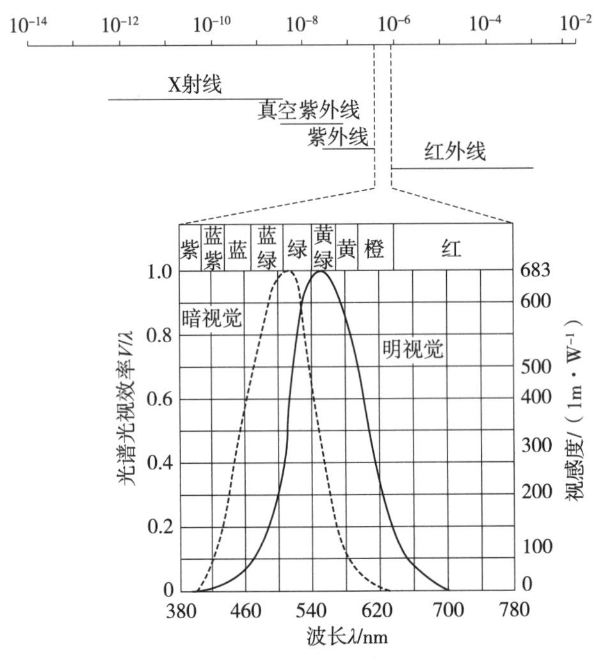

图 6-1 CIE 光谱光视效率曲线

（图片来源：刘加平，等 . 城市环境物理 [M]. 北京：中国建筑工业出版社，2011.）

6.1.1 人眼视觉特点

人们之所以能看到物体，是因为物体反射光线进入人眼，视网膜上的感光细胞接收光刺激，并转换为神经冲动。感光细胞又分为视锥细胞和视杆细胞，其在视网膜上的分布是不均匀的。视锥细胞主要集中在视网膜的中央部位，位于称为“黄斑”的黄色区域；黄斑区的中心有一小凹，称“中央窝”，在这里视锥细胞密度达到最大；在黄斑区以外，视锥细胞的密度急剧下降。与此相反，视杆细胞在中央窝处几乎没有，自中央窝向外，其密度迅速增加，且在离中央窝 20° 附近密度达到最大，然后又逐渐减少。两种感光细胞有各自的功能特性。视锥细胞在明亮环境下对色觉和视觉敏锐度起决定作用。它能分辨出物体的细部和颜色，并对环境的明暗变化做出迅速的反应，以适应新的环境。而视杆细胞在黑暗环境中对明暗感觉起决定作用，它虽能看到物体，但不能分辨其细部和颜色，对明暗变化的反应缓慢。另外，人眼中除了上述两种细胞之外，还存在一种含有黑视蛋白色素的光敏细胞。这种细胞自身对光敏感，并通过光照变化控制瞳孔收缩。当光敏细胞接收到信号时，报告给人体的“昼夜节拍器”，从而使人可以根据外界太阳光的变化感受和适应时差。因此，光敏细胞也是光照影响人体昼夜节律的根本原因。

由于感光细胞的上述特性，使人们的视觉活动具有以下特点。

1. 颜色感觉

在明视觉时，人眼对于 380~780nm 范围内的电磁波引起不同的颜色感觉。不同颜色感觉的波长范围和中心波长如表 6-1 所示。

光谱颜色中心波长及范围　　表 6-1

颜色感觉	中心波长 /nm	范围 /nm	颜色感觉	中心波长 /nm	范围 /nm
红	700	640~750	绿	510	480~550
橙	620	600~640	蓝	470	450~480
黄	580	550~600	紫	420	400~450

2. 光谱光视效率（视见函数）

人眼在观看同样功率的可见辐射时，对于不同波长感觉到的明亮程度不一样。人眼的这种特性常用国际照明委员会（International Commission on Illumination，CIE）的光谱光视效率 $V(\lambda)$ 曲线来表示（图 6-1）。$V(\lambda)$ 表示在特定光度条件下，获得相同视觉感觉时，波长 λ_m 和波长 λ 这两个单色辐射通量之比。选择 λ_m 与 λ 的比值的最大值为 1。λ_m 选在视觉感觉最大值处（明视觉时为 555nm，暗视觉为 507nm）。用式（6-1）表达如下：

$$V(\lambda)=\Phi_m/\Phi \tag{6-1}$$

式中　$V(\lambda)$——波长为 λ 时的光谱光视频率；

Φ_m——在视感最大值时，对应波长 λ_m 的辐射通量（W）；

Φ——在与上述 λ_m 视感相同的情况下，波长为 λ 时的辐射通量（W）。

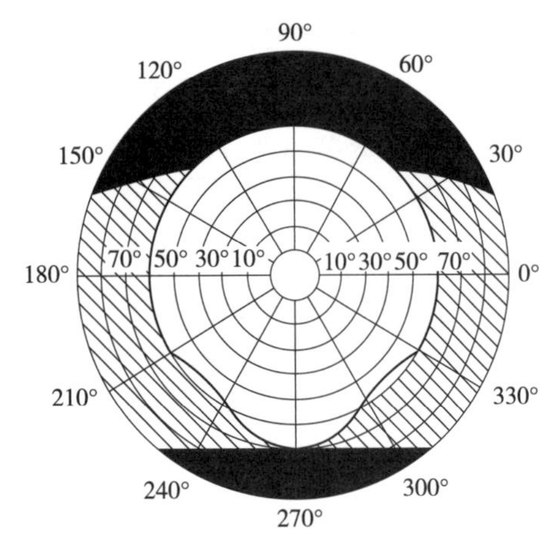

图 6-2　人眼视野范围
（图片来源：刘加平，等 . 城市环境物理 [M]. 北京：中国建筑工业出版社，2011.）

3. 视野范围（视场）

视场是指眼睛能够看到的空间或范围。根据感光细胞在视网膜上的分布，以及眼眉、脸颊的影响，人眼的视野范围有一定的局限。人双眼不动的视野范围为：水平面 180°；垂直面 130°，其中上方为 60°，下方为 70°（图 6-2）。图 6-2 中，白色区域为双眼共同视看范围；斜线区域为单眼视看最大范围；黑色为被遮挡区域。黄斑区所对应的角度约为 2°，它具有最高的视觉敏锐度，能分辨最微小的细部，称“中心视场”。由于中心视场几乎没有视杆细胞，故在黑暗环境中，这里几乎不产生视觉。从中心视场往外直到 30° 范围内是视觉清楚区域，这是观看物体总体的有利位置。通常站在离展品高度的 2~1.5 倍的距离观赏展品，就是使展品处于上述视觉清楚区域内。

4. 视觉和视觉适应

由于视锥细胞和视杆细胞分别在明、暗环境中起主要作用，故形成明、暗和中间视觉。视觉适应是视觉器官的感觉随外界亮度的刺激而变化的过程或最终状态，是视网膜适应各种光线水平的能力。明视觉是指在明亮环境中（环境亮度大于几个 cd/m^2 以上的亮度水平），主要由视网膜的视锥细胞起作用的视觉。此时人眼能够辨认物体的细节，具有颜色感觉，而且对外界亮度变化的适应能力强。视锥细胞在更高的光照水平下发挥作用。暗视觉是指在黑暗环境中（环境亮度低于百分之几 cd/m^2 以下的亮度水平），主要由视网膜上的视杆细胞起作用的视觉。暗视觉只有明暗感觉而无颜色感觉，也无法分辨物体的细节。中间视觉是指介于明视觉和暗视觉之间的视觉，是视锥细胞和视杆细胞都活跃的状态。照度决定了视觉适应的水平。频繁的视觉适应会导致视觉迅速疲劳。明视觉、暗视觉和中间视觉针对夜间照明设计的研究较多。尤其是夜天空的亮度水平基本处于中间视觉。

5. 非视觉效应

非视觉效应是光环境对于人体生理节律进行调节的重要机制，近年来成为国内外光环境研究的重点。非视觉效应是由视网膜中的感光神经节细胞感知光源，通过神经传递到大脑中的松果体，由松果体控制褪黑素的分泌，进而控制人体的生理节律。非视觉效应的影响因素主要包括光照强度、光谱分布、光照时间、光照时长、个人感光史等。由于人的非视觉效应对于光的多个方面都有要求，故正常情况下人的非视觉效应是通过自然光照的昼夜变化来控制的，普通人工照明往往难以满足非视觉效应的需要。

6.1.2 基本光度单位

1. 光通量

由于人眼对不同波长的电磁波具有不同的灵敏度，故不能直接用光源的辐射功率或辐射通量来衡量光能量，而必须采用以人眼对光的感觉量为基准的单位——光通量来衡量。光通量的符号为 Φ，单位为流明（Lumen，lm）。光通量可由辐射通量及 $V(\lambda)$ 通过式（6-2）得出：

$$\Phi=K_m\int\Phi_{e,\ \lambda}V(\lambda)\ d\lambda \tag{6-2}$$

式中 Φ——光通量（lm）；

$\Phi_{e,\ \lambda}$——波长为 λ 的单色辐射通量（W）；

$V(\lambda)$——CIE 光谱光视效率，可由图 6-1 查出；

K_m——最大光谱光视效能，在明视觉时 K_m 为 683lm/W。

在照明工程中，光通量是说明光源发光能力的基本量。例如 100W 白炽灯发出 1250lm 的光通量，40W 日光色荧光灯约发出 2200lm 的光通量。

2. 发光强度

光通量是表述某一光源向四周空间发射出的光能总量，不同光源发出的光通量在空间的分布是不同的。光通量的空间分布密度，称为发光强度，用符号 I 表示。假设点光源在某方向上的无限小立体角 $d\Omega$ 内发出的光通量为 $d\Phi$，则该方向上的发光强度为：

$$I_\alpha=d\Phi/d\Omega \tag{6-3}$$

点光源在这个方向上发光强度的平均值为：

$$I_\alpha=\Phi/\Omega \tag{6-4}$$

发光强度的单位为坎德拉（简称“坎”；Candela，cd），它表示光源在 1 球面度立体角内均匀发出 1lm 的光通量。

40W 白炽灯泡正下方具有约 30cd 的发光强度；而在它的正上方，则有灯头和灯座的遮挡，故此方向的发光强度为零。如果加上一个不透明的搪瓷伞形罩，向上的光通量除少量被吸收外，都被灯罩朝下方反射，因此向下的光通量增加，而这时灯罩下方的立体角未变，故光通量的空间密度加大，发光强度由 30cd 增加到 73cd。

3. 照度

照度是受照平面上接受的光通量的面密度，符号为 E（lx）。假设照射到表面一点面元上的光通量为 $d\Phi$，该面元的面积为 dA，则：

$$E=d\Phi/dA \quad (6-5)$$

照度的单位是勒克斯，用符号 Lux 或 lx 表示。1lx 等于 1lm 的光通量均匀分布在 $1m^2$ 表面上所产生的照度。勒克斯是一个较小的单位，例如，夏季中午日光下，地平面上照度可达 105lx；在装有 40W 白炽灯的书写台灯下看书，桌面照度平均为 200~300lx；月光下的照度只有几个 lx。照度 E（lx）可以直接相加。如果房间里有 4 盏灯，它们对桌面上 A 点的照度分别为 E_1、E_2、E_3、E_4，则 A 点总照度 E_A 等于 4 个照度值之和，写成通用的表达式就是：

$$E=\sum E_i \quad (6-6)$$

4. 亮度

光源或受照物体反射的光线进入眼睛，在视网膜上成像，使我们能够识别它的形状和明暗。视觉上的明暗知觉取决于进入眼睛的光通量在视网膜成像的密度——物像的照度。这说明，确定物体的明暗要考虑两个因素：一是物体（光源或受照体）在指定方向的投影面积，这决定物像的大小；二是物体在该方向上的发光强度，这决定物像上的光通量密度。根据这两个条件，可以建立一个新的光度单位：发光体在视线方向上单位投影面积发出的发光强度称为亮度，以符号 L 表示，其计算公式为：

$$L_\alpha=I_\alpha/A\cos\alpha \quad (6-7)$$

由于物体表面亮度在各个方向不一定相同，因此常在亮度符号的右下角注明角度，它表示与表面法线成 α 角方向上的亮度。亮度的常用单位为坎德拉每平方米（cd/m^2），它表示 $1m^2$ 表面上，沿法线方向发出 1cd 的发光强度。

有时，亮度采用另一较大单位——熙提（符号为 sb），它是 $1cm^2$ 面积上发出 1cd 时的亮度单位。很明显，$1sb=10\ 000cd/m^2$。表 6-2 是一些常见的物体亮度值。

部分常见的物体亮度值　　表 6-2

物体名称	亮度 /sb	物体名称	亮度 /sb
白炽灯灯丝	300~500	太阳	20 万
荧光灯管表面	0.8~0.9	无云蓝天（天空和太阳的角距离不同，其亮度也不同）	0.2~2.0

亮度反映了物体表面的物理特性，而人们主观所感受到的物体明亮程度，除了与物体表面亮度有关外，还与人们所处环境的明暗程度有关。例

如，同一亮度的表面，分别放在明亮和黑暗环境中，人们就会感到放在黑暗中的表面比放在明亮环境中的亮。为了区别这两种不同的亮度概念，常将前者称为“物理亮度（或称亮度）”，后者称为“表观亮度（或称明亮度）”。相同的物体表面亮度，在不同的环境亮度时，可以产生不同的明亮度感觉。

6.1.3 颜色（色度单位）

颜色同光一样，是构成光环境的基本要素。

颜色来源于光。可见光包含的不同波长单色辐射在视觉上反映出不同的颜色，表 6-3 列出了各种颜色的波长和光谱的范围。在两个相邻颜色范围的过渡区，人眼还能看到各种中间色。对于一般光源，使用特殊的仪器可以记录每个单色光的波长和对应的辐射能量。以每个单色光的波长为横轴，其对应的辐射能量为纵轴，可以形成该光源的光谱辐射功率分布方式。通过观察光源的光谱功率分布曲线（Spectral Power Distribution，SPD），可以直观了解光源的颜色和辐射特性。

光谱颜色波长及范围　　表 6-3

颜色	波长 /nm	范围 /nm	颜色	波长 /nm	范围 /nm
红	700	640~750	绿	510	480~550
橙	620	600~640	蓝	470	450~480
黄	580	550~600	紫	420	400~450

在光环境设计实践中，照明光源的颜色质量常用两个术语来表征：光源的色表，即灯光的表观颜色；光源的显色性，即灯光对它照射的物体颜色的影响作用。

1. 光源的色表

在照明应用领域里，常用色温来定量描述光源的色表。当一个光源的颜色与完全辐射体（黑体）在某一温度时发出的光色相同时，完全辐射体的温度就称为此光源的色温，用符号 T_O 表示，单位是 K（绝对温度）。

完全辐射体也称黑体，其既不反射，也不透射，是能把投射在它上面的辐射全部吸收的物体。黑体加热到高温便产生辐射，黑体辐射的光谱功率分布完全取决于它的温度：在 800~900K 温度下，黑体辐射呈红色；3000K 时黑体为黄白色；5000K 左右黑体呈白色；8000~10 000K 时黑体为淡蓝色。不同温度下黑体辐射的色坐标点连成一条曲线，称为黑体轨迹或普朗克轨迹。

热辐射光源，如白炽灯，其光谱功率分布与黑体辐射非常相近，都是连续光谱。由于白炽灯的色坐标点正好落在黑体轨迹上，因此，用色温来描述白炽灯的色表很恰当（表 6–4）。

天然和人工光源的色温（或相关色温） 表 6–4

光源	色温（或相关色温）/K	光源	色温（或相关色温）/K
蜡烛	1900~1950	月光	4100
高压钠灯	2000	日光	5300~5800
白炽灯 40W	2700	昼光（日光 + 晴天天空）	5800~6500
白炽灯 150~500W	2800~2900	全阴天空	6400~6900
碳弧灯	3700~3800	晴天蓝色天空	10 000~26 000
荧光灯	3000~7500		

非热辐射光源，如荧光灯、高压钠灯，它们的光谱功率分布形式与黑体辐射相差甚大，其色坐标点不一定落在黑体轨迹线上，而是常常在这条线的附近。严格地说，不应用色温来描述这类光源的色表；但是允许用与某一温度黑体辐射最接近的颜色来近似地确定这类光源的色温，称为相关色温。表 6–4 列出了若干光源的色温或相关色温。

2. 光源的显色性

物体色可随不同照明条件而变化。物体在待测光源下的颜色同它在参照光源下的颜色相比的符合程度，定义为待测光源的显色性，用显色指数 R_a 表示。

参照光源，是指人们相信它能呈现物体“真实”颜色的光源。一般公认中午的日光是理想的参照光源。CIE 及我国制定的光源显色性评价方法都规定，相关色温低于 5000K 的待测光源以完全辐射体作为参照光源，色温高于 5000K 的待测光源以组合昼光作为参照光源。

显色指数的最大值定为 100。一般认为，R_a 在 100~80 范围内，显色性优良；R_a 在 79~50 时，显色性一般；R_a 小于 50，则显色性较差。表 6–5 是常见电光源的一般显色指数。

常见电光源的一般显色指数 表 6–5

光源	显色指数 R_a	光源	显色指数 R_a
白炽灯	95~99	高压汞灯	22~51
卤钨灯	95~99	高压钠灯	20~30
白色荧光灯	70~80	金属卤化物灯	65~85

城市光环境既影响人居环境质量和居民健康，又影响城市资源消耗、生态系统变化及可持续发展。近年来，得益于计算机技术和空间信息技术的快速发展，城市光环境的研究方法也有了长足的进展，研究热点也从单一维度进一步向多元维度扩展。

6.2.1 研究热点

科学知识图谱可以定量地揭示各个学科的发展脉络、演化规律及研究热点。因此，以科学网络引文数据库（CNKI/WOS）为数据源，对城市光环境的研究现状进行分析，梳理1999—2023年国内外有关城市光环境的研究热点和发展趋势。根据关键词的出现频次和中心性总结城市光环境的研究内容、研究方向及研究方法，大致可将城市光环境研究分为测度方法研究和驱动机理研究两方面，见表6-6。

其中，测度方法主要包含概念定义和方法数据两方面，关键词主要有光污染、照明、照度、亮度、光伏发电、调查、激光雷达、行为特征、地面实测、心理感受等；驱动机理主要包含照明设计变化、空间设计变化、城市规划技术三方面，其中照明设计变化的关键词主要有人工照明、绿色照明、环境照明，空间设计变化主要有城市广场、公共空间、居住区、城市道路等，城市规划技术主要有城市照明、夜景照明、景观照明、智慧城市、空间形态、城市意象等。可见，城市光环境研究主要以城市作为中心，围绕着光环境对城市的影响展开。

城市光环境的研究呈现出显著的阶段化特征。2010年以前，照明、照明质量、光污染是研究热点，居住区是主要研究对象，评价、调查是主要研究方法。2013—2016年的研究主题包括绿色照明、照度、夜间、物理环境、照明设计。2019年之后城市环境问题逐渐凸显，该领域也引起了研究者的关注，此阶段以光环境的空间设计变化为主要研究内容，如公共空间、智慧城市、景观设计、城市公园、光伏发电等方面。这一变化表明了相关研究正逐渐关注于城市光环境与城市规划的时空、能源利用等关联性规律，并更加注重不同空间的量化层面研究。

总的来看，有关光环境的研究内容包括以下几个方面：①城市光环境的特征与营造手段；②分析方法研究，包括地面实测、遥感监测、数值模拟、3S技术[如地理信息系统（GIS）、遥感技术（RS）、全球定位系统（GPS）]等；③光污染与城市系统的互动机制，如智慧城市和空间形态等对光污染的影响，城市应对光污染的适应性策略和规划管控等。目前，该领域的研究趋于多元化、综合化，重心倾向于规划行动对于城市光环境的量化研究与相应响应机制的构建，已由被动适应转向主动治理。

CNKI/WOS 关键词一览表　　表 6-6

分类		CNKI				WOS			
		关键词	频次	中心性	年份	关键词	频次	中心性	年份
测度方法	概念定义	光污染	65	0.19	2000	Light	39	0.00	2014
		照明	11	0.05	1999	Light Pollution	33	0.04	2014
		照度	7	0.01	2008	Comfort	16	0.01	2017
		亮度	4	0.00	2008	Visual Comfort	10	0.00	2020
		光伏发电	4	0.00	2010	Light Use Efficiency	8	0.01	2021
	方法数据	调查	4	0.00	2008	Model	123	0.02	2012
		激光雷达	3	0.00	2020	Behavior	49	0.02	2014
		行为特征	2	0.00	2017	Remote Sensing	40	0.01	2012
		地面实测	2	0.00	2021	Simulation	36	0.03	2014
		心理感受	2	0.00	2020	Machine Learning	19	0.01	2014
驱动机理	照明设计变化	人工照明	8	0.08	2003	Land Cover	52	0.04	2008
		绿色照明	9	0.02	2007	Impervious Surface	41	0.04	2010
		环境照明	2	0.00	2001	Artificial Light	13	0.01	2010
	空间设计变化	城市广场	9	0.06	2001	City	259	0.06	2010
		公共空间	9	0.05	2008	Green Space	31	0.04	2015
		居住区	6	0.01	2009	Community	27	0.02	2012
		城市道路	3	0.02	2017	Public Space	7	0.00	2020
	城市规划技术	城市照明	16	0.08	2003	Urbanization	130	0.05	2012
		夜景照明	13	0.07	2006	Urban Planning	67	0.03	2011
		景观照明	7	0.07	2012	Management	66	0.03	2012
		智慧城市	3	0.01	2018	Ecosystem Services	64	0.07	2012
		空间形态	2	0.00	2020	Nighttime Light	48	0.02	2017
		城市意象	2	0.04	2003	City Light	12	0.01	2014

6.2.2 研究方法

目前，城市光环境研究的主要方法有地面实测法、遥感监测法、数值模拟法和 3S 技术。其中，地面观测主要观测地面照度、星等、亮度、光谱等光环境数据；遥感监测主要利用各种遥感传感器的监测数据对夜天空发亮情况、地面的光源色温等进行观测；数值模拟主要是利用一维、二维、三维中尺度模型对特定区域的日照和照明等方面进行模拟；3S 技术主要是遥感技术（RS）、地理信息系统（GIS）和全球定位系统（GPS）的交叉应用。

1. 光环境地面实测

城市光环境实测技术可测量多元化参数且数据准确度高，故而是目前常用的定量研究技术手段。因昼夜测试时间不同，地面实测所测试参数（即数据类型）也有所不同。早期光环境实测研究中，通过使用照度计、SQM 星等亮度计、色度计等仪器对研究区域内的夜间光环境参数（照度、星等亮度、色温等）进行收集，但是测量仪器与测量指标之间多为一对一的关系，例如亮度计、色度计只能进行单一指标的测量。而现在的仪器可以实现和测量指标一对多的关系，例如集合光谱、亮度、色度测量为一体的分光辐射照度计。同时，以 CCD（电荷耦合器件）相机为基础的光环境图像分析系统的出现，突破了以往传统二维图表式研究，进入以图像数据为基础的三维空间。有效的夜空图像数据可以为夜空发亮评价研究提供支撑。伴随着空气质量检测仪、气溶胶测量仪的普及，城市夜间光环境研究分析参数出现多元化趋势。

城市化的快速发展对光环境的观测精度提出了更高要求。目前，红外遥感、雷达探测等新技术由于精度准、速度快、易获取、低成本、大尺度等多种优势被广泛应用于城市光环境的相关研究中。这些新技术的应用可实现多要素、全方位、高精度的连续观测，弥补了传统观测的不足。这既为城市光环境时空演变规律的精细监测提供了可能，也将城市光环境的研究拓展到三维空间，使其与城市规划建设联系更加紧密。

2. 遥感监测

在光环境研究中，遥感技术被广泛运用到光环境演变和定量建模中。刘鸣等学者基于卫星灯光遥感图像数据对全球典型国家夜间光环境分布进行了评估，并对我国城市夜间光环境进行了多尺度时空演变特征分析。Bennie 等利用夜光遥感数据研究了 1995—2010 年欧洲的光污染时空变化趋势，指出欧洲夜空在逐渐变亮，而很多发达城市的夜空亮度却在逐年降低。

目前，国际上常用的夜光遥感数据包括：美国军事气象卫星计划（Defense Meteorological Satellite Program，DMSP）搭载的 OLS（Operational Linescan System，OLS）传感器获取夜间灯光影像、国家极轨合作—可见光与红外成像辐射计（The Suomi National Polar-Orbiting Partnership Visible Infrared Imaging Radiometer Suite，NPP-VIIRS）、中国“珞珈一号”夜光遥感卫星，以及美国、阿根廷、以色列等国的卫星及国际空间站发布的夜间灯光卫星遥感数据。DMSP/OLS 传感器可以获得每日全球范围内的昼夜图像，其夜间灯光遥感影像空间分辨率通常为 1000m。NPP-VIIRS 可以生成具有时间连续性的卫星影像产品，夜间灯光遥感影像空间分辨率通常为 500m。珞珈一号 01 星的夜间灯光遥感影像空间分辨率为 130m，可清晰识别道路和街区。

3. 数值模拟

数值模拟包括日照模拟、天然光模拟、太阳辐射模拟和照明模拟，主要可以获得日照小时数、采光系数、采光分布、采光均匀度、太阳辐射量和照度、照度分布及均匀度等参数量，为光伏光热利用、植物照明、城市居住区和道路照明、城市低碳设计等方面的研究提供基础数据或优化方案的参数。

目前，国外常用的光环境分析软件包括 Autodesk Ecotect Analysis、UK.SHADOWPACK、TOWNSCOPE，以及 Gosol、Grasshopper、Desktop Radiance、CitySim 和 DIALux。其中，Autodesk Ecotect Analysis 能够较为直观地分析建筑单体或群体在某一年、某一天、某一时刻的日照情况；UK.SHADOWPACK 利用自身 CAD 类型的程序形成相应的建筑格局，并且可以根据建筑布局计算建筑表面吸收的太阳辐射能量；TOWNSCOPE 能以三维建筑布局建模，并计算指定日期或月份下建筑表面吸收的太阳辐射能量；Gosol 可以输入建筑布局进行分析，并计算建筑某个特殊面上的太阳辐射能量，也可以生成遮挡轮廓线。但上述软件针对结合各项影响因素的日照问题分析仍较为薄弱，对于受到地形或周边既有建筑影响下的日照环境分析较不完善。Ladybug Tools 基于 Rhino/Grasshopper 平台实现了对包括 EnergyPlus、Radiance、OpenFOAM 等工具在内的初步整合。Desktop Radiance 软件通过 Radiance 的综合成像系统提供采光和照明效果，可以借此模拟室内工作面台面上的照度值与采光系数。CitySim 城市能耗模拟工具是基于简化光能传递算法，可用于计算不同城市建成环境表面的太阳辐射量。DIALux 软件拥有简单易用的道路建模及导入其他模型的方法，对于居住区户外空间（包括地方道路与其他人行区域）可以迅速建立各种区域不同环境下的模型，并遵照北美照明标准或国际照明委员会的标准进行快速精确的模拟计算比较，以及自动生成水平照度值、半柱面照度值、垂直面照度值等。同时，DIALux 软件还能得出模拟照明后的照度均匀度和眩光系数，并输出各照明评价指标的计算结果及报表，同时还可便捷地输出区域的虚拟 3D 实景图、伪色亮度效果图、伪色照度效果图等直观仿真效果，是一款非常适合室内外照明的模拟优化软件。

国内常用的光环境分析软件有众智日照、清华斯维尔 SUN、天正日照、鸿业日照等。其中，众智日照是基于 AutoCAD 平台开发的一套系统软件，其计算参数可以任意设定，涵盖日照规范要求和各地实施的管理规则；清华斯维尔 SUN 是一款提供日照定量和定性的专业日照计算软件，且提供绿色建筑指标及太阳能利用模块，通过共享模型技术解决日照分析、绿色建筑指标分析、太阳能计算问题等；天正日照是以 AutoCAD 为平台开发运行的日照分析软件，包含光线圆锥、多点分析、窗户分析等功能，同时能够利用坡地日照，分析山地城市坡地日照及建筑物表面日照；鸿业日照分析软件有全面的建模工具，支持复杂地形曲面建模、平坡及异形屋顶的建模，并提供多种常见的计算方式和单点、沿线、平立面等深入分析工具。

4. 光环境 3S 交叉研究

遥感技术（RS）为广阔区域的光环境研究提供了可能性，但受到图像精度、大气状态的直接影响，难以全面、具体地反映地面小尺度光源、环境等信息。地理信息系统（GIS）是一种利用计算机软件与硬件系统支持的技术系统，是用于采集、储存、管理、运算、分析、显示和描述整个或部分地球表层（包括大气层）中有关地理分布数据的系统，具有强大、系统的空间地理数据处理分析功能，可作为光环境研究的系统平台。全球定位系统（GPS）是一种以人造地球卫星为基础的、高精度无线电导航的定位系统，它在全球任何地方及近地空间都能够提供准确的地理位置、车行速度及精确的时间信息，可为光环境的研究提供全天候三维的信息数据。

基于 RS 和 GIS 的优势，已有大量学者将两者结合应用于光环境的研究中；同时，在光环境实测中也会应用到 GPS 技术，如表 6-7 所示。以夜间灯光遥感数据作为上空光环境数据的来源，以地理信息系统作为研究平台，以 ArcGIS 软件作为研究软件，三者的结合具有广阔的应用前景。

RS、GIS 和 GPS 结合在光环境研究中的部分应用　　表 6-7

年份	作者	研究方法	研究数据	研究对象	研究结果
2006	C.Chalkias	RS 和 GIS	DMSP/OLS	光环境变化趋势	雅典郊区的光污染愈加严重
2009	M.J.Butt	RS 和 GIS	DMSP/OLS	光环境变化趋势	直接和间接夜间污染的变化
2014	韩鹏鹏	RS 和 GIS	DMSP/OLS	光环境变化趋势	中国光污染变化趋势
2017	江威	RS 和 GIS	DMSP/OLS	光环境变化趋势	光污染的时空特征
2012	Zollwega	RS 和 GIS	OSM	光环境分布	自动生成模拟的区域夜间场景
2016	Netzel	RS、GPS、GIS	SQM/VIIRS	光环境分布	光污染分布模型
2017	Tahar	RS、GPS、GIS	SQM	光环境分布	天空亮度的空间模型
2006	Chalkias	RS 和 GIS	DMSP/OLS	光环境建模评估	城市夜空直接和间接光污染
2012	Kuechly	RS、GPS、GIS	DMSP/OLS	光环境建模评估	德国柏林夜间高分辨率图像
2012	Butt	RS 和 GIS	DMSP/OLS	光环境建模评估	城市夜空直接和间接污染
2011	Biggs	RS 和 GIS	GPS、SQM	光环境影响因素	土地利用对天空亮度的影响
2012	Kuechly	RS 和 GIS	DMSP/OLS	光环境影响因素	土地利用类型和灯光总量模型

城市光环境受自然光源和人工光源的影响，故城市光环境控制除了要考量室内外空间的昼夜人体舒适（感知）和光感知之外，还要考量减少使用常规能源和增加使用可再生能源。城市照明建设是低碳城市基础设施建设的重要组成部分。

基于城市照明规划的角度，城市照明含功能性照明和景观性照明两大部分，但二者绝不可简单地割裂开。城市功能照明应与被照明对象的风格、特征协调一致，城市景观照明也应在保证艺术效果的前提下，推广和实施绿色照明，做到节能、环保与艺术的统一。

6.3.1 城市景观性照明

景观（Landscape）是一个广域的概念，含自然景观和人文景观。景观又是一个复合的概念，“景”是客观存在，“观”指主观感受和意识。景观照明是对客观的景用“光”去进行主观艺术创作，也就是说，景观经过照明构成夜景，夜景已包含了光的元素，故称景观照明。夜景照明是多年的习惯称谓，我国《城市夜景照明设计规范》JGJ/T 163—2008 中，将夜景照明定义为：“泛指除体育场场地、建筑工地和道路照明等功能性照明外，所有室外公共活动空间或景物的夜间景观的照明，亦称景观照明。”城市夜景是城市规划建设的一个重要组成部分，在一定程度上反映着城市的面貌。

城市夜景景观在我国起步较晚。新中国成立后的一段时间，只有少量的重大工程，如首都国庆庆典、长安街、上海外滩和南京大桥等，实施了景观照明。而且当时的景观照明形式简单，仅采用白炽灯勾勒建筑物的轮廓照明，以及用霓虹灯进行装饰照明。我国比较集中的大规模城市夜景照明工程建设是从 1989 年上海启动外滩和南京路景观照明后开始的，1995 年以后我国沿海的开放城市及一些大城市也开始有组织、有步骤地实施夜景建设。目前，我国已涌现一批夜景照明的佳品，例如西昌市夜景亮化工程、石家庄重点节点的夜景亮化工程、杭州萧山科技城亮化工程等。此外，以“水墨淡彩，诗画江南”为主题的 2023 年杭州亚运会夜景照明工程极大地提升了杭州城市形象。

随着城市景观照明规划建设层次的不断提升，其具有的文化内涵和人文精神也在迅速地得以丰富和升华，并成为重要的夜游要素资源。因此，文旅照明应运而生，其既是包括文体、商业、旅游景区等级别的景观照明，也是包括具有一定文化内涵的城市级别的景观照明。目前，随着文旅照明的快速发展，其文化渗透和影响力也在不断提升。

1. 夜景照明的基本设计原则

《城市夜景照明设计标准（修订征求意见稿）》（2023 年发布）中对于夜

景照明的设计，作出了以下规定。

（1）城市夜景照明设计应符合国土空间规划、城市设计和城市照明专项规划的要求，坚持创新、协调、绿色、开放、共享，并应与城市社会、经济、技术发展相协调。

（2）城市夜景照明应强化整体性，突出特色，营造安全、舒适、和谐的光环境，并兼顾白天的视觉效果。

（3）城市夜景照明应进行节能设计。建设项目可行性研究报告、设计方案和初步设计文件应包含照明能耗和照明碳排放分析报告，可包含可再生能源利用分析报告。

（4）城市夜景照明工程应与建设主体工程同步设计、同步施工、同步竣工验收。

（5）城市夜景照明设计应合理选择照明光源、灯具和照明方式，灯具的安装位置、照射角度和遮光措施等不应产生光污染和对生态的不利影响。

（6）城市夜景照明设计应对潜在光污染及干扰光的影响进行分析评估。

（7）城市夜景照明设施应根据环境条件和安装方式采取相应的安全措施，且不应影响古建筑等自然和历史文化遗产的保护。

（8）文物保护建筑不应对文物造成损害，设置动态照明、演绎照明时应尊重保护文物的历史意义与价值。

（9）临近机场或其他特殊场所不应设置影响飞行的强光（束）灯等夜景照明装置。

（10）景观照明设计应慎重选择彩色光。光色应与被照对象和所在区域的特征相协调，不应与交通、航运等标识信号灯造成视觉上的混淆。

（11）安装在公园、广场、滨水空间、街道等场所的照明设施宜根据项目需要采用多功能灯杆，兼顾监控、信息发布、环境监测、5G 通信等功能需求；风光资源丰富的地区，其供电电源宜结合当地实际，选用太阳能、风能等可再生能源。

2. 光照对城市空间的影响

城市的结构和细节一般在白天才能够完美地展现，到了夜间，人们只有通过灯光照明来实现其可视性。让城市在夜间看起来同白天一样几乎是不可能的。天然光有两种成分，第一部分是天空漫射光，它无论晴天和阴天都存在，且均匀地照在所有表面和建筑物上，因此镜面材料在任何视角看都是明亮的；第二部分是直射太阳光，它是一个点光源，因为太阳距离很远，因此其投照出来的阴影非常清晰。此外，阳光是运动的，对建筑而言变幻的阴影会产生一种在夜间难以复制的动态效果。通常，采用人工光无法仿效出这种效果。

白天，城市景观的主要光源是天然光。天然光在一天中相对时间内保持着稳定的暖白色。虽然日照角度随着时间发生变化，但相对而言变化微小，所以昼间光线具有较强的单一性。而夜间，人们通过人工光对城市景观进行照明，由于可以自由地选择人工光源的类型、颜色、投光方式及安装位置，所以夜间光线表现得较为灵活和多样。

（1）夜景——“图”与“底”的转换

对于建筑单体，在白天建筑外墙的轮廓为“图”，夜景中外墙消失，玻璃窗醒目地跳出来成为“图”，这样建筑就实现了“图”与“底”的反转。这种效果在现代建筑中表现最为强烈，所以建筑外立面玻璃的应用成为现代建筑夜景效果的关键。而从城市空间角度看，在白天，街道的主体是建筑外墙，所以建筑作为背景成为“底”，街道、广场、庭院、绿化可看成是“图”；到了夜间，周围空间暗淡下去，建筑通过各种人工照明成为“图”（图 6-3）。

图 6-3 马来西亚“双子塔”的昼夜“图”“底”转换

（图片来源：刘加平，等. 城市环境物理 [M]. 北京：中国建筑工业出版社，2011.）

（2）色彩

在白天，由于阳光和大气、云层的关系，城市景观色彩显得模糊、灰暗。到了夜间，通过具有视觉冲击力强、色度高等特点的人工光照亮城市，并以具有夸张颜色作用的黑色为夜空背景，故其色彩感比白昼更加强烈（图 6-4）。

（3）空间层次

太阳光的变化使城市空间产生了活力，变得丰富多彩。光线清晨柔和、正午明媚、黄昏温情，且光影的变换在给人以不同感受的同时，使城市空间也形成了不同的层次，让人充分感受到城市空间的趣味。在夜间，人工光一

图 6-4　台湾嘉义的高跟鞋教堂昼夜对比

旦固定下来，就很难再随时间、季节的变化而变化，所以夜间城市景观容易令人感到层次感不强。为了改变这一局限性，在进行照明规划时，可以通过不同色度、亮度的光源及控灯方式进行动静结合的照明配置，并在把握整体照度的情况下，做到强弱有张有弛，明暗结合有序，使照明富有层次性和节奏性，从而营造多种多样的视觉空间层次。

（4）尺度

尺度一般是指某一物体或现象在空间上或时间上的量度。在夜间照明中，人工光具有天然光达不到的高度、亮度与辐射面，所以夜间人们的视野会变得狭窄，判断力变得迟钝，景观尺度感也就变得较低。有效的解决途径就是在城市夜景照明设计中考虑光源的照度、色彩、投光灯具的高度和角度，突出节点景观或强化景观的连续性，以及加强表现城市结构轴线来体现城市空间的真实性。

3. 夜间建筑物立面照明方式

作为城市夜景观中突出的“图”，建筑物的夜间立面形象是城市夜景观中最主要的决定因素。建筑立面照明可采取三种方式：轮廓照明、泛光照明和透光照明。此外，建筑立面照明方式又可分为层叠照明、点缀照明和重点照明。在一幢建筑物上，可同时采用其中一两种，甚至三种方式。

1）轮廓照明

以往城市中心区的照明，主要是建筑物的轮廓照明。它是以黑暗夜空为背景，利用沿建筑物周边布置的灯，将建筑物的轮廓勾画出来。轮廓照明方式多应用到我国古建筑上，因其丰富的轮廓线，可在夜空中勾出非常美丽动人的图形，从而获得很好的效果。轮廓照明方式很早就开始使用，以前主要采用串灯和霓虹灯，随着照明技术的改进及灯具设备的更替，取而代之的是LED 线条灯和洗墙灯。对一些构图优美的建筑物轮廓使用这种照明方式，效果非常不错。但在实际运用过程中，单独使用轮廓照明方式会使建筑物墙面发黑，所以采用轮廓照明和投光泛光照明相结合的方式，常会取得不错的照明效果。图 6-5 是贵州黔东南镇远古镇的照明效果，它就是采用了轮廓照明和投光泛光照明相结合的方式。

2）投光泛光照明

目前建筑物夜景照明中使用最多的一种照明方法是投光泛光照明。该方式利用投光灯直接照射建筑物立面，其照明效果不仅能显示建筑物全貌，而且能将建筑物造型、立体感、饰面颜色和材料质感乃至装修细部都有效地表现出来，此外还可以通过采取不同光源色温、照射角度来调整不同的投光效果。尤其是对于一些体形较大、轮廓不突出的建筑物，可用灯光将整个建筑物或建筑物的某些突出部分均匀照亮，同时因其不同的亮度层次和光色，以及各种阴影变化，在黑暗中可获得非常动人的效果。泛光照明灯具可放在下列位置。

（1）建筑物自身内部（例如阳台、外檐、灰空间等）：由于阳台等物体的挑出长度有限，灯具与墙的距离不可能太大，因此在墙上很难做到亮度分布均匀，但只要将亮度变化控制在一定范围之内，这种不均匀还可以避免大面积相同亮度而引起的呆板感觉。图 6-6 为陕西西安世博园的长安塔利用回廊放置泛光照明灯具的实例。

（2）建筑物附近的地面：这是由于灯具位于观众附近，故需要特别注意防止灯具直接暴露在观众视野范围内，更不能让观众看到灯具的发光面，形成眩光。一般可采用绿化或用其他物件遮挡（图 6-7）。

（3）路边的灯杆：泛光照明灯的这种放置方式特别适用于街道狭窄、建筑物不高的条件，如旧城区中的古建筑。可以在路灯灯杆上安设专门的投光灯照射建筑物的立面，亦可用扩散型灯具，这样既照亮了旧城的狭窄街道，也照亮了低矮的古建筑立面。

（4）邻近或对面建筑物：由于这些建筑离照射对象比较远，故照射亮度容易达到均匀。这时应特别注意照射角度，应避免在被照射建筑物内形成光干扰（图 6-8）。

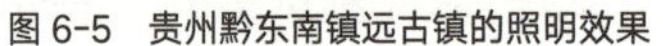

图 6-5　贵州黔东南镇远古镇的照明效果

图 6-6　陕西西安世博园的长安塔利用回廊放置泛光照明灯具

图 6-7　建筑物附近地面放置泛光照明灯具

图 6-8　利用临近建筑物放置泛光照明灯具
（图片来源：刘加平，等. 城市环境物理 [M]. 北京：中国建筑工业出版社，2011.）

CIE 推荐的建筑和构筑物泛光照明的照度值（部分）　　表 6-8

被照面材料	推荐照度 /lx			修正系数				
	背景亮度			光源种类修正		表面状况修正		
	低	中	高	汞灯、金属卤化物灯	高、低压钠灯	较清洁	脏	很脏
浅色石材、白色大理石	20	30	60	1	0.9	3	5	10
中色石材、水泥、浅色大理石	40	60	120	1.1	1	2.5	5	8
深色石材、灰色花岗石、深色大理石	100	150	300	1	1.1	2	3	5
浅黄色砖	30	50	100	1.2	0.9	2.5	5	8
浅棕色砖	40	60	120	1.2	0.9	2	4	7
深棕色砖、粉红花岗石	55	80	160	1.3	1	2	4	6
红砖	100	150	300	1.3	1	2	3	5
深色砖	120	180	360	1.3	1.2	1.5	2	3
建筑混凝土	60	100	200	1.3	1.2	1.5	2	3
天然铝材（表面烘漆处理）	200	300	600	1.2	1	1.5	2	2.5
反射率 10% 的深色面材	120	180	360	—	—	1.5	2	2.5
红—棕—黄色	—	—	—	1.3	1	—	—	—
蓝—绿色	—	—	—	1	1.3	—	—	—
反射率 30%~40% 中色面材	40	60	120	—	—	2	4	7
红—棕—黄色	—	—	—	1.2	1	—	—	—
蓝—绿色	—	—	—	1	1.2	—	—	—
反射率 60%~70% 的粉色面材	20	30	60	—	—	3	5	10
红—棕—黄色	—	—	—	1.1	1	—	—	—
蓝—绿色	—	—	—	1	1.1	—	—	—

建筑物泛光照明所需的照度取决于建筑物的重要性、建筑物所处环境的明暗程度和建筑物表面的反光特性，具体可参考表 6-8 中所列的照度值。

3）内透光照明

内透光照明方式是利用室内光线向建筑物窗外透射形成夜景照明效果的方法。内透光照明方式独特，照明设备不影响建筑物立面，基本无眩光，利用大量窗户形成明亮的发光面来装点建筑夜景，景观独特且富有生气。内透光照明又分为三种方式。

（1）随机内透光方式：图 6-9 中的浙江杭州天目里采用了随机内透光方式。此种方式不专门安装内透光照明设备，而是利用了建筑夜间使用灯光照明的内透效果。

（2）建筑化内透光方式：这种内透光方式是将照明设备和建筑物结合起来，在窗内、柱廊和透空结构等部位设置照明灯具，形成透光发光面来表现建筑物形态。

（3）演示性内透光照明法：这种内透光照明方式在窗户或室内利用内透发光元素组成不同图案，通过动态图案进行灯光艺术表演。其构思独特、主题鲜明，且商业性强。

4）层叠照明

层叠照明是采用若干种特殊构造或定制的光源灯具，利用选择性点亮的方式，让建筑立面一部分被照亮，另一部分藏在暗处，从而营造一种微妙诱人且富有层次感和深度感的照明方法。

5）点缀照明

点缀照明主要是采用小型点光源或者小功率洗墙灯具，将规则的建筑物造型分单元重复体现的方式。这种方式灯具较少，用光少，且灯具在整个建筑物表面呈规则矩阵排列。图 6-10 是浙江杭州天目里采用点缀照明的使用效果。

6）重点照明

重点照明就是抓住建筑物或被照物体的主要特点，用高亮度灯具点亮重点的照明手法。这种照明方式能够突出被照物特色，使人印象深刻。

图 6-9　浙江杭州天目里使用的随机内透光

图 6-10　浙江杭州天目里使用的点缀照明

一般来说，立面为平面的建筑物照明，为了避免因其缺乏凹凸立体感而导致的照明效果不佳，应把投光灯近距离地接近主立面，使之照明面均匀，真实凸现丰富的建筑材质。立面为凹凸的建筑物照明，可使灯光从立面上方或下方照射，使之产生阴影。如果立面有垂直线条，可用中光束泛光灯从立面的左、右两侧投光；若用宽光束投光灯从对面照射，阴影会变得较为柔和。

有坡屋顶的建筑物照明，可以用轮廓照明的方式勾勒屋顶外边，在夜间展现其屋顶造型；也可以将投光灯架设在高于屋顶的其他建筑物之上，将屋顶泛光照亮，展现屋顶的体量。

对于立方体建筑，要根据建筑物造型选择投光方向，同时应使建筑物两个相邻接的立面之间有明显的亮度差，这样才能体现建筑的立体感。

对于弧形建筑物，适合选用窄光束泛光灯。可在围绕弧形建筑物周围设置两个或三个投射点，光束应尽可能向上投射且越高越好，这样能使光束近似于平行光，在弧形建筑物上形成一条中间亮、边部渐暗的光带，突出弧形建筑物的视觉效果。

4. 城市空间夜景照明的其他要素

1）城市广场照明

城市广场具有一定的设计主题和功能，是用以展现城市人文活动景观的开敞空间。根据功能性质不同，广场一般可分为纪念性广场、文化广场、休闲广场和交通广场等。

（1）纪念性广场：严肃的主题和纪念意义是此类广场夜景照明设计所要突出的重点，所以光色的选择应当尽量冷静理性，而且一定要重点突出且不可喧宾夺主。一处耸立的纪念碑，往往成为具有控制力的中心，所以在理性处理好周围的环境功能性照明的前提下，应当以此为背景，重点进行对特殊建筑或构筑物的聚光照明。纪念性广场夜景照明对于灯具造型及布置的方式往往比较偏重规矩的几何形，以突出严肃的主题。图 6-11 是黑龙江省哈尔滨市防洪胜利纪念塔照明设计。

（2）文化广场：文化广场的特点是人流的集聚性和空间的向心性，所以这类广场夜景照明的重点区域不仅是某个核心，而且还是一个面积较大的核心区域。文化广场照明在考虑整体环境的同时，还应当注意灯具的安排与布置，因为这类广场往往集观赏、表演于一体，所以对于视线的分析是非常重要的。这一点也必然反映在灯具的具体位置上，即灯具在完成照明任务的同时，不可以遮挡人们正常的视线。集会文化广场的环境色多选用白色，在适度的颜色点缀的同时，不宜选用艺术效果过于强烈的环境色，例如过冷或过暖的颜色。

（3）休闲广场：休闲广场的夜景照明应当尽量营造轻松自如的氛围，因为这里是市民熟悉的公共休闲空间，所以灯具的选择、夜景观景点的设计都可以相对轻松活泼一些，不必拘泥于规整的形式。在泛光照明和聚光照明的比例上，可以适当加大后者的比例，营造轻松的气氛和灵活的景观。娱乐休闲广场对于环境光色的选择也比较灵活，可以根据不同的活动区域选择不同的环境色，但是广场夜景照明的光色应避免混乱。因此，在灵活处理广场环境的同时，往往要通过对整个广场照度与环境色的总体把握来形成统一感，这种统一也可以通过灯具造型、尺度来解决。图 6-12 是江西省南昌市的秋水休闲广场夜景，其拥有目前全国最大的音乐喷泉群，长达 800m 的水景加以灯光使其成为南昌市一道靓丽的风景。

（4）交通广场：交通广场的夜景照明设计重点是强调交通流线，即人员的流动性，应注意明确方向性，加强引导。交通广场照明设计需要考虑的问题是人流与车流的分化处理，做到互不干扰、井然有序。界面型的交通节点广场本身承担着城市大门的职责，是代表城市给人们带来的第一印象。因此，对于这类广场的处理，在注重功能的同时，还应适当考虑其标志性。这种作为标志的重点亮化对象，可能是广场的中心雕塑，也可能是火车站或者汽车站建筑本身。此外需要注意的是环境色的选择，交通节点广场的环境色多采用显色性好的暖色，以营造出亲和力的氛围。

综上所述，城市广场灯光照明的具体设计应把握以下几点原则。

（1）突出广场主题：通过对光强、光色的具体运用，形成广场空间亮度的强弱变化，使广场的主题性构筑物醒目、明确，从而突出广场主题。

（2）限定广场形状：广场的形状与特点是由周边建筑群体、广场构筑物（墙体、围廊、树木等）及公共活动场地（硬质铺地、软质铺地等）决定的。对这三种元素进行不同的灯光处理，可使人们在夜色中明晰广场的空间形态，明确自身在广场中的位置。

图 6-11　黑龙江省哈尔滨市防洪胜利纪念塔照明设计
（图片来源：刘加平，等．城市环境物理 [M]. 北京：中国建筑工业出版社，2011.）

图 6-12　江西省南昌市的秋水休闲广场夜景
（图片来源：刘柳．南昌市广场景观形态秩序下的无序形态研究 [D]. 南昌：江西师范大学，2013.）

（3）丰富空间层次：根据广场的不同空间性质，以不同尺度及不同强度的灯光在广场区域内相互配合，形成明暗相间的灯光层次。例如公共空间一大片的硬质铺地，可运用广场灯或庭院灯创造明亮、欢快的灯光环境；草坪、休息区域等空间，则通过草坪灯或低矮的庭院灯散发柔和的光线来营造静谧的休闲环境。

2）植物照明

在城市夜景元素中，植物是唯一有生命的景观。植物的颜色和外观随着季节的变化而变化，是城市景观的一大特色，也是城市生命力的一种体现。夜景照明效果要适应植物的这种变化，并尽量用光源去突出树叶原来的颜色。

植物的照明方式通常有以下几种，分别可获得不同的夜间效果。

（1）上照式：对于中等高度的树木，一般采用瓦数为 70~150W 的金卤灯或汞灯由下向上照明，灯具选用中等光束。上照式可以照亮整个树体，立体感较强，是强调植物环境的主要方式（图 6-13）。

（2）下照式：将灯具固定在树枝上，或用高于树木的灯具向下照射。灯光透过树叶往下照，在地面上形成树叶交错的阴影，使夜间环境多了一份灵动。下照式适合在步行街、居住区、公园等较雅静的场所使用。

（3）剪影效果：将植物后面的墙面照亮，使树在墙上形成黑色的影子。

（4）串灯式：将串灯或灯笼挂在树上，如星星般闪烁。串灯式适用于商业街或街道的节日夜环境（图 6-14）。值得注意的是，较为高耸的树木则必须选用功率更大的灯或用窄光束灯具。但是光源瓦数越大，眩光问题会越严重，所以选择的灯具必须采用防眩光措施，例如内置防眩光隔栅等。对低矮的灌木多使用小瓦数的灯，且灯具体积也较小。灯具的选择应考虑具体环境条件要求。

3）水体照明

在钢筋混凝土的现代城市里，需要依靠自然元素来软化这种坚硬的视觉感受。虽然植物是城市中的生命元素，但水的运用却更富有变化。此外，水

图 6-13　上照式植物照明

图 6-14　串灯式植物照明

极易与声、光、电结合形成景观，可以使单调的夜空产生无穷魅力。

水面在夜景中的重要作用是用来构筑倒影。水边景观元素的灯光形态与其水中倒影相映生辉，既形成了特色鲜明的夜景，又艺术化地为水面和陆地确立了边界。水中灯光倒影的设计也可适当参考园林景观设计时的创意。例如，布置在一个小空间中的水面，其用意往往是使有限的空间产生开朗的感觉，故在设计夜景时就要体现这一设计原则，通过灯光语言来描述小空间水景那种“小中见大”的感觉。在具体的做法上也有很多值得注意的地方，例如，对水边元素配置灯光时，应尽量将用光范围控制在元素靠近地面较低的部位处，这样可以强化水面的尺度；同时，水中的灯光倒影也不宜拖得过长，以避免岸边不同部位景物的灯光倒影充溢了面积不大的水面；此外，水岸边界不应连续地设置灯光，而应适当留出一些暗处或“虚化”了的局部，给人留下想象的空间，似乎水面在这里延伸了出去，从而使水面变得纵深起来。

目前在水景的应用方面最为流行的做法是将声、光、电结合起来，做成“喷泉工程”或“激光水幕”系统。喷水照明在安装灯具时，角度应当能够照亮水柱及喷水端水花散落的景色。另外，在进行彩色照明时，一般使用红、黄、蓝三原色，彩色的光是通过滤色片取得的。如果喷水柱很高且无需调光时，则可用高压汞灯或金属卤化物灯进行照明。

6.3.2 城市功能性照明

城市照明的产生是由于人类对照明的客观需要，因此，必须把实用性放在第一位，也就是把“以人为本”的思想放在第一位。城市照明的首要任务是完善功能性照明。城市功能性照明主要包括城市道路照明、室外公共停车场照明和广告照明，其中，最主要、最基本的就是城市道路照明。由于道路照明首先是以满足功能需求为前提，故其设计主要考虑电气专业领域的内容，本书仅从城市照明规划的层面对此作简单介绍。

1. 城市道路照明的作用

（1）在夜晚延续和保证道路的交通功能：道路是人流和各种车辆的载体，各种交通行为都依赖于对绝对环境的正确认知。当环境亮度过低时，各种交通问题就接踵而来，首要的就是交通安全问题。根据国际照明委员会的调查，良好的道路照明至少可以降低 30% 的城市交通事故率。

（2）保证夜间人身和财产的安全：公共照明最初的目的就是降低犯罪率。良好的道路照明可以消除黑暗，提高视觉距离，阻止犯罪意图，在夜晚给行人和附近的居民带来安全感。

（3）提高环境的舒适性，美化城市：道路和公共空间的照明对美化城市形象、提升城市品质有重要的作用。灯火通明的公共照明不仅能给居民以自豪感，也能吸引游客。相反，经过没有公共照明的城镇会给人以孤独感，难以产生让人停留的吸引力。

2. 城市道路照明的分类及照明要求

基于道路的所在区域和使用者的不同，城市道路照明有不同的等级标准。国际照明委员会（1995）将道路照明分为4类，每类道路照明都有5个照明级别。国际标准《道路照明：用于机动车和行人交通的照明》CIE 115—2010中基于路面亮度提出针对机动车交通的照明等级共有6个，通过8个参数（车速、交通量、交通组成、分离式车道、交叉路口密度、停放车辆、环境亮度、视觉导引/交通控制）确定各影响因素的权重，将其相加得到权值总和后便可计算照明等级。

国际照明委员会道路照明分级的优点在于：其依据道路功能、交通复杂性、交通分流情况及交通控制设施的优良好坏来划定道路所需的照明水平，即通过客观的硬指标（道路的实际情况和交通特点）进行科学限定照明水平，而不是简单依据道路的宽度、车道的数目和笼统的等级划分来界定。但正如国际照明委员会自己所解释的那样：道路的描述范围很宽泛，以便它们能适用于不同国家的需求。因此，CIE只是推荐导则，仍不够详细和具体。我国标准《城市道路照明设计标准》CJJ 45—2015根据道路使用功能，将城市道路照明分为主要供机动车使用的机动车道照明，交会区照明，以及主要供行人使用的人行道照明。其中，机动车道照明按快速路与主干路、次干路、支路分为三级，人行道照明按交通流量分为四级。具体来说，可依据城市道路的不同功能特点和不同照明需求，将城市道路照明划分为6种类型，并以国家道路照明标准的各项光度数据参数为参考基础，包括平均亮度（或照度）、亮度（或照度）均匀度、眩光限制和诱导性等，结合各类型道路的特点考虑，进行二元化的规划设计。

（1）入城道路、景观大道、城市视觉走廊

入城道路沿线通常建筑密度不高，环境亮度也不高，由于具有对整个城市先入为主的视觉印象，故其道路照明在景观形象上的作用要上升为重点，并从它的光色、亮度和灯具布局等方面来体现。入城道路的照明方式以功能性照明和装饰性照明并重，光色宜采用高色温如冷白色，给人们带来现代、新鲜和醒目的视觉感受，同时显色性要求要好。

景观大道、城市视觉走廊往往是城市的骨架道路，道路红线宽度较大并设有道路绿化，是道路系统中的大体量。因此，其路灯的灯具、灯杆尺度也宜偏大，与道路和谐，力求在视觉上给人以宏伟的印象；灯具布局以双排对称排列为主；灯具风格具有现代感、稳重感和艺术美观性。

（2）快速路

快速路是城市中距离长、交通量大、为快速交通服务的道路。快速路的对向车行道设中间分车带，进出口采用全控制或部分控制。也就是说，使用快速路的基本是高速行驶的各种机动车辆。因此，该类照明的服务对象也理应侧重于机动车驾驶员。为避免过多的其他光线进入驾驶员眼中，分散其注意力而造成交通事故，所以在这种道路上应加强常规的功能照明，并禁止使用装饰性照明、动态照明及功能照明灯具所产生的眩光。灯具宜采用单侧排列，具体选用要求中宜包括较高灯杆（高为 15m 左右）、宽配光灯具、大间距排列和减少立杆。在光色与光源类型的选择上，应尽量使用节能高效并具有良好视觉功效的光源。灯具尺度应较大且风格简洁明快，具有现代感，避免过多装饰。

（3）主干道

主干道是连接城市各主要分区的干路，采用机动车与非机动车分隔形式，两侧有车流、人流的出入口。我国的很多文献并未对主干道做更详细的划分。相比较而言，国际照明委员会对道路的划分则人性化许多，其根据道路功能、交通复杂性、交通分流情况及交通控制设施的优良好坏将道路分为四类。结合国际照明委员会的标准，可以将主干道进一步分为生活、商业型交通干道和货运干道。

生活、商业型交通干道的两侧有许多大型的居住社区、购物、餐饮、娱乐场所，其提供了充足的步行空间，部分还有机动车和非机动车的停车场，因此其照明不仅要考虑机动车的照明效果，更需要注意人群和非机动车的安全和通行。此外，由于人员组成复杂，道路的照明还要考虑一些不法分子的犯罪行为。照明方式建议采用高显色性的白光照明，这是因为根据对驾驶员的调查显示，白光照明比黄光照明能获得更多的信息量，特别是在装饰性照明也较为发达的商业性主干道上，白光的高显色性显得更为重要。而在一些商业比较繁荣的路段，也可以考虑将广告灯箱照明、商业橱窗照明和传统道路照明结合起来，这样既美化了城市的夜景，又协调了灯光的布置，同时节约了相应的设备、能源及市政建设资金。生活、商业型交通干道的灯具尺度要适中，布局要灵活处理。灯具风格需要具有一定的装饰性，可采用与周围环境相协调的古典或现代的装饰性灯具和灯杆，使白天和晚上都符合审美要求，营造繁华的商业氛围。

货运干道主要分布在城市的周围，担负着对外的交通功能，车流量大，车速较高，道路使用者也以货运机动车为主。此类道路以功能性照明为重点，需满足亮度、均匀度、引导性、眩光控制方面的要求，以为驾驶员提供安全驾驶的环境为目标。光源应尽量节能高效，对显色性和光色要求不高，主要为高光效的高压钠灯；光色则是橙色，灯具尺度适中；灯具风格应简洁明快，避免装饰性照明。

此外，由于机动车车速普遍较高，主干道又有人流和车流的出入口，并且还有和其他道路的交叉口，所以在设计照明时，一定要在道路交会区及人、车流出入口适当增加亮度，对一些重要的标志牌也要有特别的重点照明，以便驾驶员有足够的反应时间。

（4）支路

所谓支路，就是干道和居住区道路之间的连接道路。支路主要承担短距离交通，供非机动车和进出居住区的机动车通行，道路使用者主要以行人和非机动车为主。支路的照明方式采用常规照明，光源高度较低，一般在 8m 以下；光色以黄色为主；在满足照明水平的基础上，应避免过亮以节约能源。支路的灯具风格应根据不同地块性质进行选择。若较靠近居住社区，应以庭院灯为主，注意装饰性和功能性照明的有机结合；灯具布局可采用单行排列或交错排列；灯具尺度宜较小，高度较低，一定要注意眩光控制，以免形成光污染，干扰居民生活。若临近工业区，则灯具尺度可大一些，宜采用单侧排列以减少立杆；灯具风格力求简洁明快，直线造型，具有现代感。

（5）步行商业街

步行商业街是市民购物消费的地方，道路照明应烘托出繁华、热闹而浓厚的商业氛围，对购物者形成心理诱导。步行商业街的照明方式宜采用动静结合：动，即动态的广告照明和 LED 多彩变换照明，通过对其规范化实施来达到动态丰富的照明效果；静，即静态的建筑物照明与道路照明，通过气势恢宏的外墙照明与形式各异的道路照明相结合，形成静态的照明效果。光色可采用暖白色、冷白色、中性白等高显色性的白色调。此类道路宽度一般较小，不需要大功率的光源与较高的安装高度，具有良好显色性和较小功率的光源，以及小型化尺度的灯具应为首选。灯具风格强调具有艺术人文特色，可体现当地文化底蕴，形成艺术景观。此外，一些拥有悠久历史传统的城市还可能建设有历史文化街。对于这类步行街，应注重本地的历史积淀，而照明设施的样式、风格则具有格外重要的作用。其中，灯具风格和光色的选择关系到是否能够保护好独特的历史文化风貌，以及充分体现历史文化街区的文化内涵。

（6）与道路连接的特殊部分

与道路连接的特殊部分主要包括立交桥、交通环岛、城市桥梁、人行地道、天桥等，这些地方的照明往往是整个城市照明的点睛之处，可以在此设计灯光小品或轮廓灯光，使整个城市照明在这里有让人眼前一亮的感觉。在满足基本的功能照明后，这里可以成为道路照明中最具想象力的地方。

6.4.1 城市光污染的概念及其现状

1.“光污染”概念的提出

人工照明是人类生产和生活过程的必需，人工照明的方式也随着生产力的发展而发展。人类由最初的利用篝火照明，逐渐发展到利用油灯、蜡烛、煤气灯照明，直到现在使用的电光源照明。现在，电光源已被广泛应用于室内外照明，城市的夜晚也日益明亮起来。然而，中国有句古语：物极必反。人工照明方式的进展标志着人类物质文明和精神文明的极大进步和发展，但是在城市中对人工照明盲目且无节制的过度使用中，又给人类带来了巨大的负面影响：这种“光污染”是人类对“光明”孜孜不倦地追求过程中所生产的、始料不及的“副产品”。最先意识到这一点的是天文观测人员。20 世纪 70 年代，大城市街区的照明普遍过多使用高强度的灯光，导致夜空过亮，看不见星星，从而导致很多天文台被迫停止了天文的观测工作，部分天文台也因此而搬迁。例如，始建于 1878 年的东京天文台，其位于东京市中心，因周围的夜空亮度过高而无法进行正常的天体观测工作，曾先后四易其址，直至 20 世纪 90 年代，天文台决定在日本本土之外（夏威夷的莫纳克亚）建 8m 口径的天文望远镜。近代天文事业发达的欧美国家中，不少天文台也先后多次迁址，损失巨大。为此，国际天文学会提出了“光污染”这一概念：城市室外照明使天空发亮，造成对天文观测的负面影响。

由此可以看出，室外照明“光污染”最初是城市采取了过度的夜景照明，直接导致夜空亮度大幅提高，从而影响了正常的天文观测工作而提出的。需要说明的是，夜天空亮度、色度与阴晴状况、大气浑浊度、月相等天文和气象条件有关。最初对光污染的认知范围还仅限于天文方面，其概念及外延也因此具有一定的局限性。

2. 国内外城市光污染现状

自从 20 世纪 70 年代天文学者提出光污染的概念，迄今已 50 余载。20 世纪 90 年代初，古为民先生首先在国内提出了光污染的概念，并将光污染称为“视觉污染”。据英国《卫报》2023 年 5 月 27 日报道，科学家警告说，由于光污染的加剧，20 年后，人类可能无法看到夜晚的星空。德国地球科学中心的克里斯托弗·基巴的研究表明，光污染正导致夜空以每年约 10% 的速度变亮。与此同时，光污染的外延也在不断扩展，已不再局限于夜天空。现代城市里的建筑大量采用反光率极强的装饰材料（如反射玻璃幕、金属板材等）进行外墙装修，其反射的强烈阳光对城市居民的正常生活造成了严重的负面影响，构成了白昼的光污染。从黑夜到白昼，光污染的影响是全天候的，同时在人们生活的城市环境中，光污染现象可谓无处不在。国外发达国家光污染现象尤其普遍，且由于过度的夜景照明而人为造成的光污染逐年增长。我国 20 世纪 80 年代以来，经济的迅猛发展促进了照明业的快速发展，各地过度地追求夜景照明，实施“亮化工程”，导致夜空光污染日益严重。此外，经济增长也促进了建筑业的迅猛发展，玻璃幕墙建筑因选址不当或使用不当也会造成光污染。

我国通常对光污染的定义是：逾量的光辐射（包括可见光、红外线和紫外线）对人类生活和生产环境造成不良影响的现象。我国《城市夜景照明设计规范》JGJ/T 163—2008 中对光污染的定义是：干扰光或过量的光辐射（含可见光、紫外和红外光辐射）对人、生态环境和天文观测等造成的负面影响的总称。从这一概念即可看出，光污染已经从单纯对天文观测的负面影响辐射到人们生活的各个方面。

6.4.2 城市光污染的分类

国际上一般将光污染分为三类：白亮污染、人工白昼和彩光污染，如图 6-15~ 图 6-17 所示。

图 6-15 白亮污染
（图片来源：刘加平，等.城市环境物理[M].北京：中国建筑工业出版社，2011.）

图 6-16 人工白昼
（图片来源：刘加平，等.城市环境物理[M].北京：中国建筑工业出版社，2011.）

图 6-17 彩光污染
（图片来源：刘加平，等.城市环境物理[M].北京：中国建筑工业出版社，2011.）

白亮污染主要指玻璃幕墙等具有光滑表面的墙体在白天反射、折射太阳光线时所形成的污染。人工白昼是指夜间一些大型酒店、大型商场和娱乐场所的广告牌、霓虹灯和施工场地的弧光灯，以及大城市中设计不合理的夜景照明等，强光直刺天空，使夜间如同白日。彩光污染是指舞厅、夜总会安装的彩光灯、旋转灯，家庭及室内环境的有害光源荧光灯，以及闪烁的彩色光源等造成的污染。

基于不同的研究目的，也有研究者从发生时间、波长、视觉环境、来源和灯光污染类型等角度对光污染进行分类。根据光污染的发生时间不同，光污染可以分为昼光光污染、夜光光污染；按照波长的不同，光污染可以分为可见光污染、紫外线污染、红外线污染；根据视觉环境的类型不同，光污染可以分为室外光污染、室内光污染、局部光污染；按照灯光污染的类型不同，光污染可以分为眩光污染、杂乱光污染、光害骚扰污染、天空辉光污染等。

这些从不同角度对光污染形式的分类可以明确光污染危害产生的原因和作用的效果，使得光污染防治的目的和对象更具有针对性和可操作性。

6.4.3 城市光污染的危害与影响

由于光污染的危害是难以感知的累积效应，故人们往往忽视了对它的防范。其实，光污染的危害是十分严重的，主要体现在对人体健康、生态环境、天文观测、城市交通等诸多方面。

1. 光污染对人体健康的危害

夜晚强烈的灯光照射会扰乱人们正常激素的形成而影响人体健康，例如增加某些癌症的发病概率，其甚至被医学专家称为“仅次于吸烟的又一致癌根源”。他们认为，光污染与乳腺癌、抑郁症和其他人类疾病的发病率升高有着极大的关系。不适当的夜间人工照明灯光会扰乱人体的荷尔蒙水平，从而影响人体健康，这也是为何在工业化社会中乳腺癌的发病率要比发展中国家高 5 倍的原因。研究生物钟节律后，研究人员发现大多数生命都能在黑暗的环境下分泌一种叫作褪黑激素的荷尔蒙。如果长时间处在光照情况下，荷尔蒙产生的节律就会紊乱，从而引起长期疲劳、压抑、丧失生育能力甚至引发癌症。这也是夜间倒班工作的女性，如护士、纺织女工等患乳腺癌的风险要高出一般人的原因。

为什么灯光会成为健康杀手，关键在于只有当眼睛发出“天黑了”的信号时，大脑松果体才会分泌褪黑激素。褪黑激素的分泌过程一般开始于夜幕降临之时，晚上 1—2 点到达高峰，而在白天则完全停止。因此，那些晚上在灯光下工作的人，这种激素的分泌会大大减少。实验表明，褪黑激素具有抑制癌细胞的作用。这也就可以用来解释为什么双目失明的人得乳腺癌的几率很低，而上夜班的女性发病率则较高，因为盲人一直保持着较高的褪黑激素分泌量。

此外，光污染对人们的眼睛也有相当大的危害。如果人长期在超出国家照明标准的强光照射环境中工作或者学习，则视网膜会受到不同程度的损害，同时视力急剧下降，白内障发病率高达 45%。部分家庭把灯光设计成五颜六色，形成了室内光污染，也会造成各种眼疾，从而导致近视发病率的升高。此外，光污染还会削弱婴幼儿的视觉功能，影响其视力发育。

2. 光污染对生态环境的影响

同人体相仿，动、植物也有其自身生长的生物钟，而夜景照明可以破坏其生物钟的节律，干扰其生长周期，影响其正常休息，使动、植物的生长发育受到阻碍。此外，光污染也会对夜间活动的野生动物构成生理伤害，甚至死亡。例如，人工照明可能会影响夜视动物捕食和进食，干扰鸟类定向机制等基本生存活动。

城市照明中产生的光污染不仅破坏了优美的夜空，同时也浪费了大量的电力资源，且发电产生的 CO_2 和 NO_2 等废弃物对城市环境造成了严重的污染。研究表明，地球环境变暖因素的 50% 是由 CO_2 导致的，加之大量室外照明的散热，客观上造成了城市热岛效应的加剧。

3. 光污染对天文观测的影响

如前所述，最先提出光污染这一概念的就是天文观测人员。由于天文观测多在夜间进行，故其对天空亮度的要求较高。当天空亮度 10 倍于自然天空亮度时，夜空在人们的视野中便会失去大量的星星，而现在不少大城市的夜空亮度已远超 10 倍。为躲避照明对夜间天空的污染和干扰，全国乃至全世界的天文观测工作均已付出了巨大的代价。早期兴建的天文台大多数选址在靠近市中心的地方，以求便于工作和生活。后来随着室外照明的发展，天文台周围的夜空亮度迅速提高，使不少天文台无法进行正常的天文观测工作，从而被迫向偏远的地区转移。

近代天文事业发达的欧美国家也无法避免光污染的危害。在美国的加利福尼亚州和亚利桑那州，加拿大的多伦多市和安大略省，不少天文台先后多次迁址，损失巨大。部分国家不得不在远离本国的异国他乡去建天文观测站，例如英国的天文学者到澳大利亚的新南威尔士州寻找观测点，法国的天文学者到美国的夏威夷莫纳克亚修建天文台，西欧的西班牙和葡萄牙等四国联合到南美智利的拉西亚建立天文观测站，其原因都是这些新迁地的夜空保护较好，基本上未受光污染。

4. 光污染对城市交通的影响

由于城市夜间的光污染严重，故对飞机驾驶员的视线构成干扰，对飞机的降落产生了不利影响。2002 年安徽某机场就发生过一起飞机驾驶员误将机场附近的高速公路强灯光看作飞机降落时的跑道灯光而险些误降的险情，所幸发现及时，飞机迅速爬升，才避免了一场灾难。

光污染对陆地交通也会产生严重的不良影响。夜间照明的眩光极易分散驾驶员的注意力，干扰驾驶员的视线，遮蔽驾驶员的视野，存在交通事故的安全隐患。

总之，不当的照明方式不仅造成了巨大的能源消耗，而且造成了严重的光污染，其危害是多方面的，且影响程度也日趋严重。

6.4.4 城市光污染的防治

控制城市夜间光污染，宜从城市的整体照明规划着手，对城市照明进行分区规划，使城市当亮则亮，该暗则暗，从源头上控制光污染的产生。由于照明规划布局属于政府宏观的战略措施，故光污染的防治不仅仅是技术问题，其在很大程度上还依赖于相关职能部门的管理手段和社会环保意识的提高，这是一个相对长期的过程。在目前阶段，光污染防治仍应遵循“以防为主，防治结合”的原则。

1. 管理层面

（1）完善光污染防控法律法规

通过构建光污染防控法律法规体系，使光污染的性质、相关部门的责任等问题在法律层面予以明确，为光污染的防治构建法律保障。部分光污染防治法律法规汇总如表 6-9 所示。

城市光污染防治法律法规（部分） **表 6-9**

序号	法律法规名称		条文规定
1	《中华人民共和国民法典》		第一千二百二十九、一百七十九条体现光污染侵权救济的依据和责任承担，第二百九十四条明确了“光辐射”为法定污染物
2	《中华人民共和国环境保护法》（2014 年修订）		第一条和第六条体现保护环境的立法目的和公民保护环境的义务，第四十二条增加了“光辐射”为法定污染物
3	山东省	《山东省环境保护条例》（2018 年修订）	第四十五条规定“光辐射”为法定污染物；第五十六条规定照明设施的设置应当符合标准，以及建筑材料的使用监督；第七十四条规定违规使用建筑材料的法律后果

续表

序号	法律法规名称		条文规定
4	上海市	《上海市环境保护条例》（2022年修订）	第六十五条规定了建筑外墙反光材料使用、照明设施等，同时明确了生态环境部门、住房城乡建设部门、绿化市容管理部门的职责
		《上海市景观照明管理办法》（2019年）	专门针对上海市的人工照明作出了规定：第五条规定了各部门的职责、监管等；第九条规定了“技术规范”；第十一条为照明设施的设置要求等；第二十二条规定了违法应承担的法律责任
5	广州市	《广州市生态环境保护条例》（2022年）	第三十九条对照明光源和建筑反光材料作出了限制，同时对各部门的监管职责作出规定
6	杭州市	《杭州市城市照明管理办法》（2017年）	第十一条提出了划定“城市黑天空保护区”；第十四条强调照明设施不得影响居民正常生活及其他规定；第二十四条中要求照明设施应当采取遮光措施
7	厦门市	《厦门市环境保护条例》（2021年）	第一条体现了其立法目的；第四十七条明确了生态环境主管部门、资源规划主管部门、建设主管部门的职责，规定了建筑外立面反光材料的使用限制和照明设备等要求
8	珠海市	《珠海市环境保护条例》（2020年修订）	第三条明确“城市”为环境保护区域划分；第六十八条规定其市中心城区严格控制建筑物外墙采用反光材料，建筑物外墙使用反光材料的，应当符合国家和地方标准；第六十九条规定灯光照明和霓虹灯的设置和使用不得影响他人正常的工作生活和生态环境
9	深圳市	《深圳经济特区生态环境保护条例》（2021年）	第八十七、八十八、八十九条分别对建设工程施工、室外照明设置、建筑材料使用等作出了要求，并明确了各部门的监管职责
10	澳门特别行政区	《澳门环境纲要法》（1991年）	第七条明确“光”是一种自然环境成分，应当受法律规制；第十二条对环境中的“居住照度”作出要求，要求各种照明、广告牌、楼宇等不得影响生活质量和植物生长
11	香港特别行政区	《香港户外灯光约章》（2016年）	建议避免夜间的非必要照明，改善作息环境；节约能源和推行低碳生活

（2）建立监管体制并强化监管力度

建立监管体系，制定监管制度，加强监管力度，确保光污染相关法律法规得以实施，使得光污染防治严格按照法律标准执行。

（3）优化相关管理制度

在城市设计和城市规划管理层面，结合环境、气候、功能，对玻璃幕墙的使用面积、设置位置进行管控。在制定城市主要干道规划时，首先应当制定临街的光环境规划，限制玻璃幕墙的广泛分布和过于集中，尤其注意避免在并列和相对的建筑物上全部采用玻璃幕墙；其次要考虑适当的建筑间距，控制这一地段玻璃幕墙分布的总量。我国北京市已制定了城市建筑玻璃幕墙的光学性能标准，包括特殊路段的建筑不能使用玻璃幕墙、十字路口的建筑20m以下的高度不能使用玻璃幕墙等。上海市为了防止和减少玻璃幕墙的反射对居住建筑和公共环境造成的不良影响及损害，规定内环线以内的建筑工程，除建筑物的裙房外，禁止设计和使用玻璃幕墙；内环和外环线之间的建筑工程，玻璃幕墙的面积不得超过外墙面面积的40%（包括窗面积）。

《建筑环境通用规范》GB 55016—2021要求在居住建筑、医院、中小学校、幼儿园周边区域，以及主干道路口、交通流量大的区域设置玻璃幕墙时，应进行玻璃幕墙反射光影响分析；长时间工作或停留的场所，玻璃幕墙反射光在其窗台面上的连续滞留时间不应超过30min；在驾驶员前进方向垂直角20°、水平角±30°，行车距离100m内，玻璃幕墙对机动车驾驶员不应造成连续有害的反射光。

上海市《关于修改〈上海市环境保护条例〉的决定》第七次修正中规定严格控制建筑物外墙采用反光材料，建筑物外墙采用反光材料的，生态环境部门应当按照规定组织光反射环境影响论证，住房城乡建设行政管理部门应当加强对建筑物外墙采用反光材料建设的监督管理；道路照明、景观照明及户外广告、户外招牌等设置的照明光源不符合照明限值等要求的，设置者应当及时调整，防止影响周围居民的正常生活和车辆、船舶安全行驶；在公安、交通等行政管理部门监控设施建设过程中，应当推广应用微光、无光技术，防止监控补光对车辆驾驶员和行人造成眩光干扰。

《广州市建筑玻璃幕墙管理办法》中规定建筑物位于T形路口正对直线路段的外立面不得设置玻璃幕墙。《深圳市建筑设计规则》中提出位于城市道路交叉口，以及城市主干道、立交桥、高架路两侧的建筑物20m以下和其余路段10m以下部位，均不宜设置玻璃幕墙。《杭州市建筑玻璃幕墙使用有关规定》对于玻璃幕墙的使用分为禁止设置和限制使用两种情况。例如，对于居住建筑周边100m范围内朝向居住建筑立面禁止设置玻璃幕墙。限制使用玻璃幕墙包括：城市道路红线宽度大于30m，其道路两侧建筑物20m以下立面；其余路段两侧建筑物10m以下立面；城市立交桥、高架桥两侧相邻建筑；十字路口或多路交叉口处的建筑。此时，其单个立面透明玻璃占墙面比不得大于0.6，且应采用反射比不大于0.16的低反射玻璃。虽然夜间光污染在整体上可控性难度较大，但是仍然有一些落地性很强的解决措施，例如合理控制夜景光亮级别，限制光源亮度，优化市政照明时间等，包括在需要的时候开启灯具，不需要的时候关闭，这些都是既节能环保又可以有效减少光污染的举措。

（4）提倡公众参与

光污染防治需要多方通力合作、协同解决，尤其是公众参与。2015年，全国性公益基金的中国生物多样性保护与绿色发展基金会（China Biodiversity Conservation and Green Development Foundation，CBCGDF）与国际暗夜协会（International Dark-Sky Association，IDA）合作，成立了星空工作委员会，在我国西藏自治区阿里地区、那曲市等地开始暗夜公园建设试点。图 6-18 是于西藏阿里暗夜公园内拍摄的星空。

图 6-18　于西藏阿里暗夜公园内拍摄的星空

2. 技术层面

（1）改变幕墙的材质

目前，高科技的发展已经将幕墙的材料从单一的玻璃发展到钢板、铝板、合金板、大理石板、搪瓷烧结板等。一方面，通过合理的设计，将玻璃幕墙和钢、铝、合金、石等材料的幕墙组合在一起，不但可以使高层建筑物更加美观，还可以更有效地减少因幕墙反光而导致的光污染，充分发挥幕墙建材的优点。另一方面，也可以从玻璃出发寻找光污染的解决途径。既然玻璃幕墙造成光污染的根本原因是反射率太高，那么就可以采用降低玻璃反射率或改变直射光定向反射的方法来减弱光污染。除此以外，还可以利用高大的绿植进行遮挡，用以打散大面积玻璃幕墙导致的反射光污染。

（2）采用科学的照明设计

城市夜景是由各种不同的夜景照明方式组合而成的。针对不同的场景、不同的照射对象，可以采用科学的照明灯具，选择适宜的照明方式，这样才能最大限度地发挥灯具的照明效果，减少照明光污染的危害。

夜景照明光污染产生的主要原因是灯具的安装位置或投射方向不合理，

从而造成大量溢射光或干扰光；或是盲目追求高亮度，选择超出功能需要的高等级照明，结果既不利于节能减碳，又带来严重的照明光污染。因此，应严格按照建筑或构筑物的国际和国家的照明标准（包括照度、亮度标准和单位面积用电量标准）设计照明；根据不同建筑的功能、特征、立面的饰面材料合理选用照明方法，照明方案设计时应选择最少溢散光和干扰光的方案，例如为减少射向天空的光线，商厦门面上的灯光招牌应沿店面设立，不宜与店面或道路方向垂直；同时，投光设备的安装位置要恰当，力求避免投光灯的光线射向目标建筑物以外的部位。此外，室外照明产生的干扰光不得超过 CIE 规定的标准，并应利用挡光、遮光板或其他减光方法将投光灯产生的溢散光和干扰光降低到最低的限度。

6.5 城市街区太阳能利用潜力

城市不仅是全球人口集中的中心，也是能源使用程度最高、最密集的区域。城市中的各类活动消耗了世界上 76% 的煤炭、63% 的石油和 82% 的天然气资源。未来世界人口将进一步增加，城市对能源的需求也将进一步提升。预计到 2030 年，全球 75% 的能源消耗将来自城市。调整现有能源结构，大力开发应用可再生能源，已成为解决未来城市能源发展困境的必然选择。

作为当前应用最普遍的一种可再生能源，太阳能资源丰富，易于获得，清洁无污染，故城市太阳能规模化利用是促进城市低碳发展和节能减排的重要举措。研究显示，城市太阳能开发利用潜力主要取决于地理气象条件和城市街区布局形态的制约，不同形态要素对太阳能利用潜力的影响程度不同。

6.5.1 太阳能利用潜力

荷兰的 Hoogwijk 最早提出了可再生能源利用潜力层级的界定，其从自然、技术、经济、社会等综合层面对可再生能源利用潜力定义了五种主要类型，即理论潜力、地理潜力、技术潜力、经济潜力和市场潜力五种层级（表 6-10）。

Hoogwijk 定义的可再生能源潜力的五种类型　　表 6-10

潜力类别		含义
复杂性逐渐提高	理论潜力	潜力值是最高的，这个潜力仅考虑自然和气候条件的限制，主要是指研究区域的可再生能源的资源潜力
	地理潜力	多数可再生能源都有地理方面的限制，如土地面积、土地覆盖等，这些因素会降低理论上的潜力值，因此，地理潜力是指考虑了研究区域地理位置限制的资源状况

续表

潜力类别		含义
复杂性逐渐提高	技术潜力	可再生能源转换为可以利用的能源，需要经过设备，如光伏电池、集热器等，这些技术条件的限制会降低地理潜力值；当然，随着技术的不断进步，这个值会逐渐提高
	经济潜力	经济潜力是考虑了合理的成本水平的技术潜力
	市场潜力	市场潜力是考虑了能源需求、技术竞争、成本和补贴及各种障碍后，可再生能源可以投入使用的市场总量；有时候，市场潜力在理论上会大于经济潜力，但通常会因为各种障碍，市场潜力更低

相应的，太阳能资源的利用也同样存在着这样的五个层级。由于经济和市场的变化更多的是受到管理政策的影响，故目前太阳能资源利用研究中主要关注的是前三个层级的潜力研究，即太阳能理论潜力、太阳能地理潜力、太阳能技术潜力的研究。这三个层级的太阳能潜力表示了太阳能从自然资源到成为可以被利用能源的递进关系。

1. 太阳能理论潜力

太阳能理论潜力是太阳辐射到达无遮挡地面的辐射能总量，一般以太阳总辐射年辐照量来表示，单位为 MJ/m^2。太阳能理论潜力主要受地理因素和气象条件的影响。纬度越高，太阳高度角就越小，相应地通过大气层的路径就长，太阳辐射强度也就相对较弱。此外，降水分布、云和气溶胶、大气透明度条件等也会影响太阳能资源。

根据气象部门的评估显示，我国陆地太阳能资源理论储量为 1.86 万亿 kW，整体上属于太阳能资源丰富的大国，且全国有 2/3 的地区年辐射量在 $5000MJ/m^2$ 以上。但我国太阳能资源地区差异性较大，总体表现为高原地区、少雨干燥地区偏大，平原地区、多雨高湿地区偏小。

根据《太阳能资源等级　总辐射》GB/T 31155—2014，太阳总辐射年辐照量可划分为四个等级，如表 6-11 所示。

太阳总辐射年辐照量等级　　表 6-11

等级名称	分级阈值 / ($kWh \cdot m^{-2} \cdot a^{-1}$)	分级阈值 / ($MJ \cdot m^{-2} \cdot a^{-1}$)	等级符号
最丰富	$G \geqslant 1750$	$G \geqslant 6300$	A
很丰富	$1400 \leqslant G < 1750$	$5040 \leqslant G < 6300$	B
丰富	$1050 \leqslant G < 1400$	$3780 \leqslant G < 5040$	C
一般	$G < 1050$	$G < 3780$	D

注：G 表示总辐射年辐照量，采用多年平均值（一般取 30 年平均）。

（1）太阳总辐射年辐照量最丰富地区：全年辐射量在 6300MJ/m^2 以上。我国主要包括青藏高原、甘肃北部、宁夏北部、新疆南部、河北西北部、山西北部、内蒙古南部、宁夏南部、甘肃中部、青海东部、西藏东南部等地。

（2）太阳总辐射年辐照量很丰富地区：全年辐射量在 5040~6300MJ/m^2。我国主要包括山东、河南、河北东南部、山西南部、新疆北部、吉林、辽宁、云南、陕西北部、甘肃东南部、广东南部、福建南部、江苏中北部、安徽北部等地。

（3）太阳总辐射年辐照量丰富地区：全年辐射量在 3780~5040MJ/m^2。我国主要是长江中下游、福建、浙江和广东的部分地区，春、夏季多阴雨，秋、冬季太阳能资源相对可以。

（4）太阳总辐射年辐照量一般地区：全年辐射量在 3780MJ/m^2 以下。我国主要包括四川、贵州两省，是我国太阳能资源较少的地区。

2. 太阳能地理潜力

太阳能地理潜力是指城市可以接收到的太阳能辐射总量，其主要街区受太阳照射的可利用建筑面积及周边遮挡的影响。显然，在理论潜力确定的前提下，城市与街区形态、建筑布局与遮挡等设计要素是这一层级太阳能利用潜力的决定性因素，也是城市物理环境领域关注的重点。因此，本节后续表述中的“太阳能利用潜力”指的就是此处的“太阳能地理潜力”，并依据太阳能可利用面积的位置，进一步分为“屋面太阳能利用潜力”和“立面太阳能利用潜力”。

3. 太阳能技术潜力

太阳能技术潜力是利用建筑表面安装的太阳能电池板或太阳能集热器等部件将太阳辐射转换为可利用的电能或热能，主要受设备种类和性能及安装覆盖面积的影响。太阳能技术潜力的内容主要涉及设备性能和效率等，不属于本书的讨论范畴。

6.5.2 城市街区屋面太阳能利用潜力

如前所述，本节太阳能利用潜力仅指太阳能地理潜力。Juan Jose Sarralde 等通过优化伦敦居住街区的形态参数来分析城市形态与太阳能潜力的关系，首先将居住街区的 18 个形态参数划分为五组，即建筑类型、垂直及水平参数、土地利用参数、建筑几何参数、建筑密度相关参数；然后选定伦敦的 3 个居住片区，模拟计算其屋顶和立面的辐射值，并改变形态参数以得到多个方案；最后通过比较不同方案与基础案例的太阳辐射值，研究屋顶和立面的太阳辐射优化方案。研究显示，形态参数的变化使屋顶太阳辐射的变化仅在 9% 左右，而形态参数的变化使立面太阳辐射的增幅可达 45%。学者徐燊的研究也证实了这一结论，即形态参数的变化对屋面太阳能利用潜力的影响较小，城市街区屋面太阳能利用潜力主要取决于用地类型。

1. 屋面可利用系数

城市空间中，用地性质带来的屋面太阳能利用潜力的变化主要通过建筑屋面可利用系数来体现。屋面可利用系数是指屋面可用于安装太阳能设备的区域面积占屋面总面积的比值。城市中建筑屋面由于各种各样的影响因素，并不是所有的屋面都可用于安装太阳能设备。

在城市空间中，不同用地类型下建筑屋面的可利用系数会存在一定的差异。高层住宅楼的屋面，其竖向交通空间会在屋面进行一定的延伸，从而占据屋面的部分空间；而在工业建筑中，大跨度的厂房建筑往往具有较少的屋面构件与设备，光伏组件的可安装面积较大。通常来讲，屋面面积更大的建筑，其屋面可安装空间更大，对应的屋面可利用系数也相对越高。

不少学者都对不同研究区域内的屋面可利用系数进行过分析计算。根据国际能源署发布的光伏建筑一体化（BIPV）相关报告的内容，将城市中所有用地类型下的建筑屋面可利用系数统一设定为 0.4。综合多篇文献的研究发现，大多数研究中屋面的可利用系数为 0.3~0.5，且该系数在工业用地和居住用地中显现出较大的差异性。多数情况下，城市居住用地屋面可利用系数可取 0.3，非居住用地屋面可利用系数可取 0.5，其他用地类型的系数可取 0.4。

2. 屋面太阳能利用潜力

用地类型的不同带来该用地内建筑密度和建筑形式的不同，从而直接影响着屋面太阳能利用潜力的分布。徐燊选择了不同建筑热工分区的 8 座典型城市（北京、成都、广州、哈尔滨、昆明、上海、武汉、西安），比较了不同城市屋面太阳能利用潜力与城市用地类型的关系。城市用地类型共分为 4 个大类和 12 个子类，如表 6–12 所示。

城市用地大类和用地子类　　表 6–12

城市用地大类	用地子类
类型 A：居住功能用地	A–1：连续的城市居住区
	A–2：非连续城市高密度居住区
	A–3：非连续中等密度居住区
	A–4：非连续低密度居住区
	A–5：非连续极低密度居住区

续表

城市用地大类	用地子类
类型 B：非居住功能用地	B-1：工业、商业、公共服务和教育用地单元
	B-2：港口
类型 C：非农业种植和自然用地	C-1：城市绿地
	C-2：运动和休闲用地
	C-3：森林
	C-4：水域
类型 D：农业种植用地	D-1：农田

研究显示，城市空间中，城市的屋面太阳能利用潜力与用地类型具有显著的相关性。就所研究的 8 座城市而言，屋面太阳能利用潜力主要来源于连续的城市居住区、非连续城市高密度居住区及工业、商业、公共服务和教育用地单元。这三类用地贡献了全市研究范围内的屋面太阳能利用潜力的 44.95%~63.44%。具体而言，8 座城市中利用潜力最高的城市用地均为工业、商业、公共服务和教育用地；其次是城市的居住类用地，但在不同城市中又具有不同的表现。例如，在北京、哈尔滨、昆明、上海、武汉和西安 6 座城市中，居住大类中 A-1 类用地的潜力贡献最高；而在成都和广州，则分别是 A-2 和 A-3 类用地贡献较高。

可见，B-1 类用地中，工业厂房和公共建筑拥有大面积完整屋面，因此屋面太阳能利用潜力较高；而 A-1 类用地中，高密度的居住街区则通过将众多较小的屋面面积聚合起来，同样可以有效地提高太阳能利用潜力。因此，从提高可再生能源利用率的角度出发，城市规划应对用地的屋面太阳能开发建立分级评价，城市的连续居住街区、非连续高密度居住区及工业、商业、公共服务和教育用地单元应划分为城市中的优先开发区，非连续中低密度的居住街区列为限制开发区，城市中的景观自然用地和农业用地则划分为不可建设区。

6.5.3 城市街区立面太阳能利用潜力

城市街区立面太阳能利用潜力主要体现在街谷形态参数对街谷两侧建筑立面太阳能可利用面积的影响。街谷作为城市建成环境中重要的空间类型，其空间占比约占据了城市建成环境空间的 30%~40%。相比于建筑屋顶的太阳能潜力，街谷建筑立面同样是拥有太阳能潜力的开发空间。

1. 基于太阳能利用的形态要素

理论上说，所有对街区太阳能照射区域、照射时长、照射强度产生影响的形态因素都会对街区立面的太阳能利用潜力产生影响。多年来，国内外研究者归纳、总结了一系列形态要素来表征街区空间内获取的太阳能分布规律。

Chatzipoulka C 等以伦敦 24 种不同城市形态为研究对象，探讨了建筑立面和行人水平层面中城市形态与太阳能潜力之间的关系，发现建筑立面太阳能潜力受不同城市形态布局参数影响明显，影响因素主要包括复杂度、建筑高度、建筑立面朝向。Mohajeri N 等以日内瓦市 11 418 栋建筑物为研究对象，分析了体面比、建筑密度、容积率、建筑数量密度、人口密度、最近相邻建筑比等 6 个紧凑性指标对太阳能潜力的影响。也有不少学者通过计算街道宽度、街道长度、街道高宽比、街道朝向和天空开阔度等形态指标来探寻街道内太阳照射区域和照射强度的影响规律，并以此为基础分析其对街谷太阳能潜力的影响。天空开阔度（Sky View Factor，SVF）也称为天空可视因子，表示可见天空与以分析地点为中心的半球之间的比率，是表征街谷表面与周围环境的遮挡关系的重要参数。SVF 的数值介于 0 至 1 之间。SVF 为 0 时，整个天空视野完全不可见；SVF 为 1 时，则整个天空不受障碍物的影响。

2. 街区立面太阳能利用潜力

与大多数学者都认同用屋面可利用系数来表征屋顶太阳能利用潜力不同，部分学者关于街区形态对其立面太阳能利用潜力的研究结论尚有一定差异，有些结论甚至是完全相反的。

Arnfield A. J. 分析了街谷几何空间形态对城市太阳能潜力的影响，发现街道朝向对街道峡谷中建筑立面墙体的太阳能潜力具有强相关性。Van Esch 等人分析了街道宽度和街道朝向对城市太阳能潜力的影响，发现通过增加街道宽度能够显著提高街道峡谷的太阳辐射量，同时，街道朝向会严重影响街道表面的日照和季节性辐射。Ali-Toudert 等发现随着街道峡谷高宽比的增加，街道峡谷建筑立面的太阳能利用率迅速下降。

Michele Morganti 等针对 7 个反映城市的形态指标（建筑密度、容积率、体面比、平均建筑高度、体形系数、建筑高宽比和天空开阔度）分析了与城市太阳能潜力的相关性，发现建筑密度、体面比和天空开阔度与城市太阳能潜力具有强相关性。而于洋等以西安主城区 552 条典型城市街谷立面太阳能潜力水平的研究则显示，街道长度和天空开阔度与街谷立面太阳能潜力水平不具有显著相关性，街道宽度、街道高宽比和街道朝向才是影响街谷太阳能潜力的关键几何形态规划要素，且相关性程度依次为街道朝向、街道高宽比、街道宽度。其中，街道朝向和街道高宽比与街谷太阳能潜力呈负相关，街道宽度与街谷太阳能潜力呈正相关。

究其原因，在城市环境下，建筑表面所能接受的太阳辐射除了太阳的直射辐射和天空散射辐射外，还要受到相邻建筑的反射辐射和相互遮挡的影响，从而使得城市环境下的辐射空间分布非常复杂。有研究表明，在真实城市环境下，由于相邻建筑反射而增加的辐射能量约占 6.8%。其次，由于街区建筑形体的多样性，城市环境下的辐射分布会随着建筑表面呈现出多朝向、多角度的特征，而建筑高差的差异，也会使得同一建筑表面的辐射分布不均。因此，对于城市环境下的建筑表面，往往不能通过计算单一表面辐射后扩展得到区域内的辐射分布大小，而是需要针对不同研究对象进行具体的分析计算。

6.5.4 场地光合有效辐射与植物配置

对于近地面空间植物，太阳光强的降低和光质的改变可能影响植物的光合和光形态建成。因此，不但城市光污染会影响植物的生长发育，而且城市低照度条件下区域光环境也会影响植物的生长发育。吸收太阳辐射，进行光合作用是植物生长积累有机质的关键生理过程，是全球碳循环的重要驱动力。植被对光合有效辐射（Photosynthetically Active Radiation，PAR）的吸收过程是植被光合作用研究中的重要环节。

1. 光合有效辐射和植被（冠层）有效辐射吸收比例

（1）光合有效辐射（PAR）

太阳辐射中对植物光合作用有效的光谱成分称为光合有效辐射，其波长范围为 400~700nm，与可见光基本重合。光合有效辐射占太阳直接辐射的比例随太阳高度角增加而增加，最高可达 45%；而在散射辐射中，光合有效辐射的比例可达 60%~70% 之多。所以，多云天气反而提高了 PAR 的比例。光合有效辐射平均约占太阳总辐射的 50%。

（2）植被（冠层）光合有效辐射吸收比例（FAPAR）

植被光合有效辐射吸收比例也称光合有效辐射吸收比率（Fraction of Absorbed Photosynthetically Active Radiation，FAPAR），是指植被吸收光合有效辐射占到达植被冠层顶部的光合有效辐射的比例。FAPAR 一般定义为植被对波长 400~700nm 间太阳辐射能量的吸收比率，是联合国全球气候观测系统认定的 50 个反映全球气候变化的关键参量之一。FAPAR 与植被种类、LAI、叶倾角分布、太阳高度角和天空光条件密切相关。

2. 植被光合有效辐射的影响因素

场地的光合有效辐射是在进行植物配置中非常重要的考虑因素之一。与植物配置设计相关的因素包括以下方面。

（1）光照条件选择：应根据植物的光照需求和场地的光合有效辐射选

择合适的位置。不同的植物需要不同强度和时长的阳光。高光照需求的植物应配置在阳光充足的地方，而适应半阴或阴凉条件的植物可以放在较阴凉的地方。

（2）遮阴和树荫：光合有效辐射受到建筑物、树木和其他障碍物的遮阴影响，在选择植物配置位置时，要考虑周围的遮阴情况，以确保植物获得足够的光照。

（3）植物排列：植物配置原则是以最大限度地利用可用的光合有效辐射。通常，将较矮的植物放在较高的植物前面，以避免高株植物阻挡阳光。

（4）季节性变化：植物配置应考虑光照在不同季节和时间段的变化。有些植物可能在夏季需要更多的遮阴，而在冬季需要更多的阳光。

（5）光照监测：在一些情况下，可能需要使用光照度计或监测设备来测量实际的光合有效辐射，以确保植物得到足够的光照。

（6）植物种类和品种：不同种类和品种的植物对光照的需求各不相同。在进行植物配置时，要考虑植物的种类和品种，以确保它们在给定的光照条件下能够茁壮成长。

（7）遮挡和反射：应考虑任何可能导致光线反射或遮挡的因素，例如建筑物、墙壁或镜面表面。这些因素可以改变光合有效辐射的分布，需要加以注意。

（8）植物高度和生长习性：应了解植物的生长高度和生长习性，以便将它们放置在不会相互竞争或阻碍彼此生长的方位上。

（9）可调整性：如果可能，考虑使用可调节的遮阳设备或反射板来管理光照条件，以适应植物的需要。

（10）监测和维护：应定期监测植物的生长状况，包括叶片颜色和生长速度，以确定它们是否获得足够的光照。必要时，可进行配置调整，并提供额外的照明或遮阴。

综合来看，光合有效辐射是植物健康生长的关键因素之一。因此，在植物配置时，务必认真考虑光照条件，以满足不同植物的需求，促进其繁荣生长。

3. 典型弱光环境下空间绿地改善策略

光照是维持植物生命活动的重要生存因子，光照强度、光照时长等都能显著影响植物的生长发育和生命周期。在城市空间中，绿地设计与光照条件密切相关，尤其是在典型空间形式和弱光环境下尤为重要。面对我国多气候区特点，城市绿地在光环境的影响下，更多关注的是典型弱光环境（如桥下空间、建筑阴面、连廊架空层等）下的改善策略。现以高架桥桥阴空间绿地为例进行说明。

随着城市大规模的无序扩张与汽车交通流量的增多，相比于地下交通，修建立体交通的方式对建设周期、成本及车辆的快速通行具有更高的效益。但是，城市中大量兴建的高架桥在有效缓解交通压力的同时，也成为城市弱光环境中规模大、开发弱、管理差的典型空间。我国大量城市的高架桥桥阴空间多采用绿植方式进行美化，但因高架桥的架构特点，桥阴绿化受光环境限制明显。不同桥阴空间光环境的差异明显，其主要影响因素包括高架桥走向、宽高比、周边遮蔽物；次要影响因素为桥阴空间的下垫面、墩柱立面、桥阴空间上顶面等的材质对自然光的吸收和反射作用。图 6-19 为常见桥阴空间示意图。在针对弱光环境的绿化设计中，除了场地类型外，影响植物生长与景观效果的限制条件及影响因素主要有光照、温度、项目性质及定位等方面。

由于桥下空间的通透性，桥下空气温度与桥外通常相差不明显，因而从适应桥阴光环境的研究角度，以桥阴空间种植的植物能否正常生存为依据，将桥阴空间光环境划分为三个区域，即桥中（北）/ 桥端低光强的阴性植物种植区，桥边 / 桥中分车缝少量高光强的阳性植物、中性偏阳植物栽种区，以及介于两者之间的中性偏阴植物栽种区。不同的桥下净空、周边环境，以及桥阴下这 3 个区域的平面形状、面积大小，其影响各不相同。这种桥阴光照分布空间应在绿化植物配置过程中被充分考虑，从而真正地做到适地适树，有益于桥下绿化景观的合理营建（图 6-20）。桥阴绿化植物对光环境的改善策略一般可有以下几个方面。

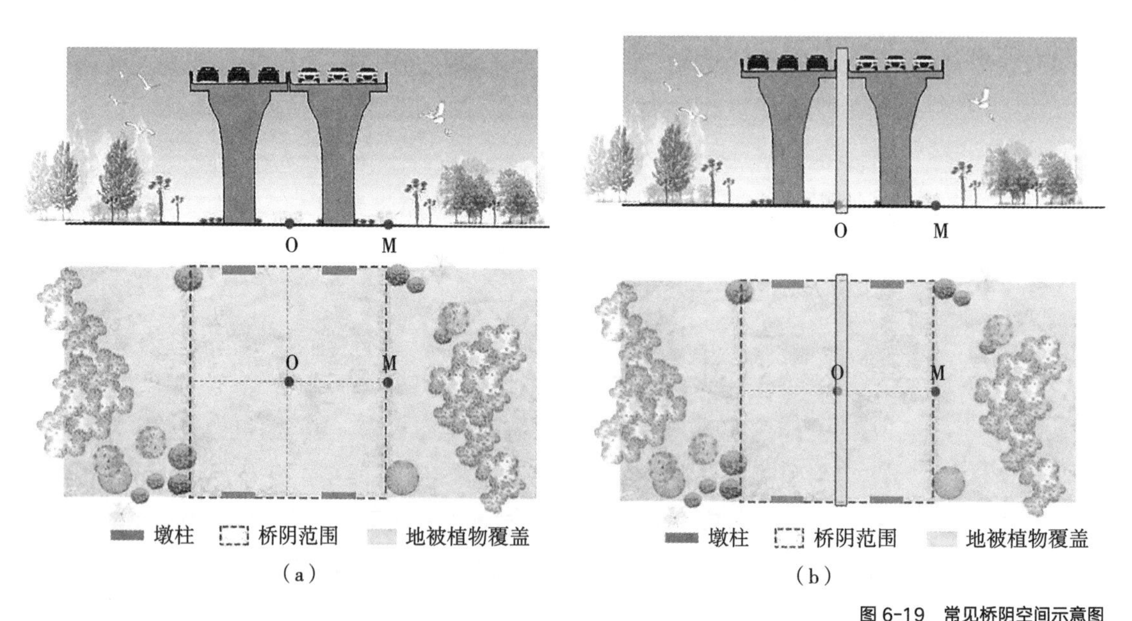

图 6-19　常见桥阴空间示意图

（a）无中间分车缝桥阴空间；（b）有中间分车缝桥阴空间

（图片来源：杨鑫 . 武汉市桥阴空间运动休闲环境评价及其改善研究 [D]. 武汉：华中科技大学，2022.）

图 6-20　存在中间分车缝或桥底间隙的桥阴空间
（图片来源 左图：Raised gardens of Sants in Barcelona，由 Sergi Godia y Ana Molino arquitectos，拍摄；右图：杨鑫. 武汉市桥阴空间运动休闲环境评价及其改善研究 [D]. 武汉：华中科技大学，2022.）

1）增加采光策略

（1）直接采光改善措施：增加采光策略的第一步是改善桥阴空间的直接采光环境。应尽量选取宽、高较小的桥阴空间进行利用或布局绿地；考虑周边的其他遮挡物是否对采光产生了主要影响，比如绿植或临时构筑物等的遮挡，可在相关园林市政部门的协调下进行修剪；高架桥的走向对于桥阴空间采光的均匀度影响较大，对直接采光不足的区域应补充间接采光措施等。

（2）间接采光改善措施：当桥阴空间无法通过直接采光的方式获得充足的自然光来满足公共或植被需求时，还可以利用一些辅助设备输送自然光。其中，镜面反射采光是一种运用广泛、操作简单的方式，其可以将自然光发射到桥阴空间。在桥阴边缘设置带有定向反射面的朝上反光板，将桥外的自然光反射到桥阴空间的顶部，然后利用高架桥粗糙的表面再散射到桥阴空间的各部分；或者设置带有扩散表面的反光板，直接将自然光散射到桥阴空间各处。上述装置和利用原理，如图 6-21 所示。

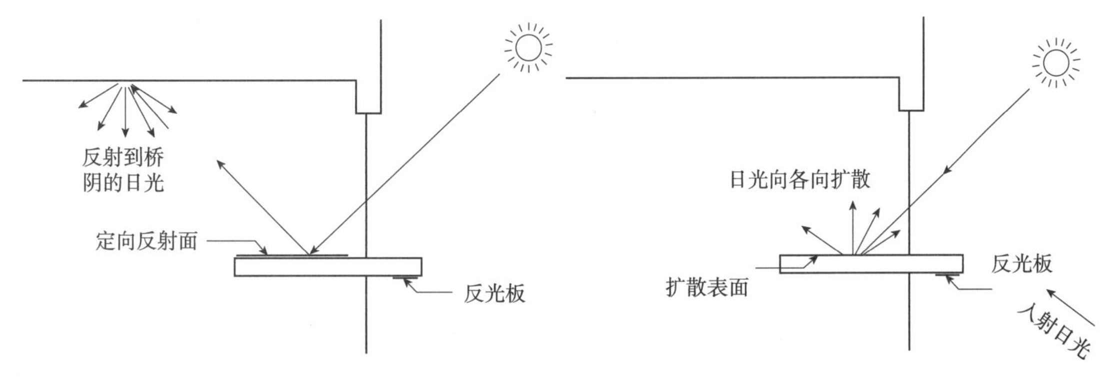

图 6-21　桥阴空间利用反射光示意图
（图片来源：杨鑫. 武汉市桥阴空间运动休闲环境评价及其改善研究 [D]. 武汉：华中科技大学，2022.）

2）材质反射策略

除了影响光环境的主要光分布因素以外，桥阴空间下垫面、墩柱立面、桥阴空间上顶面等的材质对于桥阴空间的光环境也存在间接影响，主要差异体现在不同材质对于进入其中自然光的吸收和反射作用。因此，改变桥阴空间的下垫面、墩柱立面及上顶面等的饰面材质也是改善桥阴空间光环境的有效手段。

常用的饰面材质可分为石材、玻璃、砖、金属、木材、建筑涂料和混凝土等。在选取桥阴空间的饰面材质时，应首选最后成型为光滑镜面或细腻表面的材质，比如镜面光泽度较大的釉面砖、花岗石、铝塑板等；颜色以吸光率较低的浅色为主。同时，需选择具有经久耐用特性的材料，以便在桥阴空间这种半户外的环境条件下长期使用。墩柱立面、桥阴空间上顶面的饰面材质还应考虑材质的重量，应不影响高架桥的正常通车运行及受力承重，以综合上述要求兼具较轻质量特质的材质为最佳。此外，应根据桥阴空间的具体空间功能需求来设计不同的饰面效果，以产生丰富的景观视觉效果，如图 6-22 所示。

图 6-22　涂层漆面材料装饰下光线充足的桥阴运动休闲空间
（图片来源：杨鑫．武汉市桥阴空间运动休闲环境评价及其改善研究 [D]. 武汉：华中科技大学，2022.）

3）更多适生植物的筛选和利用

在充分筛选、挖掘和利用当地的适生桥阴植物外，还可以兼顾运用典型的适生品种，例如固氮豆科类植物，其具有为土壤改良、增加有机质含量的优点。

4）分步骤营建良性桥阴绿地生态小群落

营建桥阴绿地植物景观时，可以考虑种植的空间梯度和时间梯度关系，避免采用通常的“一步到位”“满铺满种”的园林绿化做法，而是考虑桥下第 1 年栽种一些一年生先锋性草本、地被类植物，改良土壤立地微环境，第 2 年再以灌木为主，草本、藤本为辅，之后完善种植。这样通过有步骤、有计划地栽种，使得桥阴绿地植物形成一个较稳定、可持续的耐阴小生态群落系统，从而可以更少地依赖于人工管理，节约养护成本，发挥更大的生态效益。

5）做好良好的水肥管理

俗话说，“三分种，七分管。”高架桥立地条件特殊，绿化的养护管理难度非常大，技术要求也高，故养护队伍的选择和养护规则的制定都应有专门的要求，如果跟露地绿化管护一样处理，则会造成植物生长不佳的问题。桥阴绿化植物的水管理是难题。高架桥的遮蔽使桥下雨水大量被屏蔽，仅桥侧下方绿地中有部分雨水的飘零，这就对桥下绿化植物的生长带来挑战。采用节水灌溉、人工喷灌系统定期浇淋，以及高架桥和旁边道路雨水收集、净化及浇灌，有利于桥下水分供给充分，从而保证植物的生长需求。

6）必要地段人工补光

应注意植物对光环境的响应情况，必要时可采用绿色补光技术（图 6-23），从而最终实现高品质的城市高架桥下桥阴绿地景观。

图 6-23 人工补光后的桥阴空间环境
（图片来源：MVRDV 设计 One Green Mile ©，由 Suleiman Merchant，拍摄）

6.6 绿色照明与碳排放

随着城市基础设施的不断完善与建设，灯火通明给城市的夜晚带来勃勃生机的同时，也带来巨量的城市照明能耗增长。根据相关统计显示，我国照明用电约占全社会用电量 14%，故而“双碳”目标战略背景下，实现照明系统的节能减排尤为重要。2022 年 7 月 29 日，住房和城乡建设部联合国家发展和改革委员会共同印发并实施了《“十四五”全国城市基础设施建设规划》，强调积极发展绿色照明，加快城市照明节能改造。

6.6.1 我国绿色照明的发展历程

绿色照明是美国国家环保局于 20 世纪 90 年代初提出的概念，是国际上对采用节约电能、保护环境照明系统的形象性说法。20 世纪 90 年代，美国、英国、法国、日本、中国等多个国家先后制订了“绿色照明工程”计划，并取得了显著效果。照明的质量和水平已成为衡量社会现代化程度的一个重要标志，成为人类社会可持续发展的一项重要措施。

完整的绿色照明内涵包含高效节能、环保、安全、舒适这 4 项指标。我国《绿色照明检测及评价标准》GB/T 51268—2017 将绿色照明定义为：节约能源、保护环境、安全舒适，有益于提高人们生产、工作、学习效率和生活质量，保护身心健康的照明。绿色照明可用于新建、扩建和改建的居住建筑、公共建筑、工业建筑、室外作业场地、城市道路、城市夜景等室内外场所，其宗旨是通过发展和推广高效照明器具，逐步替代传统的低效照明电光源。绿色照明的目的是节约照明用电，建立优质高效、经济舒适、安全可靠、有益环境和改善人们生活质量、提高工作效率、保护人民身心健康的照明环境，以满足国民经济各部门和人民群众日益增长的对照明质量、照明环境和减少环境污染的需要。显然，绿色照明是一项集照明节电、环境保护、改善照明质量和发展照明电器工业于一体的跨世纪工程。

照明产品是国民经济发展和人民生活的必需品，照明行业在国民经济中具有特殊的地位和作用。改革开放以来，我国照明行业的发展大致可分为五个阶段。

第一阶段为改革开放初期，这个阶段人们普遍消费能力较低，对照明产品以照亮为主要目的，对装饰功能的要求不高。照明产品生产企业数量较少，产品主要是白炽灯灯泡或相对标准的灯具产品，产品规格品种较少。

第二阶段为 20 世纪 90 年代左右，随着人们生活水平的提高，照明产品的市场需求随之增长，照明产品生产企业的数量超过千家，照明产品由以白炽灯为主逐步向荧光灯等传统高效照明产品过渡。1996 年国家经济贸易委员会[①]下发了《“中国绿色照明工程”实施方案》的通知，标志着我国接受了绿色照明概念，开始全面推广绿色照明工程。

第三阶段为 2000—2012 年，我国照明行业进入持续、稳定、快速发展阶段。从 2007 年开始，我国主要通过财政补贴的方式推广节能灯（紧凑型荧光灯），逐步替代传统低效的荧光灯和白炽灯。在政策的推动下，我国节能灯产量大幅增加，已经成为世界主要的节能灯生产基地。

第四阶段为 2012—2022 年，随着 LED 照明技术不断突破，产品价格大幅下降，应用领域日益扩展，LED 照明市场开始迅速增长。2013 年 1 月，国家发展和改革委员会、科技部等六部委联合发布了《半导体照明节能产业规划》，要求到 2015 年，60W 以上普通照明用白炽灯全部淘汰，市场占有率将降到 10% 以下；节能灯等传统高效照明产品市场占有率稳定在 70% 左右；LED 功能性照明产品市场占有率达 20% 以上。

第五阶段为 2022 年至今，“双碳”战略为绿色照明发展带来新一轮的政

---

① 现为国家发展和改革委员会。

策机遇。LED 照明灯具正在慢慢地成为绿色照明的主流产品。2022 年 7 月，住房和城乡建设部、国家发展和改革委员会在印发的《城乡建设领域碳达峰实施方案》中提出，要推进城市绿色照明，加强城市照明规划、设计、建设运营全过程管理，控制过度亮化和光污染，努力实现到 2030 年 LED 等高效节能灯具使用占比超过 80%，以及 30% 以上城市建成照明数字化系统的目标。

6.6.2 我国绿色照明的节能减排成效

1996 年，国家经济贸易委员会发布《“中国绿色照明工程”实施方案》，标志着我国绿色照明工程的正式启动。之后，我国绿色照明工程的持续发展，使高效照明产品市场占有率不断提高，为节能减排工程贡献了重要的力量，并取得显著的经济和社会效益（表 6-13）。

我国各阶段绿色照明成效　　表 6-13

时间	成效
1996—2000 年	推广了高效照明电器产品 14 多亿个，实现了照明终端节电量为 257 亿 kWh，避免了装机容量 480 多万千瓦，相当于减少了电力投资人民币 400 多亿元
2001—2005 年	高效照明产品市场占有率不断提高，实现照明节电 312 亿 kWh，相当于减少 CO_2 排放 326 万 t
2006—2010 年	实现照明节电 720 亿 kWh，相当于减少 CO_2 排放 755 万 t
2011—2015 年	城市绿色照明工作节电率达到 15%，高效照明产品市场占有率由 2009 年的 67% 上升至 2013 年的 85%，年节电 320 亿 kWh，相当于减少 CO_2 排放 2400 万 t

（表格来源：依据相关文献整理）

绿色照明的核心是节电。依据国际能源署《世界能源展望 2019》，如果全球温室气体排放从 2018 年的 330 亿 t 下降到 2050 年的 100 亿 t 左右，则节能和提高能效相比于可再生能源、燃料替代、核电、CO_2 捕获利用与封存（CCUS）等降碳途径（图 6-24），对全球减少 CO_2 排放的贡献最大（高达 37%）。据测算，使用绿色照明器具，每节电约 1kWh，相当于节约 0.4kg 标准煤，同时减排 0.272kg 碳粉尘、0.997kgCO_2、0.03kgSO_2、0.015kgNO_x。

照明产品作为人们日常生活的用电产品，每节电约 1kWh 就能够减少 CO_2 的排放。表 6-14 展示了光通量相同的条件下，以紧凑型荧光灯替代白炽灯、高压钠灯替代高压汞灯、金属卤化物灯替代高压汞灯及 LED 灯替代白炽灯的节电效果与 CO_2 减排效益。

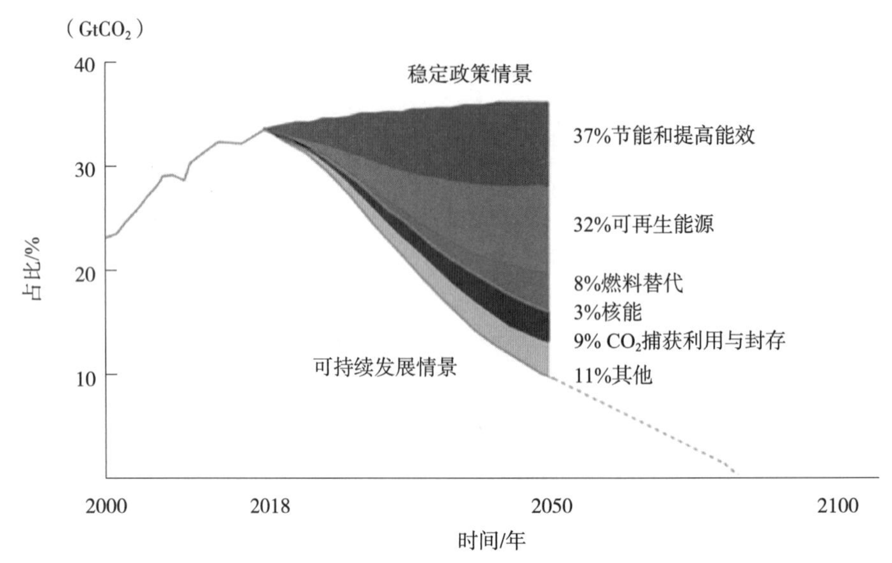

图 6-24 能源系统减排 CO_2 主要途径分析

（图片来源：国际能源署．世界能源展望 2019[R]. 巴黎：国际能源署，2019.）

在光通量相同的条件下主要灯种的节电比例与减排 CO_2 的数据　　表 6-14

光源灯种	被替代光源	节电比例 /%	使用、替代的情况	每节约电 1kWh 减排的 CO_2/（kg·kWh^{-1}）
紧凑型荧光灯（CFL）	白炽灯	70~83	室内照明（调光要求除外）	0.697 9~0.827 5
高压钠灯（HPS）	高压汞灯	56~60	道路、场馆，逐步替代	0.558 3~0.598 2
金属卤化物灯（MH）	高压汞灯	42~46	商场、宾馆，逐步替代	0.418 7~0.458 6
LED 灯（5.5W）	白炽灯（40W）	约 86	室内照明	约 0.857 42
LED 灯（7.0W）	白炽灯（60W）	约 88.33	室内照明	约 0.880 683

环境保护部[①]于2017年8月16日宣布生效的《关于汞的水俣公约》规定，从 2021 年起，中国将逐步淘汰公约中要求的含汞电池、荧光灯产品的生产和使用；VCM（氯乙烯，会产生含汞废水）生产行业实现单位产品的使用量在 2021 年降低 50%（2010 年的基础上）；到 2032 年，关停所有原生汞矿的开采。该公约将荧光灯产品和高压汞灯列入被限制和淘汰的产品，涉及的照

① 现为生态环境部。

明产品包括用于普通照明用途的紧凑型荧光灯、直管荧光灯、高压汞灯，这也将进一步推进 LED 产品在国内的使用。

相比于紧凑型荧光灯，LED 照明产品节能减排效果更为显著。以室内灯具为例，白炽灯光效约 20lm/W（流明 / 瓦），荧光灯光效约 60~80lm/W，LED 灯具光效约为 110lm/W，可见 LED 灯能源效率明显高于前两者。从用电量来看，LED 灯每日用电量约为荧光灯的 50%，为白炽灯的 10%。北京节能环保中心的于珊等对 LED 照明产品在节能改造后的显著经济效益及可行性进行了分析，在只替换了光源的条件下，19 处受检场地改造后实际节能率占比大于 50% 的有 43%，节能率占比在 40%~50% 的有 31%。2018 年清华大学建筑设计研究院对北京市“十三五”期间绿色照明工程项目出具的中期评估报告显示，200 万只 LED 高效照明产品年节电 2 亿 kWh，折合标准煤为 2.4 万 t，对北京市年照明用电降耗贡献 2 个百分点。200 万只 LED 产品年减排 $CO_2$17 万 t（依据 2010 年中国省级电网平均 CO_2 排放因子，北京市按 0.8292kgCO_2/kWh 计算）。

思考题与练习题

1. 人眼视觉活动有哪些特点？

2. 简述城市光环境主要有哪些研究内容、研究方法及适用范围。

3. 从城市照明规划的角度，简述城市照明主要包含哪些部分，并分别说明其控制原则和途径。

4. 什么是光污染？简述光污染的分类和防治措施。

5. 论述在城市街区层面如何考虑合理利用太阳能资源。

6. 简述绿色照明的含义，分析照明节能的主要措施。

主要参考文献

[1] 刘加平，等 . 城市环境物理 [M]. 北京：中国建筑工业出版社，2011.

[2] 刘郁川 . 遥感与实测关联的城市夜间光环境反演方法构建与应用研究 [D]. 大连：大连理工大学，2021.

[3] 郝庆丽 . 多维度城市夜间光环境数字观测与空间模型构建研究 [D]. 大连：大连理工大学，2019.

[4] 高程翔 . 基于日照环境优化的幼儿园设计策略研究：以济南地区为例 [D]. 济南：山东建筑大学，2022.

[5] 张华 . 城市建筑屋顶光伏利用潜力评估研究 [D]. 天津：天津大学，2017.

[6] 田佳 . 城市居住街区太阳能光伏利用潜力研究：以武汉市为例 [D]. 武汉：华中科技大学，2020.

[7] 张晨 . 典型城市中心城区建筑屋面光伏利用潜力的分布规律及应用策略 [D]. 武汉：华中科技大学，2021.

[8] 刘晓宇 . 基于太阳能潜力评估的西安主城区街道形态规划优化方法研究 [D]. 西安：西安建筑科技大学，2021.
[9] 罗庆，吴运龙，方小凯，等 . 城市区域综合反射率的求解 [J]. 土木建筑与环境工程，2015，37 (1): 7-11+17.
[10] 殷利华 . 基于光环境的城市高架桥下桥阴绿地景观研究：以武汉城区高架桥为例 [D]. 武汉：华中科技大学，2012.
[11] 刘玉玲，赵成伟，刘少金，等 ."双碳" 背景下半导体照明产业消费现状及发展建议 [J]. 科技中国，2022 (2): 48-52.
[12] 苏晓明 . 建筑与城市光环境 [M]. 北京：中国建筑工业出版社，2022.
[13] 新华社 . 中共中央 国务院印发《"健康中国 2030" 规划纲要》: 国务院公报 2016 年第 32 号 [EB]. 中国政府网，2016-10-25.
[14] 经济日报 .《中国城市化 2.0》报告：到 2030 年中国城市化率将升至 75%[EB]. 中国经济网，2019-10-15.

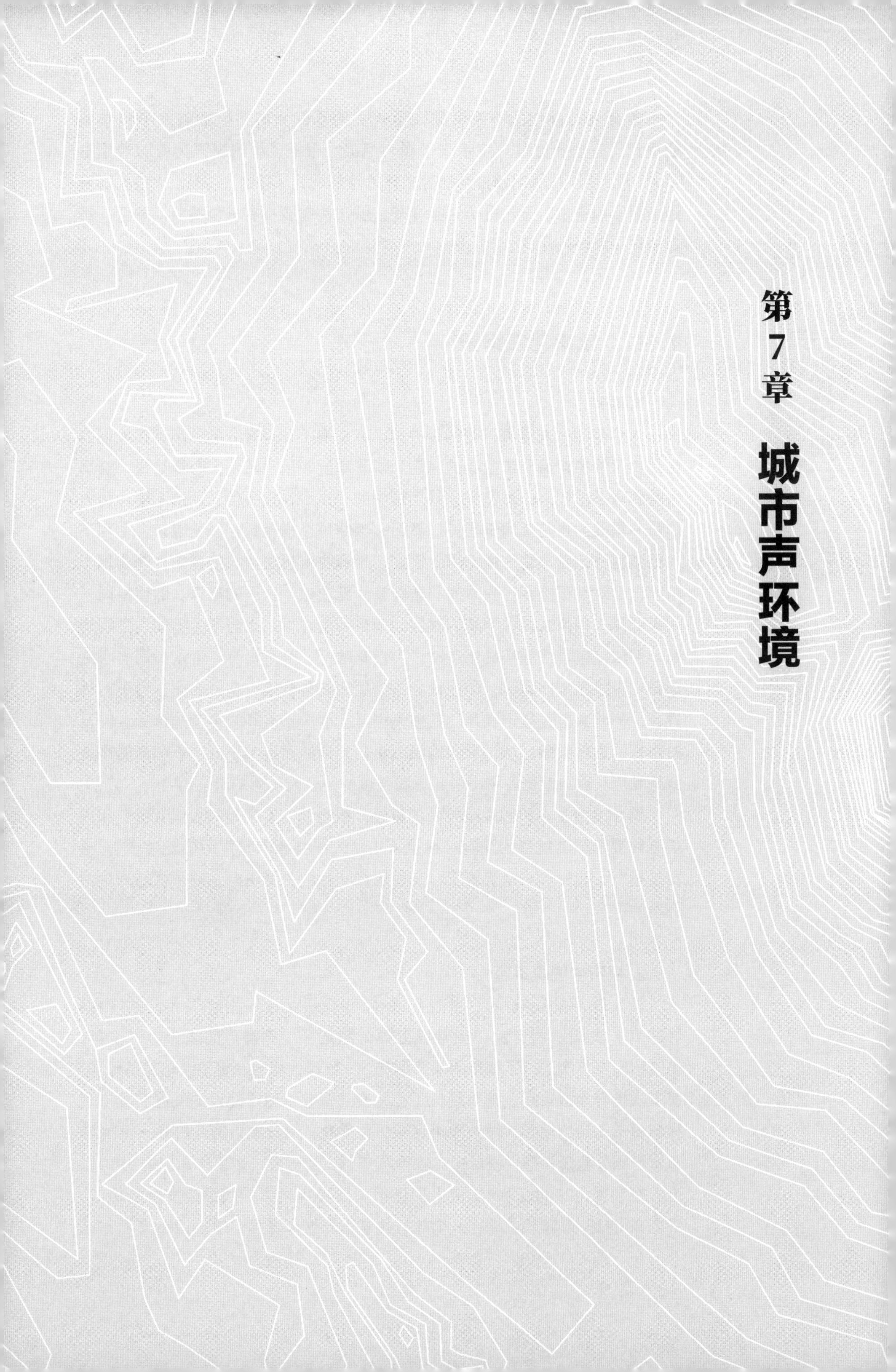

第7章 城市声环境

随着人类社会的不断发展，现代文明不仅为城市生活带来了科技和便捷，同时也为城市环境带来了噪声污染。根据《中国噪声污染防治报告（2023）》，噪声扰民问题占全部生态环境污染投诉举报的59.9%，为各类环境污染要素的首位。无论白天还是夜晚，城市都需要拥有一个健康、安全、舒适的声环境。

7.1 城市声环境基础

7.1.1 噪声和噪声源

1. 噪声

人们生活在充满着声音的世界里，人们离不开声音。各种声音在人们的生活和工作中起着非常重要的作用。悦耳动听的乐声常使人心情愉快，震耳欲聋的噪声则使人心烦意乱。从生理学的观点讲，凡是使人烦恼不安、为人们所不需要的声音都属于噪声。然而，判断一个声音是否属于噪声，主观上的因素往往起着决定性的作用。例如，早晨收音机里播放的音乐，理应属于乐声，但对刚下班正在酣睡的邻居而言，就变成了讨厌的噪声。即使是同一个人对同一种声音，在不同的时间、地点等条件下，也会产生不同的主观判断。例如，在心情舒畅或休息时，人们喜欢打开收音机听听音乐；而当心绪烦躁或集中思考问题时，则往往会主动关闭各种音响设备。因此，对于一种声音，判断其是否属于噪声，在很大程度上取决于人耳对声音的选择，以及对声音的主观判断。从物理学的观点讲，和谐的声音为乐声，不和谐的声音就是噪声。噪声就是各种不同频率和强度的声音无规律的杂乱组合。

综合上面主观和客观两方面的叙述，概括而言，凡是对人体有害的和人们不需要的声音统称为噪声。根据《中华人民共和国噪声污染防治法》，噪声是指在工业生产、建筑施工、交通运输和社会生活中产生的干扰周围生活环境的声音。

2. 城市中的噪声源

城市噪声的影响早在20世纪30年代前后就已经引起了人们的注意。1929年，美国伊利诺伊州庞蒂亚克镇就制定了控制噪声的法令。1939年，美国纽约市首次进行了城市的噪声调查。1935年，德国制定了汽车噪声标准。第二次世界大战以后，随着现代工业、交通运输、城市建设的发展和城市规模与城市人口的增长，城市噪声污染日益严重。以日本为例，1966—1974年日本全国公害诉讼事件统计中，噪声年年都占第一位，达事件总数的30%以上。在我国，20世纪50年代人们还把工业噪声当作国民经济发展的标志，直到20世纪60年代中期，人们才开始认识到城市噪声问题。1966年春，北京进行了第一次噪声调查，城市噪声引起了广泛的关注。20世纪70年代以前，我国噪声研究侧重于工业噪声，研究领域主要集中在消声、吸声、隔声等方面。20世纪70年代，中国科学院声学研究所等单位对全国70多个城市环境噪声进行了调查，并在此基础上提出了一些评价指标和噪声环境标准。整体上，这一时期我国城市环境噪声研究仍停留在普查阶段，噪声治理研究尚处在试点范围。进入20世纪80年代以来，随着我国国民经济持续高速增长，城市化进程进入加速阶段，工业、交通运输和城市建设急剧发展，城市数量、规模和人口急剧增加，城市噪声已成为城市四大环境污染之一。近年来，对北京市、上海市、天津市、武汉市四大城市的噪声污染状况进行了调查统计（表7-1）。

北京市等四大城市环境噪声源分类统计表 **表7-1**

城市	噪声源/%				
	交通运输噪声	工业噪声	建筑施工噪声	社会生活噪声	其他
北京市	32	9	22	37	—
上海市	35	17	22	26	—
天津市	44	17	6	33	—
武汉市	37	22	6	25	10

在物理意义上，正在发声的物体定义为声源（也称噪声源）。根据声波的波长和受声点与声源相对距离的大小，以及声源的几何尺寸相对于传播距离的大小，可以将声源分为点声源、线声源和面声源。城市噪声一般按照噪声来源进行分类，可分为交通运输噪声、工业噪声、建筑施工噪声和社会生活噪声等。其中，交通运输噪声的影响最大，范围最广，我国约70%的城市噪声污染就是由交通噪声引起的。根据《中国噪声污染防治报告（2023）》，现阶段我国声环境质量总体向好，但局部噪声污染事件多发；2022年，全国声环境功能区中，4a类功能区（道路交通干线两侧区域）和1类功能区（居住文教区）的夜间声环境达标率持续偏低。

（1）交通运输噪声

交通运输噪声是指机动车辆、铁路机车车辆、城市轨道交通车辆、机动船舶和航空器等噪声。这些噪声源作为流动的噪声源，具有较广的影响面。

城市区域内交通干道上的机动车辆噪声是城市的主要噪声。城市交通干道两侧噪声级可达65~75dB，汽车鸣笛较多的地方可超过80dB。在我国，一方面交通干道的噪声级高，而另一方面在城市交通干道两侧修建住宅，尤其是高层住宅，又具有相当的普遍性，全国约有16%的城镇人口居住在交通干道两侧。近年来，我国高速公路和城市高架道路建设发展很快，城市机动车数量急剧增加，故车辆噪声问题更趋严重。

道路交通噪声主要与车流量、车速和车种比（指不同种类车辆如卡车、轿车等的比率）有关，同时也和道路状况（如道路形式、宽度、坡度、路面条件等）及周围建筑物、绿化和地形状况等有关。图 7-1 给出了不同车速下各种车辆的噪声级分布范围。

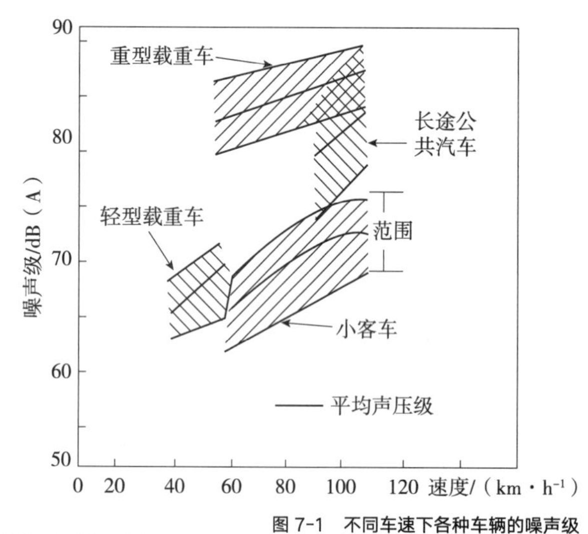

图 7-1　不同车速下各种车辆的噪声级

（图片来源：刘加平，等．城市环境物理 [M]. 北京：中国建筑工业出版社，2011.）

当航线不穿越市区上空时，飞机噪声主要是指飞机在机场起飞和降落时对机场周围的影响，它与飞机种类、起降状态、起降架次、气象条件等因素有关。图 7-2 是一架 B747 型飞机起降时噪声的影响区域。飞机和机场噪声在一些发达国家是主要的噪声污染源。在我国，直到 20 世纪 80 年代中期，飞机噪声还未成为问题，但随着我国民用航空事业以近 20% 的年增长率高速发展，飞机噪声问题日益凸显。尤其是目前，超声速民机起降与巡航阶段的噪声问题也已引起相关领域的研究关注。

近年来，随着列车运行速度的不断增加，铁路噪声日趋严重。例如，日本的高速列车在车速为 210km/h 的情况下，距离轨道 25m 处的噪声就高达 100dB（A）。随着城市化进程的加快，城市边缘不断扩张，很多新建的居住社区距铁路最近端不超过 100m，故火车噪声对铁路两侧的居民干扰十分严重。此外，船舶噪声在港口城市和内河航运城市也是城市噪声源之一。

（2）工业噪声

工业噪声是指在工业生产活动中产生的干扰周围生活环境的声音。按照噪声源特性，可将工业噪声分为空气动力性噪声、机械设备噪声、电磁噪声和附属设施噪声。城市中的工厂噪声会直接给生产工人带来危害，同时也给

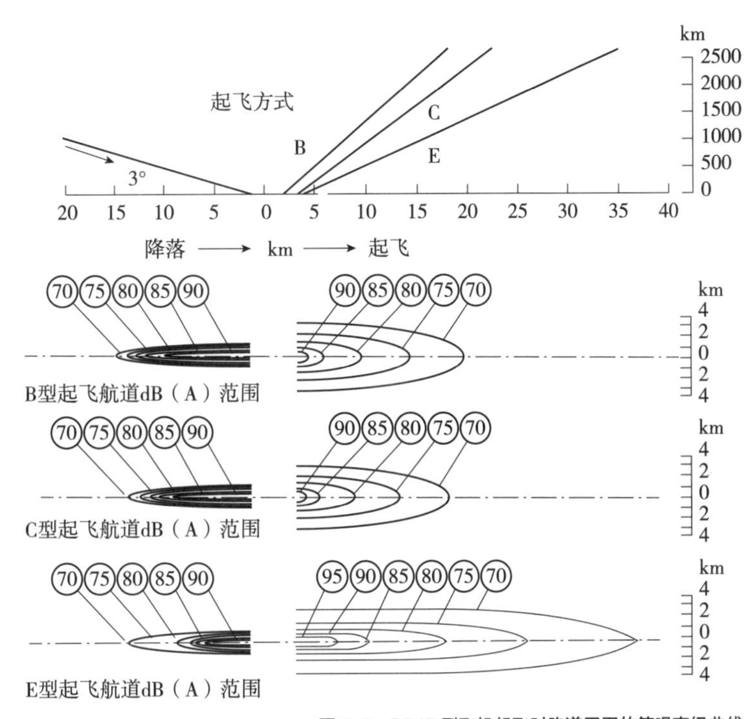

图 7-2　B747 型飞机起飞时跑道周围的等噪声级曲线

（图片来源：刘加平，等 . 城市环境物理 [M]. 北京：中国建筑工业出版社，2011.）

附近的居民带来很大的干扰。工厂噪声调查结果表明，目前我国工厂车间噪声多数在 75~105dB（A），也有一部分在 75dB（A）以下，还有少量的车间或机器噪声级高达 110~120dB（A），甚至超过 120dB（A）。图 7-3 所示为我国 10 类工业企业车间噪声的声级范围。

工业噪声，特别是地处居民区没有声学防护设施或防护设施不好的工厂发出的噪声，对居民的干扰十分严重。例如，机械工厂的鼓风机、空气

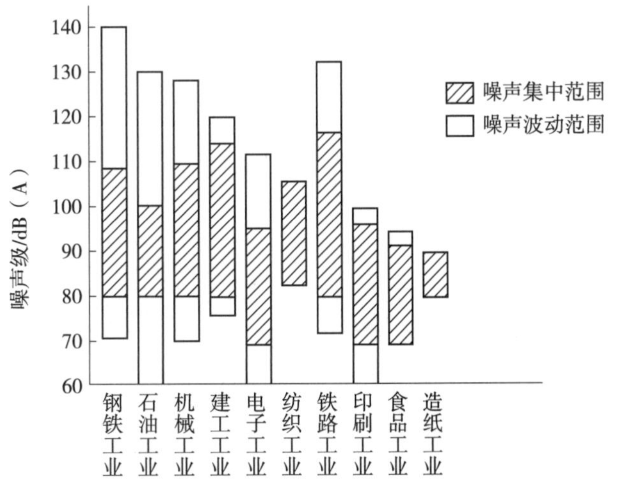

图 7-3　十类工厂车间噪声级

（图片来源：刘加平，等 . 城市环境物理 [M]. 北京：中国建筑工业出版社，2011.）

锤、风机，纺织厂的织布机、空调风机等，这些噪声源往往在居民区产生60~80dB（A）甚至90dB（A）的噪声。这些噪声昼夜不停，严重影响着居民的休息。如果遇到发电厂高压锅炉、大型鼓风机、空压机排气放空操作的话，排气口附近的噪声将高达110~150dB（A），传到居民区常常超过90dB（A），故而对附近居民的生活造成了严重影响。

此外，居民区内的公用设施，如锅炉房、水泵房、变电站等，以及邻近住宅的公共建筑中的冷却塔、通风机、空调机等的噪声污染，也相当普遍。

（3）建筑施工噪声

建筑施工噪声是指在施工过程中产生的干扰周围生活环境的声音。随着城市现代化建设的迅速发展，城市施工噪声愈来愈严重。尽管施工噪声具有暂时性，但因为施工噪声声级高，分布广，故其干扰也十分严重。有些工程要持续数年，相应施工噪声影响时间也相当长。尤其是在城市已建成区内的反复施工，噪声污染影响更为严重。近年来，我国基建规模庞大，城市建设和开发更新面广量大，施工噪声扰民相当普遍。经有关单位测定统计，建筑施工机械设备的噪声级和施工场所边界的噪声级如表7–2和表7–3所示。

建筑施工机械设备的噪声级　单位：dB（A）　表7–2

机械设备名称	距离声源10m		距离声源30m	
	范围	平均值	范围	平均值
打桩机	93~112	105	84~103	91
铆枪	85~98	91	74~86	80
挖土机	74~99	86	65~90	76
混凝土搅拌机	79~94	86	70~85	77
固定式起重机	84~99	91	75~85	81
风机	84~104	93	75~90	84
推土机、刮土机	84~99	91	75~95	82
拖拉机	79~99	83	75~90	79
卡车	84~99	91	75~90	82

施工场所边界的噪声级　单位：dB（A）　表7–3

施工流程	家庭住宅建筑	办公设施	给水、排水筑路工程
场地清理	84	84	84
挖方工程	88	89	89
地基	81	78	88
安装	82	85	79
修整	88	89	84

（4）社会生活噪声

社会生活噪声主要指城市中人们生活和社会活动中出现的噪声。例如，人们的喧闹声、沿街的吆喝声、街头宣传、歌厅舞厅、学校操场、住宅楼内的住户个人装修，以及包括家用洗衣机、收音机、电视机、缝纫机等发出的声音都属于社会生活噪声。根据测定，家庭用的洗衣机噪声一般为50~80dB（A），电视机为60~82dB（A），电风扇为30~68dB（A），高音喇叭声可以高达140dB（A）。随着城市人口密度的增加，这类噪声的影响也在增加。

7.1.2 噪声的计量

噪声（或声音）的物理本质是振动在介质中的传播，描述声波的主要物理量有波长、频率、速度、声压、声强及声压级、声强级等。

1. 波长、频率和声速

声波中两个相邻的压缩区或膨胀区之间的距离称为波长。换句话说，振动经过一个周期声波传播的距离叫作波长，通常用希腊字母 λ 表示。声波通过一个波长的距离所用的时间称为周期，一般用 T 表示。

物体在1s内振动的次数称为频率。频率通常用 f 表示，单位为赫兹，简称赫，一般用Hz表示。频率1Hz等于1s内做1次振动。每秒钟振动的次数愈多，其频率就愈高，人耳听到的声音就愈尖锐，或者说音调就愈高；每秒钟振动的次数愈少，听到的声音就愈低沉，或者说音调愈低。在正常的情况下，一般人所能听到的声波频率范围为20~20 000Hz。低于20Hz的称为次声，高于20 000Hz的称为超声。在常温和标准大气压下，当频率 f=20Hz时，相应的波长 λ=17.2m；当频率 f=20 000Hz时，相应的波长 λ=0.0172m。因此，人们听到的声音的波长一般在1.72cm至17.2m之内。

通常，在噪声控制这门学科中，把声波的频率分为三个频段：800Hz以下的称为低频声，800~1000Hz的称为中频声，1000Hz以上的称为高频声。声波频率的概念是非常重要的，因为控制高频噪声和控制低频噪声的技术措施存在着很大的差别。

振动在介质中传播的速度称为声速，一般用 c 表示。在任何一种介质中，声速随介质的弹性和密度的不同而改变。此外，声音在空气中的传播速度还随空气温度的升高而增加，随空气温度的下降而减小，空气的温度每变化1℃，声速约变化0.6m/s。在20℃气温下，空气中声速约为344m/s。空气中的声速可以按照式（7-1）计算：

$$c=331.4\sqrt{1+\frac{t}{273}}\approx 331.4+0.607t\ (\mathrm{m/s}) \tag{7-1}$$

式中　t——空气的温度（℃）。

声波的波长 λ，频率 f 或周期 T 与声速 c 之间存在如下的关系：

$$c=\lambda f \text{（m/s）} \quad (7\text{-}2)$$

$$\text{或 } c=\lambda/T \text{（m/s）} \quad (7\text{-}3)$$

式（7-2）和式（7-3）是波长、频率（或周期）与声速之间的基本关系式，它们具有普遍的意义，对任何一类波都是适用的。

2. 声压、声强和声功率

当没有声波存在时，空气处于静止状态，这时大气的压强为一个大气压。当有声波存在时，局部空气被压缩或发生膨胀，形成疏密相间的空气层向外扩散，被压缩的地方压强增加，产生膨胀的地方压强减小，这样就在大气压上增加了一个压力变化。这个叠加上去的压力是由声波引起的，所以称为声压，常用 P 表示。声压与大气压相比是极微弱的。声压的大小与物体的振动状况有关，物质振动的幅度愈大，则压力的变化也愈大，因而声压也愈大，人们听起来就愈响。可见，声压的大小表示了声波的强弱。

衡量声压大小的单位是帕斯卡，简称帕（Pa）（$1Pa=1N/m^2$）。

地球上人们生活环境的压强（大气压）是 101 325Pa。人耳刚刚能听到的最小声压大约为 2×10^{-5}Pa，只有环境压强的 50 亿分之一；而喷气式飞机附近声压可高达 200Pa，这是人耳短时间内能够忍受的最大声压，它也只不过是环境压强的千分之二。可见，声压与环境压强相比是相当微弱的。

声波的传播伴随着声音能量的传播。单位时间内，通过垂直声波传播方向单位面积的声能称为声强，常用 I 表示。声强是一个矢量，只有规定了方向后才有意义，其通常采用的单位是 W/m^2。

声强的大小和离开声源的距离有关。因为声源在单位时间内辐射出来的声能是一定的，而离开声源的距离愈大，声波辐射的面积就愈大，通过单位面积的声能就愈少，因此声强也就愈小。声强的大小可以衡量声音的强弱，这和声压一样，只不过一个是用能量的方法表示，一个是用压力的方法表示。声强愈大，声音就愈响；声强愈小，声音就愈轻。当我们向一个声源走近的时候，声源辐射面积在减小，声强在增大，故声音听起来在变响；而当我们渐渐远离声源时，声音便渐渐变弱，这是因为辐射面积在增大，声强变小的缘故。

声源在单位时间内辐射出来的总声能称为声功率，通常用符号 W 表示，常用瓦（W）作为计量单位。声功率是表示声源特性的重要物理量，它仅能反映声源本身的特性，而与声波传播的距离及声源所处的环境无关。

声强与声源辐射的声功率有关，声功率愈大，在声源周围的声强也愈大。如果某一点声源在没有边界的自由场中间向四面八方均匀辐射声波，那

么在离声源为 r 处的球面上各点的声强是相同的，因而声源的声功率 W 与声强 I 之间有如下关系：

$$I=W/4\pi r^2 \tag{7-4}$$

从式（7-4）可知，若声源辐射的声功率不变，则声场中各点的声强是不相同的，它与距离的平方成反比。声功率是衡量声源辐射声能大小的重要参数，用它可以鉴定或比较各种声源。由于目前直接测量声强和声功率的仪器比较复杂和昂贵，因此在噪声治理中，常常利用声压的测量值计算得到声强和声功率。当声波以平面波或球面波传播时，声强 I 与声压 P、声速 c、空气密度 ρ 之间的关系为：

$$I=P^2/\rho c \tag{7-5}$$

利用式（7-4）或式（7-5），就可以根据声压的测量值计算出声强和声功率。

3. 声压级、声强级和声功率级

如上所述，对于 1000Hz 的纯音，人耳刚刚能够感觉到的声压为 2×10^{-5}Pa，这个声压被称为“听阈”；人耳难以忍受的声压为 20Pa，这个声压被称为“痛阈”。两者的比值为 $1:10^6$，即“痛阈”声压是“听阈”声压的 100 万倍。很显然，用声压来表示声音的轻重响应太不方便了。同时，人耳对声音的感受不是与声压的绝对值呈线性关系，而是与它的对数值近似成正比。因此，将两个声压之比用对数的标度来表示声压的大小，即可把声压相差 100 万倍的巨大数字变得易于描述，而且也与人耳对声音的感受相符合，于是就引入了“级”的概念。

（1）声压级 L_p

某一声音的声压级定义是：该声音的声压 P 与参考声压 P_0 之比的对数再乘以 20，记作 L_p，单位是分贝（dB），表达式为：

$$L_p=20\lg\frac{P}{P_0}\ (\text{dB}) \tag{7-6}$$

式中　P_0——参考声压，取 2×10^{-5}Pa。

这样，将“听阈”声压 2×10^{-5}Pa 代入式（7-6），就可以计算出相应的声压级为 0dB。同理，将“痛阈”声压 20Pa 代入式（7-6），可以计算出相应的声压级为 120dB。由此可以看到，从“听阈”声压到“痛阈”声压由原来的 100 万倍的巨大变化范围就转换为 0~120dB 的微小变化范围了，从而给表示声压的大小带来了很大的方便。

只要人们测量出某一声源在某一地点的声压，利用式（7-6）就可以很方便地计算出相对应的声压级来。一些噪声源或噪声环境声的声压级如表 7-4 所示。

一些噪声源或噪声环境的声压和声压级　　表 7-4

噪声源或噪声环境	声压 /Pa	声压级 /dB
喷气式飞机附近	200	140
大型球磨机附近	20	120
织布车间	2	100
公共汽车间	0.2	80
繁华街道	0.062	70
普通谈话	0.02	60
安静房间	0.006 3	50
轻声耳语	0.000 62	30
农村静夜	0.000 063	10
听阈	0.000 02	0

（2）声强级 L_I

与声压一样，声强也可以用“级”来表示。一个声音的声强级是这个声音的声强 I 与基准声强 I_0 之比的对数再乘以 10，记作 L_I，单位是分贝（dB），表达式为：

$$L_I=10\lg\frac{I}{I_0}\ (\text{dB}) \tag{7-7}$$

式中　I_0——基准声强，取 10^{-12}W/m^2。

I_0 相当于声音频率为 1000Hz 时人耳能听到最弱声音的强度。

（3）声功率级 L_W

一个声源的声功率用“级”表示时称为声功率级。一个声音的声功率级是这个声音的声功率与基准声功率之比的对数再乘以 10，记作 L_W，单位是分贝（dB），表达式为：

$$L_W=10\lg\frac{W}{W_0}\ (\text{dB}) \tag{7-8}$$

式中　W_0——参考声功率，取 10^{-12}W。

上述声压级、声强级和声功率级，其单位都为分贝（dB）。dB 是一个相对单位，它没有量纲，其物理意义是表示一个量超过另一个量（基准量）的程度。dB 并非声学上的专用单位，其他专业也有应用。它本来源于电信工程，用两个功率的比值取对数以表示放大器的增益信噪比等，得出的单位叫贝尔。由于贝尔太大，为了使用方便，便采用贝尔的 1/10 做单位，称为分贝（dB）。声压级、声强级和声功率级，分别是以人耳对 1000Hz 纯音的听阈声压、听阈声强和听阈声功率为基准值的相对比较数量级。在声学中，dB 是计量声音强弱的最常用的单位。

（4）声级的叠加

在实际当中，经常会遇到这样的问题，在一个接收点同时有两个以上噪声传来。假定两个噪声的声级（声压级、声强级、声功率级）均为 80dB，那么，其总声级不能等于两个 80dB 之和。这是因为声级是一个相对比较的“数量级”，是不能线性叠加的。

声级的叠加一般方法是：先将声级转换为声能密度后再线性叠加，其后由总声能密度求出总声级，即总声强级 L_z 为：

$$L_z=10\lg\frac{\sum_{i=1}^{n}I_i}{I_0}\ (\mathrm{dB}) \tag{7-9}$$

因此，当对 $I_1=I_2=\cdots\cdots=I_n$ 的 n 个相同的声音进行叠加时，其总声级为：

$$L_z=10\lg\frac{nI_1}{I_0}=10\lg\frac{I_1}{I_0}+10\lg n=L_1+10\lg n\ (\mathrm{dB}) \tag{7-10}$$

如果 n=10，则 10lg$n$=10dB；如果 n=2，则 10lg$n$=3dB。也就是说，10 个相同的声级叠加，总声级仅比原声级增加 10dB；两个相同的声级叠加，仅比原声级增加 3dB。

声压级的叠加也可以用表 7-5 来进行。由两个声压级的差（$L_{p1}-L_{p2}$）从表中求得对应的附加值，然后加到较高那个声压级上，即可求出两者的总声压级。当数个声压级进行叠加时，可按从大到小的顺序，反复运用这个方法逐次进行。如果两个声压级差超过 15dB，则附加值可以忽略不计。

声压级的差值与增值的关系 表 7-5

$L_{P1}-L_{P2}$	0	0.1	0.2	0.3	0.4	0.5	0.6	0.7	0.8	0.9
0	3.0	3.0	2.9	2.8	2.8	2.8	2.7	2.7	2.6	2.6
1	2.5	2.5	2.5	2.4	2.4	2.3	2.3	2.3	2.2	2.2
2	2.1	2.1	2.1	2.0	2.0	1.9	1.9	1.9	1.8	1.8
3	1.8	1.7	1.7	1.7	1.6	1.6	1.6	1.5	1.5	1.5
4	1.5	1.4	1.4	1.4	1.4	1.3	1.3	1.3	1.2	1.2
5	1.2	1.2	1.2	1.1	1.1	1.1	1.1	1.0	1.0	1.0
6	1.0	1.0	0.9	0.9	0.9	0.9	0.9	0.8	0.8	0.8
7	0.8	0.8	0.8	0.7	0.7	0.7	0.7	0.7	0.7	0.7
8	0.6	0.6	0.6	0.6	0.6	0.6	0.6	0.6	0.5	0.5
9	0.5	0.5	0.5	0.5	0.5	0.5	0.5	0.4	0.4	0.4
10	0.4	—	—	—	—	—	—	—	—	—
11	0.3	—	—	—	—	—	—	—	—	—
12	0.3	—	—	—	—	—	—	—	—	—
13	0.2	—	—	—	—	—	—	—	—	—
14	0.2	—	—	—	—	—	—	—	—	—
15	0.1	—	—	—	—	—	—	—	—	—

7.1.3 噪声评价

噪声评价是对各种环境下的噪声做出其对接收者影响的评价，并用可测量、可计算的评价指标来表示影响的程度。噪声评价涉及的因素很多，它既与噪声的强度、频谱、持续时间、随时间的起伏变化和出现时间等特性有关，也与人们生活或工作的性质内容和环境条件有关；同时与人耳的听觉特性和人对噪声的生理和心理反应有关；以及与测量条件和方法、标准化和通用性的考虑等因素有关。早在 20 世纪 30 年代，人们就开始了噪声评价的研究，且自此之后先后提出了上百种评价方法，被国际上广泛采用的就有二十几种。下面介绍最常用的几种噪声评价方法及其评价指标。

1. A 声级 L_A（或 L_{PA}）

A 声级是目前全世界噪声评价中使用最广泛的评价方法，几乎所有的环境噪声标准均用 A 声级作为基本评价量。它是由声级计上的 A 计权网络直接读出，用 L_A（或 L_{PA}）表示，单位是 dB（A）。A 声级考虑了人耳对不同频率声音响度的主观感受，而给以不同程度的衰减或补偿。长期实践和广泛调查证明，不论噪声强度是高是低，A 声级皆能较好地反映人的主观感觉，即 A 声级越高，受众觉得越吵。此外，A 声级同噪声对人耳听力的损害程度也能较好对应。不同倍频带中心频率对应的 A 计权网络修正值可由表 7-6 查出。

倍频带中心频率对应的 A 响应特性（修正值） 表 7-6

倍频带中心频率，/Hz	A 响应（对应 1000Hz），/dB	倍频带中心频率，/Hz	A 响应（对应 1000Hz），/dB
31.5	−39.4	1000	0
63	−26.2	2000	+1.2
125	−16.1	4000	+1.0
250	−8.6	8000	−1.1
500	−3.2	—	—

对于稳态噪声，可以直接测量 A 声级 L_A 来评价。

2. 等效连续 A 声级（简称“等效声级”）L_{eq}（或 L_{Aeq}）

对于声级随时间变化的起伏噪声，其 L_A 值是变化的，故不能直接用一个 L_A 值来表示。因此，人们提出了等效声级的评价方法，也就是在一段时间内能量平均的方法：

$$L_{eq}=10\lg[\frac{1}{t_2-t_1}\int_{t_1}^{t_2}10^{L_A(t)/10}dt]\text{dB(A)} \qquad (7-11)$$

式中　$L_A(t)$——随时间变化的 A 声级。

等效声级的概念相当于用一个稳定的连续噪声，其 A 声级值为 L_{eq} 来等效起伏噪声，两者在观察时间内具有的能量相同。

实际测量时，多半是间隔读数，即离散采样的。在读数时间间隔相等时，上式可改写为：

$$L_{eq}=10\lg\left[\frac{1}{N}\sum_{i=1}^{N}10^{L_A(t)/10}\right]\text{dB(A)} \qquad (7-12)$$

建立在能量平均概念上的等效连续 A 声级，被广泛应用于各种环境噪声的评价。但等效连续 A 声级对偶发的短时高声级噪声的出现不敏感。例如，在寂静的夜间有为数不多的高速卡车驰过，尽管在卡车驶过的短时间内声级很高，并对路旁住宅内居民的睡眠造成了很大干扰，但对整个夜间噪声能量平均得出的 L_{eq} 值却影响不大。

3. 昼夜等效声级 L_{dn}

一般噪声在晚上比白天更容易引起人们的烦恼。根据研究结果表明，夜间噪声对人的干扰约比白天大 10dB。因此，计算一天 24h 的等效声级时，夜间的噪声要加上 10dB 的计权补偿，这样所得的等效声级称为昼夜等效声级。其数学表达式为：

$$L_{dn}=10\lg\left[\frac{1}{24}\left(15\times10^{L_d/10}+9\times10^{(L_n+10)/10}\right)\right]\text{dB(A)} \qquad (7-13)$$

式中　L_d——白天（07 : 00—22 : 00）的等效声级，dB（A）;

L_n——夜间（22 : 00—07 : 00）的等效声级，dB（A）。

4. 累积分布声级 L_N

实际的环境噪声并不都是稳态的，例如城市交通噪声就是一种随时间起伏的随机噪声。对这类噪声的评价，除了用 L_{eq} 外，常使用统计方法。累积分布声级就是用声级出现的累积概率来表示这类噪声的大小。累积分布声级 L_N 表示测量时间内百分之 N 的噪声所超过的声级。例如 L_{10}=70dB，表示测量时间内有 10% 的时间，噪声超过了 70dB，而其他 90% 时间的噪声级低于 70dB。换句话说，就是高于 70dB 的噪声占 10%，低于 70dB 的声级占 90%。通常，在噪声评价中多用 L_{10}、L_{50}、L_{90}。L_{10} 表示起伏噪声的峰值，L_{50} 表示起伏噪声的中值，L_{90} 表示背景噪声。英、美等国以 L_{10} 作为交通噪声的评价指标，而日本采用 L_{50}，我国目前使用 L_{eq}。

当随机噪声的声级满足正态分布条件时，等效声级 L_{eq} 和累积分布声级

L_{10}、L_{50}、L_{90} 有以下关系：

$$L_{eq}=L_{50}+\frac{(L_{10}-L_{90})^2}{60}\ \text{dB(A)} \tag{7-14}$$

5. 噪声冲击指数 *NII*

考虑到一个区域或一个城市由于噪声分布不同，受影响的人口密度不同，故用噪声冲击指数 *NII* 来评价城市环境噪声影响的范围是比较合适的。其表示式为：

$$NII=\sum W_i P_i/\sum P_i \tag{7-15}$$

式中 $\sum W_i P_i$——总计权人口数；

W_i——某干扰声级的计权因子；

P_i——某干扰声级环境中的人口数；

$\sum P_i$——区域总人口数。

W_i 与昼夜等效声级 L_{dn} 有关，对应关系如表 7-7 所示。理想的噪声环境是 $NII < 0.1$。

L_{dn} 与 W_i 的关系 表 7-7

L_{dn}/dB	W_i	L_{dn}/dB	W_i
30~40	0.01	66~70	0.54
41~45	0.02	71~75	0.83
46~50	0.05	76~80	1.20
51~55	0.07	81~85	1.70
56~60	0.18	86~90	2.31
61~65	0.32	90 以上	2.80

6. 噪声评价曲线 *NR* 和噪声评价数 *N*

噪声评价曲线（*NR* 曲线）是国际标准化组织 ISO 规定的一组评价曲线，

***a*、*b* 数值表** 表 7-8

倍频带中心频率 /Hz	*a*/dB	*b*/dB
63	35.5	0.790
125	22.0	0.870
250	12.0	0.930
500	4.8	0.974
1000	0.0	1.000
2000	−3.5	1.015
4000	−6.1	1.025
8000	−8.0	1.030

如图 7-4 所示。

图 7-4 中每一条曲线用一个 N（或 NR）值表示，确定了 31.5~8000Hz 共 9 个倍频带声压级。也可以通过式（7-16）近似计算对应于 N 值的各个倍频带的声压级 L_p。

$$L_p=a+bN\ (\text{dB}) \tag{7-16}$$

式中　a 和 b 为常数，其数据如表 7-8 所示。

用 NR 曲线作为噪声允许标准的评价指标时，一旦确定了某条 NR 曲线作为限值曲线，就要求现场实测噪声的各个倍频带声压级均不得超过该曲线所规定的声压级值。例如，剧场的噪声限值定为 $NR25$，那么如图 7-4 所示，在空场条件下测量背景噪声（空调噪声、设备噪声、室外噪声的传入等），63Hz、125Hz、250Hz、500Hz、1000Hz、2000Hz、4000Hz 和 8000Hz 共 8 个倍频带声压级分别不得超过 55dB、43dB、35dB、29dB、25dB、21dB、19dB 和 18dB。实测了一个噪声的各个倍频带声压级值，用式（7-16）反算各自对应的 N 值，则取最大的一个 N 值（取为整数）作为该噪声的噪声评价数 N。也可以把实测的噪声倍频带谱曲线画到 NR 曲线图（图 7-4）上，取与噪声频谱曲线最接近的、N 值最大的一条曲线的 N 值作为该噪声的噪声评价数 N。和 NR 曲线相似的还有 NC 曲线，其评价方法相同，但曲线走向略有不同。NC 曲线及后来对其作了修改的 PNC 曲线更适用于评价室内噪声对语言的干扰和噪声引起的烦恼。NR 曲线是在 NC 曲线基础上综合考虑听力损失、语言干扰和烦恼等三个方面的噪声影响而提出的。

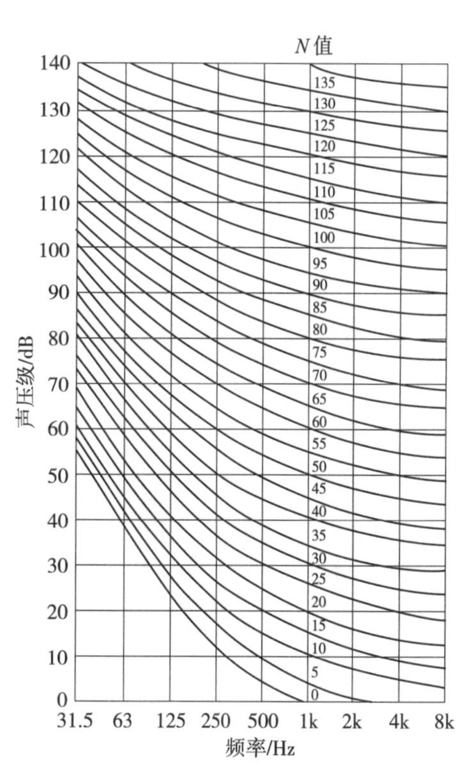

图 7-4　噪声评价曲线

（图片来源：刘加平，等. 城市环境物理 [M]. 北京：中国建筑工业出版社，2011.）

除了上述介绍的较为普遍使用的评价方法和评价指标外，常用的噪声评价指标还有交通噪声指数 TNI、噪声污染级 NPL、语言干扰级 SIL 等。在此就不再一一详述了。

近年来，得益于计算机技术和空间信息技术的快速发展，城市声环境的研究方法有了长足进展，研究热点也从单一维度进一步向多元维度扩展。

7.2.1 研究热点

以科学网络引文数据库（CNKI/WOS）为数据源，对城市声环境研究现状进行分析，梳理1993—2023年国内外有关城市声环境的研究热点和发展趋势。根据关键词出现频次和中心性总结城市声环境的研究内容、研究方向及研究方法，大致可将城市声环境分为主客观评价和驱动机理研究两方面，如表7-9所示。其中，主客观评价包含概念定义和方法数据两方面，关键词主要有噪声污染、声景、噪声级、等效声级、噪声冲击指数、声舒适度、噪声污染防治、主观评价、噪声监测、大数据、免疫遗传算法、3S技术、噪声地图等；驱动机理包含来源变化、空间变化、城市规划技术等，其中来源变化的关键词主要有交通噪声、区域环境噪声、轨道交通、低噪声路面、工业噪声、商业经营活动等，空间变化的关键词主要有城市公园、人居环境、居住区、城市广场、公共开放空间等，城市规划技术的关键词主要有声环境质量、声景观、噪声控制、声环境功能区、防治对策、空间形态等。可见，城市声环境研究主要以城市作为中心，围绕着声环境对城市的影响展开。

CNKI/WOS 关键词一览表　　表7-9

分类		CNKI				WOS			
		关键词	频次	中心性	年份	关键词	频次	中心性	年份
主客观评价	概念定义	噪声污染	19	0.07	1996	Noise	57	0.05	2014
		声景	17	0.07	2012	Exposure	49	0.03	2014
		噪声级	3	0.02	1994	Annoyance	47	0.02	2010
		等效声级	2	0.00	2003	Noise Pollution	17	0.03	2014
		噪声冲击指数	1	0.00	1997	Acoustic Comfort	11	0.06	2011
		声舒适度	2	0.00	2014	Acoustic Index	9	0.02	2021
	方法数据	噪声污染防治	12	0.14	1995	Model	52	0.07	2011
		主观评价	6	0.05	2008	Perception	49	0.01	2016
		噪声监测	5	0.03	1996	Performance	25	0.05	2012
		大数据	2	0.00	2020	Virtual Reality	20	0.04	2017
		免疫遗传算法	1	0.00	2015	Patterns	14	0.00	2020
		3S技术	1	0.00	2013	Noise Mapping	9	0.02	2011
		噪声地图	1	0.00	2023	Simulation	8	0.07	2016

续表

分类		CNKI				WOS			
		关键词	频次	中心性	年份	关键词	频次	中心性	年份
驱动机理	来源变化	交通噪声	35	0.29	2000	Road Traffic Noise	54	0.11	2010
		区域环境噪声	32	0.02	1991	Environmental Noise	52	0.04	2008
		轨道交通	7	0.03	1999	Aircraft Noise	12	0.05	2013
		低噪声路面	3	0.02	2003	Railway Noise	7	0.00	2020
		工业噪声	2	0.00	1996	Music	6	0.01	2018
		商业经营活动	2	0.00	1996	Birdsong	2	0.01	2017
	空间变化	城市公园	10	0.02	2011	Landscape	52	0.07	2012
		人居环境	4	0.03	2010	Green Space	10	0.12	2014
		居住区	4	0.00	2014	Community	7	0.04	2014
		城市广场	3	0.01	2017	Parks	7	0.00	2020
		公共开放空间	2	0.00	2002	Green Infrastructure	5	0.00	2020
	城市规划技术	声环境质量	24	0.17	2001	Urban Planning	32	0.04	2011
		声景观	15	0.02	2014	Management	23	0.07	2011
		噪声控制	11	0.05	1995	Ecosystem Services	23	0.03	2017
		声环境功能区	11	0.03	2009	Urban Soundscapes	16	0.05	2010
		防治对策	7	0.02	1999	Spaces	14	0.03	2014
		空间形态	3	0.01	2015	Urbanization	13	0.05	2014

城市声环境研究呈现出显著的阶段化特征。2010年以前，声屏障、声环境质量、噪声、城市道路交通是研究热点，2010年之后逐渐出现了城市环境噪声、预测、防治对策、居住区、评价、城市公园等研究主题，2011年之后声景问题逐渐引起了研究者的关注。近年来，相关研究逐渐关注城市声环境与城市规划的关联性规律，且更加注重量化层面的研究。

总的来看，有关声环境的研究内容主要包括以下几个方面：①城市声环境的特征与营造手段；②分析方法研究，包括噪声监测法、噪声主观评价、噪声地图等；③噪声与城市系统的互动机制，如智慧城市和空间形态等对声环境的影响、城市应对噪声适应性策略和规划管控等；④声景观营造与声舒适度评价，如城市公共空间声景观营造策略等。目前，声环境领域的研究日趋多元化、综合化，重心倾向于规划行动对于城市声环境的量化影响与相应响应机制的构建。

7.2.2 研究方法

目前，城市声环境研究手段主要有噪声监测、噪声主观评价、噪声地图等。噪声监测包括区域声环境监测、道路交通声环境监测、功能区声环境监测及分布式网络化环境噪声监测四类。噪声评价主要是指以人为主体，在不同场景条件下，通过对声元素的喜好来确定评价指标因子，进而构建评价体系的方法。噪声地图是指利用计算机软件仿真模拟与地理信息系统，以数字与图形的方式展现噪声在交通干道沿线和城市区域范围内的分布状况。

1. 噪声监测法

噪声监测法的应用与测量仪器的选用、监测空间尺度和监测目的有关。根据《声环境质量标准》GB 3096—2008，噪声测量仪器应选用精度为 2 型及以上的积分平均声级计或环境噪声自动监测仪器。全国重点环保城市及其他有条件的城市和地区宜设置环境噪声自动监测系统，进行不同声功能区监测点的连续自动监测。环境噪声测量仪器主要有手持式声级计、永久或半永久噪声监测终端、噪声自动监测系统三种。城市环境噪声监测的结果主要用于了解城市声环境质量整体状况，分析噪声污染的现状及变化趋势，并为噪声污染的规划管理和综合治理提供基础数据。其中，区域声环境监测用于评价整个城市环境噪声总体水平；道路交通声环境监测反映道路交通噪声源的噪声强度；功能区声环境监测用于评价声环境功能区监测点位的昼间和夜间达标情况；分布式网络化环境噪声监测是为了适应城市环境噪声的大范围多点综合监测，并结合计算机技术和通信技术发展起来的一种新型监测方法。

2. 噪声主观评价

噪声主观评价与声学、生理学、社会学、心理学和统计学有关，主要包括物理、社会、心理和经济因素。主观评价实验是定量评价噪声烦恼感的基本手段，其中参考评分法是常用方法之一。一般会在全体待评价声样本中选取感知特性适中的待评价样本作为参考声样本，因而被称为待测样本法。在评价过程中，如果参考样本与待评价样本类型相同，可比性强，则被试评分一致性高，可得到准确的评价值。但不同实验中选取的参考样本往往不同，故使得实验结果之间不具可比性。为此，Nilsson 提出将每个实验声样本的烦恼度表示为粉红噪声等效声级，即用具有相同烦恼程度的粉色噪声声级来表征实验声样本的烦恼度，从而使不同实验样本组的烦恼感结果可进行组间比较，但该方法不能直接显示噪声样本的烦恼度。陈兴旺、翟国庆等针对不同实验样本组主观评价数据的修正和校准进行了研究，在实验样本组中添加若干粉红噪声作为参考样本，并借鉴Master Scaling法对噪声感知烦恼等级的评分结果进行组内校准，使不同实验样本组间感知烦恼度的可比性得到了明显提升。

3. 噪声地图

噪声地图技术主要应用了计算机软件的仿真模拟与地理信息系统两项技术，选定一种特定的噪声指标，将噪声数据在地图上进行可视化表达，故而可以形象地呈现噪声的分布情况。按照绘制方法，噪声地图可以分为实测噪声地图、计算机型噪声地图和实测—计算机型噪声地图。其中，计算机的仿真模拟软件主要有Cadan/A、NoiseSystem、Soundplan等。噪声地图主要用于城市环境噪声的监测、评估与管理，为制定针对性的防治噪声污染技术措施提供可靠依据，方便公众了解周边的声环境，提高公众的声环境保护意识和生态环保参与度。《欧盟环境噪声评估与管理指令》中要求所有欧盟成员国发布噪声地图并每5年更新一次，各城市将噪声纳入城市规划建设和综合治理；要考虑整体声环境并对特定类型的声景进行保留；每个城市需确定并保护安静区域。Piotr Mioduszewski比较了噪声地图与实际监测两种不同的噪声评估方法，验证了噪声地图的有效性，并讨论了季节与工作日对噪声指标的影响。Dae Seung Cho提出了一种快速生成噪声地图的系统，其由声级计、GPS接收器、数据库及相应程序组成，并能够保存为DXF或SHP格式文件以用于后续的进一步开发应用。Enda Murphy尝试利用移动智能手机终端上的声级计APP，将其数据用于传统战略意义上的噪声地图绘制过程，并认为这将大大简化噪声预测环节中的模型计算工作。付乐宜采用基于交通噪声模型与GPS交通轨迹数据，以具有高度变化和颜色深浅变化的方柱表达噪声随距离衰减变化的特征，并实现Web端的三维噪声地图可视化。黄宝香以青岛市南区的环境噪声问题为背景展开了城市噪声监测数据的研究，其中主要应用VR-GIS来建立模型并实现数据可视化，深入分析了VR-GIS在噪声方面的用途。蔡铭利用地理信息系统和开放图形库（Open Graphics Library，Open GL）建立3D道路交通噪声计算模型，实现噪声计算要素的可视化交互编辑与3D噪声分布结果的图形渲染绘制。

7.3.1 噪声的危害

城市环境噪声污染的危害是多方面的，包括使人听力衰退，引起各种疾病；影响人们正常的工作和生活，降低劳动生产率；特别强烈的噪声还能损害建筑物，以及影响影像仪器设备的正常运行。

1. 干扰睡眠和休息

睡眠是人消除疲劳、恢复体力和维持健康的一个重要条件。噪声会影响人的睡眠质量和数量，导致睡眠不足而引起失眠、耳鸣、多梦、疲劳无力、记忆力衰退、神经衰弱等症状，老年人和病人更是如此。在长期高噪声环境下，上述症状的发病率可达到 60% 以上。

2. 损伤听力

噪声可以对人造成暂时性或持久性的听力损伤。一般来说，85dB 以下的噪声不至于危害听觉，而超过 85dB 则可能发生危险。还有一种爆震性耳聋，即当人耳突然受到 140~150dB 以上的极强烈噪声作用时，可使人耳受到急性外伤，一次作用就可使人耳聋。

3. 干扰工作和学习

对于正在学习和思考的人来说，噪声非常容易导致其产生心烦与不安的情绪，从而造成劳而无获。对于正在工作的人，噪声可使人精力分散，注意力不集中，出现心烦、精神疲劳、反应迟钝、工作效率降低的现象。有人对打字、排字、速记、校对等工种进行过调查，发现随着环境噪声的增加，工作差错率逐步上升。相反，当某一电话交换台的噪声从 50dB 降低到 30dB 时，差错率可减少 42%。此外，噪声还会造成建筑物损伤、影响儿童和动物的生长发育等。据相关报告，20 世纪 50 年代一架以 1100km/h 速度飞行的飞机，在 60m 的高度低空飞行时，曾使地面的一幢楼房被破坏。

7.3.2 噪声允许标准和法规

噪声的危害已如上述。对于生产环境中的噪声允许到什么程度，即噪声需要降低到什么程度，这就涉及噪声允许标准的问题。确定噪声允许标准，应根据不同场合的使用要求和经济与技术上的可能性，进行全面、综合的考虑。

噪声允许标准通常有由行政主管部门颁布的国家标准和地方性标准，若有其尚未覆盖的场所，可以参考国内外有关的专业性资料。

根据国家标准《声环境质量标准》GB 3096—2008，按区域的使用功能特点和环境质量要求，将声环境功能区分为五种类型并规定了环境噪声的最高限值（表 7-10）。标准条文中还规定了各类声环境功能区夜间突发噪声时，其最大声级超过环境噪声限值的幅度不得高于 15dB（A）。

无规矩不成方圆，这句话同样适用于城市噪声污染。只有有效落实环境保护法律法规，才可以更全面地实施相应的噪声污染控制工作。我国噪声控制的相关标准与规范，如表 7-11 所示。

环境噪声限值　　单位：dB（A）　　表 7-10

<table>
<tr><th colspan="3">声环境功能区</th><th colspan="2">时段</th></tr>
<tr><th colspan="2">类别</th><th>范围</th><th>昼间</th><th>夜间</th></tr>
<tr><td colspan="2">0 类</td><td>以康复疗养区为主要功能</td><td>50</td><td>40</td></tr>
<tr><td colspan="2">1 类</td><td>以居民住宅、医疗卫生、文化教育、科研设计、行政办公为主要功能</td><td>55</td><td>45</td></tr>
<tr><td colspan="2">2 类</td><td>以商业金融、集市贸易为主要功能或居住、商业、工业混杂</td><td>60</td><td>50</td></tr>
<tr><td colspan="2">3 类</td><td>以工业生产、仓储物流为主要功能</td><td>65</td><td>55</td></tr>
<tr><td rowspan="2">4 类</td><td>4a 类</td><td>高速公路、一级公路、二级公路、城市快速路、城市主干路、城市次干路、城市轨道交通（地面段）、内河航道两侧区域</td><td>70</td><td>55</td></tr>
<tr><td>4b 类</td><td>铁路干线两侧区域</td><td>70</td><td>60</td></tr>
</table>

注：表中 4b 类声环境功能区类别环境噪声限值，适用于 2011 年 1 月 1 日起环境影响评价文件通过审批的新建铁路（含新开廊道的增建铁路）干线建设项目两侧区域。

噪声相关标准与规范　　表 7-11

<table>
<tr><th>名称</th><th colspan="2">主要内容</th></tr>
<tr><td>《机场周围飞机噪声环境标准》
GB 9660—1988</td><td colspan="2">由当地人民政府划定两类区域，其噪声限值分别为 70dB（一类）、75dB（二类）</td></tr>
<tr><td>《铁路边界噪声限值及其测量方法》
GB 12525—1990
（2008 年修改方案）</td><td colspan="2">既有铁路边界昼间与夜间的噪声限值均为 70dB（A）；新建铁路边界昼间与夜间的噪声限值分别为 70dB（A）、60dB（A）</td></tr>
<tr><td>《工业企业厂界环境噪声排放标准》
GB 12348—2008</td><td colspan="2">厂界外声环境功能区分为 0 类至 4 类 5 种，0 类昼间低于 50dB（A）、夜间低于 40dB（A）；1 类昼间低于 55dB（A）、夜间低于 45dB（A）；2 类昼间低于 60dB（A）、夜间低于 50dB（A）；3 类昼间低于 65dB（A）、夜间低于 55dB（A）；4 类昼间低于 70dB（A）、夜间低于 55dB（A）</td></tr>
<tr><td>《建筑施工场界环境噪声排放标准》
GB 12523—2011</td><td colspan="2">建筑施工场界的昼间和夜间排放限值分别为 70dB（A）、55dB（A）</td></tr>
<tr><td>《工业企业噪声控制设计规范》
GB/T 50087—2013</td><td colspan="2">明确了各类工作场所噪声限值，如生产车间噪声限值为 85dB（A）；车间内值班室、观察室、休息室、办公室、精密加工车间等噪声限值为 70dB（A）；主控室、消防值班室等噪声限值为 60dB（A）；医务室、教室、值班宿舍室内背景噪声限值为 55dB（A）</td></tr>
<tr><td rowspan="2">《建筑环境通用规范》
GB 55016—2021</td><td>建筑物外部噪声源传播至室内的噪声限值</td><td>使用功能为阅读、自习、思考的噪声限值为 35dB（A）；使用功能为教学、医疗、办公、会议、日常生活的噪声限值为 40dB（A）；使用功能为睡眠的昼间与夜间的噪声限值分别为 40dB（A）、30dB（A）</td></tr>
<tr><td>建筑物内部建筑设备传播至室内的噪声限值</td><td>使用功能为阅读、自习、思考、日常生活的噪声限值为 40dB（A）；使用功能为教学、医疗、办公、会议的噪声限值为 45dB(A)；使用功能为睡眠的噪声限值为 33dB(A)</td></tr>
<tr><td>《社会生活环境噪声排放标准》
GB 22337—2008</td><td colspan="2">边界外声环境功能区类别为 0、1、2、3、4 五类，其昼间噪声排放限值依次为 50dB（A）、55dB（A）、60dB（A）、65dB（A）、70dB（A）；夜间噪声排放限值依次为 40dB（A）、45dB（A）、50dB（A）、55dB（A）、55dB（A）</td></tr>
</table>

续表

名称	主要内容	
《民用建筑隔声设计规范（征求意见稿）》（2019 年发布）	学校建筑	语言教室、阅览室低限标准为 40dB（A）；普通教室、实验室、计算机教室、音乐教室、琴房低限标准为 45dB（A）；舞蹈教室低限标准为 50dB（A）
	医院建筑	诊室、手术室、分娩室低限标准为 45dB（A）；化验室、分析实验室低限标准为 40dB（A）；入口大厅、候诊厅低限标准为 55dB（A）；病房、医护人员休息室、各类重症监护室的昼间与夜间低限标准分别为 45dB（A）、35dB（A）
	旅馆建筑	多用途厅、餐厅、宴会厅、游泳池、健身会所低限标准为 45dB（A）；办公室、会议室低限标准为 40dB（A）；客房的昼间与夜间低限标准分别为 40dB（A）、35dB（A）
	办公建筑	单人办公室、远程会议室的低限标准为 40dB（A）；多人办公室、普通会议室的低限标准为 45dB（A）
	商业建筑	商场、商店、购物中心、会展中心、餐厅的低限标准为 55dB（A）；员工休息室的低限标准为 45dB（A）；走廊的低限标准为 60dB（A）

我国于 1996 年 10 月通过了《中华人民共和国环境噪声污染防治法》，首次将环境噪声污染防治以国家法律的形式加以明确，使我国的环境噪声污染的防治工作有法可依；2022 年 6 月施行《中华人民共和国噪声污染防治法》，同时废止《中华人民共和国环境噪声污染防治法》。

7.4.1 噪声的传播特性

声波是机械波的一种，具有波传播的共性，下面将声波中与本书有关的一些特性作简单介绍。

1. 声波的反射、折射和衍射

当声波在前进过程中，遇到障碍物时就会发生反射。如果障碍物是一个平面且尺寸远大于声波波长，则入射到该平面上的声波中的一部分就会像光线照到平面镜上一样被反射回来，其入射角等于反射角。

声波不仅遇到固体会产生反射，而且遇到液体也会反射，即使是遇到含有大量蒸汽的乌云也会发生反射。在管道中传播的声音由于管道截面积的突变或出现折弯，也会使部分声音反射回来。总之，声波从一种介质传至另一种介质的分界面时，由于两种介质的物理特性（弹性、密度等）不同，或是同一介质传播条件不同（面积突变等），一部分声能被反射回去，另一部分则传入另一介质，且两种介质的性质差别越大，或管道截面积突变越大，反射声越强。

声波在传播中遇到不同介质的表面时，还会发生折射现象。在同一介质中，如果存在声速梯度，也会出现折射。例如，在有太阳辐射的白天，地面温度较高，因而声速大，且声速随离地面高度的增加而降低。由于在空气中存在这种声速的梯度，所以声波在大气中会产生折射现象，使声波的传播方向向上弯曲。反之，晚上声速比空中的声速小，声速随高度的增加而增加。在晚上由于折射的缘故，声波的传播方向向下弯曲，这就是为什么晚上在地面上的声音要比在白天传播得更远一些的道理。此外，当大气中各点的风速不同时，声传播方向也会发生变化。当声波顺风传播时，声波传播方向向下弯曲；当声波逆风传播时，其传播方向向上弯曲并产生声影区，这就是为什么逆风中难以听清声音的缘故。

声波传播中遇到小的障碍物或孔隙时，传播方向发生变化而绕过障碍的现象，称为衍射。由于声波具有衍射的本领，所以室内开窗比不开窗更能听到邻室的谈话；墙壁上存在缝隙或孔洞时，隔声性能就会大大下降。

2. 声波的衰减

声波在实际介质中传播时，由于扩散、吸收、散射等原因，会随着离开声源距离的不断增加而逐渐减弱。这种减弱与传播距离、声波频率等因素有关。

（1）随传播距离的增加而衰减

点声源的声波传播过程中，由于波阵面的面积随着传播距离的增加而不断扩大，声波的能量由分布在较小的面积上逐渐扩展分布到更大的面积上，从而使声源的能量密度逐渐减小。这种由于波阵面扩展而引起的声强减弱的现象称为传播衰减。

对于向四周辐射声音的声源，通常可当作点声源来处理，例如工厂的排气放空噪声、田野里的拖拉机噪声、车间里单台机床噪声等。当接收声音的地方到噪声源的距离远大于噪声源本身的大小时，这种噪声源就可以当作点声源。点声源是以球面波的形式向外辐射噪声，若距离这种点声源 r_1 米处的声级为 L_1，那么距离声源 r_2 米处的声级 L_2 的表达式为：

$$L_2=L_1-20\lg\frac{r_2}{r_1}\text{（dB）} \tag{7-17}$$

由式（7-17）可以计算出，传播距离每增加一倍，声级减小6dB。例如，假设距离机器 1m 处的声级为 105dB，那么声级在 2m 处就变成 99dB，4m 处就变成 93dB，10m 处就变成 85dB。

火车噪声、公路上机动车辆噪声、输送管道的辐射噪声等，都可以看作是由许多声源组成的线声源以柱面波形式向外辐射噪声。若距离这种线声源 r_1 米处的声级为 L_1，则距离声源 r_2 米处的声级 L_2 的表达式为：

$$L_2=L_1-10\lg\frac{r_2}{r_1}\text{（dB）} \tag{7-18}$$

由式（7-18）可以推知，传播距离每增加一倍，声级减小 3dB。例如，距离交通干线 5m 处的声级为 90dB，则 10m 处的声级为 87dB，20m 处的声级为 84dB，40m 处为 81dB。所以，交通干线两旁的噪声污染是相当严重的。

利用声波随距离增大而衰减以达到控制噪声的目的是规划与设计中常用的方法。

（2）大气吸收衰减

声波在大气中传播时，由于空气的黏滞性和热传导，使得部分声能变为热能而消耗掉；声波通过时又能引起气体分子的碰撞，导致能量交换，从而消耗声能。经研究，这种声能的消耗与声波的频率有关，且频率愈高，消耗愈大。另外，声能的消耗与空气温度、湿度、压力等因素也有关系。具体的声波衰减如表 7-12 所示，表中的数值是每传播 100m，声压衰减的分贝数。从表 7-12 可知，高频声比低频衰减得快。对于气温为 20℃，湿度为 50% 的 4000Hz 高频声，每传播 100m，由于大气吸收而造成声级的衰减量为 2.65dB；而对于 500Hz 的低频声（如电锯声等）其衰减量只有 0.18dB。

空气吸收引起的声波衰减（dB/100m）　　表 7-12

频率 /Hz	温度 /℃	相对湿度 /%			
		30	50	70	90
500	0	0.28	0.19	0.17	0.16
	20	0.21	0.18	0.16	0.14
1000	0	0.96	0.55	0.42	0.38
	20	0.51	0.42	0.38	0.34
2000	0	3.23	1.89	1.32	1.03
	20	1.29	1.04	0.92	0.84
4000	0	7.70	6.34	4.45	3.43
	20	4.12	2.65	2.31	2.14
8000	0	10.54	11.34	8.90	6.84
	20	8.27	4.67	3.97	3.63

（3）地面吸收的附加衰减

地面吸收对噪声的附加衰减量取决于地表性质、植被类型等。对于灌木丛和草地，衰减量可用式（7-19）估算。

$$\Delta L=(0.18\lg f-0.31)r \qquad (7-19)$$

式中　f——噪声的频率；

r——噪声在草地或灌木丛上传播的距离（m）。

对于道路交通噪声，由于公路两侧地表情况比较复杂，一般用经验公式（7-20）估算其地表附加衰减量。

$$\Delta L=\alpha \cdot 10\lg r \quad (7-20)$$

式中　r——噪声传播的距离（m）；

α——与地面覆盖物有关的衰减因子。接收点距地面 1.2m 时，α 可取 0.5~0.7；接收点距地面高度增加时，α 值随高度减小。

7.4.2　控制噪声的途径

如前所述，噪声对人的健康和正常生活、工作都具有严重危害影响。人类在生产生活和科学实验中，逐步认识了噪声的本质和它的各种特性，并创造出不少控制噪声的措施和方法。声系统有声源、传播途径和接收器三个环节，故在确定噪声的控制措施时，也应从这三个环节考虑，即根治声源噪声、在噪声传播途径上采取控制措施和在噪声接收点进行防护。

1. 根治声源噪声

从声源上根治噪声，是一种最积极、最彻底的措施，也称为主动式噪声控制。所谓从声源上降低噪声，就是将发声大的设备改造成发声小或者不发声的设备，可以从提高加工精度和提高设备装配质量等方面来实现。目前，对声源噪声的控制主要有两条途径：一是改进结构，提高其中关键部件的加工质量、精度及装配的质量，采用合理的操作方法等，以降低声源的噪声发射功率；二是利用声的吸收、反射、干涉等特性，采用吸声、隔声、减振等技术措施，以及安装消声器等方法，以控制声源的噪声辐射。

采取的噪声控制方法不同，所得到的降噪效果也不相同。例如，机械传动装置中，用弹性轴套的齿轮代替普通齿轮，可降低噪声 15~20dB；把铆接改为焊接、把锻打改为摩擦压力加工等，可降低噪声 30~40dB；采用吸声处理可降低噪声 6~10dB；采用隔声罩可降低噪声 15~30dB；采用消声器可降低噪声 15~40dB。几种常见的噪声源控制措施及其降噪效果，如表 7-13 所示。

噪声源控制措施及其降噪效果　　表 7-13

声源	控制措施	降噪效果 /dB
敲打、撞击	加弹性垫等	10~20
机械转动部件动态不平衡	进行平衡调整	10~20
整机振动	加隔振机座（弹性耦合）	10~25
机械部件振动	使用阻尼材料	3~10
机壳振动	包裹、安装隔声罩	3~30
管道振动	包裹、使用阻尼材料	3~20
电机	安装隔声罩	10~20

续表

声源	控制措施	降噪效果 /dB
烧嘴	安装消声器	10~30
进气、排气	安装消声器	10~30
炉膛、风道共振	用隔板	10~20
摩擦	用润滑剂、提高光洁度	5~10
齿轮咬合	隔声罩	10~20

2. 在传声途径中的控制

如果由于条件的限制，从声源上降低噪声难以实现时，例如机器造好不能弃之不用，或是从技术上或经济上考虑，暂时还不能实现从声源上把噪声降下来，这时就需要在噪声传播途径上采取措施加以控制。在噪声传播途径上所采取的防噪措施主要有以下方面。

（1）实行“闹静分开”的设计原则：声在传播中的能量是随着距离的增加而衰减的，因此通过“闹静分开”的设计，使噪声源远离安静的地方，缩小噪声的干扰范围，从而达到一定的降噪效果。

（2）控制噪声的传播方向：声的辐射一般有指向性，处在与声源距离相等而方向不同的地方，接收到的声音强度也就不同。低频噪声的指向性很差，但随着频率的提高，指向性明显增强。因此，控制噪声的传播方向（包括改变声源的发射方向）是降低高频噪声的有效措施。

（3）阻挡噪声的传播：具体方法包括建立隔声屏障或利用自然地形，如丘陵、土坡、沟堑、森林及城市绿化或已有建筑物来阻挡噪声的传播，降低噪声的影响程度；利用吸声材料或吸声结构，将传播中的声能吸收消耗；在城市建设中，采用合理的城市防噪规划。

在传播途径中降低噪声是被动式噪声控制方法，但从目前的社会经济条件来看，它仍是必要的方法，也是最常用的方法。

3. 在噪声接收点进行防护

控制噪声的最后一类方法是在接收点进行防护。在其他措施不能实现时，或者只有少数人在吵闹的环境工作时，接收点防护乃是一种经济而有效的方法。接收点防护最主要的措施有两点，一是佩戴护耳器，二是减少在噪声中暴露的时间。常用的防噪用具有耳塞、防声棉、耳罩、头盔等。它们主要是利用隔声原理来阻挡噪声传入人耳。

应根据治理噪声成本、环境噪声标准及劳动生产效率等有关因素的综合分析，合理选择噪声的控制措施。例如在一个车间里，如果噪声源是一台或少数几台机器，若车间内工人较多，一般可采用隔声罩，若车间工人较少，则经济有效的方法是采用护耳器；如果车间噪声源多而分散，若工人也较多，可采用吸声减噪措施，若工人较少，则应设置供工人操作的隔声间。

7.4.3 城市声环境规划与设计

合理的城市区域规划布局和功能区总图设计是改善城市声环境的有效措施。在满足基本功能和防止其他污染要求的基础上，应对城市居住区、工业区和商业区的新建、改建和扩建进行充分的防噪声考虑，以创造良好的市区声环境。

1. 城市噪声控制

为了控制噪声，合理的城市规划应考虑以下两个方面的问题。

1）城市规划

合理的城市规划对控制噪声有着战略性意义。在城市规划时，至少应从两个方面来控制噪声。

（1）控制城市人口：城市噪声随着人口的增加而增加。现今世界各国城市噪声之所以日益严重，正是由于人口的过度集中。美国环保局发表的资料指出，城市噪声（L_{dn}）与人口密度之间有如下的关系：

$$L_{dn}=10\lg\rho+26\ (\mathrm{dB}) \tag{7-21}$$

式中　ρ——人口密度（人/km^2）。

因此，严格控制城市人口具有重要的战略意义。

（2）合理的功能分区：按功能和性质的不同，将城市划分为若干个不同的区域，如工业区、居住区、文化区、商业区、游览区等，并将工业区与居住区和文化区分开，在其间以公共和福利设施作为缓冲带或在功能区用地之间用绿化带隔离。

如果一个城市规划不合理，将居住区、文教区等需要安静环境的区域与产生噪声污染的工业区、商业区混杂和毗邻，并使交通干线穿越其中，则将造成严重的噪声污染，带来难以挽救的后果。因此，确保城市规划中的合理分区，对控制城市噪声污染是非常重要的。

2）道路交通噪声控制

道路交通噪声是城市环境噪声的主要来源，也是当前城市噪声的主要控制对象。控制交通噪声可从以下四个方面入手。

（1）控制干线与环境敏感点的距离：随传播距离增加而衰减和在传播途中的吸收衰减是声音传播的根本性质，因此控制干线与敏感点的距离，是交通噪声防治的根本途径。由线声源模型可知，传播距离每增大一倍，噪声级可降低 3dB。此外，当接收点距地面高度小于 3m 时，地面的吸收衰减也十分显著。在交通规划中，道路选线除应满足保证行车安全、舒适、快捷、建设工程量小等原则外，还应根据环境噪声的允许标准，控制干线与环境敏感点的距离，以最大限度地避免交通噪声扰民。

（2）合理利用障碍物对噪声传播的附加衰减：噪声传播途中遇到的声障，会对声波反射、吸收和衍射而产生附加衰减，因此，在路线布设时，应尽可能利用土丘、山岗等地形地貌，以及路旁原有林带作为屏障，使环境敏感点处于声影区内，同时利用路堑边坡也能起到同样的作用。此外，还应充分利用沿街构筑物或建筑及其附属物，例如土墙、围墙、沿街的商业建筑和其他不怕噪声干扰的建筑（如仓库等），以及临街建筑的雨篷、广告牌等建筑附属物，这些都能起到很好的防噪作用。

（3）改善城市道路设施：改善城市道路设施，使快车、慢车、行人各行其道，这不仅改善了行车条件，而且使道路交通噪声有所降低。表 7-14 列举了北京市若干条道路设施改善后的效果。

改善道路设施控制交通噪声的效果　　表 7-14

改善道路设施	改善前噪声级 /dB					改善后噪声级 /dB				
	L_{10}	L_{50}	L_{90}	L_{eq}	$L_{eq/h}$	L_{10}	L_{50}	L_{90}	L_{eq}	$L_{eq/h}$
12m 路面加宽至 21m/ 永定门西街	79	68	60	74	408	73	69	64	70	700
增设快、慢车隔离带 / 崇文门西街	80	74	63	78	592	69	65	61	66	1576
双行线改成单行线 / 西单北大街	82	73	65	78	712	76	70	62	73	632
架设跨线天桥 / 西单北大街	83	72	64	78	540	77	71	67	74	726
建立交桥 / 阜成门大街	74	68	63	70	1124	72	68	63	68	1500

（4）修建道路声屏障：当接收点处的道路交通噪声级（实测值或预测值）大于环境噪声允许标准值时，可以在道路旁架设声屏障。声屏障越接近声源，其噪声衰减量越大。为了行车安全和视野要求，声屏障中心线距离道路边缘应不小于 2.0m。美国运输联邦公路管理局（Federal Highway Administration，FHWA）规定，声屏障距行车道边的最小距离（包括路肩）约 9.0m。声屏障的构造因材料不同而异，归纳起来可分为砌块类型、板体类型和生物类型三类。用预制砌块砌筑的声屏障称为砌块声屏障。砌块的种类有水泥混凝土、陶粒混凝土等，其形状可根据声屏障形体需要制作。砌块类型声屏障造价较低，具有高强度、耐火、耐腐蚀等性能。用板型材料建造的声屏障称为板体类型声屏障，常用的包括混凝土板、金属板、木板和高强塑料板等，其施工简单，但造价较高，多用于城市高架道路或市郊公路（图 7-5）。声屏障材料趋向自然生态类型的称为生物类型声屏障，例如在混凝土槽内进行绿化种植；或在路旁堆筑土堤，并在表面种植绿化；

图 7-5 板体类型声屏障
（图片来源：蔡伟明 . 城市道路交通噪声隔声降噪技术研究 [D]. 重庆：重庆交通大学，2012.）

或分层砌筑砌块，在砌块间种植绿化等。生物类型声屏障的优点是声学性能好，不影响景观环境。

（5）降噪路面技术：当机动车行驶速度大于 50km/h 时，轮胎与地面相互作用产生的噪声成为机动车噪声的主要声源。因此，除了新型低噪声轮胎的研究，低噪声道路的建设发展成为降低交通噪声最直接的措施。低噪声路面是一种多孔隙沥青路面，一般孔隙率为 15%~25%。此外，这种路面的施工方法多以纵向抹平的方式铺筑低噪声多孔混凝土。研究发现，相对于普通路面，降噪路面能够有效抑制噪声约 3~8dB。日本研制的新型混凝土路面在吸收轮胎噪声的同时，还对机动车尾气中的 NO_2 有吸附作用。随着化学工业和施工工艺的发展，各种降噪新材料开始应用在降噪路面上，例如橡胶沥青路面、超薄沥青混凝土路面、多孔弹性路面等，这些新型路面材料对交通噪声均有一定的抑制效果（图 7-6）。

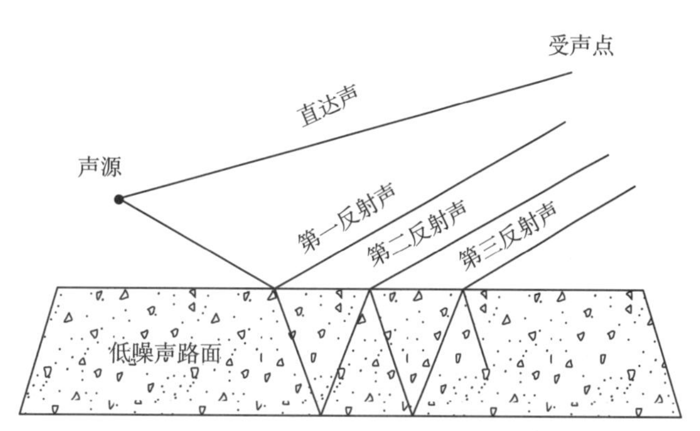

图 7-6 橡胶改性沥青降噪路面的声传播原理
（图片来源：黄浩 . 橡胶改性沥青路面降噪技术研究进展 [J]. 现代交通技术，2024，21（1）：28-33.）

2. 居住区规划中的噪声控制

（1）合理选址优化布局

噪声在大气中传播，声音的强度将随距离的增加而衰减。对毗邻发噪区域的居住区而言，两者之间的防护距离应达到 1.5km 以上；如果无法达到，则应采取必要的防噪措施。具体布置时还应考虑主导风向。

钱舒皓研究发现，街区建筑密度与街区内整体平均声压级呈负相关，因此，在街区指标的允许调控范围内，适当增加街区建筑密度是降低街区平均声压级的有效策略。增加街区建筑密度的本质是压缩街区外部空间的尺度，减少外部噪声进入，同时增大噪声在街区内的衰减，因此，其对建筑体量小、数量多、外部空间小而密的街区效果更为明显。研究还发现，街区平均声压级与街区围合度呈负相关，围合度越高的街区其平均声压级越低，而沿街建筑界面与围合度紧密相关，因此应在保证街区空间职能正常运行的基础上，尽可能地增加沿街界面的连续性，以阻挡尽可能多的外部噪声。

（2）路网规划设计

居住区路网规划设计中，应对道路的功能与性质进行明确的分类、分级，区分交通性干道和生活性道路。生活性道路只允许通行公共交通车辆、轻型车辆和少量为生活服务的小型货运车辆。交通性干道主要承担城市对外交通和货运交通，应避免从城市中心和居住区域穿过，可规划成环形道路，从城市边缘或城市中心边缘绕过。当交通性干道必须从城市中心和居住区域穿过时，可以将其转入地下，或设计成半地下式，形成路堑式道路，如图 7-7 所示。

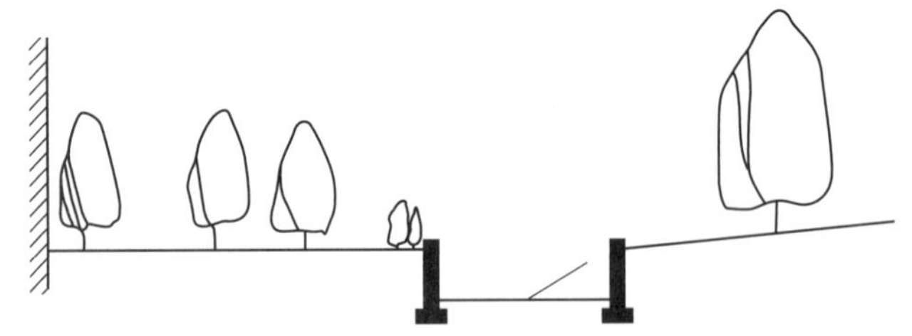

图 7-7　交通性干道防噪断面设计（一）

（图片来源：刘加平，等．城市环境物理 [M]. 北京：中国建筑工业出版社，2011.）

（3）利用天然或人工屏障

在发噪区域与居住区之间如果有可利用的起伏地形和高山，就可以形成居住区的天然屏障；如果没有合适的地形可用，也可以修建人工土堤。居住区的土堤可采用实心或空心两种做法。实心土堤就是用土堆集而成，其做法简单，造价低廉，如果与绿化结合，可提高隔声效果（图 7-8）。

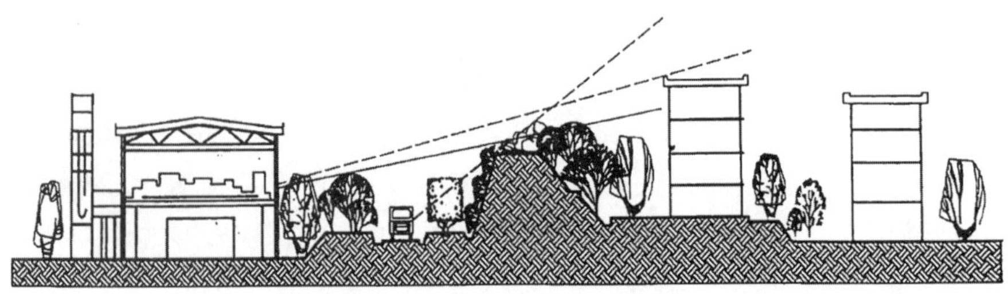

图 7-8　交通性干道防噪断面设计（二）

（图片来源：刘加平，等．城市环境物理 [M]. 北京：中国建筑工业出版社，2011.）

空心土堤是首先用砖砌成沟槽，用水泥浇筑拱形顶板，砌筑成隧道形式；然后利用泥土将隧道外层包裹起来，加以植被绿化，装扮成自然地形。这种土堤既起到防噪作用，又可与人防工程兼用，还可在土堤靠近居住区的一侧种植花草树木，修成条形公园，也可在其间设置游艺、小卖部等服务设施，成为居民区的专属绿地，具有多功能作用（图 7-9）。

图 7-9　多功能土堤示意图
（图片来源：刘加平，等. 城市环境物理 [M]. 北京：中国建筑工业出版社，2011.）

（4）居住区内的道路布局

居住区内道路的布局与设计应有助于保持较低的车流量和车速。例如，采用尽端式和带有终端回路的道路网，同时限制这些道路所服务的户数，从而减少车流量；将居住区道路有意识地设计成曲折形，以迫使驾驶人员低速行驶，从而保持较低的噪声级。

（5）居住区内的发噪建筑

居住区内的锅炉房、变压器等应采取消声减噪措施，或者将它们连同商店卸货场等发噪建筑一起布置在社区边缘处，使其与住宅有适当的防护距离。中小学的运动场、游戏场最好相对集中布置，不宜设置在住宅院落内，并应与住宅隔开一定的距离；或者在周围加设绿带或围墙来隔离噪声。

3. 临街建筑的防噪设计

（1）临街建筑应尽量采用背向道路的 U 形结构（图 7-10）。垂直于道路的建筑的缺点是两侧房间都比较吵闹；而凹向道路的建筑，由于声的混响和反射，往往会增加噪声。

（2）道路两侧的临街建筑，应尽量安排背向街道。临街建筑的房间布置也应合理。朝向道路一侧的房间应设计作为厨房、卫生间、走廊等用，在一般的交通流量状况下，居住室的噪声可降低 5dB（A）。

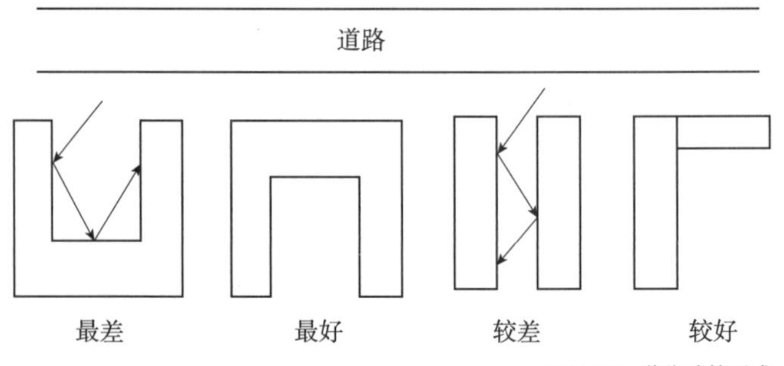

图 7-10　临街建筑形式
（图片来源：刘加平，等 . 城市环境物理 [M]. 北京：中国建筑工业出版社，2011.）

（3）主要交通干线两侧建筑和要求环境安静的临街建筑，可适当提高建筑隔声效果，尤其是窗户的隔声效果。绝大多数建筑的墙壁隔声效果达到 40dB 以上，但实际上单层窗户房间内的噪声仅比室外低 10~15dB，这主要是由于窗户的隔声量不够所致。由此可见，提高窗户的隔声效果是提高建筑隔声的关键。如果采用双层窗户（厚度为 15cm），则房间内噪声可以降低 20~25dB，比单层窗户房间内噪声低 10dB。如果进一步改进窗户的隔声效果，室内噪声还可以降低，最大降噪效果可以达到 30~35dB。

（4）建筑的高度应随着离开道路距离的增加而渐次提高。防噪屏障建筑所需的高度，应通过几何声线图来确定。这时，声源所在位置可定在最外边一条车道的中心处，声源高度对于轻型车辆取离地面 0.5m 处，对重型车辆取 1m（图 7-11）。当防噪屏障建筑数量不足以形成基本连续的屏障时，可将部分住宅按所需的防护距离后退，留出的空间可辟为绿地（图 7-12）。

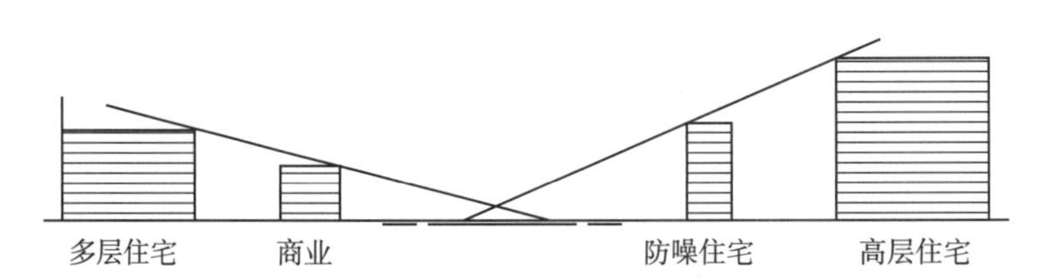

图 7-11　建筑物高度随离开道路距离渐次提高
（图片来源：刘加平，等 . 城市环境物理 [M]. 北京：中国建筑工业出版社，2011.）

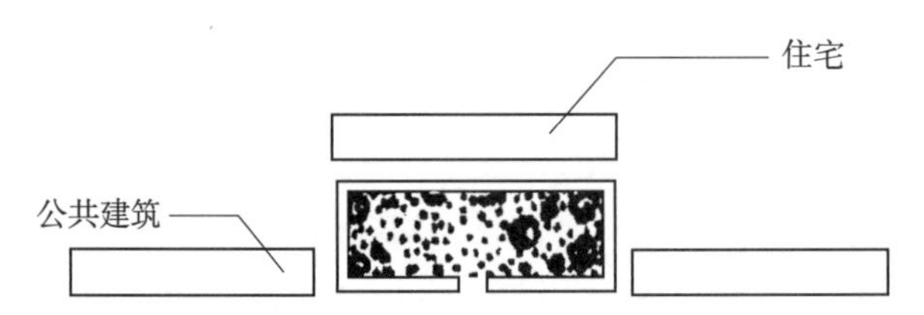

图 7-12　部分住宅后退空地辟为绿地
（图片来源：刘加平，等 . 城市环境物理 [M]. 北京：中国建筑工业出版社，2011.）

4. 功能区总平面内防噪设计

在功能区总平面的布置中，应充分利用噪声随距离衰减、遇到障碍物反射吸收等特性，做好防噪设计，例如加大防护距离、设防护屏障等。此外，尤其应注意平面布置的形式对社区声环境的影响。下面以大型工业区内生产用地布置为例进行说明，同时其他社区内也可以类比。

1）大型工业区生产用地布置

首先摸清各工厂的噪声状况，详细了解各独立工厂的总平面布置特征，掌握露天环境中布置的高噪声设备，以及能造成区域性危害的噪声声级大小、所处位置、发噪时间规律、厂区噪声水平、噪声特点等资料。

然后根据噪声状况，在工业区范围内，以类比的方法，视各独立工厂的噪声强弱划分为三类。将噪声最强和较强的工厂定为甲类，噪声次强和较弱的工厂定为乙类，噪声很弱和不发噪声的安静工厂定为丙类。

最后根据上述噪声分类，将最吵闹的甲类工厂远离居住区一边，位于工业盛行风向的下风侧布置；将噪声很弱或不发噪声的丙类工厂靠近居住区一边，位于生产用地盛行风向的上风布置；将吵闹程度较低的乙类工厂布置在甲类与丙类之间。为了减弱噪声的传播，在每一类工厂之间，最好设置10~20m 宽的防噪绿带隔离（在道路两旁，或工厂围墙内侧布置）。乙类及丙类工厂的仓库设施应集中布置在靠近噪声较强的一边，以作障壁减弱噪声。为了减少交通噪声直接干扰工厂的安静用房，生产用地范围还应考虑各独立工厂及在厂与厂之间水平运输线路的合理配置。对于其他各功能区的防噪规划，可以类比上述步骤进行。

2）不符合防噪要求的总平面布置

对于主要噪声源的相对位置而言，总平面应避免以下 5 种布置形式。

（1）周边式布置：这种布置是将高噪声设备分散布置在厂区外缘周边，是违反防噪声布置原则的。它虽然能减少高噪声声源之间的相互干扰作用，但由于高噪声包围了其他较安静的厂房，故结果扩大了厂区环境的污染，尤其是对厂外环境将造成的污染更为严重（图 7-13）。

（2）四合院式布置：这种布置形式与周边式相同，但周边式是指一个工厂的环境范围而言，高噪声厂房中间有较安静的房屋；而四合院式是指某一生产功能界区的布置、高噪声源中间没有其他房屋。四合院式布置由于空间狭小，声波传播距离短，故而使声波来回反射，造成严重的污染（图 7-14）。

（3）Ⅱ字形布置（又称半封闭式布置）：从噪声影响效果来看，这种布置与上述两种相同。Ⅱ字形布置还可能在Ⅱ字形内的建筑群之间发生干扰，起着放大噪声的作用，使噪声从开口处传出之后，向开口方向的环境进行扩散。现场实地考察发现，在声级大小相同的情况下，这种布置在主观上感觉，其响应将增大 1 倍左右（图 7-15）。

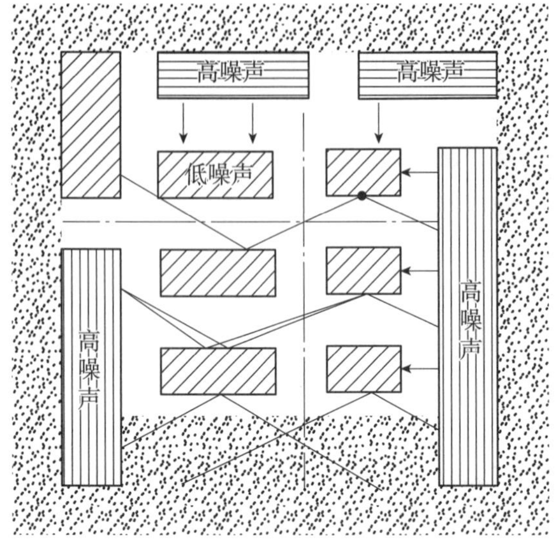

图 7-13　周边式布置
（图片来源：刘加平，等 . 城市环境物理 [M].
北京：中国建筑工业出版社，2011.）

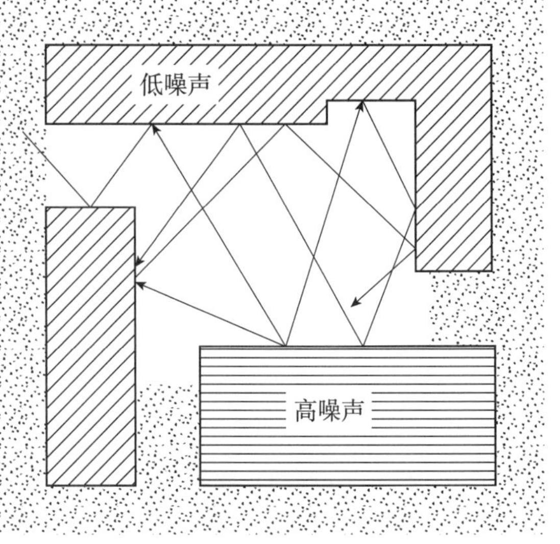

图 7-14　四合院式布置
（图片来源：刘加平，等 . 城市环境物理 [M].
北京：中国建筑工业出版社，2011.）

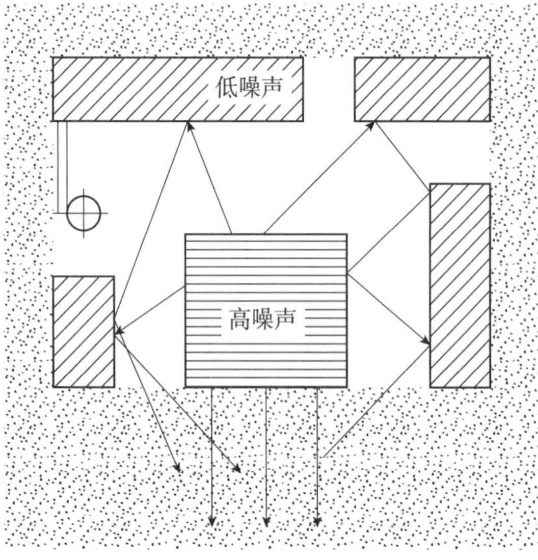

图 7-15　Ⅱ字形布置（半封闭式布置）
（图片来源：刘加平，等 . 城市环境物理 [M].
北京：中国建筑工业出版社，2011.）

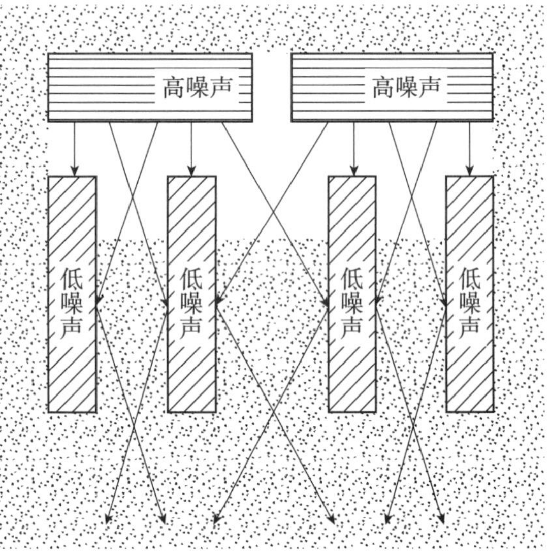

图 7-16　垂直式布置
（图片来源：刘加平，等 . 城市环境物理 [M].
北京：中国建筑工业出版社，2011.）

（4）垂直式布置：在布置防噪总平面时，应避免将声级大于 90dB（A）的发声建筑与声级在 90dB（A）以下的发声建筑进行垂直式布置。这是因为室内声级高于 90dB（A）的发声建筑，传至室外的声级仍在 80dB（A）以上，因此对这种声级高、影响大的厂房如果采取垂直式布置，将使声波与建筑物界面接触增多，从而造成严重的干扰（图 7-16）。

（5）圆心式布置：这种布置形式虽然集中了主要的高噪声源，但它却被布置在厂区中央，导致噪声污染面扩大，并增加了防噪工程成本，如图7-17所示。

3）几种符合防噪要求的布置形式

（1）警戒式布置：在工程实践中，为了避免邻近高噪声的影响，常常在面向高噪声源的地方布置一排建筑，从而像一条警戒防线般地阻挡了噪声的传播；同时大多数建筑物采取垂直于前一建筑布置，这样可以使其免受噪声干扰。这种布置形式适用于噪声源位于场界之外的情况（图7-18）。

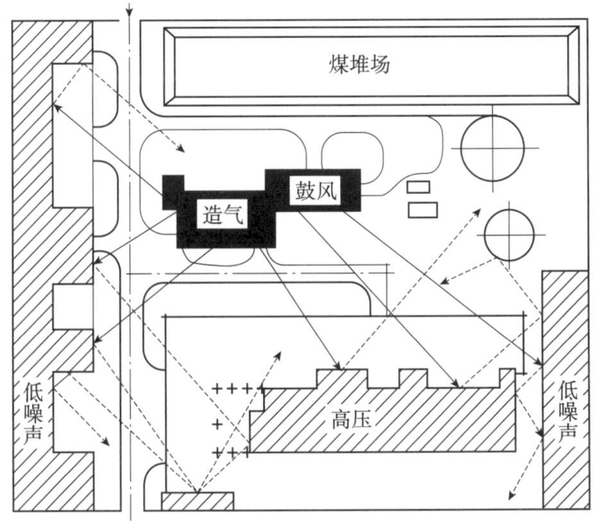

图7-17 圆心式布置
（图片来源：刘加平，等. 城市环境物理[M]. 北京：中国建筑工业出版社，2011.）

（2）突出式布置：将高噪声车间（或高噪声区）单独布置在缓冲地带，或突出在建筑群之外布置。如果在高噪声车间与其他车间之间进行防噪绿化布置，减噪效果会更加显著。这种布置方法适合于生产界区，按噪声强弱顺序排列布置（图7-19）。

（3）阶梯式布置：把高噪声车间集中布置在阶梯的低处，并使其靠近无居民区或其他安静程度要求较低的地段；要求安静或声级较低的厂房则布置在阶梯的高处。这种布置形式的优点是噪声干扰少，比较容易满足工艺生产要求（图7-20）。

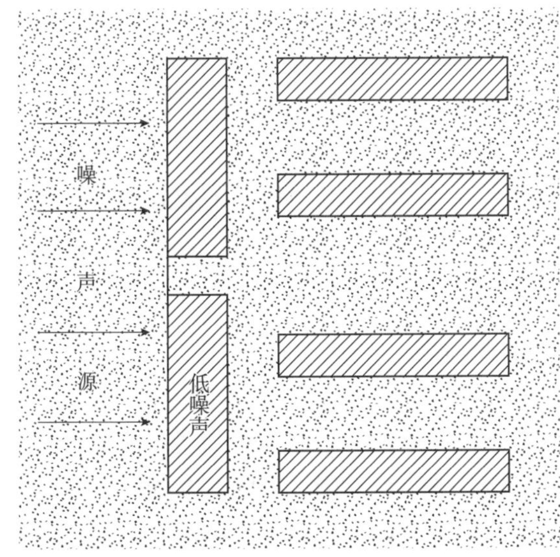

图7-18 警戒式布置
（图片来源：刘加平，等. 城市环境物理[M]. 北京：中国建筑工业出版社，2011.）

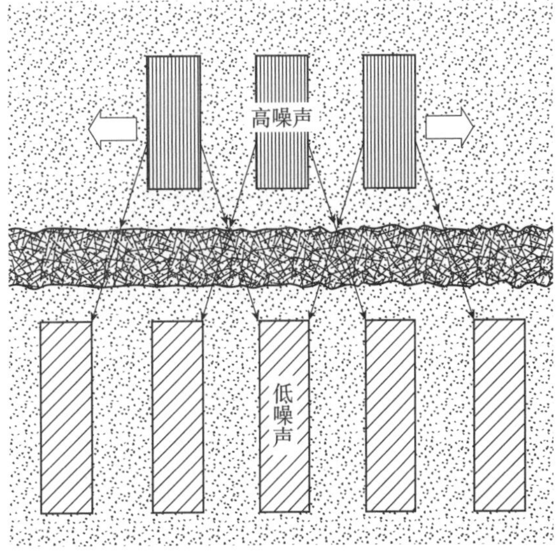

图7-19 突出式布置
（图片来源：刘加平，等. 城市环境物理[M]. 北京：中国建筑工业出版社，2011.）

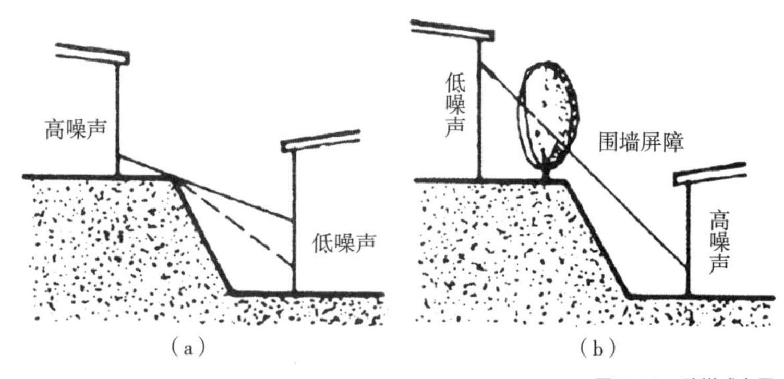

图 7-20　阶梯式布置
（a）不好；（b）好
（图片来源：刘加平，等．城市环境物理 [M]. 北京：中国建筑工业出版社，2011.）

5. 防噪绿化设计

1）绿化的防噪作用

绿化对噪声具有较强的吸收衰减作用，其减噪机理有三：一是树皮和树叶对声波有吸收作用；二是经地面反射后树木的二次吸收作用；三是地面或草地本身的吸收作用（图 7-21）。

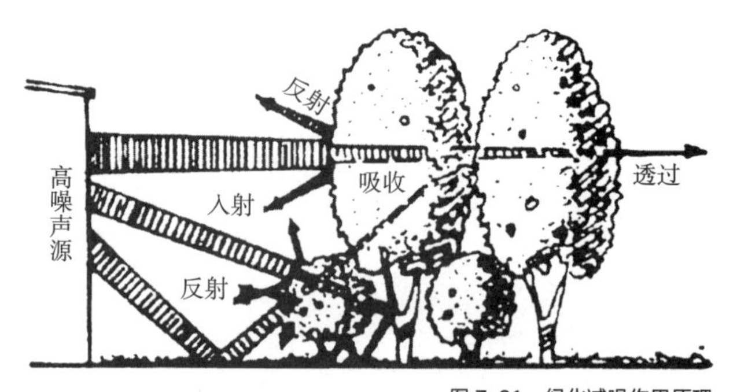

图 7-21　绿化减噪作用原理
（图片来源：刘加平，等．城市环境物理 [M]. 北京：中国建筑工业出版社，2011.）

树木的各组成部分（枝、干、叶）是决定树木减噪作用的重要因素，不同的树种、组合配置方式、地面覆盖情况等对此也有一定的影响，它们产生的总减噪作用包含了噪声的重要频率范围。

在投射至树叶的声能中，反射、透射、吸收等各部分所占的比例，取决于声波透射至树叶的初始角度和树叶的密度。T. F. W. 恩赖顿研究了树木不同部分的枝叶对声音的共振吸收。他对一株 8.5m 高的树木作了测量分析，认为共振频率与树枝生长的高度有关，对于较低的树枝在 300Hz 处，而上部树枝则接近 1000Hz。可见，像悬铃木一类高大浓密的树种及其大而厚、带有绒毛的浓密树叶，对高频噪声的吸收起到了较大的作用。显然，枝叶繁茂的树木林带，能减弱来自高速车辆的噪声。

当声波波长大于树干的直径时，只有少量的声能被坚硬的树干反射。因此，较低频率的声音穿过成片的树林时，由散射引起的声能衰减可以忽略不计。另一方面，若声波波长小于树干直径，则声能完全被散射。也就是说，对于高频噪声，由成片树林引起的散射衰减是非常重要的。

由上述分析可知，当为减弱城市噪声而需要配置行道树时，应选用较为低矮的常绿灌木结合常绿乔木作为主要配置方式。树木带总宽度为10~15m，其中灌木绿篱的宽度需要1m，高度亦超过1m，树木带中心的树行高度大于10m，株间距以不影响树木生长成熟后树冠的展开为度。若不设常绿灌木篱，则常绿乔木低处的枝叶应能尽量靠近地面展开，从而在树木长成后便能形成整体的绿墙。

大量测试结果还表明，成片树林的减噪作用与树林的宽度并不是线性关系。当林带宽度大于35m时，树林的减噪作用就降低了。从减弱噪声的角度考虑，应将连片的树林按一定距离分为几条林带，传播的噪声在每一次遇到新的“绿墙”时，就降低一个数值，犹如每条林带重新遮挡了声音。对于总宽度相同的林带而言，这就增加了减噪作用。

2）防噪绿化的布置形式

防噪绿化的形式应将防止大气污染和观赏美化功能结合起来布置。常见的防噪绿化布置形式有以下几种。

（1）隔声绿岛：隔声绿岛主要是以绿化小品为主，如工厂里的花坛、花池、假山、喷泉、花架等。绿岛的形状有圆形、方形、三角形等基本形式，以及这些形式的各种组合体。

隔声绿岛主要是为了起到隔断单向声源向安静场所或行人传播，以改善噪声对人的心理效应而设置的。除花坛、花池有一定消声效果外，其他形式的消声效果较为有限。

实测隔声绿岛的隔声效果如图7-22和图7-23所示，噪声经15m宽的岛状夹竹桃丛时可减少16dB（A）；噪声经13m宽的假山喷泉与花架组合空间时可减少11dB（A）。

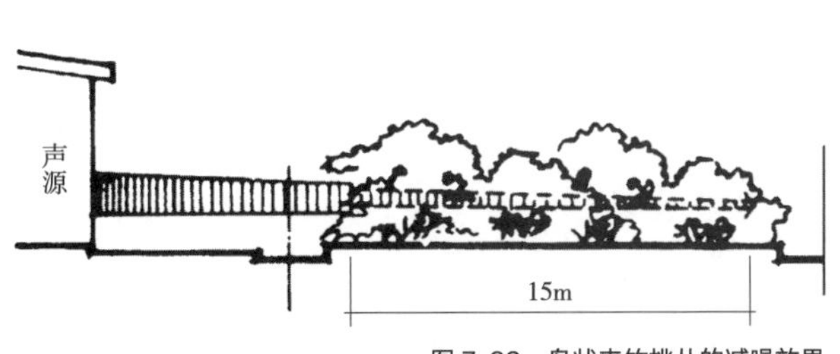

图7-22　岛状夹竹桃丛的减噪效果
（图片来源：刘加平，等.城市环境物理[M].北京：中国建筑工业出版社，2011.）

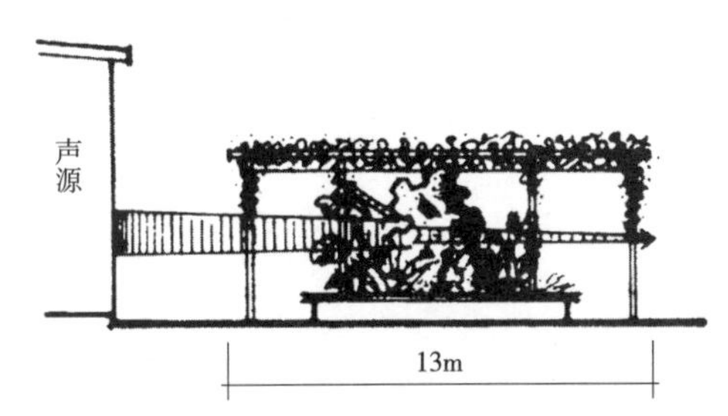

图7-23　假山喷泉与花架组合空间的减噪效果
（图片来源：刘加平，等.城市环境物理[M].北京：中国建筑工业出版社，2011.）

（2）块状绿地：块状绿地是常见的一种绿化形式，尤其是工厂绿化。由于室外工程管线、道路、建 / 构筑物布置的影响，使绿地中断而不连续，因而形成面积不大、长度和宽度都有限的一块块绿化地。块状绿地有的很宽，但以窄的块状绿地为多见。块状绿地的实测隔声效果如图 7-24 所示，噪声经以紫荆、花叶李、樱花为主的块状花丛绿地时，可减少 20dB。

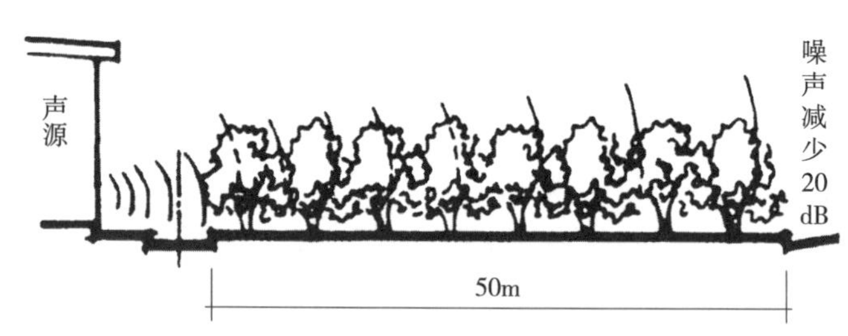

图 7-24　以紫荆、花叶李、樱花为主的块状花丛绿地的减噪效果
（图片来源：刘加平，等 . 城市环境物理 [M]. 北京：中国建筑工业出版社，2011.）

（3）带状绿地：带状绿地是防噪绿化的主要形式，常用于道路两旁、建筑物的周围作为区域的“隔墙”。据实测，由雪松、水杉等树种组成的宽为 2m 的行道树带，可使高频噪声衰减 5~8dB（A）。

7.5 城市声景观解析

噪声控制研究早期注重于如何降低声压级，但后续研究发现，单方面降低声压级不一定会提升城市声舒适。例如，当声压级低于一定值时，噪声类型、个人特点及其他因素将起重要作用。因此，声景观的出现，是对传统“听觉”行为的重新认识，噪声控制的研究重点也逐渐转向平衡环境中各声音间的关系，以及促进声音、环境、人之间的和谐。声景观研究综合应用了声学、美学、建筑学、城乡规划学、景观学、人类学、生态学、社会学和环境心理学等学科的理论方法，从古典园林到现代城市，在多个层面打开了包括城市公共空间、高校、乡村、传统聚落空间和景观设计的新视角。城市声景观塑造及其声舒适评价已成为城市设计的重要内容。

7.5.1　声景观概念及现状

1. 声景观概念的提出

芬兰地理学家格拉诺（Granoe）在 1929 年首次提出“声景”（Soundscape）一词，研究在特定的范围内以听者为中心的整体声音环境情况。加拿大环境学家默里·沙弗（Raymond Murray Schafer）于20世纪60年代首次提出了声景观的概念，即指在自然和城乡环境中，从审美和文化角度值得欣赏和记忆的声音，并创建了“世界声景计划”（World Soundscape Project，WPS）。国际标准化组织（ISO）将声景观定义为，特定场景中个人或群体感知、体验及理解的声环境。

与传统的声环境相比，声景观强调人的感知对声环境的重构，更注重人与环境的信息交流与反馈，而并不局限于声音的物理本质。

2. 国内外城市声景观研究现状

声景概念的提出迄今已九十余载，但其在学术界及实践界引起极大重视却是在2002年欧盟《环境噪声评估与管理指令》出台后。该指令的提出带动了一系列的政策及重大课题，对声景发展具有里程碑式的促进意义。

在我国古代，人们早已注意到声景在园林景观体验中的重要作用。古人经常利用自然的风、雨与芭蕉树叶及荷叶的相互作用产生的声音来营造意境。但我国现代声景研究起步相对较晚。我国第一次提出“声景”研究的是台湾清华大学王俊秀教授，他于1998年在《音景（Soundscape）都市表情：双城记的环境社会学想象》中通过分析台湾新竹市音景特色与现状，与温哥华声景发展进行对比，提出了“音景三角形”这一概念，并探讨了中国声景的发展方向。王季卿于1999年发表的《开展声的生态学和声景研究》中分析了在国内研究声景的必要性与可行性，这为声景在我国的研究发展奠定了基础。李国棋收集了大量声音素材，建立了“声音博物馆”数据库，并提出了居住社区声景评价方法和评估标准，归纳总结了声景设计方法和步骤。秦佑国讨论了声景学源起，从审美的角度研究环境中的声音，提出对自然环境和人文环境存在的声景遗产进行保护和记录。康健等致力于城市公共空间的声景观研究，近年来以声音生态学为研究视角，重点关注声音的人文价值，并将其纳入传统村落的保护范畴。张道永等提出了声景的概念，并从声景的三要素（人—声音—环境）出发，对声景理念作出了解析，并深化了对声景的认识；同时，自2002年起，随着GIS绘制声源地图技术的成熟，其借助VR技术为声景观评价过程提供重现式沉浸体验，从而推动了声景观研究的进一步发展。

随着声景研究在世界各国的推广，同时也随着参与研究的学者学术背景的不断多样化，声景的范畴逐渐扩大。例如，有研究者提出，环境中的声音有美好的，也有噪声，声景研究既要保持好的，也要消除差的，所以环境噪声问题也可以纳入声景范畴。目前，声景观对人体的影响机制还不清晰，未来的研究需要清晰探究声景观的影响机制，理清各类因素的内在联系，从而最终将该科学领域整合到更加广泛的政策制定和规划指导中。

7.5.2 声景观要素与设计应用

1. 声景观的要素

秦佑国教授定义了声景学的三项研究要素分别为声音、人和环境。

（1）声音

声音元素的特性是感受声景的物质前提。根据声音来源不同，可分为自然声、人工声、活动声。自然声包括水声、风声、雨声等，如九溪十八涧的水声，跌水景观的水流声，曲院风荷的风吹荷叶声；钟声、琴声、人工喷泉声都属于人工声；寺庙的钟声、早市的叫卖声、游乐场的嬉戏声则属于活动声。

根据声音的特色和功能差异，可将其分为 3 种类型：基调音、信号音和标志音。基调音又称为背景音，常作为其他声音的背景而存在，描绘特定空间声音的基本特色，是某一环境中可以频繁听到的声音，如风声、水声、旷野之声、鸟声和交通噪声等。信号音也称作情报音，带有信号的功能，利用其本身所具有的听觉上的提示作用来引起人们的注意，如钟声、汽笛声、号角声及警报声等。标志音也称为演出音，是具有独特场所特征的声音，包括自然声和人工声，如间歇喷泉和瀑布，以及传统的活动声等。这种标志音是象征着某一地域或时代特征的最有代表性的声音，也是城市建设中应加以保全和复兴的重要对象。

（2）人

声景的使用者是感受声景的主体，处在同一环境中的个体，其生活背景、过往经历、年龄性别、文化程度、职业、地域、时代等特质都可对其声敏感度、声喜好、响度感知等方面产生影响，从而使其产生不同的舒适度感受。

（3）环境

环境要素体现了其他感觉（包括视觉、味觉、嗅觉、触觉）对听觉感受的影响，其包括空间要素和物理环境要素。空间的明确边界、尺寸与比例、开敞与封闭等情况，决定了空间混响时间的长短，直接影响着听觉感受；空间的功能决定了人在其中的行为与情感，进一步影响着声感受；同时，体感的温湿度、视觉的明亮程度等都会影响声景评价。显然，寒冷彻骨时听到溪流声和闷热难耐时听到溪流声的感受完全不同。

2. 城市声景观的设计应用

声景营造涉及风景园林、物理声学、建筑学、环境科学、心理学、历史学等多学科领域，本书仅从城市声环境规划的角度加以简单介绍。

城市声景研究的最终目的是城市声景营造。虽然目前尚无完整的城市声景营造设计实例，但是一些设计方法论已经出现。基于声景地图的研究，葛坚等设定的城市声景设计步骤为：调研声景现状，分析其特征并找出存在的问题，确定设计目标，最终设计并进行模拟验证。城市声景设计应起始于前期调查，并贯穿在规划、设计、施工、运营阶段。城市声景设计主要包含城市设计、城市区域规划、环境设计、建筑音响设计、装置设计五个层次，并最终与公共空间声景设计接轨。

（1）城市设计层次

在城市设计层次上，应从声景观的角度来挖掘城市的总体印象。一些国家曾经开展过“声景观的评选”“声景观名所的评定”等活动，例如1996年日本环境厅在全国范围内评选了“日本声音风景100选”，从应募的738件声景观中，评选了包括生物、自然现象、生活文化、记忆联想等类型的100处全国各地的声景观。哈尔滨工业大学学者于2019年基于声景特点对深圳城市建成环境展开研究，根据城市特征对6个区域内的公园、广场、居住区、城中村等不同建成环境及其声景进行调研，发现这些区域内均分布着部分生态本底，保留了较多的自然生态环境，故而生态环境内的鸟鸣虫叫、惊涛拍岸等自然声景得以大量保留，形成了国内独特的声景条件。

城市声景的完善建立在城市整体规划基础之上，城市的布局决定了不同社区的功能及活动人群的声音特性。例如，里弄的空间特性是密度高、建筑高度低、空间狭窄、居民的互扰性较强，因而以日常生活音和人们的说话音为主。对这里的居民来说，声音的改善取决于空间的改造。近年来，上海市政府在改造里弄的过程中，不再仅停留于关注视觉层面，还将声音景观也考虑在内，保留了传统及地域性声音文化的原真性。

在遵循活态特性的过程中，应坚持以人为核心，把握声音、人、环境三者间的关系，在研究声音要素的基础上，进一步挖掘声音与人、物质空间环境、社会文化、历史文脉的关系。因此，立足于居民日常生活行为惯性和价值认同的声景规划设计，正成为城市形象建构与传播的新型模态。以杭州的清河坊声景为例，蒋伯诺、严力蛟提出将规划区内的项目做成“观光区、购物区、作坊展示区、明清工厂观赏区和市井文化休闲区”，不同的活动区域形成了不同的市井文化声音，这种文化特征对于反映清河坊历史街区丰富的人文精神能够起到合理的作用。

（2）城市区域规划层次

城市声景设计的城市区域规划层次是指，地方政府或规划部门把声景观的要素在城市或区域的整体规划中加以充分考虑。1998年，日本大阪市政府制定了“提高都市的魅力，声音环境的设计”的方针，具体规划设计了道路的声音空间、盲人用信号灯的提示音、铁路广播声、铁路警笛声、公共厕所的提示音等声环境。奥林匹克公园项目是国内首个大规模声景观规划的实践项目。为了具有良好的声景观，其通过地形屏蔽、水声掩蔽、限速等措施，最大限度地减小交通噪声对森林公园的影响，形成了以自然山水植被为主的可持续发展生态带；同时，通过增加鸟塔等措施，吸引鸟类栖息，形成了完整的生态循环系统。此外，奥林匹克公园还在隐蔽的地方安置电子音效设备，将自然的水声、风声、虫鸣鸟叫等声音收集并夸张扩大，营造了多层次的声景观系统。2011 年 1 月，美国南佛罗里达迈阿密海滩音景公园对外开放，这是典型的以声景观打造而成的城市公园。该公园通过借用规划区域内交响乐厅大楼，将其外墙设计成投影墙，另外设置投影塔和半封闭装置来容纳公园内大量的音效媒体设施，从而提供了极致视听享受的城市休闲场所。

（3）环境设计层次

环境设计层次就是基于声景观理念的具体环境设计。例如，嵊州艇湖水城规划中将声景观空间构成分为 3 个区：主要由湖泊、溪流等水系空间和风景林、疏林、湿地景观等组成的宁静自然的自然声景观区；由攀岩、围棋中心、自行车赛场和赛艇中心等运动比赛场所组成的热闹活泼的运动声景观区；由兰亭、梅轩、竹院、云影廊等景观，以及仿古餐饮楼、越剧唱腔和琴艺馆、剡水风情民俗街等几处组成的愉悦开放的文化民俗声景观区。如图 7-25 所示为新加坡樟宜机场的“雨旋涡”景观，其将繁忙的商业空间融入环境宜人的森林花园中，除了可以为景观环境降温外，还巧妙地遮掩了室内轨道交通噪声，从而为过境旅客和当地民众提供了难忘的环境体验。

图 7-25 新加坡樟宜机场“雨旋涡”景观

（图片来源：于松乔 . 语义信息对声景主观评价的影响 [D]. 哈尔滨：哈尔滨工业大学，2020.）

图 7-26　西班牙的水帘装置
（图片来源：The Bridal Veil；Horizons Sancy Art and Nature Festival 2014；Artists：Louis Sicard，Emil Yusta，Thorsten Fischer）

图 7-27　日式园林中的惊鹿装置
（图片来源：于松乔．语义信息对声景主观评价的影响 [D]. 哈尔滨：哈尔滨工业大学，2020.）

（4）建筑音响设计层次

声景观设计的建筑音响设计层次即指从建筑物的构造、材料、几何特性等音响特性的角度进行建筑声环境的设计和处理。这是传统意义上的建筑声学的设计内容和手法。例如，歌剧院、音乐厅、会堂等的音质设计即为该层次的声景观设计。

（5）装置设计层次

结合背景环境，巧妙地设置一些静谧的发声装置，会带来令人惊喜的声感受。如图 7-26 所示为西班牙的水帘装置，设计师充分利用灵动的水声和水的反射性及透明感，创造出一个可以联系光影和森林树干元素的装置，在这里人造声景与自然声景共同塑造着场所氛围。图 7-27 所示为日式园林中的惊鹿装置，通过杠杆原理，利用流水在竹筒两端的不断转移，最后竹筒的一端敲击石头发出清脆的声音，结合中空的竹子产生的回音，带来幽静精致的感受。

思考题与练习题

1. 什么是噪声？简述城市噪声源的分类，并说明最常见的噪声评价方法及其评价指标。

2. 简述城市声环境主要有哪些研究内容、研究方法及其适用范围。

3. 论述城市噪声控制原则与途径，并举例说明。

4. 举例分析居住区规划中的噪声控制措施。

5. 论述城市声景观的要素，并从城市声环境规划角度说明声景观的设计层次。

主要参考文献

[1] 刘加平，等 . 城市环境物理 [M]. 北京：中国建筑工业出版社，2011.

[2] 田玉军，巨天珍，任正武 . 国内城市环境噪声污染研究进展 [J]. 重庆环境科学，2003（3）：37-39+49-61.

[3] 邓云云，陈克安，李豪，等 . 噪声主观评价中的白噪声标准样本法及其应用 [J]. 西北工业大学学报，2022，40（4）：746-754.

[4] 陈广生，李瑞，张茉颜，等 . 城市轨道交通噪声监测与评估 [J]. 铁道建筑技术，2023（2）：191-194.

[5] 张道永，陈剑，徐小军 . 声景理念的解析 [J]. 合肥工业大学学报（自然科学版），2007（1）：53-56.

[6] 葛坚，赵秀敏，石坚韧 . 城市景观中的声景观解析与设计 [J]. 浙江大学学报（工学版），2004（8）：61-66.

[7] 毛庆国，等 . 智慧城市噪声地图开发与应用 [M]. 北京：中国环境出版集团，2023.

第8章 低碳城市评价和环境营造

8.1.1 环境质量评价

环境质量评价是随着近十几年来人们对保护环境重要性认识的不断加深而提出的新概念。所谓环境质量评价，是指采用数量化的手段对环境各要素进行分析，综合客观存在和主观反映及相互影响等因素，对环境进行定量的描述。环境质量评价按地域要素、时间等可分为许多类，城市环境质量评价是其中的一大类。

1. 环境质量评价的必要性

环境质量评价是认识环境的一种科学方法。发达国家虽然早已遇到环境污染问题，但在 20 世纪 60 年代末以前，城市管理者们并没有认识到环境问题是一个整体性的综合问题，因而主要采取头痛医头、脚痛医脚式的单方面治理，不但最终的治理效果不大，反而加重了污染。因此，我们需要从整体上了解环境的状况。

改善环境、保护环境的基础首先是要认识环境。人们可以通过模拟分析，预测后期的环境质量状况，这就需要采用环境质量评价的方法。《中华人民共和国环境保护法》规定，在进行新建、改建和扩建工程时，必须提出对环境影响的报告书。城市规划条例中，规定城市总体规划必须包括城市环境质量评价图。近年来，我国全面开展了环境评价工作，几乎所有的城市都有了环境质量评价图，所有的大中型建设项目亦预先进行了环境影响评价。著名的“三峡”工程经多次反复论证才做结论，其原因之一就是对大坝建成后自然环境和区域性气候影响的预测上存在分歧意见。

2. 环境质量评价分类

环境质量评价按分类依据的不同，可分为表 8–1 所示的几种。

环境质量评价分类　　表 8–1

分类依据	评价种类
按发展阶段分类	环境质量回顾评价、环境质量现状评价、环境影响评价（预断评价）
按环境要素分类	大气环境评价、水质环境评价、环境噪声评价、生物环境评价
按区域类型分类	城市环境质量评价、风景区环境质量评价、工业区环境质量评价、基建项目环境影响评价等

表 8–1 中，环境质量现状评价的目的在于通过调查、分析，了解环境污染的现状，找出造成污染的原因和机理并作出评价；而环境影响评价是根据污染源和环境要素的变化，通过模拟实验和数值计算，预测污染浓度在时空

方面的变化，以指导现实污染物的排放和控制未来环境质量发展趋势。

3. 环境质量评价的一般方法和步骤

1）背景调查

背景调查即了解评价地区环境要素的分布状况，其中既包括水文、地质、地貌、气候等自然条件，也要考虑风俗习惯等社会因素。

2）污染源调查

污染源调查即确定污染源的位置、性质、数目，污染源排放污染物的种类、排放量等。污染源对于环境影响的评价，可以利用现有的资料和设计图纸进行确定。

3）确定污染物的浓度和分布

确定污染物的浓度和分布可采用检测方法或模拟计算方法。其中现状评价必须通过检测，而影响评价则可在现有资料基础上进行模拟分析。这一步是环境质量评价的关键，其工作量最大。如果污染物的浓度值误差较大，将直接影响评价结果的可靠度。

4）选择评价参数

确定选用哪些污染参数进行评价应和上一步确定污染物浓度分布同步进行。对于不同的评价对象和目的，评价参数是不同的。例如，对于居住区、疗养区，正常情况下，影响环境优劣的主要参数是大气污染、噪声污染等；而对于郊区、农村，则以水体污染、土壤污染为主要影响参数。

5）确定评价参数的权系数

由于评价所选择的参数对环境的影响程度大小不同，不同的污染物对人体健康和生物的危害程度也不同，所以要确定各参数的加权系数。确定的方式可根据经验，也可采用调查询问的方法。

6）确定环境质量指数

（1）确定单项环境要素的质量指数 Q_j：

$$Q_j=\sum_{i=1}^{m} W_i \cdot P_i \quad (8\text{-}1)$$

式中 W_i——第 i 项参数的权系数；

P_i——第 i 项参数的污染指数，$P_i=C_i/C_{Bi}$；

C_i——第 i 项参数的浓度值；

C_{Bi}——第 i 项参数的标准浓度值。

（2）确定环境综合评价质量指数 Q：

$$Q=\sum_{j=1}^{n} W_j \cdot Q_j \quad (8\text{-}2)$$

式中 W_j——第 j 项单项环境要素权系数；

Q_j——第 j 项单项环境要素质量指数。

7）编制环境质量评价图

环境质量评价图可以形象且定量化地表示一个地区环境的质量状况。它可以是单项环境要素评价图，也可以是综合质量评价图，其编制大致分为下面几步。

（1）环境指数分级：将环境质量指数在可能的取值范围内划分为若干个数值段，每一段代表一级，通常分为 4~6 个级别。

（2）画出网格平面图：将所评价地区按一定比例绘制成平面图，并按适当的大小分成网格，每一网格代表一个区域单元。

（3）绘制评价图：注明每一网格所处环境质量指数“级”，然后将处在相同级别的网格涂上相同颜色，其他不同级别的分别涂上不同的颜色，以示区别。这样就绘出了该地区的环境质量评价图。评价图上既可以是单项环境要素，也可以是综合质量评价；可以按绝对值，也可以按相对值。

8.1.2 建设项目环境影响评价

建设项目环境影响评价，是从保护城市环境乃至整个自然环境的目的出发，对基本建设项目进行可行性研究，通过综合评价、论证和选择最佳方案，使之达到布局合理、对自然环境的有害影响较小的结果，使其对环境造成的污染和其他公害得到控制。

1. 必须进行环境影响评价的基本建设项目的范围

（1）一切对自然环境产生影响或排放污染物，对周围环境质量产生影响的大中型工业基本建设项目。

（2）一切对自然和生态平衡产生影响的大中型水利枢纽、矿山、港口和铁路交通等基本建设项目。

（3）大面积开垦荒地、围湖围海和采伐森林的基本建设项目。

（4）对珍稀野生动物、野生植物等资源的生存和发展产生严重影响，甚至造成灭绝危险的大中型基本建设项目。

（5）对各种生态类型的自然保护区和有重要科学价值的特殊地质、地貌地区产生严重影响的基本建设项目。

对以上范围内的基建项目，在进行了环境影响评价后，必须提交环境影响报告书。建设项目对环境可能造成轻度影响的，应当编制环境影响报告表，对建设项目产生的污染和对环境的影响进行分析或者专项评价；建设项目对环境影响很小的，也需要填报环境影响登记表。

2. 环境影响报告书的基本内容

（1）建设项目的一般情况：建设项目的一般情况包括建设项目名称、建设性质；建设项目地点；建设规模（扩建项目应说明原有规模）；产品方案和主要工艺方法；主要原料、燃料、水的用量和来源；废水、废气、废渣、粉尘、放射性废物等的种类、排放量和排放方式；废弃物回收利用、综合利用和污染物处理方案、设施和主要工艺原则；职工人数和生活区布局；占地面积和土地利用情况；发展规划等。

（2）建设项目周围地区的环境状况：建设项目周围地区的环境状况包括建设项目的地理位置（附位置平面图）；周围地区地形地貌和地质情况，江河湖海和水文情况，气象情况；周围地区矿藏、森林、草原、水产和野生动物、野生植物等自然资源情况；周围地区的自然保护区、风景游览区、名胜古迹、温泉、疗养区，以及重要政治文化设施情况；周围地区现有工矿企业分布情况；周围地区的生活居住区分布情况，以及人口密集程度、地方病等情况；周围地区大气、水的环境质量状况等。

（3）建设项目对周围地区的环境影响：建设项目对周围地区的环境影响包括对周围地区的地质、水文、气象可能产生的影响，采取防范和减少这种影响的措施后，最终不可避免的影响；对周围地区自然资源可能产生的影响，采取防范和减少这种影响的措施后，最终不可避免的影响；对周围地区自然保护区等可能产生的影响，采取防范和减少这种影响的措施后，最终不可避免的影响；各种污染物最终排放量，对周围大气、水、土壤的环境质量的影响范围和程度；噪声、震动等对周围生活居住区的影响范围和程度；绿化措施，包括防护地带的防护林和建设区域的绿化专项、环境保护措施的投资估算等。

（4）建设项目环境保护可能性技术经济论证意见。

（5）建设项目对环境影响的经济损益分析。

（6）对建设项目实施环境监测的建议。

（7）环境影响评价结论。

3. 环境影响评价方法

在过去，我国的环境影响评价由于开展的时间不长，往往由环境保护专业人员进行。随着经济建设的不断加快，现在进行环境影响评价时需要建筑设计、总图设计、城市规划等专业人员共同参与编制和审核环境影响评价报告书。下面对环境影响评价的方法作一些简单介绍。

大中型建设项目的环境影响评价一般按图 8-1 所示程序图进行。图 8-1 所示为一般程序，并不是每个大中型项目均要按此步骤进行。如果该地区已进行过现状评价，则图 8-1 中的第二个方框可省略；如果需进行评价的建设项目仅向大气排放污染气体，则评价环境要素中仅选大气污染一项。评价中的主要工作量在于按照当地的自然环境条件进行模拟、实验、分析、预测。

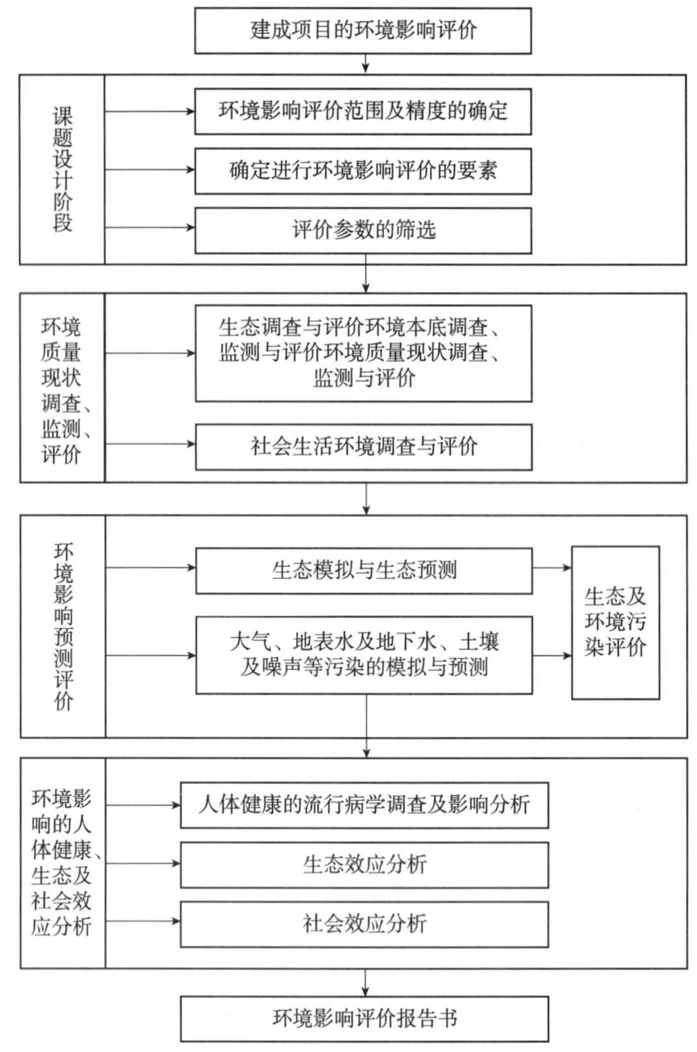

图 8-1　大中型建设项目环境影响评价方框图
（图片来源：刘加平，等．城市环境物理 [M]. 北京：中国建筑工业出版社，2011.）

8.1.3　环境保护措施

城市中项目建设的周期长，不同阶段对环境的影响差异性也较大，根据城市中项目从设计到施工和后期的运营等环节的差异，需采取不同的保护措施。

1. 环境保护设施的建设

（1）结合城市发展规划，建设项目需要与城市发展有机结合，其中配套建设的环境保护设施，必须与主体工程同时设计、同时施工、同时投产使用。

（2）建设项目的初步设计，应当按照环境保护设计规范的要求，减少对于敏感区域的破坏，做好相应的排水措施，就方案进行严谨的讨论与修改。

2. 项目过程中环境的保护

（1）建设单位应当制订合理的施工组织方案和环境保护方案，明确责任，规范施工行为，保障施工过程中环境保护的执行。

（2）施工现场应当严格按照环境保护要求进行管理，严禁乱堆乱倒、污水乱排乱放等不当行为，按照规定处理产生的危险废弃物和普通废弃物。

（3）在施工过程中，应当特别重视对地下水、表土层的保护；开展铺设管道、施工堆放、弃土、土方平整、爆破作业等工作之前应当做好相关的调查研究和监测工作，采取切实有效的措施保障地下水和表土层的质量。

3. 环境保护监管

（1）监管机构应当加强对建设单位和环境保护部门的监督和管理，完善建设项目环境保护信息公开及问责制度，对不当行为实施惩罚性措施，确保建设项目环保工作的执法有效性。

（2）对于违反法律法规对环境造成损害的行为，应当依法追责，使其承担相应的赔偿责任；对于造成环境破坏的行为，还应当使其依法承担刑事责任。

8.1.4 环境影响评价实例

1. 日本电气公司总部大楼项目影响评价

（1）开发规划的概要

规划用地位于东京都港区，地基面积大约为 2.1hm^2。拆除拥有 6000 名职工的三田工厂，建设新的总面积为 14.6 万 m^2 的日本电气公司总部大楼。其楼高 180m，层数为 43 层（其中包括地下 4 层），停车位有 420 个，主要用途为办公用房，工作人员约 6000 人，工期为 1985—1989 年。此建筑物比港区已有的最高建筑物（楼高 165m）还要高 15m。

（2）环境影响评价结果

在东京环境影响评价条例中，对高层建筑物的界定条件是楼高 100m 以上且总面积在 10 万 m^2 以上，所以日本电气公司总部大楼项目是符合该条例的案例。该项目评价书的提出和受理时间为 1985 年 2 月。

除了一般的预测、评价项目之外，日本电气公司总部大楼项目还包括了超高层大楼计划中对日照遮挡、电波影响、风灾、景观、原有工厂拆除及新

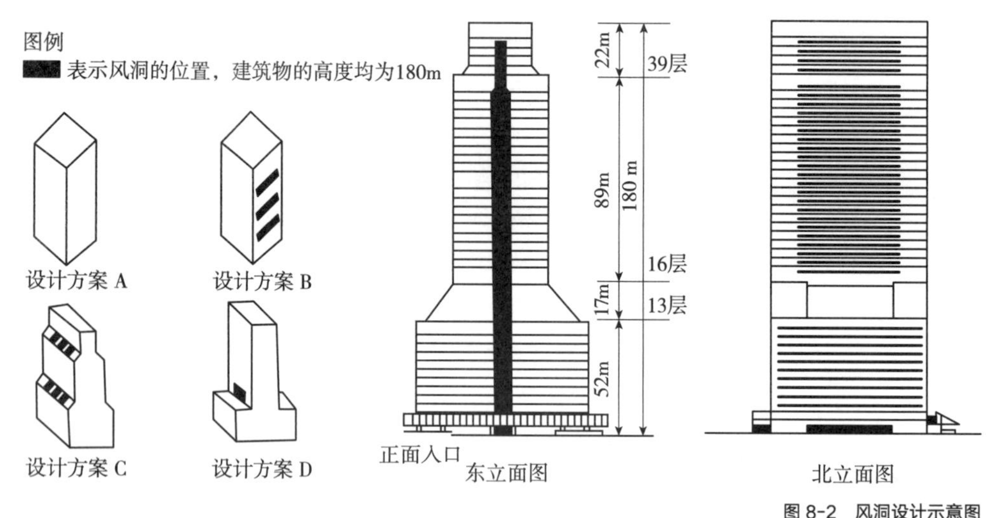

图 8-2　风洞设计示意图

（图片来源：刘加平，等 . 城市环境物理 [M]. 北京：中国建筑工业出版社，2011.）

楼建设施工造成的土壤污染、地形地质等的预测和评价项目。

在此仅对风灾评价进行简单的介绍。建筑物最初设计成箱形，但是考虑到对周边环境的影响，以风灾对策为主题，对建筑物进行了包括基本形状在内的各种形状造型的基础试验。结果认为在建筑物上开风洞，并将这些风洞集中的效果好。同时考虑到作为办公楼的规划，最后敲定采取图 8-2 中 C 和 D 的折中方案，确定为有风洞的超高层大楼的建筑形状。然后经过对气象观察资料及周边地区土地利用状况的分析，决定将风洞朝南北方向开口。风洞的位置设计在 13~16 层，高约 15m，宽 35m（图 8-2），并且在建筑物的周边实施以常青树为主的大规模绿化方案。该项目在环境影响评价（基本设计阶段）前，就实施了项目的早期环境规划事先评价（基本构思阶段），取得了良好的效果。

2. 中国兰州市西固化工园建设项目影响评价

（1）项目概况

兰州市区位于黄河河谷盆地地区。盆地东西两端长 10km，南北以群山为界，最宽 6km，东西两端峡口宽不足 1km；南山坡度陡峭，相对高度 300~500m，皋兰山峰顶高约 600m；北山坡度转缓，相对高度约 200m。

兰州市西固化工园区是我国西北部重要的石油化工基地，但化工园区的工业污染源排放量很大。兰州地形特殊，冬季逆温层厚，静风频率高，不利于污染物的扩散稀释，这是造成兰州重污染的气象原因；加之其所处的特殊地理位置（青藏高原东北侧）和不利于大气污染物扩散的地形条件（河谷盆地），使该地区大气污染日趋严重。兰州市西固化工园区的大气污染问题已成为制约该地区经济社会发展的重要因素。

（2）兰州市西固化工园环境评价影响改造结果

自 1995—2005 年以来，兰州市西固化工园区根据区域环境影响评价的要求，严格执行区域环境影响评价所确定的总量控制方案，认真落实区域环境影响评价提出的环境污染治理措施，在环境保护工作方面取得了一定的成效，区域整体环境质量有所改善。同时随着经济发展与改革的深入，区域社会与环境状况也发生了较大变化，例如大量落后的工艺设备被淘汰、原兰州销厂迁出西固区、原兰化公司和兰炼总厂进行了重组等。为确保西固化工园区经济发展与区域环境保护协调一致，2005 年兰州大学对西固化工园区进行了环境影响后评估，评价了西固化工园区区域环境影响评价十年来环境质量和污染源的变化情况，同时根据西固地区的实际状况和可持续发展的要求，重新核实和调整了污染物总量控制方案，并提出区域经济可持续发展的战略对策。

根据兰州市西固区人民政府与兰州市自然资源局相关资料显示，兰州西固化工园区空间布局按照“一环 + 三轴 + 三区”的空间结构规划，如图 8-3 所示。根据园区内地形地貌、水电、交通走向体系及产业布局要求，充分考虑区位交通特点和周边发展环境，按照循环经济产业链关系合理进行空间结构布局，力求主导产业的工业项目在空间上形成连续不间断区域，以突出规模效应和群体组合优势。同时，坚持产业布局规划与基础设施规划布局最佳匹配、项目布局与区域环境关系协调发展原则，达到项目投资最省、利用最方便、开发成本最低的效果，实现发展与自然的和谐统一。

“一环”：指化工园区的交通服务外环 + 安全生态屏障环，即沿化工园区至边界周边形成的规划 T058# 路—规划 S047# 路（含现状化工街）—西固西

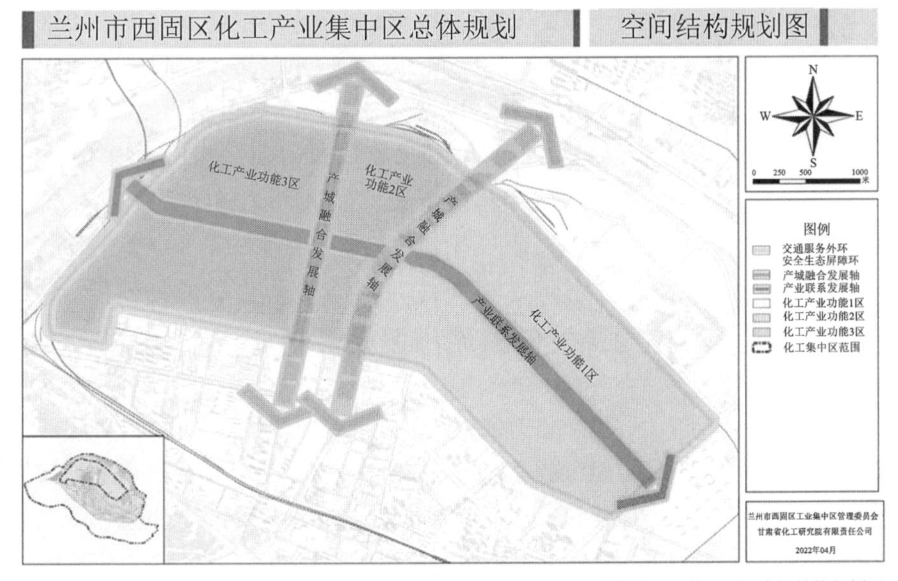

图 8-3　兰州市西固化工园区空间结构规划图
（图片来源：引自兰州市西固区人民政府与兰州市自然资源局官方网站）

路西段—南滨河路西段（环形西路）—环形中路—环形东路的交通服务外环，同时也作为化工园区至边界与外部黄河、居民区和其他安全环境敏感保护目标的安全生态屏障环。

“三轴”：指以“规划 T018#—T020# 路”和“古浪路”两个主纵轴作为化工园区的南北向产城融合发展轴，连通化工园区的三个功能区块和西固城区、安宁城区的道路交通系统；以“广河路”一个主横轴作为化工园区的东西向产业联系发展轴，连通衔接化工园区内三个功能区块之间的上下游产业链和能源产业链。

“三区”：主要为化工园区的“石油化工、精细化工、化工新材料”三大主导化工产业区及其配套的相关公用工程。化工产业转型升级发展区重点立足“炼化一体化”的发展方向，从而减少有害气体的排放，进行石化产业集约规模化发展，构建高附加值“炼油—石化—精细化工—化工新材料”的石化产业链，实现园区石化产业的规模化和基地化发展；同时重点提升安全生态屏障功能，最大限度地减少对生态环境的污染。

结合西固化工园区复杂地形条件，通过对气象条件的分析，得出控制区主要污染气象因素：风速小、静风频率高、逆温、干旱少雨。

2014 年兰州市西固化工园区排放 $SO_2$6857.05t/a，$NO_2$18 689.23t/a，总悬 TSP（总悬浮颗粒物）4629.78t/a，NMHC（非甲烷总烃）1 518 352t/a，相比 2005 年污染排放量发生了较大变化。其中，SO_2 排放量减少 33 185.6t/a，NO_2 排放量减少 1095.29t/a，TSP 排放量减少 3029.29t/a，NMHC 排放量减少 7219.64t/a。

通过对 2005 年、2008 年、2012 年化工园区监测数据的分析，得到污染物近十年变化趋势为：SO_2 的日平均浓度 2005 年 >2008 年 >2012 年，空气质量逐年改善；2012 年 NO_2 的日平均浓度整体上比 2005 年和 2008 年稍有改善，2008 年和 2012 年 TSP 日平均浓度相比 2005 年略有减小，空气质量改善不明显；2008 年和 2012 年 NMHC 的小时平均浓度比 2005 年低，2008 年与 2012 年浓度差别较小，区域空气质量明显改善。

8.2.1 低碳城市质量评价概述

城市作为低碳经济发展最重要的实施平台，把握城市这一碳排放主体，是实现绿色发展的关键所在。近年来，我国在低碳城市的建设方面不断地进行探索和努力。2010 年，国家发展和改革委员会发布《关于开展低碳省区和低碳城市试点工作的通知》，确立首批低碳试点的五省八市。从 2010 年 7 月至今，我国有三批共 87 个省市成为低碳试点省区和试点城市。

开展低碳城市质量评价，正是为了在反映城市发展一般特征基础上，通过突出“实现碳排放峰值目标、控制碳排放总量”政策重点和“探索低碳模式、践行低碳路径”实践需求，以低碳城市建设经验为基础，对低碳城市建设进行具有最佳拟合度的指标化全景描述，从而为低碳城市建设进展监测和绩效评价提供技术支撑，因地制宜地探索各地差异性的碳减排路径，为“全面建成小康社会”提供节能减碳情景下的质量保证，进而使得节能减碳内化为驱动国民经济发展和现代化经济体系建设的内生性制度因素，以实现低碳城市建设和发展质量测度的最佳秩序。

当前国内外学者和机构对低碳城市质量评价的研究，主要集中于低碳试点城市建设方案的工作绩效评价与考核，低碳城市规划重点领域评价，特定国家、地区和城市碳减排效率综合评价和比较，基于低碳经济发展领域（部门）分解的减排贡献（强度或总量）评价及驱动因素辨析等。这些研究围绕着纳入生态环境因素影响的发展绩效评价，提出了多样化的分析方法和理论架构，并结合案例城市评价，分析了低碳生态理念和评价指标体系在不同类型城市中的适用性。

总的来说，低碳城市质量评价就是通过构建一套用于测度、评估低碳城市建设质量、努力度和政策效率的指标体系，评估和衡量城市在减少温室气体排放、提高能源效率和推动可持续发展等方面的成效和表现，为政府、企业和公众提供有关城市低碳发展水平、环境影响和可持续性的信息，促进城市的可持续发展和低碳转型，并为政府部门制定实施相关的低碳政策措施提供科学支撑。低碳城市质量评价指标体系设计的一般步骤与方法学如图 8-4 所示。

8.2.2 低碳城市质量评价的构成与政策导向

1. 低碳城市质量评价的构成

低碳经济、低碳社会、低碳城市三方面的核心概念构成了低碳城市质量评价的主要内容。

2003 年版英国能源白皮书《我们能源的未来：创建低碳经济》首次提出了“低碳经济”的概念。前世界银行首席经济学家尼古拉斯·斯特恩认为，全球每年 1% 的 GDP 投入低碳，可以避免未来每年 5%~20% 的 GDP 损失。基于此，低碳经济转型这一理念在全球得到呼吁。低碳经济的核心是发展观的转变、技术创新与制度创新，本质旨在创建清洁的能源结构的同时，提高能源使用效率。具体而言，低碳经济有两个层面的内涵，一方面是碳生产力的不断提高，即相同的碳排放创造出更多的经济价值；另一方面是人文尺度层面的和谐发展，意味着社会层面、经济层面与环境层面的统一与和谐发展。

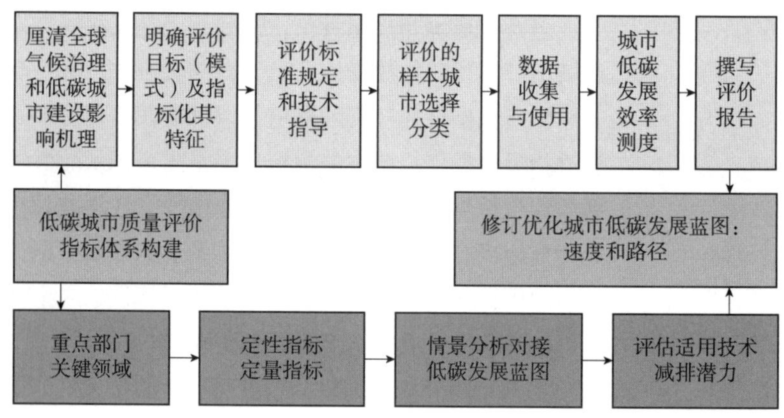

图 8-4　低碳城市质量评价指标体系设计的一般步骤与方法学

（图片来源：改绘自周枕戈，庄贵阳，陈迎．低碳城市建设评价：理论基础、分析框架与政策启示 [J]. 中国人口・资源与环境，2018，28（6）：160–169.）

“低碳社会”概念最早出自日本学者，其基本形态是满足更低的碳排放量、更环保的人类行为方式、更平衡的生态系统、更和谐的人与自然相处模式的社会。低碳社会建设有三个立足点。一是协同利益，即团结社会各团体力量的同时，有效地整合各界利益，强调人类命运共同体理念，共同为建设低碳社会出力。二是可持续性。低碳社会的落脚点是可持续性，低碳社会是人类社会发展的全新理念，同时也符合可持续发展理念的要求。实现可持续性包括修正市民偏好、避免路径效应与制定长期远景这三个方面。三是推动创新。作为根本路径，创新不仅指技术的创新，同时包括管理模式上的创新。较之于低碳经济的概念内涵和政策含义，低碳社会更加重视消费者因素，在满足社会经济需求与促进发展中，强调消费者支持和行动的重要性，致力于通过减排效力的挖潜，保证人类活动产生的温室气体排放和自然界碳循环之间的物理平衡，推动常规情景下“大量生产、大量消费、大量废弃”的社会经济运行模式向低碳的社会经济发展模式转型。

“低碳城市”是低碳经济与低碳社会概念的融合，指在经济社会发展过程中，以低碳理念为原则，以低碳技术为路径，以低碳规划为手段，从生产流通、城市建设与社会生活等方面推行低碳发展模式，构建碳排放与碳中和动态平衡的城市。低碳城市以绿色生产、绿色消费、绿色出行、绿色建筑、绿色能源为要素，以碳中和、碳捕捉、碳储存、碳转化、碳利用、碳减排为手段，以发展低碳经济作为重要发展方向。

对中国而言，低碳城市是贯彻落实“创新、协调、绿色、开放、共享的新发展理念”，是发展低碳经济、建设低碳社会的重要载体和应对气候变化的基本行政单元。作为一种新的发展形态和城市建设的运营模式，低碳城市不仅具有低碳经济的一般特征，即“低碳排放”“高碳生产力”和“阶段性”，还具有使“全体居民共享现代化建设成果”的包容性发展特征，以及保障全体居民低碳人文发展水平不断提高的政策实践需求。

2. 低碳城市质量评价的政策导向

在明确低碳城市质量评价的构成后，构建低碳城市质量评价指标体系还需加强与低碳发展宏观政策的有效对接。

从经济部门分类和比较分析的视角看，发达国家城市地区排放较多集中于电力、交通、工业、民用和商业部门，在碳减排政策方面则主要是通过制定气候变化专项行动规划，把低碳发展专项行动规划和方案融入更加综合的规划和长远期发展战略目标体系中，提出了建设碳中和城市、更绿色和更宜居城市、韧性城市（社区）、气候友好型城市、零碳城市、后碳城市等发展愿景，推动气候变化应对和城市治理的有机统一，以达到改善城市公共服务体系的服务质量、提高城市区域的环境质量、保障公共健康和活跃城市区域经济的治理目标。碳排放约束下的城市公共物品和公共服务质量、多样性的社会环境和生态环境、市民生活水平、公共导向型的城市增长管理等，则成为这些国家城市低碳发展质量评价的基本框架。

从城市碳排放清单部门的排放结构看，中国城市地区碳排放集中于能源、工业、建筑、交通、废弃物处理等领域。“十一五”时期的低碳发展主要以具有引领产业（部门）转型升级性质的节能减排政策为主，在试点选择上看重申报试点省市的积极性和样本城市打造行业（部门）“最佳实践”的工作意向和先行优势；“十二五”时期则注重于顶层设计和规划引领的重要性，在试点选择上通过组织推荐、公开征集和专家评审，统筹考虑申报城市的工作基础、试点布局的代表性和城市特色优势，政策重点聚焦于摸清试点地区关键排放源和温室气体排放基数，加强试点地区碳排放权交易基础设施和能力建设；“十三五”时期，低碳城市试点成为经济新常态下培育新的增长点和拓展发展空间的重要抓手，在试点选择上除了统筹考虑各申报地区的试点实施方案、工作基础、示范性和试点布局的代表性等因素之外，还注重试点地区峰值目标的先进性、低碳发展制度和体制机制的创新性，使各地区政策进一步突破低碳政策的行业局限，聚焦于探索适合本地区的低碳发展模式和发展路径。

综上，低碳（试点）城市建设已从培育行业最佳实践，发展至建立以低碳工业、绿色能源、绿色建筑、绿色交通等为主的产业体系和低碳生活方式，从而对全经济领域乃至国家的发展模式产生影响。作为能力建设的重要内容，开展低碳城市建设质量评价则为积极、稳妥、有序推进低碳城市建设提供了有效的理论和政策分析工具。

3. 低碳城市质量评价指标制定目标

一个相对完善的低碳城市质量评价指标体系，是用来评价低碳城市建设发展水平实现程度的重要标尺和依据。其既能帮助政府和公众全面了解低碳城市发展水平、社会现状、变化趋势和区域差异，为政府部门对低碳城市建设进行科学规划提供决策参考，同时也为政府部门采取可行有效的社会调控措施、指导低碳城市建设提供决策依据。因此，低碳城市质量评价指标体系的构建应遵循以下两个目标。

（1）可以准确评估城市低碳发展质量

低碳城市质量评价的主要目的之一就是，对当前城市的建设发展水平进行评估，发现低碳城市发展中存在的问题和不足。低碳城市质量评价指标体系中所选的指标必须符合低碳城市的内涵特征。评价指标必须可以客观、真实和准确地反映当前低碳城市的建设发展水平，依据这些指标可以对不同城市的低碳城市质量水平或者对同一城市不同年份的低碳城市质量水平进行客观评价，找出当前低碳城市发展中存在的主要问题和不足，帮助政策制定者根据评价结果制定城市低碳建设发展的相关政策法规。

（2）具有低碳城市未来发展的政策导向

低碳城市质量评价的目的就是以评促建，以评促改。因此，低碳城市质量评价指标体系中所选指标必须包含低碳城市未来发展方向的导向型指标。通过导向型指标的设定，帮助政策制定者根据导向型指标制定低碳城市的发展路径，从而从主观和客观两个方面保证低碳城市的未来发展方向。

8.2.3 低碳城市质量评价的指标制定方法

低碳城市质量评价需要建立一整套系统性、内容涵盖多个层次指标的多维度指标体系，并应涵盖经济、社会、环境、低碳等诸多方面。要综合运用发展性和控制性两种指标，既要包含经济发展、社会发展指标等发展性指标，又要包含环境发展、低碳发展等控制性指标，在确保经济增长速度不降低、社会发展水平不断提高的前提下控制碳排放量，提高资源的有效利用效率和减量化投入水平，改善城市环境质量。同时，指标选取应注重定量与定性的结合。对经济、社会、环境、低碳发展状况等可量化指标应尽量予以量化，用数字来准确、简单明了地说明问题。通过定量与定性的结合，有利于对低碳城市发展水平实际效果进行较为全面、系统的评价。同时，评价体系还应满足科学性、可操作性、系统性、全面性、客观性、动态性与稳定性等评价原则。

常用的低碳城市质量评价指标体系主要根据以下四种模型构建。①以经济为基础的模型，可分为三个阶段，即传统模型（公司和家庭消费的货物和服务）、物质与能量的平衡模型、损耗—污染模型；②三因素（社会—经济—环境）及主题型模型；③压力及压力—响应模型，最早主要应用在环境施加于人类的压力，之后又有了联合国经济合作与发展组织（Organization for Economic Cooperation and Development，OECD）的“压力—状态—响应”（Pressure-State-Response，PSR）模型及联合国可持续发展委员会（Commission on Sustainable Development，CSD）的“驱动力—状态—响应”（Driving Force-State-Response，DSR）模型；④人类/生态系统福利模型，涵盖了四个方面，即广义的人类福利、生态系统福利、两者的相互作用及这三部分的合成。

常用的评价方法包括主观分析法、客观分析法及组合分析法。主观分析法主要有专家调查法（Delphi）、层次分析法（AHP）等（表8-2）；客观分析法主要有主成分分析法、DPSIR模型、熵值法、TOPSIS法等；组合分析法主要结合以上的单一评价法作为组合评价模型的基础，运用组合模型对案例进行实证研究与评价。组合分析法结合了主、客观分析法的优点，同时也能虑及决策者实施决策的偏好。主观分析法最早开始应用于研究，发展相对较为成熟；而客观分析法近年来在研究中应用得最为广泛。

主观分析法评价方法梳理　　表8-2

综合评价方法	具体方法	方法内容	优点	缺点	应用领域或对象
主观分析法	专家调查法（Delphi）	选取领域专家直接或间接推算，对相关研究进行综合分析	①众专家能够在独立的条件下表达自己的见解；②相关预测值是专家意见的综合结果；③简洁直观	①专家缺乏沟通，结果存在一定主观片面性；②可能因忽略少数人意见使结果偏离实际；③组织决策者会对结果产生主观影响	①方案评估；②科技预测；③经营预测；④政策制定
	层次分析法（AHP）	把复杂的问题拆分成多维度和指标，指标间进行对比与计算以确定相关因素的重要程度	①对研究对象进行系统化评价；②计算简便，结果明确；③对数据量要求不高	①无法为决策提供新方案；②指标过多时权属难以确定；③结果因定性成分较定量成分多，难以让人信服；④计算过程相对于专家调查法较复杂	①环境科学领域评价；②安全科学领域评价

8.2.4　我国低碳城市质量评价指标体系

目前，我国低碳城市质量评价指标体系主要分为两类，一类是国家或相关机构发布的低碳城市质量评价指标体系，另一类是学者在低碳城市质量评价研究中构建的指标体系。

1. 国家或相关机构发布的低碳城市质量评价指标体系

2010 年，中国社会科学院、国家发展和改革委员会能源研究所等参照“驱动力—状态—响应”模型，共同公布了我国第一个低碳城市评估标准体系。该体系以低碳经济发展为驱动因素，低碳发展为状态，低碳发展的政策为响应，形成“驱动力—状态—响应”模式，建立了包括低碳产出、低碳消费、低碳资源和低碳政策 4 个层面、12 个具体指标的评价指标体系，如表 8-3 所示。该评估体系规定，如果一个城市的低碳生产力指标超过全国平均水平的 20%，即可被认定为低碳。此评估体系将定量指标与定性指标相结合，为官方首次公布的低碳城市评价体系，具有一定的权威性。

低碳城市评估标准体系指标构成　　表 8-3

评价层面	评价指标
低碳产出	碳生产力
	重点行业单位产品能耗
低碳消费	人均碳排放
	人均生活碳排放
低碳资源	非化石能源占一次能源比例
	森林覆盖率
	单位能源消费的 CO_2 排放因子
低碳政策	低碳经济发展规划
	碳排放监测、统计和监管体系
	公众低碳经济知识普及程度
	建筑节能标准执行率
	非商品能源激励措施和力度

2022 年 12 月，低碳城市评价的团体标准《绿色低碳城市评价技术要求》T/CSTE 0286—2022 由中国标准化研究院和中国城市报社牵头编制。其中，规定了绿色低碳城市评价的术语和定义、指标体系、评价流程和结果运用，适用于指导地级和县级城市开展绿色低碳城市评价工作。该标准注重全面性、客观性、科学性和可操作性，以反映城市绿色低碳建设水平为原则，可指导城市用于其绿色低碳建设的评价。此外，该标准基于低碳城市的内涵和指标体系的构建理念，构建了三级低碳城市评价指标体系，其中包括经济、社会、环境、能源、管理 5 个一级指标，产业结构、建筑、交通、大气环境等 18 个二级指标，以及高新技术产业企业增加比例、生活垃圾资源化利用率、城镇每万人公共交通客运量等 30 个三级指标，可用于不同地区间横向比较或者不同年度间纵向比较，可以衡量城市绿色低碳建设状况，客观反映

城市绿色低碳建设进程，发现存在的薄弱环节，为推进城市绿色低碳转型提供科学指导。

2018 年，国际低碳大会在江苏省镇江市召开，江苏省地方标准《低碳城市评价指标体系》DB32/T 3490—2018 正式发布。作为首个评价低碳城市建设水平的地方标准，其将为地方政府开展低碳城市建设明确发展方向。这一标准规定了低碳城市评价指标体系的术语和定义、评价指标、计算方法、评价流程和结果运用。如表 8–4 所示，该标准的指标体系共分为三级，其中一级指标 5 个，二级指标 21 个，三级指标 50 个。该标准对指标体系中的 40 项定量指标数据分别明确了计算方法；对于难以量化的 10 项指标，在具体评价操作时将其分为若干个等级，从而将定性指标定量化。同时，该标准还从数据采集、整理、鉴别、计算 4 个方面，标准地界定了评价工作流程。

江苏省低碳城市评价体系 **表 8–4**

一级指标	二级指标	三级指标	单位	属性	类型
低碳经济	产业结构	1. 战略性新兴产业增加值占地区生产总值比重	%	定量	正向
		2. 高新技术产业产值占规模以上工业产值比重	%	定量	正向
		3. 服务业增加值占地区生产总值比重	%	定量	正向
	创新水平	4. 研究与试验发展经费支出占地区生产总值比重	%	定量	正向
		5. 万人发明专利拥有量	件	定量	正向
	资源产出	6. 水资源产出率	元 /t	定量	逆向
		7. 建设用地产出率	万元 /hm^2	定量	逆向
	循环利用	8. 一般工业固体废弃物综合利用率	%	定量	正向
		9. 农作物秸秆综合利用率	%	定量	正向
		10. 畜禽养殖场粪便综合利用率	%	定量	正向
		11. 城市再生水利用率	%	定量	正向
		12. 生活垃圾回收利用率	%	定量	正向
	碳汇建设	13. 林木覆盖率	%	定量	正向
		14. 活立木单位面积蓄积量	m^3/hm^2	定量	正向
		15. 城市建成区绿地率	%	定量	正向
低碳能源	能源总量	16. 能源消费总量增长率	%	定量	逆向
		17. 煤炭消费量增长率	%	定量	逆向
	能源结构	18. 天然气消费量占能源消费总量比重	%	定量	正向
		19. 煤炭消费量占能源消费总量比重	%	定量	逆向

续表

一级指标	二级指标	三级指标	单位	属性	类型
低碳能源	能源节约	20. 单位地区生产总值能源消耗	吨标准煤 / 万元	定量	逆向
		21. 公共机构人均能源消耗	千克标准煤 / 人	定量	逆向
低碳社会	绿色建筑	22. 城镇新建绿色建筑比例	%	定量	正向
		23. 装配式建筑占新建建筑比例	%	定量	正向
	低碳交通	24. 城镇每万人口公共交通客运量	万人次	定量	正向
		25. 万人拥有新能源汽车保有量	辆	定量	正向
		26. 共享单车使用频次	人次 / 辆	定量	正向
	绿色消费	27. 高效节能家电产品市场占有率	%	定量	正向
生态环境	环境治理	28. 单位地区生产总值化学需氧量排放量	t/ 亿元	定量	正向
		29. 单位地区生产总值氨氮排放量	t/ 亿元	定量	正向
		30. 单位地区生产总值 SO_2 排放量	t/ 亿元	定量	正向
		31. 单位地区生产总值氮氧化物排放量	t/ 亿元	定量	正向
	大气环境	32. 城市空气质量优良天数比例	%	定量	正向
	水体环境	33. 地表水优于Ⅲ类水体比例	%	定量	正向
		34. 重要江河湖泊水功能区水质达标率	%	定量	正向
	土壤环境	35. 单位耕地面积化肥使用量	kg/hm^2	定量	逆向
		36. 单位耕地面积农药使用量	kg/hm^2	定量	逆向
低碳管理	发展目标	37. 单位地区生产总值 CO_2 排放量	t/ 万元	定量	逆向
		38. 人均 CO_2 排放量	kg/ 万人	定量	逆向
	组织领导	39. 领导机构	—	定性	正向
		40. 考核机制	—	定性	正向
	能力建设	41. 发展规划	—	定性	正向
		42. 统计与核算体系	—	定性	正向
		43. 监测、报告和核查制度	—	定性	正向
		44. 碳排放管理平台	—	定性	正向
	政策措施	45. 低碳技术	—	定性	正向
		46. 示范试点	—	定性	正向
		47. 碳普惠制度	—	定性	正向
	交流合作	48. 交流合作	—	定性	正向
	宣传引导	49. 公众知晓度	%	定量	正向
		50. 公众满意度	%	定量	正向

可见，虽然我国现有的国家或相关机构低碳城市质量评价指标体系中具体的指标内容不同，但都主要关注于城市的经济、社会、环境与管理四方面。

2. 学者在低碳城市质量评价研究中构建的指标体系

现有的国内学者在低碳城市评价指标体系的研究主要分为两类，一类关注低碳发展现状，另一类则更关注城市气候特征。基于本书的相关性，在此重点对基于城市气候特征的评估体系予以介绍。

相关研究主要从低碳城市之间的共性和人类活动对城市碳排放的影响出发。不同于现有低碳城市指标体系多以低碳发展现状评估为主，基于城市气候特征构建的低碳城市指标体系更着重于源头及过程减碳，因此需要充分考虑气候特征对城市碳排放过程的影响。下面以2016年黄艳雁构建的指标体系为例进行分析。黄艳雁将低碳城市评价指标体系分为两类，其中气候直接影响的低碳指标包括能源低碳、城市规划与设施建设、建筑低碳、交通低碳、环境优化，气候间接影响的低碳指标包括经济低碳和社会低碳。

（1）气候与能源低碳

气候对城市能源的影响主要在于对城市的能源效率与能源结构的影响。一方面，气温影响着人们的社会生产组织方式和日常能源消耗量，提高能源的使用效率能够有效降低能源使用造成的碳排放量；另一方面，气候还会影响城市的能源结构，大力开发新能源，可以有效降低能源碳排放。如表8-5所示，能源低碳又可以分解为能源高效利用与新能源应用两个二级指标。

气候对城市能源影响的评价指标 表8-5

一级指标	二级指标	三级指标
能源低碳	能源高效利用	单位GDP能耗（-）
	新能源应用	清洁能源占一次能源消费比重（+）

注：（-）表示负向指标，（+）表示正向指标。

（2）气候与城市规划和设施建设

气候条件对城市规划与设施建设有多方面的影响，特别是在城市布局和功能分区方面。首先，温度、湿度、风和降水等因素直接影响城市的热环境，从而影响片区的建设规划。其次，城市的热岛强度与城市中的风速和城市建设密度呈正相关，按照适当密度建设的合理紧凑型城市在冬季节约的供暖能耗可以超过夏季增加的降温能耗，进而降低全年碳排放量。也有部分城市构建风廊来缓解热岛效应，以减少城市夏季能耗。最后，气候带来的各种地质次生灾害也会对城市选址、城市规划布局和城市中各种市政设施的建设造成影响，良好的城市形态规划和土地利用规划能够有效降低居民在日常生活中的碳排放量。如表 8-6 所示，可以将城市规划与设施建设分解为城市形态和市政设施两个二级指标。

气候对城市规划与设施建设评价指标 表 8-6

一级指标	二级指标	三级指标
城市规划与设施建设	城市形态	建设用地综合容积率（＋）
		混合用地比例（＋）
	市政设施	公园绿地 500m 服务半径覆盖率（＋）
		建成区透水性地面面积比例（＋）
		水体岸线自然化率（＋）

注：(－）表示负向指标，(＋）表示正向指标。

（3）气候与城市建筑低碳

建筑物全生命周期内的碳排放都受到气候的影响，气候条件直接影响了建筑形态和参数，其中风向和太阳辐射还可以直接影响建筑的朝向和间距。提高城市建筑在全生命周期内对气候的适应性，能够有效降低建筑物的能耗总量和碳排放。如表 8-7 所示，建筑低碳按照建筑生命周期可以分为低碳设计、低碳施工和低碳运行三个二级指标。

城市建筑低碳评价指标 表 8-7

一级指标	二级指标	三级指标
建筑低碳	低碳设计	新建建筑绿色建筑比例（＋）
		自然通风和自然采光（＋）
		建筑围护结构（－）
	低碳施工	绿色环保材料使用率（＋）
		绿色施工比例（＋）
	低碳运行	单位面积建筑能耗（＋）
		既有建筑节能改造率（＋）

注：(－）表示负向指标，(＋）表示正向指标。

（4）气候与城市交通低碳

气候对城市交通碳排放的影响主要表现在对城市居民的出行距离、出行效率和交通模式的影响等方面，从而影响城市交通碳排放量。因此，基于气候特征的低碳城市指标体系中，针对交通低碳分解为绿色出行和交通建设两个二级指标。如表 8-8 所示，交通建设对应的是城市出行距离的规划和出行效率的提高，绿色出行则是对居民出行方式的引导。

城市交通低碳评价指标 表 8-8

一级指标	二级指标	三级指标
交通低碳	绿色出行	绿色出行分担率（+）
		新能源公交车比例（+）
	交通建设	500m 范围内可达公交站点（+）
		公共交通路网密度（+）

注：(−) 表示负向指标，(+) 表示正向指标。

（5）气候与城市环境优化

低碳城市的建设既要减少日常生活中的碳排放，又要尽量增加城市碳汇。一方面，气候直接影响了城市的风热环境，从而间接影响了城市的能源使用和碳排放量；另一方面，气候的整体状况决定了城市植被的生境状况，城市中布局合理的绿地水体也能够起到调节城市气候的作用，这对城市碳减排的作用甚至可以超过绿色植物本身的碳汇能力。由此，基于气候会影响城市环境宜居和碳源、碳汇的角度，环境优化可以分为环境保护和城市生态两个二级指标，如表 8-9 所示。其中，环境保护指标针对现有城市环境的保护与污染治理，而城市生态指标则针对城市宜居环境的建设。

城市环境优化评价指标 表 8-9

一级指标	二级指标	三级指标
环境优化	环境保护	森林覆盖率（+）
		自然湿地净损失率（−）
	城市生态	绿化覆盖率（+）
		热岛效应控制（+）
		年空气质量优良天数（+）

注：(−) 表示负向指标，(+) 表示正向指标。

总的来说，我国城市低碳质量评价指标体系构建的研究目前还比较分散，没有形成系统的理论与统一的构建标准，部分定量指标数据还没有相应的权威机构进行统计，数据的可得性也存在一定的局限性，过多的定性指标会影响评价的准确性和科学性。官方制定的指标体系存在一定的滞后性，而学者制定的指标体系则缺乏基于政府视角下的低碳管理总体考量。不同的指标体系中，相同一级的指标层级内容差异显著，导致指标体系缺乏关联性和可操作性，也就很难应用于政策制定、规划、项目开发和实施中。目前，我国对低碳城市的监测和评估等基础性工作还处于起步阶段，需要进一步地实践探索和应用，尤其是评价指标体系的建立还需要集中各方面的智慧，进行进一步的深入研究。

据联合国人类居住区规划署统计，城市仅占地球表面不到 2% 的面积，却消耗了全世界 78% 的能源，超过 60% 的温室气体排放来自城市地区。预计到 2050 年，全球 68% 的人口将生活在城市地区。因此，城市地区是碳减排的重点对象，控制城市地区碳排放也是实现全球碳中和的关键。与此同时，城市环境不断恶化。通过采取相应的技术措施和手段，可以改善城市物理环境，提高城市宜居性，下面将介绍几个低碳视角下城市物理环境营造的案例。

8.3.1 案例研究 1：新加坡

新加坡靠近赤道，地势低洼，是地域面积狭小、人口稠密的国家，其城市结构让热岛效应更加严重。2004 年，新加坡中央商务区的温度比郊区高出 4.5℃，而 2018 年热岛强度增加了约 1.5 倍。因此，当地政府采取了一系列有效措施和手段来进行城市降温，改善城市的热湿环境和风环境，并降低城市热岛问题可能带来的负面影响，从而提高了城市的宜居性。作为低碳生态城市建设实践中最成功的案例之一，在资源匮乏的背景下，新加坡用了不到 50 年的时间就成为享誉世界的“花园城市”，并在低碳、绿色生态城市发展方面走在世界的前列，成为世界上最适宜人类居住的城市之一，给世界提供了改善城市物理环境治理模式和方法的参考。

1. 基本情况

新加坡位于马来半岛南端，由 1 个主岛和 63 个小岛组成，面积 735.2km^2，总人口约 564 万。新加坡为热带雨林气候，全年长夏无冬，雨量充足，空气湿度高，平均温度为 23~34℃，年均降雨量在 2400mm 左右，湿度介于 65%~90%。由于特殊的地理环境，新加坡受全球气候变化的影响尤为严重。2015 年新加坡国家环境局（NEA）编制发布了《新加坡第二次国家气候变化研究》(*Singapore's Second National Climate Change Study*)，研究显示了气候变化可能会给新加坡造成的严重危害，预计未来的新加坡雨季和旱季的降水量差异将持续扩大，这也可能造成更为极端的干旱和暴雨天气；同时海平面持续上升，到 2100 年新加坡众多地标及沿海的沙滩将会被海水淹没。

随着经济的持续发展，极端天气导致的城市变暖不仅会降低室外的热舒适度，还会增加使用空调所带来的热量排放，阻止人们外出步行或骑行。此外，城市变暖还导致更强烈的热浪风暴，甚至可能会引起洪涝灾害的发生。新加坡在应对气候变化与改善城市物理环境的过程中，面临着水资源短缺、极端气候、雨洪灾害等多重威胁，如表 8-10 所示，全球升温将加剧高密度

新加坡气候变化现状与预测　　表 8-10

	气温	极端高温频率	降水量	海平面
气候变化现状	1948—2016 年，年平均气温每 10 年上升 0.25℃	自 1972 年起，高温天数上升，夜间低温天数下降	1980—2016 年，年均降水量每 10 年增加 101mm	1975—2009 年，新加坡海峡的海平面每年上升 1.2~1.7mm
气候变化预测	至 21 世纪末，日均气温将上升 1.4~4.6℃	21 世纪内 2~9 月的高温天数将增加	雨季（11 月—次年 1 月）和旱季（2 月、6—9 月）降水量差异更大，强降水事件频率增加	至 21 世纪末，海平面将上升 0.25~0.76m

城市的热岛效应，城市需加强局地微气候与城市热、湿、风环境之间的关系，提出更为可靠的高温应对方案。因此，当地政府采取了一系列缓解措施来为城市降温，以改善城市物理环境。

2. 技术与措施

历史上，新加坡曾经街道拥挤、居住环境恶劣。经过几十年不懈努力，今天的新加坡已经成为自然环境优美、干净整洁卫生、资源高效利用的国际知名宜居“花园城市”。为了制订适用于当地情况的城市降温方案，缓解城市热岛效应，新加坡于 2017 年启动“冷却新加坡”计划（Cooling Singapore Project）。当地改善城市物理环境的有关措施主要包括以下几类。

（1）多层次与广覆盖的绿化

一方面，新加坡空气温度和湿度较高，区域热环境接近于人体热不舒适的程度，且在此基础上，城市的扩张与人造材料的大量使用让热环境情况变得更加严峻。另一方面，新加坡的高降水量有助于植物生长，比起干燥地区的维护成本更低，也降低了相关机构的投资成本，土地资源的限制使得当地政府大力推广垂直多层次绿化。

新加坡皮克林宾乐雅酒店位于中央商务区，该酒店在建设初期就预留了植物种植的位置，通过层层叠落的开阔露台（图 8-5），为下层空间遮阴，且相邻的开口空间使得新鲜空气可以流动。通过多层次的立体绿化，皮克林宾乐雅酒店拥有面积约 15 000m^2 的繁茂园林、花墙和丰富的植物品种。该酒店的绿化总面积已达酒店占地面积的 2 倍以上，是新加坡立体垂直式空中花园的设计典范。相关研究发现，相较于传统非绿色的屋顶，单个绿色种植屋顶的附近空气温度可降低 2~5ºC。

推广种植屋面和垂直绿化这类多层次绿化措施在新加坡具有重要意义，原因有二：其一，新加坡一年中的太阳位置较高，在屋顶等平面上产生强烈的垂直辐射，导致过热；其二，新加坡潮湿的热带气候环境有助于植被生长。多层次与广覆盖的绿化有明显的局部调节气温的作用，从而帮助新加坡调节整个城市的热湿环境。

图 8-5　皮克林宾乐雅酒店立体绿化
（图片来源：PARKROYAL COLLECTION Pickering，Singapore. Architecture：WOHA，Image：Patrick Bingham-Hall）

图 8-6　碧山宏茂桥公园鸟瞰图
（图片来源：Henning Larsen，Bishan-Ang Mo Kio Park & Kallang River - Singapore.Image：Shiang Han Lim）

（2）水域与植被的冷却及协同作用

尽管新加坡处于热带地区、降雨量丰富，但是用来收集和储存雨水的土地极为有限。因此，新加坡从 2006 年开始提出了一个新的水敏性城市设计方法，用来管理可持续雨水的应用，即“ABC 水计划”（Active，Beautiful，Clean Waters Programme）。城市水循环效果与城市湿环境息息相关，水敏性城市设计是城市设计与城市水循环管理、保护和保存的结合，从而确保能够尊重自然水循环和生态过程。碧山宏茂桥公园项目是“ABC 水计划”的旗舰计划（图 8-6），该项目不仅解决了干旱和洪涝问题，同时还为人们的城市生活创造了新的空间和自然环境。自公园落成以来，河流与池塘便通过生态净化群落维持水质，以植被修复与沉淀为主要手段的过滤系统取代了化学药品的使用，水体日均净化量达到 $8640m^3$。

另一方面，水域不仅可以调节城市湿环境，而且对新加坡室外热环境的调节也产生积极影响。在新加坡这类热带地区，可以利用水域降低地表温度，以及利用现有水域统筹规划设计周边地域。水域不仅有助于降低热岛效应，还能改善局部的风环境。不同大小的水域可以形成特定的风循环模式，有助于形成局部风场，并提升风速。在城市中结合水域和植被的天然优势，可以更好地调节城市热环境、湿环境和风环境，从而减少城市热岛效应。植被和水体结合的策略提供了协同冷却作用，有助于调节城市物理环境。

（3）合适的建筑布局朝向

新加坡高密度和高层数的建筑趋势及空调数量的增加，都使得城市热环境和风环境的形势严峻。建筑布局不当将会导致城市的热容量增加，风速减小。Priyadarsini 等人（2008 年）发现，中央商务区温度升高的原因之一是建筑街道布局和朝向不当而导致的通风不足。

在进行建筑朝向布局时，应综合考虑太阳辐射和盛行风向的影响。如图 8-7 所示，新加坡交织大楼（The Interlace）高层住宅群突破了传统的居住建筑布局模式，它把31栋住宅楼（每栋6层）像搭积木一样，搭建成了不同朝向体块的高密度居住群，并在构造上综合考虑了风向和太阳辐射等因素，尽可能让每一户居民都拥有最良好的通风和最充足的阳光。建筑单体的交错布局能有效改善通风效果，以便后面的建筑体块能够接收穿过前排建筑体块之间的风；建筑群的整体布局可以直接或间接改变风向，并影响城市通风情况；合理的建筑朝向还有助于室外空间的遮阳，从而增加行人的体感舒适度，并降低空气温度。新加坡2—3月的日平均日照时间通常为8~9h，而在11—12月的雨季，日平均日照时间降至4~5h，故当地十分注意早上东立面和下午西立面的防晒。基于太阳高度角，新加坡建筑通常是南北朝向，东立面和西立面（尤其是西立面）多会提供遮蔽或最大限度减小立面的面积；但如果考虑盛行风向的影响，则当地建筑为东北—西南朝向的排布更优。通常风和太阳的参数可能存在一定矛盾，因此需要对场地具体情况进行详细分析。

（4）规划城市智能低碳交通系统

随着城市交通建设持续、快速地发展，居民出行的交通工具越来越具有多样性，私家车数量明显增加。大量排放的汽车尾气已经成为导致城市热岛效应的主要元凶之一，城市环形道路上车辆排放的尾气和污染物难以扩散，导致污染物在周围积聚，从而造成严重的环岛效应。这种现象主要发生在高密度城市中的交通拥堵地区，并已经影响到了城市热环境。

2019年，新加坡在发布的《2040年陆路交通发展总蓝图》中提出重新规划布局城市交通系统，到2040年将达到“20分钟市镇、45分钟城市”的愿景，让90%的国人将能在20分钟内往来最靠近的邻里中心。新加坡计划重新增建40km长的绿色公共交通系统，其中包括连接当地北部、东北部和南部濒水地区的线路，以大大缓解东北廊道的拥堵与汽车尾气的排放量。此外，新加坡自行车道、步道也都采用不同的路线规划，比如长达11.5km的新加坡滨海湾自行车环线（Marina Bay Loop）实现了交通分流的效果，有效提高了居民出行的效率，也减少了由于拥堵产生的交通噪声。新加坡政府通过改善公共交通、鼓励可持续出行模式、优化组织道路网络等手段，构建了智能低碳交通系统，在推动低碳可持续城市发展的同时，大大改善了城市热环境，促进了社会的健康发展。

图8-7 新加坡交织大楼住宅群
（图片来源：窦苒．交织大楼[J].商业文化，2018（2）：74-77.）

3. 结果与评价

通过新加坡的案例，我们不难发现，优化宜居城市和低碳城市的构建是相辅相成的，构建低碳城市已经成为遏制全球变暖并营造良好城市物理环境的关键对策。新加坡的成功范例，使得我们可以归纳学习到一些有效改善城市热环境、风环境、湿环境等的措施：多层次与广覆盖的绿化、水域与植被的冷却及协同作用、合适的建筑布局朝向、规划城市智能低碳交通系统等。这些措施可以有效应对全球气候变化，在降低城市温度的同时减少能耗，从而创造一个满足人们舒适需求的宜居低碳城市。纵使各国国情不同，但新加坡低碳视角下城市物理环境营造的一些经验，在全世界仍有普遍的借鉴意义。

8.3.2 案例研究 2：日本东京

在 1955—1973 年，日本伴随着 GDP 以 10% 左右高速增长的同时，环境遭受到严重破坏。东京都（Tokyo Metropolis）是日本首都，也是日本的一级行政区，面积约 $2194km^2$。长久以来，东京都致力于温室气体减排，实施低碳能源战略，同时也关注城市热岛效应、生物多样性、$PM_{2.5}$ 等新型城市环境问题。进入 21 世纪后，东京都的城市环境有了明显改善，目前，其绿化覆盖率超过 60%，开放式公园 6000 余个，大型绿地公园 1 万多个。东京都采用的一些改善城市物理环境的措施与方法值得引起我们的思考和学习。

1. 基本情况

东京位于东京都内，拥有超过 906 万的人口，行政区面积为 $623km^2$。其气候属于温带湿润气候，受暖流和季风的影响，四季分明，夏季炎热潮湿、冬季寒冷干燥。日本城市气候环境的研究处于世界领先地位。早在 20 世纪 90 年代，日本同德国陆续开展了多次气候环境规划研讨会，并先后对东京的城市热环境和风环境进行了评估。2005 年东京都政府绘制出东京 23 区“城市热环境图”（图 8-8），分析了人为散热和地表覆盖物对大气热环境的影响，并揭示了不同地区气候升温各异的原因，为制定相应减缓东京热岛效应的对策提供依据。

城市活动的不利影响主要包括土地利用的变化、人为热释放量的增多、城市大气污染的加剧及 CO_2 的持续增量排放等，这些变化会影响城市的热环境与风环境等，导致城市热岛效应的加剧。根据日本国土交通省的数据，东京都心区与周边地区相比，夏季夜间最高温差可达 10℃以上。因此，当地政府采取了一系列更为可靠的高温应对方案去调节城市物理环境。

2. 技术与措施

东京 2012 年碳排放达到峰值，2012—2018 年碳排放降低约达 12%，同期交通领域碳排放降低约 20%。当地改善城市物理环境的措施主要包括以下几类。

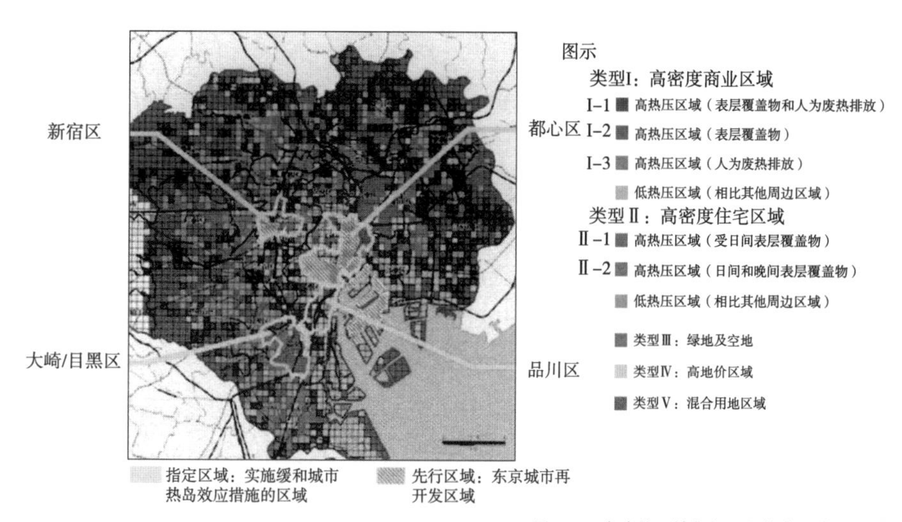

图 8-8　东京热环境气候图和指定及先行区域

（图片来源：李廷廷 . 基于城市形态和地表粗糙度的城市风道构建及规划方法研究：以深圳市为例 [D]. 深圳：深圳大学，2017.）

（1）合理布置城市空间布局

20 世纪 50 年代，随着经济的高速发展、人口的急剧增加及城市机能的高度集中，在东京都心区出现了城市环境恶化、大气污染严重、交通拥挤混乱等一系列问题。20 世纪 60 年代，都心区白天的人口密度达 500 人 / hm^2，城市容纳能力已至极限。为解决现有城市问题、改善城市环境，东京提出了城市发展的新路径，即“多心理论”，旨在避免城市功能向东京都心区的过度集中，具体做法是在东京建设多个副都心，使东京形成多核心的开放式城市布局。其中，副都心指相对原市中心而言的新“市中心”。副都心的发展虽晚于原都心区，但在商业、娱乐、公园等生活设施方面更为完善，从而成为新的城市中心区。

各副都心的建设考虑到了城市交通的发展与居住区的开发建设，有效减轻了都心区的城市压力。“多城市中心”理念下的城市空间布局更为均质地调整了各区域人口数量，由人类活动产生的热量也随之分散，故而改善了城市热环境。此外，单一高密度城市中心的城市结构会引起城市通风不良等一系列问题，伴随着城市多中心区域的重新规划与布局，城市风环境也大大改善了。表 8-11 为部分副都心区域内的功能分布情况。

部分副都心区域功能分布情况　　**表 8-11**

名称	总用地面积 /hm^2	商业 /hm^2	办公 /hm^2	绿地、广场、道路 /hm^2
新宿副都心	270	83.5	56	130.5
池袋副都心	235	62.5	54	123.5
涩谷副都心	240	99.2	50	100.8

（2）营造城市“蓝绿空间”

日本政府在2000年提出利用水体、绿地协同作用产生的冷空气来改善夏季城市的热环境和风环境，“蓝绿空间”已然成为改善城市风热环境的重要手段。同时，东京作为世界上人口最密集的城市之一，想进一步增加绿化面积较为困难，因此当地采取了发展城市立体绿化的方法，以美化城市环境与提高绿化覆盖率。屋顶花园不仅有利于延长建筑的使用寿命，缩小温度的变化幅度，防止建筑物出现裂痕，同时还具有降低能源消耗、释放O_2、吸收城市大气中CO_2、吸附污染物质、净化大气等功能。有研究发现，东京都心区的植物覆盖率每增加10%，则夏季白天室外温度可降低2.2℃；若将市区屋顶均进行绿化改造，那么城市中CO_2浓度较之前可降低70%以上。因此，东京都城市建设管理部门规定屋顶花园可作为绿化面积使用。此外，为了通过增加城市绿化来调节城市微气候，据当地政府要求，每4个$1km^2$的居民区应设一所地区公园；每$1km^2$的居住区应设一所近邻公园；居民区每相距250m，应设一所儿童公园。“大手町之森”位于东京建筑密度最高的区域之一的大丸有地区，其通过3种植物配置营造出了该区域的城市森林景观（图8-9）。

图8-9 “大手町之森”植被配置示意图
（图片来源：李永华，丁睿.成都“城市森林”建设路径研究[J].资源与人居环境，2022（8）：25-33.）

城市中因不透水面积增大，降水后雨水从人工排水管道大量流失，地面蒸发量减少，温度升温加快。为了保护与再利用水资源，东京在主要城市水源的发源地之一山梨县的笠取山上，设置了“水源森林”，即在取饮用水水源的山区处种植以日本落叶松为主的森林，以增加土壤的保水能力，防止水土流失，同时还可在少雨季节维持一定的河水流量。目前，约有21 600hm^2的森林组成了一个“绿色长城”。日本通过大面积种植植被、建设“蓝绿空间”、构建“绿色长城”等手段，不仅吸收了污染物，提高了空气质量，同时也改善并调节了城市的热、湿环境。

（3）规划绿色交通系统

便捷的交通设施既给人们的出行带来了便利，同时也带来了严重的噪声污染。一方面，城市交通噪声污染已经成为各大城市面临的严重环境问题，并且有不断恶化的趋势；另一方面，城市交通运行中排放的 CO_2 是造成全球气候变暖现象日益严重的重要原因之一。因此，应控制城市机动车数量，发展公共交通，并形成以公共交通车站为中心、工作与居住相近、高密度集约型的城市绿色交通系统。该绿色交通系统是减少城市环境负荷与城市噪声的重要途径。

东京是典型的以公共绿色交通为导向型的城市，私家车出行比重由 1998 年的 32% 下降至 2008 年的 25%。东京田园都市线的多摩广场地区的通勤主要就是以市郊轨道交通为主，接驳公交为辅，并基于绿色轨道交通理念对片区的交通系统进行了重新组织。此外，东京也不断加强对交通枢纽节点的规划与管理，以减轻大气污染和城市噪声，从而改善城市的热环境和声环境。

（4）构建城市通风廊道

城市建筑密度的增加，使得不透水面积不断增大，城市下垫面变得更为粗糙，致使城市风速普遍呈现减小的趋势，导致空气污染和城市热岛效应加剧。构建城市通风廊道加强了空气在城市内部的流动，其不仅促进城郊凉爽空气进入城区从而打破热岛环流，而且通过城市空间的分隔消除了热岛的叠加作用，故大大改善了城市风环境。

2007 年，日本东京湾首都圈内的八个主要都县联合完成了“风之道”研究。该地区含有海陆风、山谷风及公园风，通过利用东京湾内部的绿地、水体和地形，在空间分布、作用方向和影响强弱方面相互结合，构建了五级通风廊道系统（图 8-10）。2008 年，日本建筑协会提出可在滨海地区城市规划与设计中应用三种风道形式：利用街道与河川等渠道引入海风、利用建筑高低错落的布置引入海风、利用高层建筑背风面产生的局部环流调节城市局部风场。因此，日本构建城市通风廊道的方法首先是充分利用城市现有的河流和街道，通过适当加宽的方式增加通风；其次是充分利用滨海的地理条件，促进海风向内陆渗透来调节城市风环境，并实现城市温度的降低，改善城市热环境。

3. 结果与评价

东京的案例展示了面对城市气候变化时，提升城市品质与提高居民舒适度的一些有效措施：合理布置城市空间布局、营造城市“蓝绿空间”、规划绿色交通系统、构建城市通风廊道等。这些措施在实现碳排放大幅度减少的同时，有效提升了城市物理环境品质，也为其他地区改善城市的热、风、湿等环境提供了有益借鉴。

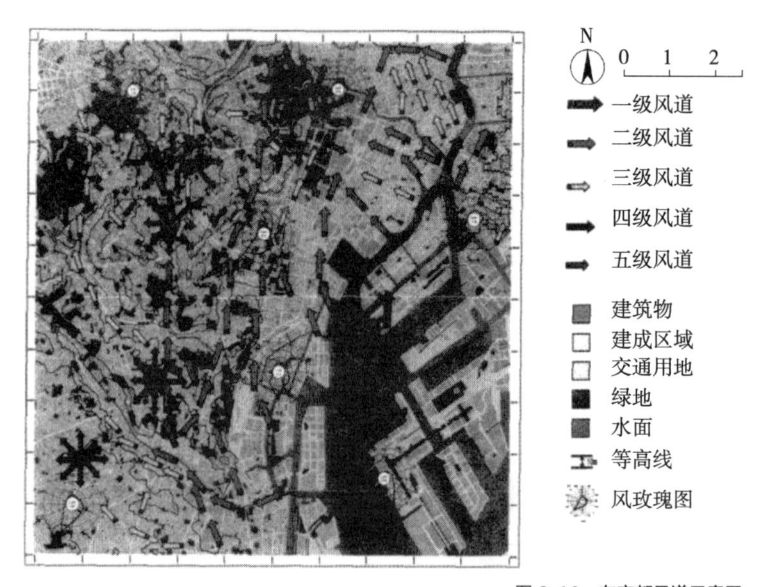

图 8-10 东京都风道示意图

（图片来源：李廷廷 . 基于城市形态和地表粗糙度的城市风道构建及规划方法研究：以深圳市为例 [D]. 深圳：深圳大学，2017.）

8.3.3 案例研究 3：中国深圳市深湾街心公园

深圳市为国务院批复确定的经济特区、全国性经济中心城市和国家创新型城市，也是粤港澳大湾区核心引擎城市之一。截至 2022 年年末，全市下辖 9 个区，总面积 1997.47km^2，常住人口 1766.18 万人。深圳市城市面积狭小，人口密度大，随着城市商业的逐渐繁荣，城市环境问题日益突出。因此，深圳市采取了一系列有效措施来改善城市物理环境，减少城市噪声问题与城市热岛效应等可能带来的负面影响，提高城市的宜居性。

1. 基本情况

深圳市作为全国超大城市的代表之一，建成区内建筑面积不断增加，城市道路不断延长与拓宽，以适应膨胀的城市人口。人们生活水平的提高也使得大众出行方式发生改变，私家车出行成为人们出行方式的首选，道路交通噪声污染、绿地面积少、大量汽车尾气排放等问题对居民生活质量和低碳城市建设形成了一定的挑战。由此，“街心公园”成为高密度城市调节微气候的重要内容之一。街心公园中种植有树木、草坪或灌木丛，是街头绿地的一种，其作为城市绿地系统中的一部分，具有碳汇的作用，能丰富街景与改善环境，并为附近居民提供游憩场地，是营造低碳城市环境所不可缺少的项目。

深湾街心公园是深圳湾超级总部基地首个“口袋公园”，占地 1.16hm^2，于 2019 年年末建成，旨在打造“绿色、运动、休闲”的公共空间，以提升环境品质及调节城市微气候。在公园规划及设计层面，深湾街心公园在考虑景观效果的同时更注重健康、舒适、安全、低碳等环境性能要求，并荣获 2020 年度海绵城市优秀规划设计奖，成为深圳市海绵城市示范项目。

2. 技术与措施

深湾街心公园项目具有生态和低碳城市活力交融的示范性作用，在高密度都市核心区形成缓冲与润滑。该公园以低碳健康为主题激活邻里社交，以雨水生态循环装置激发人们对大自然的兴趣，其营造低碳宜居城市物理环境的有关措施主要包括以下几类。

（1）有效利用植被的生态功能

作为经济发达的一线城市，深圳有 45% 的绿化面积，预计到 2025 年，深圳森林生态系统将更加健康稳定，森林质量与碳汇能力也将稳固提升。目前，深圳在提升台风抵御能力、扩大遮阴纳凉空间、吸收噪声等功能领域取得一定进展。

植被可以固碳释氧、调节气温、吸收噪声。大面积绿化的净化能力非常强大，其不仅能净化空气污染，还能够净化噪声污染。因为噪声也是一种声波，声波在向周边扩散的时候遇到大面积植被就会被不断地反弹，树叶和枝干的表面会使声波减弱，故而像多孔的纤维吸声板一样，把声音吸收掉。截至 2020 年，深圳市公园总数已达 1206 个，其中深圳市深湾街心公园（图 8-11）是深圳湾超级总部片区建成的第一个公共空间，具有生态和城市活力的示范性。深湾街心公园位于深圳湾超级总部的城市公共绿色轴线上，内部设置生态湿塘（图 8-12），道路两侧植被不仅吸收了城市交通噪声、改善了区域声环境，同时树木遮阴和植被的光合作用也调节了城市热环境。

（2）能量的聚集与转换：风力雨水花园

合理利用风能等清洁能源可以有效地节能减排。作为一种成熟、经济的可再生能源，风能的利用不仅减少了化石燃料的消耗，更减缓了温室气体排放，

图 8-11　深湾街心公园航拍图
（图片来源：引自 AUBE 欧博设计官方网站，© TAL）

图 8-12　深湾街心公园生态湿塘
（图片来源：引自 AUBE 欧博设计官方网站，© TAL）

是碳中和战略的得力助手。深湾街心公园的海绵系统利用自然做功，实现了自然系统中雨水、风能、动能的循环利用。雨水以溢流的方式流入旁侧的雨水花园，通过海绵构造实现雨水渗透、滞留、储蓄及净化功能。公园中心 3500m^2 的草坪，以树林和芒草围合，大草地结合“四周高、中间低”的地形特征设计，建设成下凹绿地并下设渗管，可将净化后的雨水收集至蓄水池；池水亦可通过管网回用于绿化浇灌、道路冲洗等，实现雨水的再利用（图 8-13）。

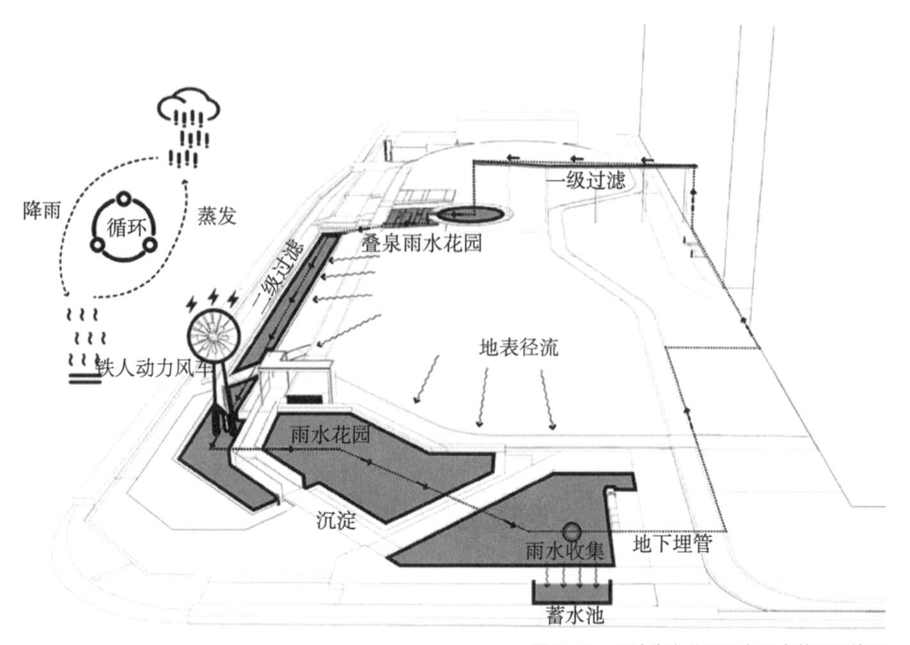

图 8-13　深湾街心公园风力雨水花园系统图
（图片来源：引自 AUBE 欧博设计官方网站）

在海绵城市建设方面，除场地内的缓坡地形和下沉绿地可消纳雨水外，深湾街心公园还增设了地下雨水储纳循环系统。该雨水循环系统的雨水调蓄总容量为 383.5m^3，雨水日径流收集总量 665m^3，可实现控制年径流总量达 95% 以上。收集的雨水可用于绿化浇灌和景观补水。在此基础上，深湾街心公园还利用场地位于城市风廊道的地理特质，设置动力风车，通过利用风能与动能的转化原理，构建自然循环动力系统。深湾街心公园的雨水循环系统合理利用了风能、动能等低碳环保资源，有利于海绵城市的建设。

（3）完善的城市慢行步道

深湾街心公园内部设置了长度为 320m 的慢行步道（图 8-14），透水的混凝土铺地材质在满足雨水下渗需求的同时，吸引社区散步者及慢跑者参与，从而完善了城市慢行系统，建立了完整的公共空间体系。公园北侧的地铁站广场，集成了地铁口风雨连廊、公交停泊、街角林荫遮阴、自行车停放等功能，满足了行人交通穿越、换乘等候等需求，实现了地铁换乘、站前集散、公交等候、步行过街等一体化完整而顺畅的城市步行系统。

图 8-14 深湾街心公园城市慢行步道
（图片来源：引自 AUBE 欧博设计官方网站，© TAL）

图 8-15 深湾街心公园夜间照明设备
（图片来源：引自 AUBE 欧博设计官方网站，© TAL）

同时，与传统路面相比，透水地面铺装具有保水性和多孔性的特点，有助于储存径流，且避免了路面上的积水。从热学角度来说，这些地面铺装也会促进水分蒸发，相较于普通路面更加凉爽，有助于提高行人的热舒适度。此外，合理规划道路布局是减少城市道路噪声的关键。通过设置城市慢行步道，将居住区这类噪声敏感区域与繁忙的机动车干道分开布局，不仅使道路与周围环境更加和谐，交通更加高效，而且可以降低噪声对居民日常生活的影响，从而改善城市的声环境。

（4）合理的绿色照明设备

深湾街心公园应用了 LED 照明设备，傍晚的水波纹灯光在照明的同时也成为一道亮丽的城市夜景（图 8-15）。夜间道路照明是城市光环境的重要组成部分，采用新型高效、节能、寿命长、显色指数高、环保的 LED 路灯对城市照明的节能低碳具有重要意义。LED 路灯以定向发光、功率消耗低、驱动特性好、响应速度快、抗震能力高、使用寿命长、绿色环保等优势逐渐成为世界上具有替代传统光源的新一代节能光源，因此，LED 路灯也成为城市绿色照明设备改造的最佳选择之一。

此外，如今路灯的顶部常铺设太阳能光伏板，称为太阳能路灯。太阳能路灯在智能控制器的控制下，白天通过太阳能电池板吸收太阳能并转换成电能，晚上蓄电池组提供电力给 LED 灯光源供电，实现照明功能。由于太阳能路灯具有安全持久、节能低碳等优势，故其已逐步代替传统公用供电照明的普通路灯，并具有广阔的发展前景。

3. 结果与评价

深湾街心公园的成功范例，使我们可以学习到改善城市热湿环境、声环境、光环境的一些有效措施。该案例通过规划及技术层面上的系统设计，例如设置植草沟、下凹绿地、雨水花园、生态干塘、生态湿塘等海绵设施，增强了城市环境的自然性、多样性；同时，通过设置低碳节能的风车动力系统，为湿地构建了自然循环的动力系统，实现了清洁能源的有效利用。

思考题与练习题

1. 简述环境质量评价的一般方法和步骤。

2. 为什么要进行低碳城市质量评价?

3. 低碳城市质量评价包括哪些内容?

4. 低碳城市质量评价指标的制定原则主要有哪些?

5. 低碳城市质量评价指标的制定方法包括哪几种?

6. 在我国低碳城市质量评价指标体系中，哪些是你认为最重要的指标?

7. 选择一处你熟悉的城市片区，进行物理环境综合评价，并结合评价结果，提出初步的改造建议。

主要参考文献

[1] 刘加平，等. 城市环境物理 [M]. 北京：中国建筑工业出版社，2011.

[2] 付金杯. 兰州市西固化工园区大气环境容量变动及总量控制研究 [D]. 兰州：兰州大学，2014.

[3] 周枕戈，庄贵阳，陈迎. 低碳城市建设评价：理论基础、分析框架与政策启示 [J]. 中国人口·资源与环境，2018，28（6）: 160-169.

[4] 王斌. 低碳城市评价方法及其应用研究 [D]. 沈阳：东北大学，2019.

[5] 陈军腾，任云英. 近十年低碳城市评价研究进展 [C]// 中国城市规划学会，成都市人民政府. 面向高质量发展的空间治理: 2020 中国城市规划年会论文集（08 城市生态规划）. 北京：中国建筑工业出版社，2021: 11.

[6] 李云燕，赵国龙. 中国低碳城市建设研究综述 [J]. 生态经济，2015，31（2）: 36-43.

[7] 易冬炬. 中部省会低碳城市评价 [D]. 长沙：中南大学，2010.

[8] 黄艳雁，冯时. 基于气候特征的低碳城市评价指标体系构建 [J]. 地域研究与开发，2016，35（6）: 77-80+154.

[9] 孙婷. 国际大城市交通碳中和实现路径及启示：以伦敦、纽约和巴黎为例 [J]. 规划师，2022，38（6）: 144-150.

[10] 陈天，石川淼，王高远. 气候变化背景下的城市水环境韧性规划研究：以新加坡为例 [J]. 国际城市规划，2021，36（5）: 52-60.

[11] 任超，袁超，何正军，等. 城市通风廊道研究及其规划应用 [J]. 城市规划学刊，2014（3）: 52-60.

[12] 祝捷. 低碳和韧性的风景：基于低碳和韧性理念的景观设计实践 [J]. 世界建筑导报，2023，38（1）: 43-46.

[13] 国务院. 国务院关于修改《建设项目环境保护管理条例》的决定：国令第 682 号 [EB]. 中国政府网,（2017-07-16）[2017-08-01].

[14] 中华人民共和国国家发展和改革委员会. 国家发展改革委关于开展第三批国家低碳城市试点工作的通知：发改气候〔2017〕66 号 [EB]. 中国政府网,（2017-01-07）[2017-01-24].